普通高等学校“十四五”规划机器人工程专业系列教材

机器人多体动力学基础

杨玉维　李　彬
王肖锋　刘振忠　编著

华中科技大学出版社
中国·武汉

内容提要

本书以多体系统动力学为核心，对多刚(柔)体机器人系统的动态特性进行研究。本书系统地阐述了机器人系统运动学及动力学模型的构建方法；以2杆轮式线弹性-阻尼悬架移动机械手为例，对多刚(柔)体系统运动学、动力学、系统稳定性研究及系统动力学数值仿真做了详细介绍。

本书主要面向从事系统动力学研究的科研技术人员，可为系统动态特性分析及系统优化提供有价值的参考素材，也适用于机械领域的研究生，可作为系统动力学方面的参考书籍。

图书在版编目(CIP)数据

机器人多体动力学基础/杨玉维等编著. —武汉：华中科技大学出版社，2022.9
ISBN 978-7-5680-8713-1

Ⅰ.①机… Ⅱ.①杨… Ⅲ.①机器人-多体动力学-研究 Ⅳ.①TP242

中国版本图书馆 CIP 数据核字(2022)第169029号

机器人多体动力学基础
Jiqiren Duoti Donglixue Jichu

杨玉维等 编著

策划编辑：王 勇
责任编辑：程 青
封面设计：原色设计
责任监印：周治超
出版发行：华中科技大学出版社(中国·武汉) 电话：(027)81321913
武汉市东湖新技术开发区华工科技园 邮编：430223
录 排：武汉市洪山区佳年华文印部
印 刷：武汉科源印刷设计有限公司
开 本：787mm×1092mm 1/16
印 张：14.75
字 数：375千字
版 次：2022年9月第1版第1次印刷
定 价：49.80元

序　　言

机器人工程是天津理工大学经教育部备案批准的新工科专业，其中机器人多体动力学基础这门课程承载着探究机器人系统动力学特性的重要分析方法，自我校开设以来，备受重视和欢迎，尤其是随着工业的发展，愈来愈多的高速、轻量化、精准轨迹等较高性能的机器人走进人们的视野，人们越来越意识到动力学特性研究是实现机器人高性能研发的关键。

在本书出版之际，我愿献上一束鲜花，以表示对广大读者的问候，同时也以此表示我对我的学生兼同事——本书作者杨玉维副教授的谢意和祝贺。同时，这一束鲜花亦凝结着先哲智慧的两句格言，它们一直被我珍视，成为我的座右铭。

“Simplex sigillum veri——简单是真的印记。”

“Pulchritude splendor Veritatis——美是真理的光辉。”

第一句格言，可视为先辈对探索新事物的人们的告诫，以大字刻在世界上最负盛名的高等学府之一的哥廷根大学的物理学报告厅里。“机器人多体动力学基础”这门课程将向人们展示纷繁的机器人动态现象，是如何通过机器人组件几何构型特征与动态特性被系统地归结为机器人系统二阶微分方程的。正是这种“繁花渐欲迷人眼”与“柳暗花明又一村”的鲜明对比，才使青年感悟到求学的真谛。

第二句格言启示人们，探索者最初是借助能够映射真理光辉的科学之美认识科学真理的。机器人多体动力学通过系统动力学模型的系统性与普适性构建，向人们揭示了机器人系统所呈现的纷繁的动态特性间高度非线性的耦合规律。面对这种由“化繁为简”的科学之美来引导人们洞察事物动态特性本质的鲜明事例，我深信莘莘学子会受到震撼和鼓舞。这种真理的光辉，足以令求学者体验到科研探索的乐趣。

习近平总书记在党的十九大报告中指出“中国梦是历史的、现实的，也是未来的；是我们这一代的，更是青年一代的。中华民族伟大复兴的中国梦终将在一代代青年的接力奋斗中变为现实。”人才培养是关键，而教育的作用是培养青年才俊，实现民族伟大复兴。

在使用本书过程中，如果在传授未来的工程师与科研人员以解决机器人动力学问题的原则、理论和方法的多体动力学实践知识的同时，能够激发青年学生继承先驱者在科学征途中求实开拓的精神，那将是我与作者最大的欣慰。衷心祝愿此书能够为肩负时代使命的莘莘学子提供助力。

赵新华

2022 年 4 月 23 日

前　　言

“以史为鉴、开创未来，埋头苦干、勇毅前行”贯穿着习近平总书记的重要讲话精神，同时也告诫我们要实现中华民族伟大复兴，离不开对知识的躬亲践行与对未知的勇敢探索。先贤经典《大学》开篇即曰“大学之道，在明明德，在亲民，在止于至善。”从古至今，其含义不断完善。而当今《大学》又将被赋予具有时代特色的深邃内涵，激励着莘莘学子与当代青年勇于对自然科学规律进行探索认知，继而担起实现“中国梦”的伟大历史使命。

机器人是一种综合了机械、电子、计算机、传感器、控制技术、仿生学等多种学科知识的复杂智能机械。根据不同的应用领域，机器人可大致分为工业机器人、服务机器人和特种机器人三类。其中，工业机器人占比最大，是智能制造行业发展的重要推动力。无论哪一类机器人，其工作精度与系统动态特性有着直接的联系，而对系统动态特性的深入认知与基于模型的系统控制，皆离不开机器人系统动力学模型的准确构建。传统的机器人技术通常采用 D-H 法，构建刚性机械手动力学模型，过程复杂烦琐，而且无法直接应用于弹性机械手动态特性研究中，尤其是考虑刚柔运动非线性耦合问题时，该方法的不足就更为突出。

本书在作者科研成果的基础上，借鉴了国内外机器人技术、多体动力学的相关研究成果，在研究机器人系统单构件运动学到系统动能方程的过程中，各构件运动被视作彼此独立，即暂不考虑构件间各自运动变量的耦合问题，这与机器人技术中的 D-H 法具有显著的区别。通过拉格朗日乘子的形式，将系统约束以代数的形式添加到系统拉格朗日动力学模型中。因此，采用多体动力学的机器人动力学模型构建方法，具有较好的系统性与通用性。

子曰：“工欲善其事，必先利其器。”机器人作为典型的多体系统，在研究其动力学特性时，研究机器人多体动力学基础，不需晦涩的数学知识，即可令我们抽丝剥茧般地认识到机器人系统动态特性的本质。本书针对机器人构型的特点，并结合作者多年的研究成果，介绍了多体动力学在机器人动态特性研究方面的内容。“纸上得来终觉浅，绝知此事要躬行。”本书涉及诸多公式与数学模型的构建，大家只有躬行实践，才能真正体会到应用多体动力学方法解决机器人复杂动态特性相关问题带来的喜悦，才能进一步激发大家的学习热情。鉴于机器人的广阔应用前景，本书以 2 杆轮式线弹性-阻尼悬架移动柔性机械手等为多体动力学科研应用案例，对其进行了正、逆运动学，正、逆动力学，静力学，动力学稳定性等分析，开展了多体动力学应用的深入研究，为大家深入系统理解和学习多体动力学提供参考。

在本书的编撰过程中，许多研究生付出了宝贵的时间和辛勤的汗水。参与校对的研究生包括周祖义、齐文耀、陈鹏宇、陈鹏来和李照童等。本书的出版得到了天津理工大学机械学院诸多领导的大力支持，在此向他们表示诚挚的谢意。同时感谢我的老师赵新华教授于百忙中为本书作得富有哲理的序言。限于本人的水平，加之时间仓促，书中难免有疏漏和不妥之处，恳请各位读者和同行批评指正。若本书能对大家的科研学习提供些许帮助，作者将不胜欣慰。

杨玉维

2022 年 4 月 25 日

于雍阳故里

目　　录

第1章 概　　述

1.1 多体系统

本书从分析方法的系统性与普适性出发，主要对由多组件(构件)装配而成的机器人多体系统的动态特性的相关研究方法进行介绍。相关研究方法亦适用于机器人之外的其他多体系统。许多机械和结构系统，如车辆、空间结构、机器人、机械装置和飞机等，皆可看作由其直属零部件装配或焊接或螺纹连接而成的具有一定功能的部件或系统。这些零部件间同时存在着运动约束(如以运动副的形式存在)，影响着各自的运动形态与特征。如图 1.1 所示的机械手，其零部件的质量几何分布构型特征直接决定着系统动力学模型中质量矩阵的构成。采用多体动力学的方法，可以系统地得到不同参考坐标系下的系统质量矩阵，如平面工况下机械手构件 i 在全局坐标系下的质量矩阵为

(a)

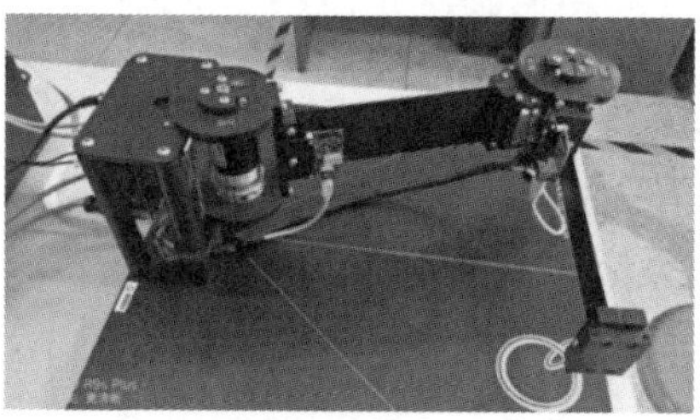

(b)

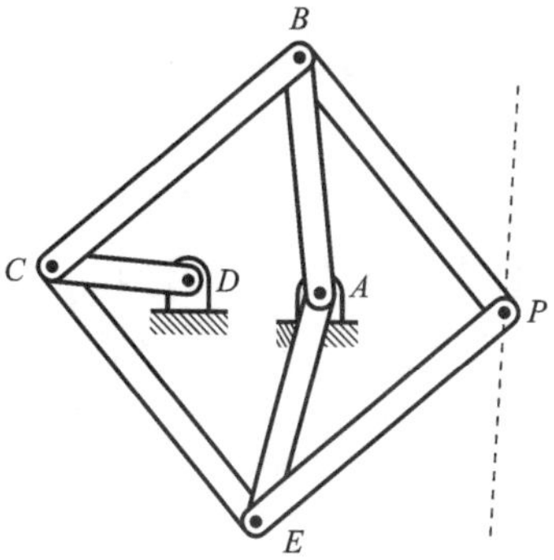

(c)

图 1.1　机械手和机构系统

$$\boldsymbol{M}^i = \rho_l^i \int_{l^i} \begin{bmatrix} \boldsymbol{I}_{2\times 2} & \mathbf{A}_\theta^i \bar{\boldsymbol{u}}^i \\ (\mathbf{A}_\theta^i \bar{\boldsymbol{u}}^i)^{\mathrm{T}} & \bar{\boldsymbol{u}}^{i\mathrm{T}} \bar{\boldsymbol{u}}^i \end{bmatrix} \mathrm{d}x^i$$

三维工况下机械手构件 i 在全局坐标系下的质量矩阵为

$$\boldsymbol{M}^i = \int_{V^i} \rho^i \begin{bmatrix} \boldsymbol{I}_{2\times 2} & -\mathbf{A}^i \tilde{\bar{\boldsymbol{u}}}^i \bar{\mathbf{G}}^i \\ (\mathbf{A}^i \tilde{\bar{\boldsymbol{u}}}^i \bar{\mathbf{G}}^i)^{\mathrm{T}} & \bar{\mathbf{G}}^{i\mathrm{T}} \tilde{\bar{\boldsymbol{u}}}^{i\mathrm{T}} \tilde{\bar{\boldsymbol{u}}}^i \bar{\mathbf{G}}^i \end{bmatrix} \mathrm{d}V^i$$

上述两者都涉及构件自身质量几何分布构型特征的 l^i 与 V^i 的积分，其具体表达式可详见第 3 章。因此，采用多体动力学方式定义系统构件质量矩阵，有利于精准把握机械手系统动态特性。一般来说，多体系统通过不同类型的运动关节（运动副）将各子系统或部件装配起来，其中的子系统或部件可能具有平移、转动或复合运动的运动形式。

对多体系统动态特性的认知，离不开对其零部件运动的深入了解。早期通常在三个研究领域即刚体力学、结构力学和连续介质力学内研究零部件运动。其中，构件“刚体”假设是指构件自身的弹性变形足够小，以至不对其自身运动产生影响。因此，对于刚体构件，其上任意两点之间的距离保持恒定。刚体在平面、空间中的运动可分别用 3 个自由度与 6 个自由度描述。三点确定一个平面，即非共线的 3 个点确定一个平面，由此可以推出平面刚体自由度：$3\times2-3\times1=3$，其中平面内一个点具有 2 个自由度。同理可以推出三维构件自由度：$8\times3-12\times1-6\times1=6$。然而，由于构件具有较大的转动自由度（平构件有 1 个转角变量，三维构件具有 3 个转角变量），因此构成系统动力学方程的矩阵、矢量系数呈现出非线性的特点，如构件质量矩阵中移动运动与转动运动耦合惯性项中包含了转角的三角函数，即所得到的数学模型呈现出高度的非线性。另外，结构力学这一术语也被广泛用来表示以弹塑性变形、应变与应力为主要分析对象的研究分支，在结构力学分析中，构件要满足不能出现刚体位移的边界条件。而且，在工程应用中，为了准确地描述物体的形变，通常以有限元方法为手段，加入适宜的节点弹性坐标。由刚体力学和结构力学这两门学科衍生出了考虑一般物体运动的连续体力学，即多体动力学，其用于描述物理系统动态特性的数学模型同时具有上述两个学科的特点：非线性和大维度。

近年来，人们越来越重视高速、轻量化机器人系统的设计。一般来说，机器人系统包括多种类型的驱动、传感和控制元件，使得其可在不同的负载条件下协同工作，以达到指定的性能要求。机器人系统的设计与性能优化，可通过系统动力学性能仿真（数值仿真或虚拟样机仿真）实现。由于许多机器人系统或机械系统运行在复杂动态环境中，承受着动态载荷，同时，对其工作精度、速度都有严格要求，因此，从物理工况与物理模型中，抽象出合理有效的边界条件与动力学模型，对后续的基于模型的控制器设计乃至最终实现系统综合性，都是至关重要的。以前为了简化模型而忽略的一些因素，如弹性变形、振动、运动副间隙等，都必须纳入系统动力学模型。否则，所获得的数学模型无法准确地表达系统实际的动态特性，据此设计的系统亦无法满足社会对高性能机器人的需求。

例如，考虑图 1.1(c) 所示的波塞利尔机构，它被设计成可生成直线路径。对于这种机构：$\overline{BC}=\overline{BP}=\overline{EC}=\overline{EP}$，$\overline{AB}=\overline{AE}$。点 A、C、P 应该总是在一条经过点 A 的直线上。这个机构总

是满足条件$\overline{AC}\times\overline{AP}=c$，其中$c$是一个常数，称为反转常数。在$\overline{AD}=\overline{CD}$的情况下，点$C$必须沿着一个圆弧，点$P$应该沿着一条精确的直线。然而，当考虑构件的形变时，情况就不是这样了。在这个具体的例子中如果考虑连杆的柔性，那么该机构可以被建模为由相互连接的刚性和可变形部件组成的多体系统，每个部件都可以进行有限的旋转。该机构不同部件之间的装配关系可以用转动关节（转动副）来描述。图1.2所示膝关节外骨骼人机并联多体系统，显示了从虚拟样机设计模型到数值仿真模型的抽象过程。抽象过程要精简得当，才能同时兼顾动力学建模的准确性与数值仿真的高效性。本书主要针对以机械手系统为代表的机械多体系统（包含刚体、弹性体零部件），建立基于数值仿真的动力学模型并开展仿真分析，最后通过科研案例，验证上述分析方法的有效性与系统性。

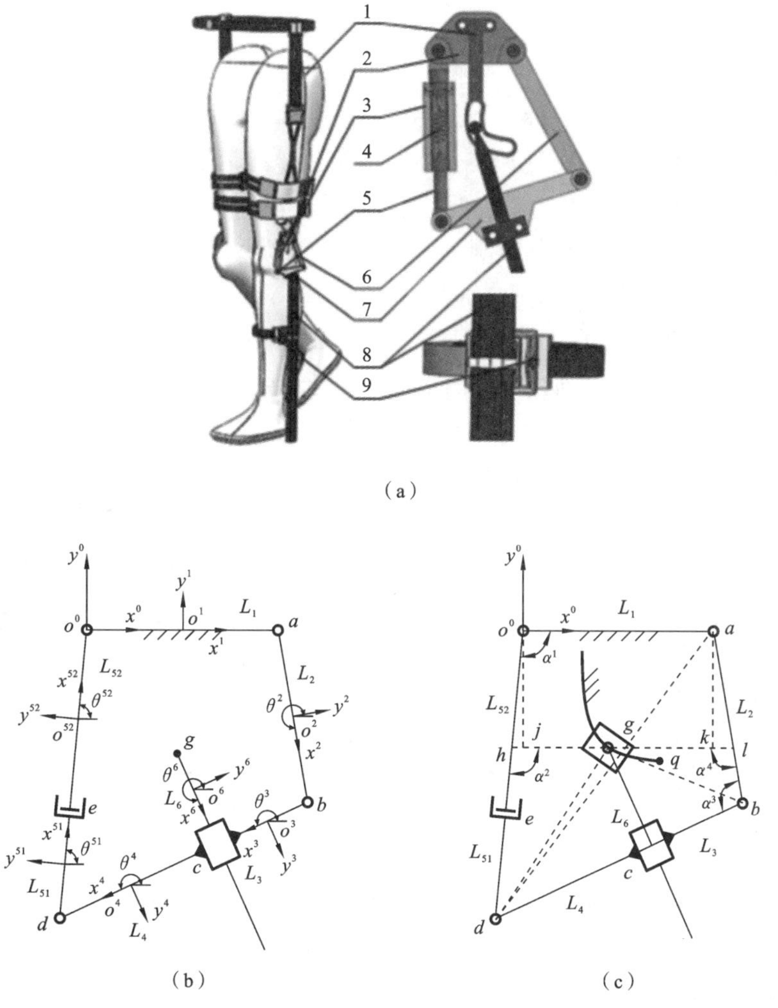

图1.2 膝关节外骨骼人机并联多体系统

在本章接下来的部分中，我们将简要讨论一些基本概念，并在接下来的章节中对这些概念进行详细分析。

1.2　体坐标系与全局坐标系

多体系统的位姿可以用诸如位移、速度和加速度等可测量的量加以描述。这些量须在适当的参照坐标系下测量。本书中，常用的参考系是笛卡儿坐标系，即三个正交的轴在参考系原点上刚性相连。图 1.3 显示了由三个正交轴 X_1、X_2 和 X_3 组成的参考坐标系。坐标系中的矢量 $\boldsymbol{u}$ 可以由三个分量 u_1、u_2、u_3 定义，分别沿着正交轴 X_1、X_2 和 X_3。矢量 $\boldsymbol{u}$ 可以写成：

$$\boldsymbol{u}=[u_1 \quad u_2 \quad u_3]^{\mathrm{T}}$$

或

$$\boldsymbol{u}=u_1\boldsymbol{i}_1+u_2\boldsymbol{i}_2+u_3\boldsymbol{i}_3$$

其中：$\boldsymbol{i}_1$、$\boldsymbol{i}_2$、$\boldsymbol{i}_3$ 为单位矢量，分别沿正交轴 X_1、X_2、X_3。

一般来说，在处理多体系统时，需要两种类型的坐标系。一种是在时间上固定的坐标系，它代表了系统中所有物体的唯一标准。这种坐标系被称为全局惯性坐标系。另一种是给系统中的每个部件指定的体坐标系。这种体坐标系随构件一起运动。因此，它相对于惯性坐标系的位置和方向随时间而变化。

对于图 1.4 所示多体系统中的刚体 i，坐标系 $OX_1X_2X_3$ 为全局惯性坐标系，坐标系 $O^iX_1^iX_2^iX_3^i$ 为体坐标系。设 $\boldsymbol{i}_1$、$\boldsymbol{i}_2$、$\boldsymbol{i}_3$ 分别是沿着轴 X_1、X_2、X_3 的单位矢量，$\boldsymbol{i}_1^i$、$\boldsymbol{i}_2^i$、$\boldsymbol{i}_3^i$ 分别是沿着体轴 X_1^i、X_2^i、X_3^i 的单位矢量。单位矢量 $\boldsymbol{i}_1$、$\boldsymbol{i}_2$、$\boldsymbol{i}_3$ 在时间上是固定的，即其大小和方向是恒定的；而单位矢量$\boldsymbol{i}_1^i$、$\boldsymbol{i}_2^i$、$\boldsymbol{i}_3^i$ 的方向是可变的。在体坐标系中定义的矢量 $\boldsymbol{u}^i$ 可以写成：

$$\boldsymbol{u}^i=\bar{u}_1^i\boldsymbol{i}_1^i+\bar{u}_2^i\boldsymbol{i}_2^i+\bar{u}_3^i\boldsymbol{i}_3^i$$

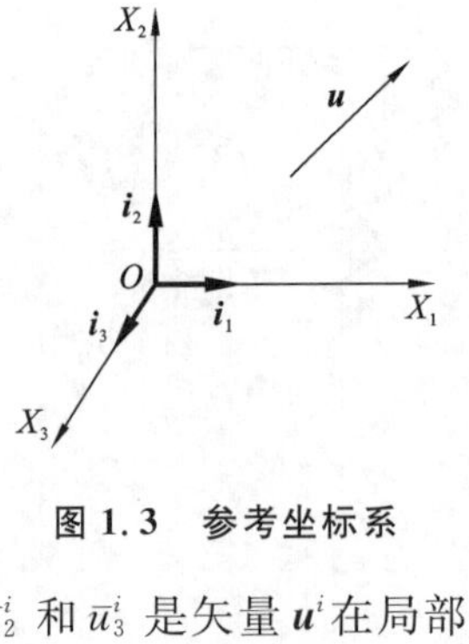

图 1.3　参考坐标系

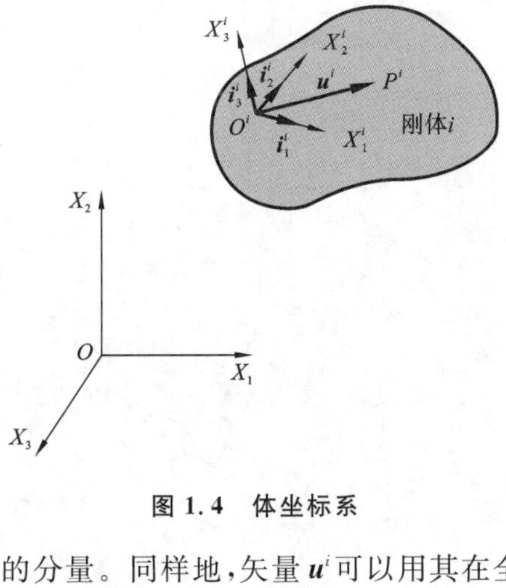

图 1.4　体坐标系

其中：$\bar{u}_1^i$、$\bar{u}_2^i$ 和 $\bar{u}_3^i$ 是矢量 $\boldsymbol{u}^i$在局部体坐标系中的分量。同样地，矢量 $\boldsymbol{u}^i$可以用其在全局惯性坐标系中的分量表示为

$$\boldsymbol{u}^i=u_1^i\boldsymbol{i}_1+u_2^i\boldsymbol{i}_2+u_3^i\boldsymbol{i}_3$$

其中：u_1^i、u_2^i 和 u_3^i 是全局惯性坐标系中矢量 $\boldsymbol{u}^i$ 的分量。因此，对于同一个矢量 $\boldsymbol{u}^i$，可以给出两种不同的表示方式，一种是用体坐标表示的，另一种是用全局惯性坐标表示的。因为用局部体坐标来定义矢量更容易，所以在局部体坐标系和全局惯性坐标系之间建立联系是很必要的。

这种联系可以通过局部体坐标系和全局惯性坐标系之间的转换得到。

例如，考虑图1.5所示的物体的平面运动，坐标系 OX_1X_2 表示全局惯性坐标系，$O^iX_1^iX_2^i$ 表示体坐标系。设 $\boldsymbol{i}_1$ 和 $\boldsymbol{i}_2$ 分别为沿着轴 X_1、X_2 的单位矢量，$\boldsymbol{i}_1^i$、$\boldsymbol{i}_2^i$ 分别为沿着体轴 X_1^i、X_2^i 的单位矢量。体坐标系相对于全局惯性坐标系的方向是由角 θ^i 定义的。因为 $\boldsymbol{i}_1^i$ 是一个单位矢量，它沿着轴 X_1 的分量是 $\cos\theta^i$，而沿着轴 X_2 的分量是 $\sin\theta^i$，所以可以将单位矢量 $\boldsymbol{i}_1^i$ 在全局惯性坐标系中写成：

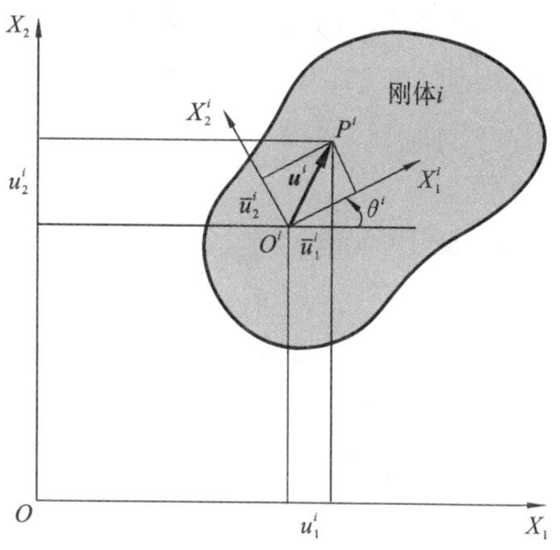

图1.5　平面运动体

$$\boldsymbol{i}_1^i=\cos\theta^i\boldsymbol{i}_1+\sin\theta^i\boldsymbol{i}_2$$

类似地，单位矢量 $\boldsymbol{i}_2^i$ 可以写成：

$$\boldsymbol{i}_2^i=-\sin\theta^i\boldsymbol{i}_1+\cos\theta^i\boldsymbol{i}_2$$

矢量 $\boldsymbol{u}^i$ 在体坐标系中的定义为

$$\boldsymbol{u}^i=\bar{u}_1^i\boldsymbol{i}_1^i+\bar{u}_2^i\boldsymbol{i}_2^i$$

其中：$\bar{u}_1^i$ 和 $\bar{u}_2^i$ 是体坐标系中矢量 $\boldsymbol{u}^i$ 的分量。

根据 $\boldsymbol{i}_1^i$ 和 $\boldsymbol{i}_2^i$ 的表达式，可以得到

$$\begin{aligned}\boldsymbol{u}^i&=\bar{u}_1^i(\cos\theta^i\boldsymbol{i}_1+\sin\theta^i\boldsymbol{i}_2)+\bar{u}_2^i(-\sin\theta^i\boldsymbol{i}_1+\cos\theta^i\boldsymbol{i}_2)\\&=(\bar{u}_1^i\cos\theta^i-\bar{u}_2^i\sin\theta^i)\boldsymbol{i}_1+(\bar{u}_1^i\sin\theta^i+\bar{u}_2^i\cos\theta^2)\boldsymbol{i}_2\\&=u_1^i\boldsymbol{i}_1+u_2^i\boldsymbol{i}_2\end{aligned}$$

其中：u_1^i 和 u_2^i 是全局惯性坐标系中定义的矢量 $\boldsymbol{u}^i$ 的分量。u_1^i 可以写成：

$$u_1^i=\bar{u}_1^i\cos\theta^i-\bar{u}_2^i\sin\theta^i$$

这两个方程揭示了平面分析中局部变量和整体变量之间的代数运算关系，可以用矩阵表示为

$$\boldsymbol{u}^i=\boldsymbol{A}^i\bar{\boldsymbol{u}}^i$$

其中：$\boldsymbol{u}^i=[u_1^i\quad u_2^i]^{\mathrm{T}}$；$\bar{\boldsymbol{u}}^i=[\bar{u}_1^i\quad \bar{u}_2^i]^{\mathrm{T}}$；$\boldsymbol{A}^i$ 为平面变换矩阵，可定义为

$$\boldsymbol{A}^i=\begin{bmatrix}\cos\theta^i & -\sin\theta^i\\ \sin\theta^i & \cos\theta^i\end{bmatrix}$$

在第2章中，我们将研究空间（三维）运动学、空间坐标变换矩阵及其相关重要性质。

1.3　质点力学

动力学是研究质点或物体动态特性的学科。运动学是动力学中的一部分，其分析是开展系统动态特性研究工作的基础。在运动学分析中，仅对运动自身特征进行研究，而不考虑引起运动的力或力矩；动力学研究旨在基于系统运动学探讨其与作用于系统上的力或力矩之间的

动态因果关系。因此，运动学的重点集中在运动的几何方面，其研究目标旨在确定所研究系统的位置、速度和加速度。为了分析包含刚体和变形体的多体系统动力学，首先应该分析个体动力学。下面简单介绍质点运动学和质点动力学。

1.3.1 质点运动学

如果对于一个物体，只考虑其质量而忽略几何尺度，就可以把它简化为三维空间中的一个质点。因此，在研究质点运动学时，主要研究质点在选定参考系下的运动(移动、无转动)问题。质点的位置可以用三个坐标变量来定义。图 1.6 显示了三维空间中质点 P 的定位问题。该质点的位置矢量可写成：

$$\boldsymbol{r}=x_1\boldsymbol{i}_1+x_2\boldsymbol{i}_2+x_3\boldsymbol{i}_3 \tag{1.1}$$

其中：$\boldsymbol{i}_1$、$\boldsymbol{i}_2$、$\boldsymbol{i}_3$ 是沿着轴 X_1、X_2、X_3 的单位矢量；x_1、x_2 和 x_3 是质点的笛卡儿坐标。

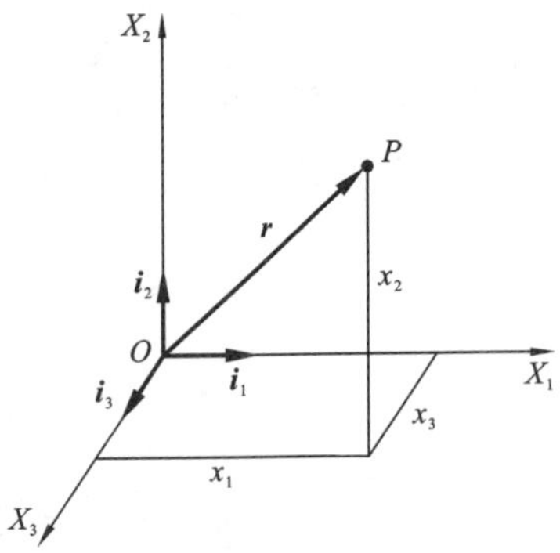

图 1.6 质点 P 的位置矢量

质点速度可定义为位置矢量的时间导数。假设轴 X_1、X_2、X_3 在时间上是固定的，那么单位矢量 $\boldsymbol{i}_1$、$\boldsymbol{i}_2$、$\boldsymbol{i}_3$ 的大小和方向是恒定的。质点的速度矢量 $\boldsymbol{v}$ 可以写成：

$$\boldsymbol{v}=\dot{\boldsymbol{r}}=\frac{\mathrm{d}}{\mathrm{d}t}(\boldsymbol{r})=\dot{x}_1\boldsymbol{i}_1+\dot{x}_2\boldsymbol{i}_2+\dot{x}_3\boldsymbol{i}_3 \tag{1.2}$$

其中：$(\dot{\ })$表示该变量对时间的导数；$\dot{x}_1$、$\dot{x}_2$ 和 $\dot{x}_3$ 是速度矢量的笛卡儿坐标变量。

同理，质点的加速度亦可定义为速度矢量的时间导数，即

$$\boldsymbol{a}=\frac{\mathrm{d}}{\mathrm{d}t}(\boldsymbol{v})=\ddot{x}_1\boldsymbol{i}_1+\ddot{x}_2\boldsymbol{i}_2+\ddot{x}_3\boldsymbol{i}_3 \tag{1.3}$$

其中：$\boldsymbol{a}$ 是加速度矢量；$\ddot{x}_1$、$\ddot{x}_2$、$\ddot{x}_3$ 是加速度矢量的笛卡儿坐标变量。在笛卡儿坐标系下质点的位置矢量可写成：

$$\boldsymbol{r}=[x_1 \quad x_2 \quad x_3]^{\mathrm{T}}$$

速度和加速度矢量依次为

$$\boldsymbol{v}=\frac{\mathrm{d}\boldsymbol{r}}{\mathrm{d}t}=\left[\frac{\mathrm{d}x_1}{\mathrm{d}t} \quad \frac{\mathrm{d}x_2}{\mathrm{d}t} \quad \frac{\mathrm{d}x_3}{\mathrm{d}t}\right]^{\mathrm{T}}=[\dot{x}_1 \quad \dot{x}_2 \quad \dot{x}_3]^{\mathrm{T}}$$

$$\boldsymbol{a}=\frac{\mathrm{d}\boldsymbol{v}}{\mathrm{d}t}=\frac{\mathrm{d}^2\boldsymbol{r}}{\mathrm{d}t^2}=\left[\frac{\mathrm{d}^2x_1}{\mathrm{d}t^2} \quad \frac{\mathrm{d}^2x_2}{\mathrm{d}t^2} \quad \frac{\mathrm{d}^2x_3}{\mathrm{d}t^2}\right]^{\mathrm{T}}=[\ddot{x}_1 \quad \ddot{x}_2 \quad \ddot{x}_3]^{\mathrm{T}}$$

除笛卡儿坐标系外，极坐标系、圆弧坐标系、球坐标系等也常用来定义质点的位置。在图1.7中，质点 P 的位置可以用 r、ϕ 和 z 三个柱坐标来确定，而在图 1.8 中，质点的位置可以用 r、θ 和 ϕ 三个球坐标来确定。在许多情况下，获得不同坐标系之间的运动学关系是有必要的。例如，考虑质点 P 在圆形路径上的平面运动，如图 1.9 所示，质点的位置矢量可以在固定坐标系 OX_1X_2 中写成：

$$\boldsymbol{r}=[x_1 \quad x_2]^{\mathrm{T}}=x_1\boldsymbol{i}_1+x_2\boldsymbol{i}_2$$

其中：x_1 和 x_2 是质点的坐标；$\boldsymbol{i}_1$ 和 $\boldsymbol{i}_2$ 分别是沿着固定轴 X_1 和 X_2 的单位矢量。在极坐标 r 和

θ 下，分量 x_1 和 x_2 可以写成：

$$x_1 = r\cos\theta,\quad x_2 = r\sin\theta$$

矢量 $\boldsymbol{r}$ 可以表示为

$$\boldsymbol{r} = r\cos\theta\boldsymbol{i}_1 + r\sin\theta\boldsymbol{i}_2$$

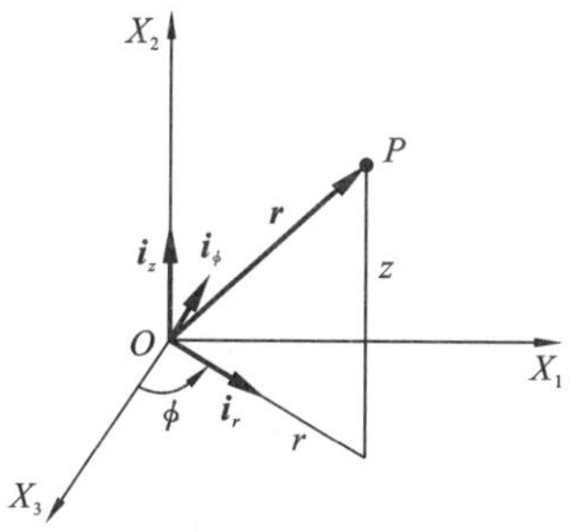

图 1.7　柱坐标下质点 P 位置

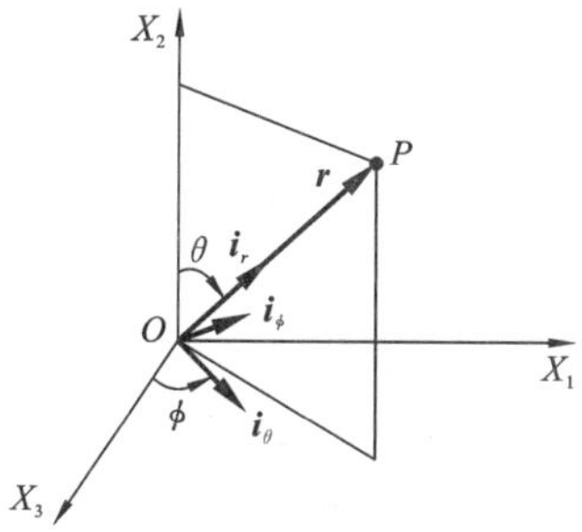

图 1.8　球坐标下质点 P 位置

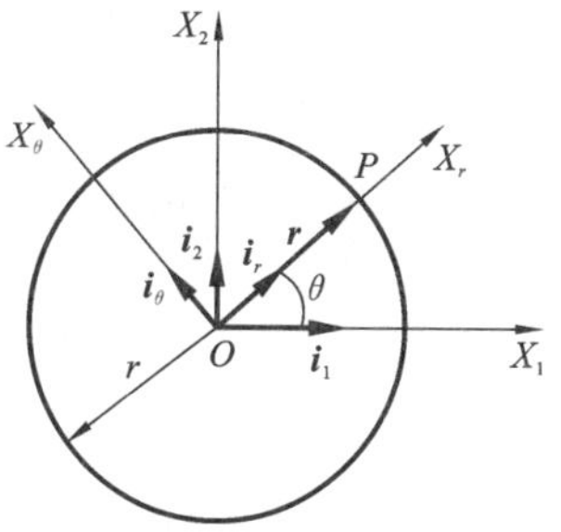

图 1.9　质点 P 的圆周运动

在这个式子中，r 是常数，$\boldsymbol{i}_1$ 和 $\boldsymbol{i}_2$ 是固定的矢量，质点的速度可以写成：

$$\boldsymbol{v} = \frac{\mathrm{d}\boldsymbol{r}}{\mathrm{d}t} = r\dot{\theta}(-\sin\theta\boldsymbol{i}_1 + \cos\theta\boldsymbol{i}_2)$$

加速度矢量 $\boldsymbol{a}$ 可以写成：

$$\boldsymbol{a} = \frac{\mathrm{d}\boldsymbol{v}}{\mathrm{d}t} = r\ddot{\theta}(-\sin\theta\boldsymbol{i}_1 + \cos\theta\boldsymbol{i}_2) + r(\dot{\theta})^2(-\cos\theta\boldsymbol{i}_1 - \sin\theta\boldsymbol{i}_2)$$

可以证明，该方程可以写成以下紧凑的矢量形式：

$$\boldsymbol{a} = \boldsymbol{\alpha}\times\boldsymbol{r} + \boldsymbol{\omega}\times\boldsymbol{v}$$

其中：$\boldsymbol{\omega}$ 和 $\boldsymbol{\alpha}$ 为矢量，表达式分别为

$$\boldsymbol{\omega} = \dot{\theta}\boldsymbol{i}_3,\quad \boldsymbol{\alpha} = \ddot{\theta}\boldsymbol{i}_3$$

我们也可以在运动坐标系 OX_rX_θ 中定义点 P 的位置矢量。如图 1.9 所示，设 $\boldsymbol{i}_r$ 和 $\boldsymbol{i}_\theta$ 分别为沿轴 X_r 和 X_θ 的单位矢量。可以证明，这两个单位矢量可以写成沿固定轴的单位矢量：

$$\boldsymbol{i}_r = \cos\theta\boldsymbol{i}_1 + \sin\theta\boldsymbol{i}_2$$

$$\boldsymbol{i}_\theta = -\sin\theta\boldsymbol{i}_1 + \cos\theta\boldsymbol{i}_2$$

它们的时间导数可以写成：

$$\dot{\boldsymbol{i}}_r = \frac{\mathrm{d}\boldsymbol{i}_r}{\mathrm{d}t} = -\dot{\theta}\sin\theta\boldsymbol{i}_1 + \dot{\theta}\cos\theta\boldsymbol{i}_2 = \dot{\theta}\boldsymbol{i}_\theta$$

$$\dot{\boldsymbol{i}}_\theta = \frac{\mathrm{d}\boldsymbol{i}_\theta}{\mathrm{d}t} = -\dot{\theta}\cos\theta\boldsymbol{i}_1 - \dot{\theta}\sin\theta\boldsymbol{i}_2 = -\dot{\theta}\boldsymbol{i}_r$$

质点在运动坐标系中的位置矢量可以定义为

$$\boldsymbol{r} = r\boldsymbol{i}_r$$

利用这个方程，质点 P 的速度矢量可以写成：

$$\boldsymbol{v} = \frac{\mathrm{d}\boldsymbol{r}}{\mathrm{d}t} = \frac{\mathrm{d}r}{\mathrm{d}t}\boldsymbol{i}_r + r\frac{\mathrm{d}\boldsymbol{i}_r}{\mathrm{d}t}$$

由于质点 P 的运动轨迹是圆的，$\mathrm{d}r/\mathrm{d}t = 0$，因此速度矢量 $\boldsymbol{v}$ 为

$$\boldsymbol{v}=r\,\frac{\mathrm{d}\boldsymbol{i}_r}{\mathrm{d}t}=r\dot{\theta}\boldsymbol{i}_\theta$$

这表明质点的速度矢量始终与圆形路径相切。加速度矢量 $\boldsymbol{a}$ 也可以写成：

$$\boldsymbol{a}=\frac{\mathrm{d}\boldsymbol{v}}{\mathrm{d}t}=r\ddot{\theta}\boldsymbol{i}_\theta+r\dot{\theta}\,\frac{\mathrm{d}\boldsymbol{i}_\theta}{\mathrm{d}t}=r\ddot{\theta}\boldsymbol{i}_\theta-r(\dot{\theta})^2\boldsymbol{i}_r$$

其中：$r\ddot{\theta}$ 为加速度的切向分量；$-r(\dot{\theta})^2$ 为加速度的法向分量。

1.3.2　质点动力学

牛顿第一定律指出，如果没有力作用在质点上，则质点将保持静止状态，或做匀速直线运动。这意味着质点可以加速，当且仅当有力作用在质点上时。牛顿第三定律，有时也被称为作用力和反作用力定律，它指出，每个作用力都有一个大小相等、方向相反的反作用力；也就是说，当两个质点相互施加力时，这些力的大小相等、方向相反。牛顿第二定律，又称运动定律，指出作用于质点并使其运动的力等于质点的动量变化率，即

$$\boldsymbol{F}=\dot{\boldsymbol{P}} \tag{1.4}$$

其中：$\boldsymbol{F}$ 是作用在质点上的力的矢量；$\boldsymbol{P}$ 是质点的线性动量，其可以写为

$$\boldsymbol{P}=m\boldsymbol{v} \tag{1.5}$$

其中：m 是质点的质量；$\boldsymbol{v}$ 是质点的速度矢量。联立式(1.4)和式(1.5)可以得到

$$\boldsymbol{F}=\frac{\mathrm{d}}{\mathrm{d}t}(m\boldsymbol{v}) \tag{1.6}$$

在非相对论力学中，质量是恒定的，因此，由式(1.6)可以推导出

$$\boldsymbol{F}=m\,\frac{\mathrm{d}\boldsymbol{v}}{\mathrm{d}t}=m\boldsymbol{a} \tag{1.7}$$

其中：$\boldsymbol{a}$ 是质点的加速度矢量。式(1.7)是一个有三个标量分量的矢量方程且

$$F_1=ma_1,\quad F_2=ma_2,\quad F_3=ma_3$$

其中：F_1、F_2、F_3、a_1、a_2、a_3 分别是定义在全局坐标系中的矢量 $\boldsymbol{F}$ 和 $\boldsymbol{a}$ 的分量。矢量 $m\boldsymbol{a}$ 有时被称为惯性力。

1.4　刚体力学

刚体不像质点，其质量是分布的。刚体在空间中的构型可以用六个坐标来识别。其中，三个坐标描述刚体的平移，三个坐标定义刚体的转动。图 1.10 为三维空间中刚体 i 上任一点 P^i 位置矢量示意图。设 $OX_1X_2X_3$ 为不随时间变化的固定坐标系，$O^iX_1^iX_2^iX_3^i$ 为原点刚性附着在刚体 i 上某一点的体坐标系。任一点 P^i 的全局位置可以定义为

$$\boldsymbol{r}^i=\boldsymbol{R}^i+\boldsymbol{u}^i \tag{1.8}$$

其中：$\boldsymbol{r}^i=[r_1^i\quad r_2^i\quad r_3^i]^{\mathrm{T}}$ 是点 P^i 的全局位置；$\boldsymbol{R}^i=[R_1^i\quad R_2^i\quad R_3^i]^{\mathrm{T}}$，是刚体参考原点 O^i 的全局位置矢量；$\boldsymbol{u}^i=[u_1^i\quad u_2^i\quad u_3^i]^{\mathrm{T}}$，是点 P^i 相对于 O^i 的全局坐标系内的位置矢量。由于假设物体

是刚体，因此矢量 $\boldsymbol{u}^i$ 在体坐标系中的分量不随时间变化。而矢量 $\boldsymbol{r}^i$ 和 $\boldsymbol{R}^i$ 是在全局坐标系中定义的，因此，用全局分量来表示矢量 $\boldsymbol{u}^i$ 是很重要的。为了达到这个目的，我们需要定义相对于全局坐标系的体坐标系的方向。这两个坐标系之间的变换可以用一组旋转坐标来表示。然而，这组旋转坐标并不是唯一的，在相关文献中可以找到很多表述方式。在第 2 章中，我们将研究坐标变换矩阵，把在体坐标系中定义的矢量转换到全局坐标系中，反之亦然。我们还将介绍一些常用的定向坐标，如欧拉角、欧拉参数、罗德里格斯参数和方向余弦等。在这些表示方法中，使用了三个以上的方位坐标。在这种情况下，坐标变换矩阵中的变量不是完全独立的，它们由一组代数方程联系在一起。

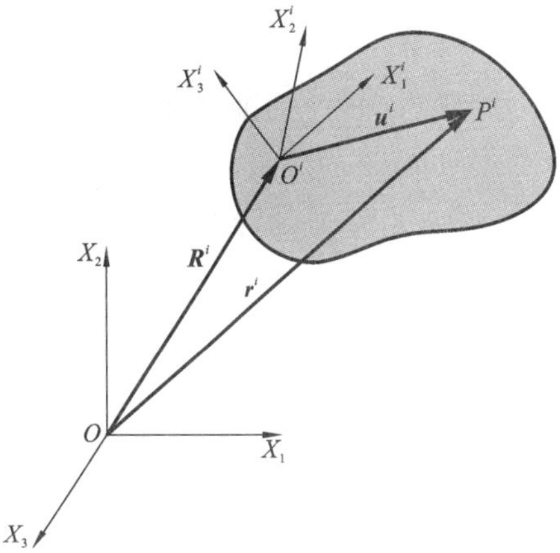

图 1.10　刚体力学

由于式(1.8)描述了物体上任意一点的全局位置，因此只要方程等号右边矢量的分量已知，就可以完全定义该点的位置矢量。这个方程表明，刚体的一般运动等价于一个点的平移与绕该点的旋转的叠加。如果刚体上任意两点的位移相同，则说明刚体运动仅为平移。如果形成刚体的质点沿着以同一轴为中心的圆在平行平面上运动，则说明刚体运动仅为绕旋转轴的旋转。图 1.11 显示了刚体的平移和旋转。从图 1.11(b)中可以清楚地看出，在纯旋转的情况下，刚体上位于旋转轴上的点的位移、速度和加速度为零。如果在物体上固定一个点(称为基点)，就可以得到一个纯旋转运动。这将消除物体的平动自由度。实际上，这就是欧拉定理，它说明了在一个点固定的情况下，一个刚体的一般运动是绕着某个轴的旋转，这个轴经过该点。如果没有一个点是固定的，那么刚体的一般运动可以由蔡斯定理给出。蔡斯定理指出，刚体的一般运动等价于物体上的一个点的平移加上绕经过该点的轴的旋转。

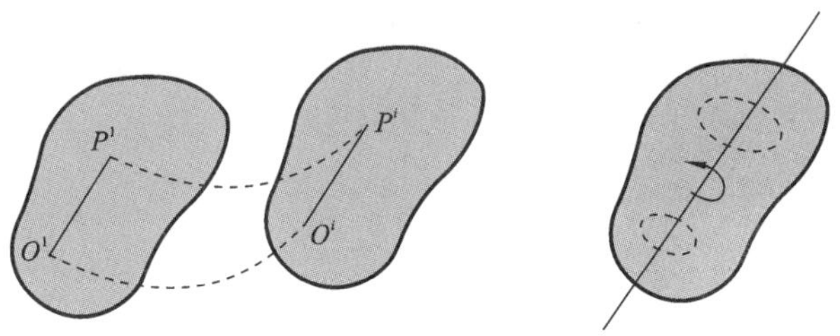

(a) 平移过程　　(b) 旋转

图 1.11　刚体位移

1.4.1　运动学方程

在二维分析中，可以用三个坐标来确定刚体的构型：两个坐标定义物体上一点的平移，一个坐标定义物体相对于选定的惯性坐标系的方向。例如将平面刚体表示为刚体 i，如图 1.12

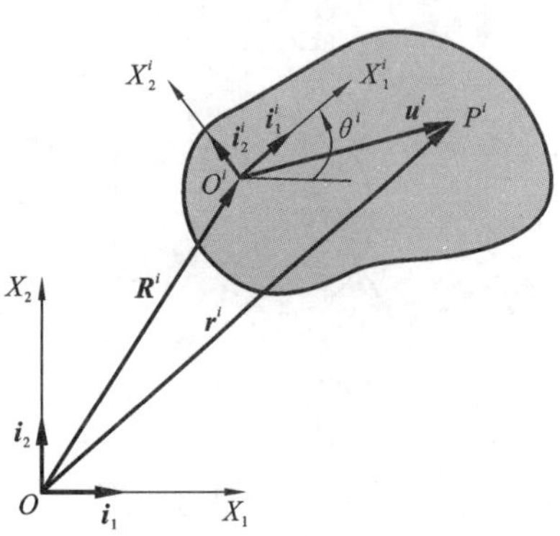

图 1.12　绝对笛卡儿坐标

所示，设 OX_1X_2 为惯性坐标系，$O^iX_1^iX_2^i$ 为原点为点 O^i 的体坐标系，它刚性附着在物体上。矢量 $\boldsymbol{R}^i=[R_1^i \quad R_2^i]^{\mathrm{T}}$ 描述了物体相对原点的平移，而角 θ^i 描述了物体的方向，则刚体 i 的笛卡儿坐标矢量 $\boldsymbol{q}_r^i$ 可定义为

$$\boldsymbol{q}_r^i=[R_1^i \quad R_2^i \quad \theta^i]^{\mathrm{T}} \tag{1.9}$$

刚体 i 上任意一点速度和加速度都可以用这些坐标对时间求导获得。设 P^i 为刚体 i 上的任意一点，$\boldsymbol{i}_1^i$ 和 $\boldsymbol{i}_2^i$ 分别是体坐标轴 X_1^i 和 X_2^i 上的单位矢量。点 P^i 的位置矢量可以定义为

$$\boldsymbol{r}^i=\boldsymbol{R}^i+\boldsymbol{u}^i \tag{1.10}$$

其中：$\boldsymbol{r}^i=[r_1^i \quad r_2^i]^{\mathrm{T}}$ 为点 P^i 的全局位置；$\boldsymbol{u}^i=[u_1^i \quad u_2^i]^{\mathrm{T}}$ 为点 P^i 在体坐标系中的位置，其可以表示为

$$\boldsymbol{u}^i=\bar{u}_1^i\boldsymbol{i}_1^i+\bar{u}_2^i\boldsymbol{i}_2^i \tag{1.11}$$

其中：因为假定物体为刚性的，所以 $\bar{u}_1^i$ 和 $\bar{u}_2^i$ 是常数。为了得到点 P^i 的速度矢量，我们将式(1.10)对时间求导，得到

$$\boldsymbol{v}^i=\frac{\mathrm{d}\boldsymbol{r}^i}{\mathrm{d}t}=\dot{\boldsymbol{R}}^i+\dot{\boldsymbol{u}}^i \tag{1.12}$$

其中：$\dot{\boldsymbol{u}}^i$ 可以由式(1.11)获得，有

$$\dot{\boldsymbol{u}}^i=\bar{u}_1^i\frac{\mathrm{d}\boldsymbol{i}_1^i}{\mathrm{d}t}+\bar{u}_2^i\frac{\mathrm{d}\boldsymbol{i}_2^i}{\mathrm{d}t}=\bar{u}_1^i\dot{\theta}^i\boldsymbol{i}_2^i-\bar{u}_2^i\dot{\theta}^i\boldsymbol{i}_1^i \tag{1.13}$$

定义 $\boldsymbol{\omega}^i$ 为刚体 i 的角速度矢量，则有

$$\boldsymbol{\omega}^i=\dot{\theta}^i\boldsymbol{i}_3^i$$

其中：$\boldsymbol{i}_3^i$ 是一个通过点 O^i 且垂直于 $\boldsymbol{i}_1^i$ 和 $\boldsymbol{i}_2^i$ 的单位矢量。可以证实：

$$\boldsymbol{\omega}^i\times\boldsymbol{u}^i=\begin{vmatrix}\boldsymbol{i}_3^i & \boldsymbol{i}_3^i & \boldsymbol{i}_3^i\\ 0 & 0 & 0\\ \bar{u}_1^i & \bar{u}_2^i & 0\end{vmatrix}=-\bar{u}_2^i\dot{\theta}^i\boldsymbol{i}_1^i+\bar{u}_1^i\dot{\theta}^i\boldsymbol{i}_2^i \tag{1.14}$$

比较式(1.13)和式(1.14)，可得出结论：

$$\dot{\boldsymbol{u}}^i=\boldsymbol{\omega}^i\times\boldsymbol{u}^i \tag{1.15}$$

将式(1.15)代入式(1.12)得到：

$$\boldsymbol{v}^i=\dot{\boldsymbol{R}}^i+\boldsymbol{\omega}^i\times\boldsymbol{u}^i \tag{1.16}$$

这表明刚体上任意一点的速度可以用坐标 $\boldsymbol{q}_r^i=[\boldsymbol{R}^{i\mathrm{T}} \quad \theta^i]^{\mathrm{T}}$ 的时间导数来表示。

将式(1.16)对时间求微分，可以得到加速度矢量用坐标 $\boldsymbol{q}_r^i$ 及其时间导数表示的表达式：

$$\boldsymbol{a}^i=\frac{\mathrm{d}\boldsymbol{v}^i}{\mathrm{d}t}=\ddot{\boldsymbol{R}}^i+\dot{\boldsymbol{\omega}}^i\times\boldsymbol{u}^i+\boldsymbol{\omega}^i\times\dot{\boldsymbol{u}}^i$$

如果把物体 i 的角加速度矢量 $\boldsymbol{\alpha}^i$ 定义为

$$\boldsymbol{\alpha}^i=\ddot{\theta}^i\boldsymbol{i}_3^i$$

则利用式(1.14)，质点 P^i 的加速度矢量可以写成熟悉的形式：

$$\boldsymbol{a}^i=\ddot{\boldsymbol{R}}^i+\boldsymbol{\alpha}^i\times\boldsymbol{u}^i+\boldsymbol{\omega}^i\times(\boldsymbol{\omega}^i\times\boldsymbol{u}^i) \tag{1.17}$$

其中：$\ddot{\boldsymbol{R}}^i$ 是物体原点的加速度；$\boldsymbol{\alpha}^i\times\boldsymbol{u}^i$ 是质点 P^i 相对于 O^i 的加速度的切向分量，该分量大小为 $\ddot{\theta}^i u^i$，方向同时垂直于矢量 $\boldsymbol{\alpha}^i$ 和 $\boldsymbol{u}^i$；$\boldsymbol{\omega}^i\times(\boldsymbol{\omega}^i\times\boldsymbol{u}^i)$ 是 P^i 相对于 O^i 的加速度的法向分量，该分量大小为 $(\dot{\theta}^i)^2u^i$，方向为由 P^i 指向 O^i。在空间分析中，物体上任意一点的速度和加速度都有类似的表达式。

1.4.2 刚体动力学

假设刚体由大量的质点组成，则可以从质点方程系统地得到控制刚体运动的动力学方程。可以证明，刚体的无约束三维运动可以用六个方程来描述：三个方程与刚体的平移有关，三个方程与刚体的转动有关。如果采用质心坐标系（移动与转动解耦），则平移方程称为牛顿方程，转动方程称为欧拉方程。牛顿-欧拉方程用刚体的加速度和作用于刚体上的力表示，可以用来描述任意刚体的运动。这些一般方程将在第 3 章中推导。

在平面运动的特殊情况下，对于多体系统中的刚体 i，牛顿-欧拉方程可简化为如下方程：

$$\begin{cases} m^i\boldsymbol{a}^i=\boldsymbol{F}^i \\ J^i\ddot{\theta}^i=M^i \end{cases} \tag{1.18}$$

其中：m^i 是刚体的总质量；$\boldsymbol{a}^i$ 是一个二维矢量，定义了该刚体以质心为中心的绝对加速度；$\boldsymbol{F}^i$ 是作用于该刚体质心上的力矢量；J^i 是关于质心的质量惯性矩；θ^i 是定义刚体方向的角度；M^i 是作用在刚体上的力矩。在第 3 章中将会证明：选择质心作为体坐标系的原点将使动力学方程形式显著简化。在这种选择的情况下，牛顿-欧拉方程在刚体的平动坐标系和转动坐标系之间没有惯性耦合。当考虑到可变形物体时，这种坐标解耦就变得困难了。

1.5 可变形/柔性体

我们已经知道，定义物体的位置和方向的坐标系集合足以定义刚体上任意一点的位置。这主要是因为刚体上两点之间的距离保持不变。然而，当考虑可变形的物体时，情况就不是这样了。一个可变形体上的任意两点可相对运动，因此，参考坐标系不足以描述可变形体的运动学。事实上，为了定义可变形体上每个点的确切位置，需要无数个坐标系。例如，考虑图 1.13 中所示的可变形体 i，假设 O^i 和 P^i 是在变形之前物体上的任意两点，则变形后，点 O^i 和 P^i 将分别占据新的位置 O_1^i 和 P_1^i。

为了能够测量这两个点之间的相对运动，我们赋予这个可变形体一个原点为 O^i 的体坐标系 $O^iX_1^iX_2^iX_3^i$，即该坐标系的原点与点 O^i 具有相同的位移，如图 1.13 所示。为了简单起见，这里我们使用固定体轴。为了确定点 O^i 和点 P^i 之间因物体变形而产生的距离，我们画一个由点 O^i 发出的矢量 $\boldsymbol{u}_0^i$ 表示的刚性线单元，它与未变形状态下点 O^i 和点 P^i 之间的矢量具有相同的大小和方向。此外，我们假定刚性线单元 $\boldsymbol{u}_0^i$ 相对于物体坐标系没有平移或转动位移，即在可变形体运动过程中，矢量 $\boldsymbol{u}_0^i$ 在局部坐标系中的分量是恒定的。虽然矢量 $\boldsymbol{u}_0^i$ 用虚线表

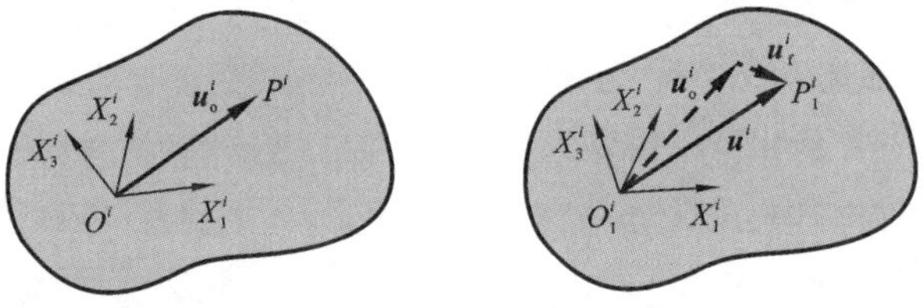

（a）变形前结构　　（b）变形后结构

图 1.13　可变形体 i 的变形

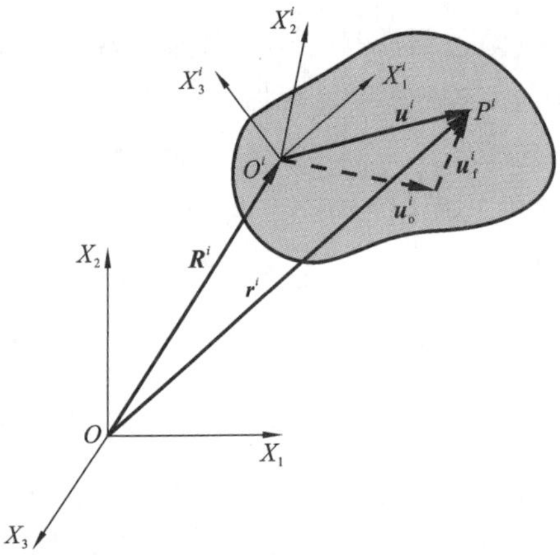

图 1.14　可变形体坐标

示，但它是点 P^i 在未变形状态下的体坐标系中的位置矢量，是一种定义点 P^i 变形的手段，如图 1.14 所示。我们可以写出点 P^i 的位置矢量的表达式：

$$\boldsymbol{r}^i=\boldsymbol{R}^i+\boldsymbol{u}_o^i+\boldsymbol{u}_f^i \tag{1.19}$$

其中：$\boldsymbol{R}^i=[R_1^i \quad R_2^i \quad R_3^i]^T$ 为点O^i的位置矢量；$\boldsymbol{u}_o^i$ 为点P^i未变形时的局部位置；$\boldsymbol{u}_f^i$ 为该点的变形矢量。矢量 $\boldsymbol{u}_o^i$ 在体坐标系中的分量是恒定的，但矢量 $\boldsymbol{u}_f^i$ 在体坐标系中的分量是与时间和空间（形函数）有关的。对这类系统的动态表述需要一组与空间和时间有关的偏微分方程。得到这些方程的精确解需要无穷多个坐标，这些坐标可以用来定义可变形体上每个点的位置。为了避免在处理无限维空间问题时的计算困难，经常使用近似方法，如瑞利-里茨方法和有限元方法，采用有限的坐标变量描述构件弹性变形问题。

由式(1.19)可知，可变形体上任一点的位置矢量与刚体上的不同之处在于变形矢量 $\boldsymbol{u}_f^i$ 的存在。在体坐标系中定义变形矢量 $\boldsymbol{u}_f^i$ 和初始位置矢量 $\boldsymbol{u}_o^i$ 通常是很方便的，例如图 1.15 所示的可变形体的平面运动。可变形体原点的位置可以用矢量 $\boldsymbol{R}^i=[R_1^i \quad R_2^i]^T$ 来定义，而可变形体的方向可以用角度θ^i来描述。设 $\boldsymbol{i}_1^i$ 和 $\boldsymbol{i}_2^i$ 是沿体轴的单位矢量，该可变形体初始位置矢量 $\boldsymbol{u}_o^i$ 和变形矢量 $\boldsymbol{u}_f^i$ 可以写成：

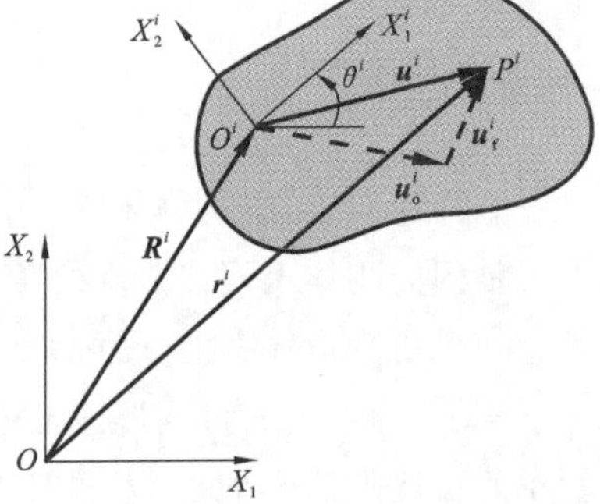

图 1.15　可变形体平面运动

$$\boldsymbol{u}_o^i=\bar{u}_{o1}^i\boldsymbol{i}_1^i+\bar{u}_{o2}^i\boldsymbol{i}_2^i \tag{1.20}$$

$$\boldsymbol{u}_f^i=\bar{u}_{f1}^i\boldsymbol{i}_1^i+\bar{u}_{f2}^i\boldsymbol{i}_2^i \tag{1.21}$$

其中：$\bar{u}_{o1}^i$ 和 $\bar{u}_{o2}^i$、$\bar{u}_{f1}^i$ 和 $\bar{u}_{f2}^i$ 分别是矢量 $\boldsymbol{u}_o^i$ 和 $\boldsymbol{u}_f^i$ 在体坐标系中定义的元素。元素 $\bar{u}_{o1}^i$ 和 $\bar{u}_{o2}^i$ 为常数，而元素 $\bar{u}_{f1}^i$ 和 $\bar{u}_{f2}^i$ 取决于点P^i的位置（形函数）和时间。基于这一点，将式(1.20)和式(1.21)与时间相乘，可以得到

$$\dot{\boldsymbol{u}}_o^i=\bar{u}_{o1}^i\frac{\mathrm{d}\boldsymbol{i}_1^i}{\mathrm{d}t}+\bar{u}_{o2}^i\frac{\mathrm{d}\boldsymbol{i}_2^i}{\mathrm{d}t}=\bar{u}_{o1}^i\dot{\theta}^i\boldsymbol{i}_2^i-\bar{u}_{o2}^i\dot{\theta}^i\boldsymbol{i}_1^i$$

$$\dot{\boldsymbol{u}}_{\mathrm{f}}^{i}=\bar{u}_{\mathrm{f1}}^{i}\frac{\mathrm{d}\boldsymbol{i}_{1}^{i}}{\mathrm{d}t}+\bar{u}_{\mathrm{f2}}^{i}\frac{\mathrm{d}\boldsymbol{i}_{2}^{i}}{\mathrm{d}t}+\dot{\bar{u}}_{\mathrm{f1}}^{i}\boldsymbol{i}_{1}^{i}+\dot{\bar{u}}_{\mathrm{f2}}^{i}\boldsymbol{i}_{2}^{i}=\bar{u}_{\mathrm{f1}}^{i}\dot{\theta}^{i}\boldsymbol{i}_{2}^{i}-\bar{u}_{\mathrm{f2}}^{i}\dot{\theta}^{i}\boldsymbol{i}_{1}^{i}+\dot{\bar{u}}_{\mathrm{f1}}^{i}\boldsymbol{i}_{1}^{i}+\dot{\bar{u}}_{\mathrm{f2}}^{i}\boldsymbol{i}_{2}^{i}$$

如果把物体的角速度矢量 $\boldsymbol{\omega}^{i}$ 表示为

$$\boldsymbol{\omega}^{i}=\dot{\theta}^{i}\boldsymbol{i}_{3}^{i}$$

则可以把 $\dot{\boldsymbol{u}}_{\mathrm{o}}^{i}$ 和 $\dot{\boldsymbol{u}}_{\mathrm{f}}^{i}$ 写成：

$$\dot{\boldsymbol{u}}_{\mathrm{o}}^{i}=\boldsymbol{\omega}^{i}\times\boldsymbol{u}_{\mathrm{o}}^{i} \tag{1.22}$$

$$\dot{\boldsymbol{u}}_{\mathrm{f}}^{i}=\boldsymbol{\omega}^{i}\times\boldsymbol{u}_{\mathrm{f}}^{i}+(\dot{\boldsymbol{u}}_{\mathrm{f}}^{i})_{r} \tag{1.23}$$

其中：$(\dot{\boldsymbol{u}}_{\mathrm{f}}^{i})_{r}$ 是矢量，即

$$(\dot{\boldsymbol{u}}_{\mathrm{f}}^{i})_{r}=\dot{\bar{u}}_{\mathrm{f1}}^{i}\boldsymbol{i}_{1}^{i}+\dot{\bar{u}}_{\mathrm{f2}}^{i}\boldsymbol{i}_{2}^{i}$$

将式(1.19)对时间求微分，并联立式(1.22)和式(1.23)，可得到可变形体上任意一点的速度矢量的表达式为

$$\boldsymbol{v}^{i}=\dot{\boldsymbol{r}}^{i}=\dot{\boldsymbol{R}}^{i}+\dot{\boldsymbol{u}}_{\mathrm{o}}^{i}+\dot{\boldsymbol{u}}_{\mathrm{f}}^{i}=\dot{\boldsymbol{R}}^{i}+\boldsymbol{\omega}^{i}\times\boldsymbol{u}_{\mathrm{o}}^{i}+\boldsymbol{\omega}^{i}\times\boldsymbol{u}_{\mathrm{f}}^{i}+(\dot{\boldsymbol{u}}_{\mathrm{f}}^{i})_{r}$$

或

$$\boldsymbol{v}^{i}=\dot{\boldsymbol{R}}^{i}+\boldsymbol{\omega}^{i}\times(\boldsymbol{u}_{\mathrm{o}}^{i}+\boldsymbol{u}_{\mathrm{f}}^{i})+(\dot{\boldsymbol{u}}_{\mathrm{f}}^{i})_{r} \tag{1.24}$$

比较式(1.16)和式(1.24)，可以看到刚体和可变形体的速度表达式有明显的不同。矢量$(\dot{\boldsymbol{u}}_{\mathrm{f}}^{i})_{r}$表示观察者在物体上观察到的变形矢量的变化率。

平面分析中任意点的加速度矢量可以通过将式(1.24)对时间求微分得到，由此可证明加速度矢量为

$$\boldsymbol{a}^{i}=\frac{\mathrm{d}\boldsymbol{v}^{i}}{\mathrm{d}t}=\ddot{\boldsymbol{R}}^{i}+\boldsymbol{\omega}^{i}\times(\boldsymbol{\omega}^{i}\times\boldsymbol{u}^{i})+\boldsymbol{\alpha}^{i}\times\boldsymbol{u}^{i}+2\boldsymbol{\omega}^{i}\times(\dot{\boldsymbol{u}}_{\mathrm{f}}^{i})_{r}+(\ddot{\boldsymbol{u}}_{\mathrm{f}}^{i})_{r} \tag{1.25}$$

$\boldsymbol{\alpha}^{i}$ 是引用的物体的角加速度矢量，有

$$\boldsymbol{\alpha}^{i}=\ddot{\theta}^{i}\boldsymbol{i}_{3}^{i}$$

$\boldsymbol{u}^{i}$ 是任意点的局部位置，有

$$\boldsymbol{u}^{i}=\boldsymbol{u}_{\mathrm{o}}^{i}+\boldsymbol{u}_{\mathrm{f}}^{i}$$

$(\ddot{\boldsymbol{u}}_{\mathrm{f}}^{i})_{r}$ 是观察者在物体上看到的该物体上任意点的加速度。这个加速度的分量为

$$(\ddot{\boldsymbol{u}}_{\mathrm{f}}^{i})_{r}=\ddot{\bar{u}}_{\mathrm{f1}}^{i}\boldsymbol{i}_{1}^{i}+\ddot{\bar{u}}_{\mathrm{f2}}^{i}\boldsymbol{i}_{2}^{i} \tag{1.26}$$

式(1.25)等号右边前三项与刚体分析中的相似，后两项是由于物体的变形产生的。

在空间情况下，可以推导出类似于式(1.24)和式(1.25)的方程。很明显，可变形体上任意点的位置、速度和加速度矢量取决于定义的变形矢量 $\boldsymbol{u}_{\mathrm{f}}^{i}$。

1.6　运动约束

在多体系统中，由于系统存在运动副，如转动副、球面副和移动副或具有指定的运动轨迹，因此物体的运动受到约束。由于需要用 6 个坐标来确定刚体在空间中的位置姿态，因此需要用 $6\times n_{\mathrm{b}}$ 个坐标来描述 n_{b} 个无约束物体的运动。由于系统约束的存在，系统内各构件的运动不再独立：运动副或特定的轨迹等系统运动约束会降低系统自由度。运动副和指定的运动轨

迹可以用一组非线性代数约束方程来进行数学描述。假设这些约束方程是线性无关的，每个约束方程约束一个可能的系统运动。系统自由度被定义为系统坐标的数目减去独立约束方程的数目。对于一个有 n_b 个刚体且有 n_c 个独立约束方程的刚体系统，其自由度(DOF)可以写成

$$\mathrm{DOF}=6\times b_b-n_c \tag{1.27}$$

这称为库兹巴赫准则。图 1.16 显示了在许多机械系统中出现的一些运动副。图 1.16(a)所示的移动副只允许该关节共有的两个物体相对移动。这个相对平移位移是沿着运动副轴线的。如果用笛卡儿空间中的一组坐标来描述这两个物体的运动，则必须施加五个运动学约束，以便只允许这两个物体沿着轴线运动。这些运动学约束可以用一组代数方程来表示，该代数方程表示两个物体沿垂直于轴线的两轴的相对平移量以及两个物体之间的相对旋转量必须为零。同样地，图 1.16(b)所示的转动副只允许两个物体围绕一个称为转动轴的轴相对旋转，也需要五个约束方程：三个为约束两个物体之间相对平移的方程，两个为约束两个物体之间相对旋转的方程，物体只围绕轴线旋转。类似的情况适用于圆柱副(见图 1.16(c))，它允许两个物体沿轴线相对平移和旋转，也适用于螺旋副(见图 1.16(d))，它只有一个自由度。

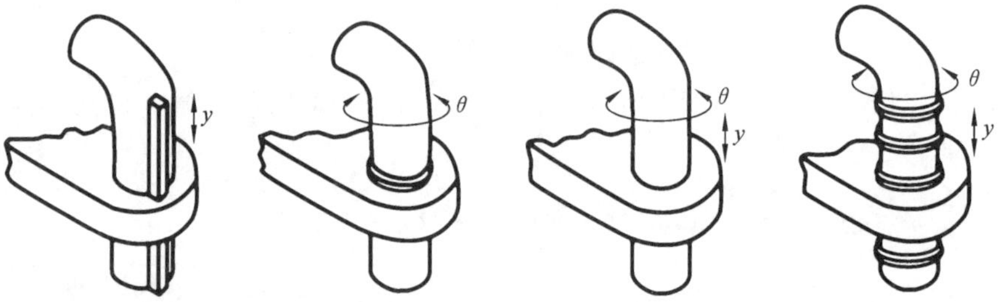

(a) 移动副　　(b) 转动副　　(c) 圆柱副　　(d) 螺旋副

图 1.16　转动副实例

运动约束的另一种形式是平面运动，其中物体的位移可以在二维笛卡儿空间中表示。在这种情况下，如图 1.12 所示，只需要三个坐标就可以描述物体的位置姿态。这样，n_b个无约束物体在二维空间中的位姿就可以用 $3\times n_b$个坐标来表示了。因此，对于一个在二维空间中有着n_b个刚体的系统，其自由度可以用库兹巴赫准则表示为

$$\mathrm{DOF}=3\times n_b-n_c \tag{1.28}$$

其中：n_c是表示系统中的运动副以及指定的运动轨迹的约束方程的数量。可以证明一个平面上的转动副可以用两个代数约束方程在笛卡儿空间中描述，因为这个转动副只有一个自由度，所以这个运动副连接的两个物体做相对旋转运动。类似地，平面运动中的移动副可以用两个代数约束方程来描述，这两个代数约束方程表示该运动副只允许相连的两个构件沿运动副轴线平移。在图 1.17 所示的系统中，圆盘在表面上滚动而不滑动。在这种情况下，质心的平移运动和圆盘的旋转运动不是独立的。因此，圆盘与表面之间的相对运动只有一个自由度。如果圆盘在表面上发生滚动和滑动，则圆盘的平移和旋转是独立的，圆盘与表面之间的相对运动具有两个自由度。

库兹巴赫准则的应用很简单。以平面曲柄滑块机构为例，如图 1.18 所示，该机构由固定连杆(地面)、曲轴 OA、连杆 AB、滑块 B 四个机构组成，系统有三个转动副和一个移动副。这些转动副分别是 O 处的转动副，连接曲轴与固定连杆；曲轴与连杆之间 A 处的转动副；连杆与滑块之间 B 处的转动副。滑块和固定连杆上的移动副只允许两个物体之间做相对平移。由于每个转动和/或移动副消除了两个自由度，并且消除固定连杆的自由度需要三个约束条件，因此可以验证 $n_c=11$。由于 $n_b=4$，采用库兹巴赫准则可确定机构的原动件个数为

$$m=3\times n_b-n_c=3\times 4-11=1$$

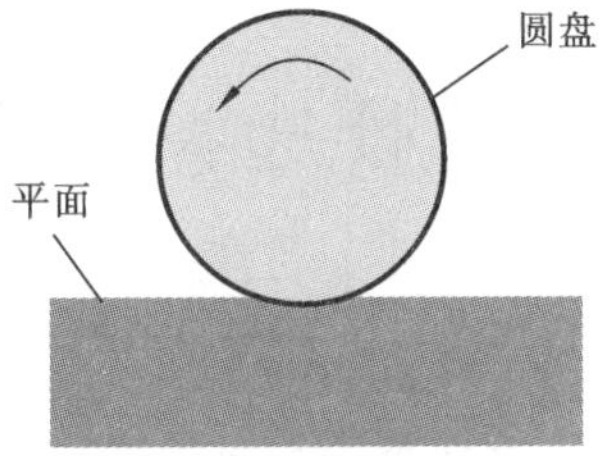

图 1.17　旋转圆盘

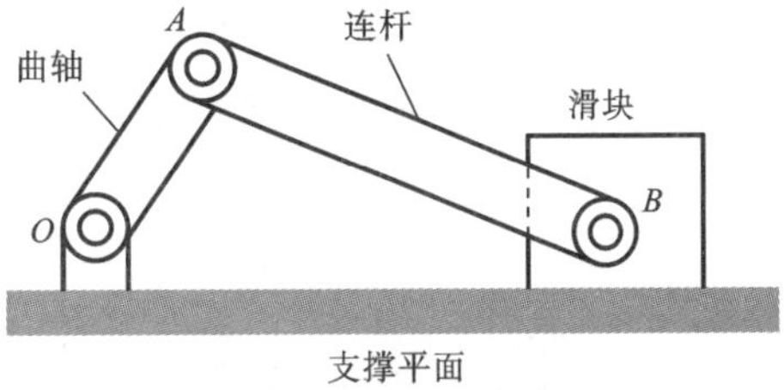

图 1.18　曲柄滑块机构

由此可见，平面多体曲柄滑块机构具有一个自由度。这意味着机构的运动可以只用一个输入来控制。换句话说，指定一个变量，比如曲轴的旋转角或滑块的行程，系统就会有唯一确定的运动。

另一种多体系统是图 1.19 所示的膝关节外骨骼人机并联多体系统。如图 1.19(a)所示，当分析膝关节外骨骼时，系统有 6 个构件和 6 个运动副，在这种情况下，$n_b=5$ 且 $n_c=12$，应用库兹巴赫准则，可以得出此时系统有 3 个自由度，即下肢膝关节瞬心 g 点沿 J 形轨迹移动兼小腿摆动的 3 个自由度。如图 1.19(b)所示，该多体系统有 7 个构件和 8 个运动副，因膝关节瞬心轨迹与小腿摆角呈固定关系，故在这种情况下，$n_b=7$ 且 $n_c=20$。

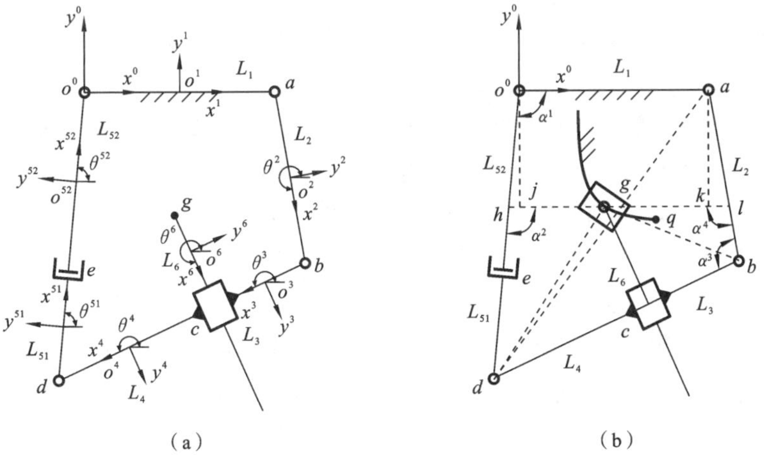

图 1.19　膝关节外骨骼人机并联多体系统简图

应用库兹巴赫准则，可以得出图 1.19(b)所示人机并联多体系统只有 1 个自由度，因此系统的运动可以通过指定一个变量来确定，如小腿的摆角。

在一些特殊的情况下，因为几何限制，应用库兹巴赫准则可能不会得出正确的答案。这并不奇怪，因为在发展库兹巴赫准则时，没有考虑多体系统的维数或几何性质。尽管如此，库兹巴赫准则很容易应用，并且在大多数实际问题中仍然有用。然而，需要指出的是，要完全理解多体系统的运动学，需要建立描述多体系统中机械关节以及指定运动轨迹的非线性代数约束方程。通过研究约束雅可比矩阵的性质，可以获得有关多体系统运动的有用信息。在本章中我们将采用这样的方法来研究包含刚体和可变形体的多体系统的运动学。通过这种研究方法，我们可以系统而直接地介绍物体变形对运动约束方程的影响。

1.7 数值仿真模型和坐标普适性选择

目前多体动力学的研究主要集中在系统坐标和自由度的选择上，以有效地描述系统的构型。但这必须在公式的通用性和动态分析效率之间进行权衡。多体系统动力学分析的方法一般可分为两种。在第一种方法中，通过一组描述系统中物体的位置和方向的笛卡儿坐标来确定系统的配置。这种方法的优点是控制系统运动的方程的动力学公式简单清晰。此外，使用这种方法，在一般情况下，可以方便地添加复杂的力函数和约束方程。对于系统中的每个空间刚体，六个坐标足以描述刚体的位姿。然而，可变形体的位姿需要使用一对笛卡儿坐标和弹性坐标来描述，其中笛卡儿坐标定义所选物体参考系的位置和方向，而弹性坐标描述物体相对于参考系的变形。在这种方法中，通过一组非线性代数约束方程，可以将不同物体之间的连通性引入动力学方程中。

在第二种方法中，通过使用相对坐标或关节坐标的方法来确定数量最少的以系统自由度表示的动态方程。在许多应用中，这种方法会生成基于闭环方程的复杂递归公式。与基于笛卡儿坐标的公式不同，在递归公式中合并一般的强制函数、约束方程和指定的轨迹是困难的。然而，这种方法在某些应用中更受欢迎，因为在确定动态方程时采用了数量最少的坐标。

与刚体力学相比，柔体动力学中选择坐标是一个比较困难的问题。采用的坐标系并不局限于笛卡儿坐标系或相对关节坐标系，这会引入许多概念性问题，我们将在本书的后面几章解释。如前所述，可变形体动力学的精确建模需要使用无限多个自由度。因此，对可变形体进行计算机建模的第一个问题是使用有限坐标系为可变形体定义一个符合定义的模型。

在瑞利-里茨方法中，假设物体变形后的形状可以被预测和近似，使用已知的有限集函数来定义物体相对于其参考系的形变。通过这种方法，可变形体的动力学模型可以用弹性坐标有限集来建立，这在第 5 章中会详细叙述。瑞利-里茨方法的主要问题之一是，当可变形体具有复杂几何形状时，难以确定近似函数。这个问题可以用有限元法来解决，图 1.20 所示为移动机械手简图与其构件 3 有限元离散。弹性变形自由度采用节点坐标和节点坐标的空间导数。使用节点自由度作为系数的插值多项式，用于定义单元内的形变。这些插值多项式和节点坐标定义了单元形状函数有限单元项的假定位移场。在工程中可应用各种不同几何形状的有限元单元,并且,这些有限元单元可以用来表示具有非常复杂的几何形状的可变形体。例如,在平面分析中使用的桁架、梁(见图 1.20)、矩形和三角形单元,以及在三维分析中使用的梁、板、四面体和壳单元等,在机械手多体系统动态分析中,常用的是梁单元。一些有限元单元类型如图 1.21 所示。

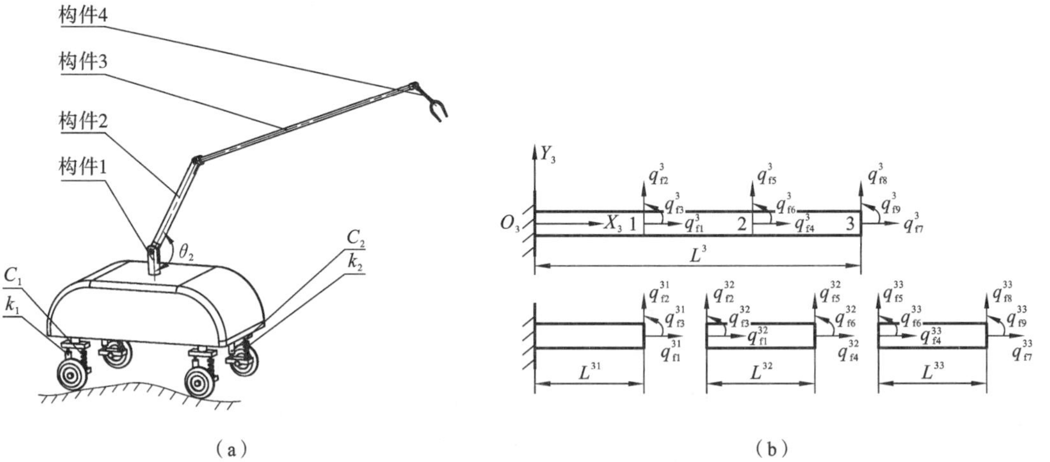

图 1.20 移动机械手简图与其构件 3 有限元离散

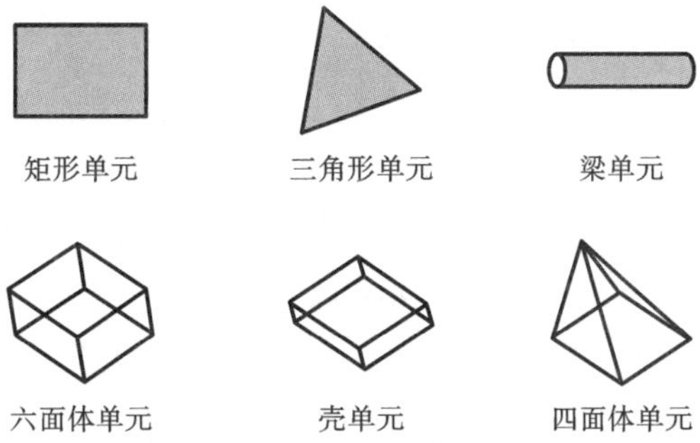

图 1.21 有限元单元类型

利用有限元法建立可变形体运动方程的方法在很大程度上与单元节点坐标的性质和假定的位移场有关。某些有限元的假定位移场可以用来描述任意位移,因此,有限元可以用于柔性体的大旋转和大变形分析。大旋转和大变形通常不是广泛研究的对象。本书第 6 章和第 7 章中讨论的其他一些元素的假定位移场,不能用来描述大的旋转和变形。这些元素是一般力学领域广泛研究的主题。由于这些元素本身不易解决大的旋转和变形问题,人们提出了几种方法来解决与这些元素有关的问题。这些方法大致可分为三种:浮动框架参考公式法、增量公式法和大旋转矢量公式法。下面简要讨论这三种基本方法。

1. 浮动框架参考公式法

在浮动框架参考(浮动坐标)公式中使用的运动学描述与 1.5 节中的描述相同。在这种方法中,体坐标系分配给每个可变形体(弹性体),并使用一组刚性连接的有限元离散。可使用一组绝对参考坐标来描述可变形体的大平移和大旋转运动,该绝对参考坐标定义了所选可变形体的体坐标系统位姿(位置和方向)。物体相对于体坐标系的弹性变形是由所离散的单元的节点坐标定义的。可以证明,当变形量等于零时,使用浮动框架参考公式法可以对刚体的惯性进行精确建模。此外,在浮动参考系中定义的有限元模型在任意刚体运动下具有零应变的特征,这证明了浮动框架参考公式法的计算精度。浮动框架参考公式法是柔性多体动力学中应用最广泛的方法,但它仅应用于假定物体相对于其坐标系的变形较小的情况。对于有限元浮动框架参考公式法,我们将在第 5、6 章中进行更详细的讨论。

2. 增量公式法

梁、板等许多重要单元的节点坐标代表节点位移和无穷小节点旋转角度。使用无穷小旋转角度作为节点坐标导致了单元的运动方程的线性化,也影响了算法精度。因此,这些线性简化坐标不能直接用来描述任意大旋转运动。此外,由于使用无穷小旋转角度作为节点坐标,在零外力工况下,单元在刚体任意位移下依旧有应变,这与物理认知不符。为了使这些元素在大旋转问题中产生的误差最小化,采用增量公式法将大旋转运动表示为小旋转运动序列,这些小旋转运动序列可以用假定的单元位移场精确描述。该方法已被计算力学界广泛用于解决结构系统中的大变形问题。然而,当单元变形量等于零时,使用这种方法会导致对刚体惯性建模不精确。要彻底避免上述计算精度问题,可以采用有限元中间坐标系的方法。

3. 大旋转矢量公式法

为了解决用无穷小旋转角度作为节点坐标所造成的问题,人们提出了大旋转矢量公式法。在这个公式中,将单元横截面的旋转运动引入一个可以用插值多项式逼近的场。在这种情况下,有限的旋转角度被当作节点坐标。在这个公式中,需要注意的一个问题是需要对有限的旋转角度坐标进行插值。比较重要的是,这个公式在描述大截面的转动时有冗余问题。

浮动坐标系法已经成功地用于解决许多多体系统的位姿描述问题。同时,它还应用于多个通用柔性多体计算机程序中。与浮动框架参考公式法相比,由于前面提到的限制,增量公式法和大旋转矢量公式法在柔性多体力学中的应用并不广泛,因此本书不详细介绍,读者可参阅相应文献。

1.8 本书的目的和范围

本书基于多体(包含刚体和弹性体)系统动力学,系统介绍能够准确描述机器人系统动态特性的数学模型构建与数值仿真分析的普适性方法,重点是适用于计算机辅助仿真分析的机器人多体系统动力学模型构建方法的系统性与通用性。书中内容适用于高年级本科生和一、二年级研究生。

第 2 章介绍多体系统运动学。在本章中,首先通过四个欧拉参数推导出构件的有限旋转空间变换矩阵。同时,给出该变换矩阵的指数形式和一些有用的恒等式,以及该变换矩阵的诸多重要性质,如有限旋转的正交性和非交换性等。其次基于旋转空间矩阵的时间导数,建立角速度矢量与方向坐标时间导数之间的运动学关系。然后给出空间变换矩阵的替代形式。最后通过六足复合运动模式机器人爬行运动学轨迹仿真研究对多体系统运动学的应用进行介绍。

第3章介绍建立多体系统动力学方程的一些常用分析方法。首先引入广义坐标和自由度的概念，给出一些描述机器人常用运动副的运动学约束模型构建的例子，并建立面向计算机的方法（约束雅可比矩阵）来确定系统相关和独立的坐标。其次引入虚功的概念，并利用达朗贝尔原理推导受完整和非完整约束的机械系统的拉格朗日动力学方程，并通过一些简单的例子来证明拉格朗日方程和牛顿第二定律的等价性。然后在简要讨论一些变分技术的基础上，介绍构建多体系统动力学模型的另一种理论——哈密顿原理。最后通过基于多体系统动力学的五连杆运动学及动力学仿真对多体系统动力学的应用进行介绍。

第4章对2杆轮式移动刚性机械手运动学、动力学、静力学进行系统的研究。首先在广义笛卡儿坐标下，以矩阵、矢量的形式，构建系统完整运动学模型、动力学模型、静力学模型。其次进行数值仿真，通过比较给定轨迹与计算轨迹，验证动力学模型的正确性。最后通过比较不同悬架弹簧刚度下的动力学模型数值仿真结果来说明轮式悬架的功用。

在第5章和第6章中，分别对2杆轮式线弹性-阻尼悬架移动刚-柔性移动机械手和2杆柔性、刚-柔性、刚性移动机械手运动学、动力学正解及静力学进行了系统研究。前者基于瑞利-里茨近似法、拉格朗日法和牛顿-欧拉法，采用参考坐标变量和弹性坐标变量建立系统动力学模型，后者采用有限元法和浮动坐标法，在笛卡儿坐标系下建立系统动力学模型，并都以矩阵、矢量的形式形成简洁的表达形式。然后通过与Ansys 11.0的计算结果的比较，验证系统静力学模型的正确性与有效性。最后采用数值法给出该动力学模型的正解仿真结果。

第7章建立在第2章至第4章动力学研究的基础上，通过给出系统瞬态动力学稳定性评价准则，针对不同的动力学模型，进行动力学瞬态稳定性评价。在给定任务工况（路面）下，对系统参数进行优化，形成多目标规划。最后在所得优化参数的基础上，针对轮式移动刚性机械手、轮式悬架移动刚性机械手、轮式悬架移动刚-柔性机械手、轮式悬架移动柔性机械手的稳定性进行仿真。

第8章首先在欧拉-伯努利梁理论基础上，采用Pin-free边界条件，引用Hermit插值函数作为单元形函数对柔性机械手进行有限元离散。在广义笛卡儿坐标系下，描述移动2杆刚-柔性机械手任一点的构型（位移、速度、加速度），通过坐标变换，将该构型变量变换到其中间坐标内，采用浮动坐标法和虚功原理，以矩阵的简洁形式，构建系统动力学模型。然后采用FFT和IFFT法，获得系统驱动力矩和节点构型变量，在时域内对驱动力矩进行修正。最后通过数据仿真，验证获取驱动力矩方法的有效性与正确性。

第2章　多体系统运动学

刚体的体坐标系通常固连于刚体上某一点，而做大幅转动的可变形体的体坐标系通常选用与弹性体不固结的浮动坐标系，即弹性体上任一点（包括与浮动坐标系原点重合的点）相对浮动坐标系都可产生弹性位移或变形。处理刚体系统时，由于刚体上的质点相对其体坐标系不移动，因此刚体的运动学可以通过其坐标系的运动学来描述。刚体上任一点相对自身体坐标系原点的位置可以用其相对于体坐标系各坐标轴的分量来描述。然而对于弹性体，其上任一点相对所选的浮动坐标系通常存在弹性变形。因此，应对刚体运动学和弹性体运动学加以区分。

任何运动学描述的基础都是对空间中转动的理解。因此，本章主要致力于提出一种用于描述体坐标系在空间中的运动的系统性方法。坐标系（也称为参考系）是一个刚性三维矢量组合，它的运动可由矢量原点相对惯性坐标系的平动以及绕某个轴线的转动来描述。如果体坐标系的原点与惯性坐标系的原点固结在一起，则体坐标系在空间中只具有转动自由度。因此，不失一般性，固定体坐标系原点，建立变换矩阵，以描述坐标系的姿态。定义了变换矩阵后，引入体坐标系原点的平移，用于确定体坐标系上任一点在全局坐标系下的位置，而其在体坐标系下的位置由沿体坐标系各坐标轴的分量确定。这样，体坐标系的位姿由六个独立变量（三维空间）来确定：三个平动分量和三个转动分量，即刚体坐标系的广义位移可以由平移和绕瞬时轴的转动来描述。

2.1　变换矩阵

在多体系统中，零部件通常具有较大的相对平动和转动自由度。为了定义多体系统零部件的位姿，须确定零部件上任一点相对所选的惯性坐标系的位置矢量。因此，为了建模方便，需为多体系统中的每个零部件定义一个体坐标系，任一点的位置矢量可以容易地在其体坐标系中予以描述。通过定义体坐标系相对其他坐标系的位姿，这些点的位置矢量可在其他坐标系中进行表达，即坐标变换。对三维空间而言，需要六个变量来定义坐标系 $O^iX_1^iX_2^iX_3^i$ 相对另一个坐标系 $OX_1X_2X_3$ 的位姿；对二维空间而言，需要三个变量来定义坐标系 $O^iX_1^iX_2^i$ 相对另一个坐标系 OX_1X_2 的位姿。如图 2.1(a)所示，三个变量可定义两个坐标系之间的相对平移运动（平动）。这个相对平动可以利用坐标系 $O^iX_1^iX_2^iX_3^i$ 的原点 O^i 相对坐标系 $OX_1X_2X_3$ 的位置矢量来表征。一个坐标系相对另一个坐标系的姿态可以用三个独立变量（如角度、欧拉参数等）来定义。

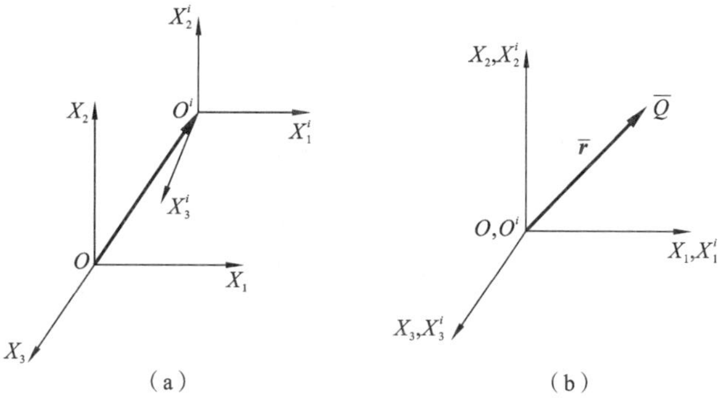

图 2.1　坐标系

2.1.1　变换矩阵的推导

为了推导两个坐标系 $O^iX_1^i X_2^i X_3^i$ 与 $OX_1X_2X_3$ 之间相对姿态的变换关系，不失一般性，首先假设两个坐标系的原点重合，如图 2.1(b)所示。而且，假设两个坐标系的各坐标轴在初始状态下相互平行。令矢量 $\bar{\boldsymbol{r}}$ 表示点 $\bar{Q}$ 的位移矢量，假设点 $\bar{Q}$ 在坐标系 $O^iX_1^i X_2^i X_3^i$ 中固定。因此，在坐标系 $O^i X_1^i X_2^i X_3^i$ 相对坐标系 $OX_1X_2X_3$ 转动之前，矢量 $\bar{\boldsymbol{r}}$ 在两个坐标系内的三个分量都相同。令坐标系 $O^iX_1^i X_2^i X_3^i$ 绕转轴 OC 转动角度 θ，如图 2.2(a)所示。坐标系转动后，点 $\bar{Q}$ 移动到了点 Q。点 Q 在坐标系 $OX_1X_2X_3$ 中的位置矢量由 $\boldsymbol{r}$ 表示。由转动角度 θ 引起的点 $\bar{Q}$ 位置矢量的变化通过图 2.2(b)中的矢量 $\Delta\boldsymbol{r}$ 来定义。显然，矢量 $\bar{\boldsymbol{r}}$ 在绕转轴 OC 转动角度 θ 后，变换为矢量 $\boldsymbol{r}$，这个新的矢量 $\boldsymbol{r}$ 可以写为

$$\boldsymbol{r}=\bar{\boldsymbol{r}}+\Delta\boldsymbol{r} \tag{2.1}$$

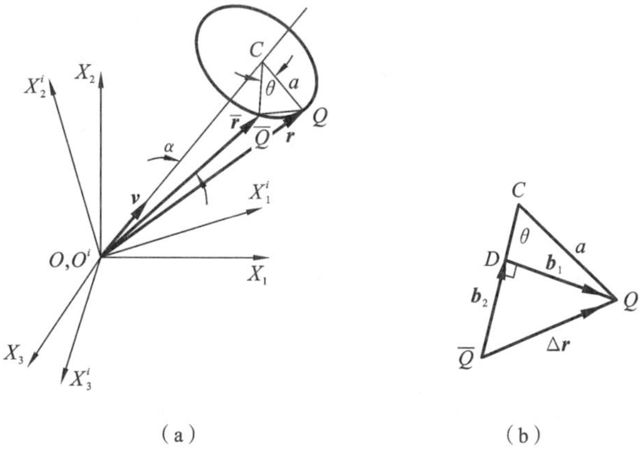

图 2.2　有限转动

如图 2.2 所示，矢量 $\Delta\boldsymbol{r}$ 可以表示为两个矢量的和，即

$$\Delta \boldsymbol{r}=\boldsymbol{b}_1+\boldsymbol{b}_2 \tag{2.2}$$

式中：矢量$\boldsymbol{b}_1$ 垂直于平面 $OC\bar{Q}$，方向为$(\boldsymbol{v}\times\bar{\boldsymbol{r}})$，其中 $\boldsymbol{v}$ 是沿转轴 OC 的单位矢量。矢量 $\boldsymbol{b}_1$ 的模为

$$|\boldsymbol{b}_1|=a\sin\theta$$

由图 2.2 可知，$a=|\bar{\boldsymbol{r}}|\sin\alpha=|\boldsymbol{v}\times\bar{\boldsymbol{r}}|$。因此

$$\boldsymbol{b}_1=a\sin\theta\frac{\boldsymbol{v}\times\bar{\boldsymbol{r}}}{|\boldsymbol{v}\times\bar{\boldsymbol{r}}|}=(\boldsymbol{v}\times\bar{\boldsymbol{r}})\sin\theta \tag{2.3}$$

式(2.2)中矢量$\boldsymbol{b}_2$ 的模为

$$|\boldsymbol{b}_2|=a(1-\cos\theta)=2a\sin^2\frac{\theta}{2}$$

$\boldsymbol{b}_2$ 同时垂直于 $\boldsymbol{v}$ 和 DQ，其方向与单位矢量$(\boldsymbol{v}\times\bar{\boldsymbol{r}})/a$ 的相同。因此，$\boldsymbol{b}_2$ 记为

$$\boldsymbol{b}_2=2a\sin^2\frac{\theta}{2}\cdot\frac{\boldsymbol{v}\times(\boldsymbol{v}\times\bar{\boldsymbol{r}})}{a}=2[\boldsymbol{v}\times(\boldsymbol{v}\times\bar{\boldsymbol{r}})]\sin^2\frac{\theta}{2} \tag{2.4}$$

根据式(2.1)至式(2.4)，可得

$$\boldsymbol{r}=\bar{\boldsymbol{r}}+(\boldsymbol{v}\times\bar{\boldsymbol{r}})\sin\theta+2[\boldsymbol{v}\times(\boldsymbol{v}\times\bar{\boldsymbol{r}})]\sin^2\frac{\theta}{2} \tag{2.5}$$

有恒等式

$$\boldsymbol{v}\times\bar{\boldsymbol{r}}=\tilde{\boldsymbol{v}}\times\bar{\boldsymbol{r}}=-\tilde{\bar{\boldsymbol{r}}}\boldsymbol{v}$$

其中：$\tilde{\boldsymbol{v}}$ 和 $\tilde{\bar{\boldsymbol{r}}}$ 为反对称矩阵，表达式分别为

$$\tilde{\boldsymbol{v}}=\begin{bmatrix}0 & -v_3 & v_2\\ v_3 & 0 & -v_1\\ -v_2 & v_1 & 0\end{bmatrix},\quad \tilde{\bar{\boldsymbol{r}}}=\begin{bmatrix}0 & -\bar{r}_3 & \bar{r}_2\\ \bar{r}_3 & 0 & -\bar{r}_1\\ -\bar{r}_2 & \bar{r}_1 & 0\end{bmatrix} \tag{2.6}$$

式中：v_1、v_2、v_3 为单位矢量 $\boldsymbol{v}$ 的三个分量；$\bar{r}_1$、$\bar{r}_2$、$\bar{r}_3$ 为矢量 $\bar{\boldsymbol{r}}$ 的三个分量。根据上述恒等式，式(2.5)可以重写为

$$\boldsymbol{r}=\bar{\boldsymbol{r}}+\tilde{\boldsymbol{v}}\bar{\boldsymbol{r}}\sin\theta+2(\tilde{\boldsymbol{v}})^2\bar{\boldsymbol{r}}\sin^2\frac{\theta}{2}$$

或

$$\boldsymbol{r}=\left[\boldsymbol{I}+\tilde{\boldsymbol{v}}\sin\theta+2(\tilde{\boldsymbol{v}})^2\sin^2\frac{\theta}{2}\right]\bar{\boldsymbol{r}} \tag{2.7}$$

式中：$\boldsymbol{I}$ 为 3×3 的单位矩阵。式(2.7)可以写为

$$\boldsymbol{r}=\boldsymbol{A}\bar{\boldsymbol{r}} \tag{2.8}$$

式中：$\boldsymbol{A}=\boldsymbol{A}(\theta)$，为 3×3 变换矩阵，即

$$\boldsymbol{A}=\boldsymbol{I}+\tilde{\boldsymbol{v}}\sin\theta+2(\tilde{\boldsymbol{v}})^2\sin^2\frac{\theta}{2} \tag{2.9}$$

这个变换矩阵称为罗德里格斯公式，它由转动角度和沿转轴的单位矢量来表示。由于 $\boldsymbol{v}$ 是单位矢量，式(2.9)中的变换矩阵可以由三个独立的参数来表示。

2.1.2 欧拉参数

式(2.9)中的变换矩阵可以用以下四个欧拉参数来表示，即

$$\begin{cases}\theta_0=\cos\dfrac{\theta}{2}, & \theta_1=v_1\sin\dfrac{\theta}{2}\\ \theta_2=v_2\sin\dfrac{\theta}{2}, & \theta_3=v_3\sin\dfrac{\theta}{2}\end{cases} \tag{2.10}$$

这四个欧拉参数满足：

$$\sum_{i=0}^{3}(\theta_k)^2=\boldsymbol{\theta}^{\mathrm{T}}\boldsymbol{\theta} \tag{2.11}$$

式中：$\boldsymbol{\theta}$ 为矢量，即

$$\boldsymbol{\theta}=[\theta_0 \quad \theta_1 \quad \theta_2 \quad \theta_3]^{\mathrm{T}} \tag{2.12}$$

根据式(2.11)，变换矩阵 $\boldsymbol{A}$ 可以显式地写为式(2.10)中四个欧拉参数的形式，即

$$\boldsymbol{A}=\begin{bmatrix}1-2(\theta_2)^2-2(\theta_3)^2 & 2(\theta_1\theta_2-\theta_0\theta_3) & 2(\theta_1\theta_3+\theta_0\theta_2)\\ 2(\theta_1\theta_2+\theta_0\theta_3) & 1-2(\theta_1)^2-2(\theta_3)^2 & 2(\theta_2\theta_3-\theta_0\theta_1)\\ 2(\theta_1\theta_3-\theta_0\theta_2) & 2(\theta_2\theta_3+\theta_0\theta_1) & 1-2(\theta_1)^2-2(\theta_2)^2\end{bmatrix} \tag{2.13}$$

根据式(2.11)，可以得到变换矩阵另一种形式，即

$$\boldsymbol{A}=\begin{bmatrix}2((\theta_0)^2+(\theta_1)^2)-1 & 2(\theta_1\theta_2-\theta_0\theta_3) & 2(\theta_1\theta_3+\theta_0\theta_2)\\ 2(\theta_1\theta_2+\theta_0\theta_3) & 2((\theta_0)^2+(\theta_2)^2)-1 & 2(\theta_2\theta_3-\theta_0\theta_1)\\ 2(\theta_1\theta_3-\theta_0\theta_2) & 2(\theta_2\theta_3+\theta_0\theta_1) & 2((\theta_0)^2+(\theta_3)^2)-1\end{bmatrix} \tag{2.14}$$

式(2.8)中的矢量 $\bar{\boldsymbol{r}}$ 为旋转之前点 $\bar{Q}$ 的位置矢量，而矢量 $\boldsymbol{r}$ 表示绕转轴 OC 转动角度 θ 后的点 Q 的位置矢量。式(2.8)和欧拉定理认为刚体转动可以等价于刚体绕某个固定轴的转动，这对在进行刚体运动学分析之前的推导工作具有重要的指导作用。注意到式(2.9)表示的变换矩阵或者它用欧拉参数θ_0、θ_1、θ_2 和θ_3 表示的显性形式都与矢量 $\bar{\boldsymbol{r}}$ 的分量无关，而仅仅与沿转轴的单位矢量的分量和转动角度θ_0有关。因此，任何与 $O\bar{Q}$ 刚性连接的直线都可以通过式(2.9)中的变换矩阵 $\boldsymbol{A}$ 进行变换。所以可以认为，式(2.9)中的变换矩阵 $\boldsymbol{A}$ 可以用来描述任何与定义矢量 $\bar{\boldsymbol{r}}$ 的转动参考系刚性连接的直线的转动。因而，以后我们将用矩阵 $\boldsymbol{A}$ 表示变换矩阵，或坐标系 $O^iX_1^iX_2^iX_3^i$ 的变换矩阵。

例题 2.1　对于平面运动，设置沿转轴的单位矢量为

$$\boldsymbol{v}=[0 \quad 0 \quad v_3]^{\mathrm{T}}=[0 \quad 0 \quad 1]^{\mathrm{T}}$$

式(2.10)中的四个欧拉参数为

$$\theta_0=\cos\frac{\theta}{2},\quad \theta_1=\theta_2=0,\quad \theta_3=v_3\sin\frac{\theta}{2}=\sin\frac{\theta}{2}$$

将上述数值代入式(2.14)中可得

$$\boldsymbol{A}=\begin{bmatrix}2(\theta_0)^2-1 & -2\theta_0\theta_3 & 0\\ 2\theta_0\theta_3 & 2(\theta_0)^2-1 & 0\\ 0 & 0 & 2[(\theta_0)^2+(\theta_3)^2]-1\end{bmatrix}$$

$$=\begin{bmatrix} 2\cos^2\dfrac{\theta}{2}-1 & -2\cos\dfrac{\theta}{2}\sin\dfrac{\theta}{2} & 0 \\ 2\cos\dfrac{\theta}{2}\sin\dfrac{\theta}{2} & 2\cos^2\dfrac{\theta}{2}-1 & 0 \\ 0 & 0 & 2\left(\cos^2\dfrac{\theta}{2}+\sin^2\dfrac{\theta}{2}\right)-1 \end{bmatrix}$$

根据三角函数式：

$$2\cos^2\frac{\theta}{2}-1=\cos\theta,\quad 2\cos\frac{\theta}{2}\sin\frac{\theta}{2}=\sin\theta$$

变换矩阵 $\boldsymbol{A}$ 可以写成如下特殊形式，即

$$\boldsymbol{A}=\begin{bmatrix} \cos\theta & -\sin\theta & 0 \\ \sin\theta & \cos\theta & 0 \\ 0 & 0 & 1 \end{bmatrix}$$

这就是人们所熟悉的平面运动的变换矩阵。平面内矢量通过两个分量来定义，所以可以去掉上述变换矩阵的最后一行和最后一列，将 $\boldsymbol{A}$ 写成 2×2 矩阵，即

$$\boldsymbol{A}=\begin{bmatrix} \cos\theta & -\sin\theta \\ \sin\theta & \cos\theta \end{bmatrix}$$

2.1.3 广义位移

上述描述的空间变换是由转动角度和沿转轴的单位矢量的三个分量来表示的。由于沿转轴单位矢量的长度固定不变，因此这四个变量并不是完全独立的。类似的结论同样适用于由四个欧拉参数描述的变换矩阵，如式(2.13)和式(2.14)。这四个欧拉参数必须满足式(2.11)。因此，很明显，刚体坐标系的姿态可以由三个相互独立的变量来定义。然而，空间中刚体坐标系姿态的三变量表示方法在某些方位会出现奇异性。在学习了空间变换的一些性质后，后面的章节中将会介绍一些常用的由三个独立参数表示的变换矩阵形式。

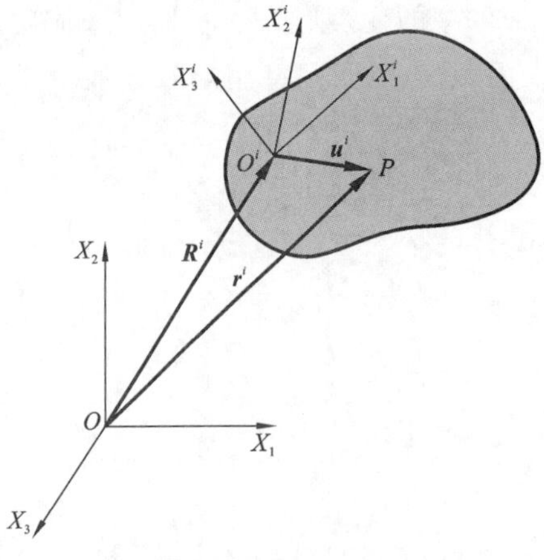

图 2.3 刚体坐标系

多体系统中的刚体 i 的广义位移可以用转动和平动来描述。多体系统中刚体 i 上任意一点 P 的位置矢量 $\bar{\boldsymbol{u}}^i$ 在连体坐标系 $O^iX_1^i\ X_2^i\ X_3^i$ 内具有固定的分量。如果该刚体做纯转动，则点 P 在全局坐标系 $OX_1X_2X_3$ 的位置矢量通过矢量 $\boldsymbol{u}^i$ 来描述，如图 2.3 所示。$\boldsymbol{u}^i$ 与 $\bar{\boldsymbol{u}}^i$ 之间的变换关系为

$$\boldsymbol{u}^i=\boldsymbol{A}^i\bar{\boldsymbol{u}}^i$$

式中：上标 i 表示多体系统中的刚体 i；$\boldsymbol{A}^i$ 是描述刚体 i 相对于坐标系 $OX_1X_2X_3$ 的空间姿态的变换矩阵。如果刚体除了转动之外还有平动，即一般运动，则根据查理定理，刚体运动可以描述成某一点的平动和绕转轴的转动。刚体的平动可以用体坐标系原点的

位置矢量来描述。这个位置矢量记作 $\boldsymbol{R}^i$。因此，刚体上任意一点的全局位置矢量 $\boldsymbol{r}^i$ 都可以通过刚体的平动和转动来表示，即

$$\boldsymbol{r}^i=\boldsymbol{R}^i+\boldsymbol{A}^i\bar{\boldsymbol{u}}^i$$

该表达式可用于由相互连接的刚体组成的多体系统的位置分析，通过下面的例子来进行具体说明。

例题 2.2　图 2.4 所示为由圆柱铰连接在一起的两个机械臂，圆柱铰允许两个构件做相对平动和转动。构件 2 相对于构件 1 做沿圆柱铰转轴的平动和转动，圆柱铰转轴的单位矢量 $\boldsymbol{v}$ 在构件 1 的坐标系内表示为

$$\boldsymbol{v}=[v_1\quad v_2\quad v_3]^{\mathrm{T}}=\frac{1}{\sqrt{3}}[1\quad 1\quad 1]^{\mathrm{T}}$$

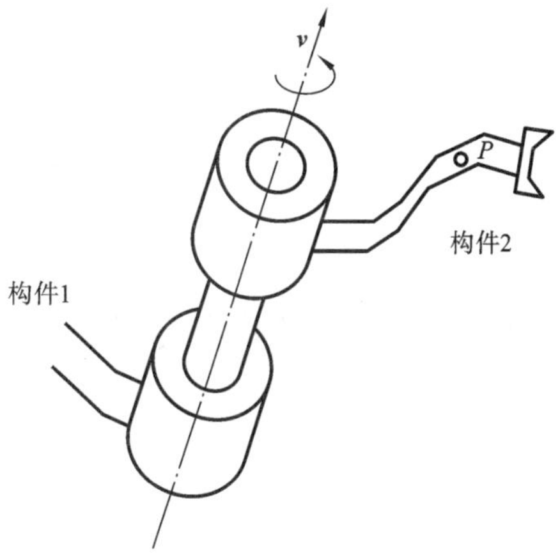

图 2.4　机械臂

假设初始状态时两个构件坐标系坐标轴一致，并且构件 2 相对于构件 1 分别以恒定的速度 $\dot{R}^2=1$ m/s 平动和恒定的角速度 $\omega^2=0.17453$ rad/s 转动，确定 $t=3$ s 时，构件 2 上局部坐标为 $\bar{\boldsymbol{u}}=[0\quad 1\quad 0]^{\mathrm{T}}$ 的点 P 在构件 1 坐标系下的局部位置。

解　由构件 2 坐标系原点平动引起的平动位移为

$$R^2=\dot{R}^2t=3\ \mathrm{m}$$

构件 2 坐标系的原点在构件 1 坐标系内的位置矢量用 $\boldsymbol{R}^2$ 来表示，则

$$\boldsymbol{R}^2=[R_1^2\quad R_2^2\quad R_3^2]^{\mathrm{T}}=\sqrt{3}[1\quad 1\quad 1]^{\mathrm{T}}$$

反对称矩阵 $\tilde{\boldsymbol{v}}$ 为

$$\tilde{\boldsymbol{v}}=\frac{1}{\sqrt{3}}\begin{bmatrix}0&-1&1\\1&0&-1\\-1&1&0\end{bmatrix}$$

且

$$(\tilde{\boldsymbol{v}})^2=\frac{1}{3}\begin{bmatrix}-2&1&1\\1&-2&1\\1&1&-2\end{bmatrix}$$

$$\sin\theta^2=\sin30^{\circ}=0.5,\quad \sin^2\frac{\theta^2}{2}=\sin^2 15^{\circ}=0.06699$$

代入式(2.9)中，得到构件 2 的变换矩阵为

$$\boldsymbol{A}^2=\boldsymbol{I}+\tilde{\boldsymbol{v}}\sin\theta^2+2(\tilde{\boldsymbol{v}})^2\sin^2\frac{\theta^2}{2}=\begin{bmatrix}0.91068&-0.24402&0.33334\\0.33334&0.91068&-0.24402\\-0.24402&0.33334&0.91068\end{bmatrix}$$

点 P 相对于构件 1 的位置矢量为

$$\boldsymbol{r}_P=\boldsymbol{R}^2+\boldsymbol{A}^2\bar{\boldsymbol{u}}=\left(\sqrt{3}\begin{bmatrix}1\\1\\1\end{bmatrix}+\begin{bmatrix}0.91068 & -0.24402 & 0.33334\\0.33334 & 0.91068 & -0.24402\\-0.24402 & 0.33334 & 0.91068\end{bmatrix}\begin{bmatrix}0\\1\\0\end{bmatrix}\right)\text{ m}$$

$$=\left(1.7321\begin{bmatrix}1\\1\\1\end{bmatrix}+\begin{bmatrix}-0.24402\\0.91068\\0.33334\end{bmatrix}\right)\text{ m}=\begin{bmatrix}1.48808\\2.64278\\2.06544\end{bmatrix}\text{ m}$$

2.2 变换矩阵的性质

变换矩阵的一个重要性质是正交性。接下来介绍变换矩阵正交性的证明过程和它的另一种形式。

2.2.1 变换矩阵的正交性

注意到式(2.9)中的 $\tilde{\boldsymbol{v}}$ 是一个反对称矩阵(即 $\tilde{\boldsymbol{v}}^{\mathrm{T}}=-\tilde{\boldsymbol{v}}$),$(\tilde{\boldsymbol{v}})^2$ 是一个对称矩阵,事实上,矩阵 $\tilde{\boldsymbol{v}}$ 还有如下特性:

$$(\tilde{\boldsymbol{v}})^3=-\tilde{\boldsymbol{v}}(\tilde{\boldsymbol{v}})^4=-(\tilde{\boldsymbol{v}})^2,\quad (\tilde{\boldsymbol{v}})^5=\tilde{\boldsymbol{v}}(\tilde{\boldsymbol{v}})^6=(\tilde{\boldsymbol{v}})^2 \tag{2.15}$$

由此得到递推关系:

$$(\tilde{\boldsymbol{v}})^{2n-1}=(-1)^{n-1}\tilde{\boldsymbol{v}}(\tilde{\boldsymbol{v}})^{2n}=(-1)^{n-1}(\tilde{\boldsymbol{v}})^2 \tag{2.16}$$

根据式(2.9)可得

$$\begin{aligned}\boldsymbol{A}^{\mathrm{T}}\boldsymbol{A}&=\left[\boldsymbol{I}-\tilde{\boldsymbol{v}}\sin\theta+2(\tilde{\boldsymbol{v}})^2\sin^2\frac{\theta}{2}\right]\left[\boldsymbol{I}+\tilde{\boldsymbol{v}}\sin\theta+2(\tilde{\boldsymbol{v}})^2\sin^2\frac{\theta}{2}\right]\\&=\boldsymbol{I}+4(\tilde{\boldsymbol{v}})^2\sin^2\frac{\theta}{2}+4(\tilde{\boldsymbol{v}})^4\sin^4\frac{\theta}{2}-4(\tilde{\boldsymbol{v}})^2\sin^2\frac{\theta}{2}\cos^2\frac{\theta}{2}=\boldsymbol{A}\boldsymbol{A}^{\mathrm{T}}\end{aligned} \tag{2.17}$$

根据式(2.16),式(2.17)可以写为

$$\boldsymbol{A}^{\mathrm{T}}\boldsymbol{A}=\boldsymbol{I}+4(\tilde{\boldsymbol{v}})^2\sin^2\frac{\theta}{2}\left[\left(\sin^2\frac{\theta}{2}+\cos^2\frac{\theta}{2}\right)-1\right]=\boldsymbol{I} \tag{2.18}$$

即可证明矩阵 $\boldsymbol{A}$ 具有正交性,即

$$\boldsymbol{A}^{\mathrm{T}}=\boldsymbol{A}^{-1} \tag{2.19}$$

这是变换矩阵一个很重要的性质,也可以利用反向转动进行检验,即将 $\boldsymbol{r}$ 变换成 $\bar{\boldsymbol{r}}$。在这种情况下,用 $-\theta$ 来替代式(2.9)中的 θ,得

$$\boldsymbol{A}^{-1}=\boldsymbol{I}-\tilde{\boldsymbol{v}}\sin\theta+2(\tilde{\boldsymbol{v}})^2\sin^2\frac{\theta}{2}=\boldsymbol{A}^{\mathrm{T}} \tag{2.20}$$

这里用到了 $\sin(-\theta)=-\sin\theta$。因此,$\bar{\boldsymbol{r}}$ 可以用矢量 $\boldsymbol{r}$ 来表示,即

$$\bar{\boldsymbol{r}}=\boldsymbol{A}^{\mathrm{T}}\boldsymbol{r}$$

在转动量无穷小的情况下,$\sin\theta$ 可以近似表示为

$$\sin\theta=\theta-\frac{(\theta)^3}{3}+\frac{(\theta)^5}{5}+\cdots\approx\theta \tag{2.21}$$

由式(2.9)可得到矩阵 $\boldsymbol{A}$ 的近似值：

$$\boldsymbol{A} \approx \boldsymbol{I} + \tilde{\boldsymbol{v}}\theta$$

在这种特殊情况下：

$$\boldsymbol{A}^{\mathrm{T}} \approx \boldsymbol{I} - \tilde{\boldsymbol{v}}\theta$$

式中：θ 就是绕转轴的转动角度。

2.2.2 另一种形式的变换矩阵

式(2.14)给出的变换矩阵可以由两个矩阵的乘积表示，并且每一个矩阵都与欧拉参数 θ_0、θ_1、θ_2 和 θ_3 成线性关系。该关系式为

$$\boldsymbol{A} = \boldsymbol{E}\bar{\boldsymbol{E}}^{\mathrm{T}} \tag{2.22}$$

式中：$\boldsymbol{E}$ 和 $\bar{\boldsymbol{E}}$ 是 3×4 矩阵，即

$$\boldsymbol{E} = \begin{bmatrix} -\theta_1 & \theta_0 & -\theta_3 & \theta_2 \\ -\theta_2 & \theta_3 & \theta_0 & -\theta_1 \\ -\theta_3 & -\theta_2 & \theta_1 & \theta_0 \end{bmatrix}, \quad \bar{\boldsymbol{E}} = \begin{bmatrix} -\theta_1 & \theta_0 & \theta_3 & -\theta_2 \\ -\theta_2 & -\theta_3 & \theta_0 & \theta_1 \\ -\theta_3 & \theta_2 & -\theta_1 & \theta_0 \end{bmatrix} \tag{2.23}$$

根据式(2.11)，可知 $\boldsymbol{E}$ 和 $\bar{\boldsymbol{E}}$ 满足：

$$\boldsymbol{E}\boldsymbol{E}^{\mathrm{T}} = \bar{\boldsymbol{E}}\bar{\boldsymbol{E}}^{\mathrm{T}} = \boldsymbol{I}, \quad \boldsymbol{E}^{\mathrm{T}}\boldsymbol{E} = \bar{\boldsymbol{E}}^{\mathrm{T}}\bar{\boldsymbol{E}} = \boldsymbol{I}_4 - \boldsymbol{\theta}\boldsymbol{\theta}^{\mathrm{T}} \tag{2.24}$$

式中：$\boldsymbol{I}_4$ 为 4×4 单位矩阵。同理可得：

$$\boldsymbol{A}^{\mathrm{T}}\boldsymbol{A} = \bar{\boldsymbol{E}}\boldsymbol{E}^{\mathrm{T}}\boldsymbol{E}\bar{\boldsymbol{E}}^{\mathrm{T}} = \boldsymbol{I} \tag{2.25}$$

式(2.25)的推导过程用到了 $\bar{\boldsymbol{E}}\boldsymbol{\theta} = 0$，式(2.25)提供了证明 $\boldsymbol{A}$ 为正交矩阵的另一种方法。

例题 2.3 刚体上某一点的位置矢量为 $\bar{\boldsymbol{r}} = [2 \quad 3 \quad 4]^{\mathrm{T}}$，刚体绕转轴转动的角度 $\theta = 45°$，转轴的单位矢量为 $\boldsymbol{v} = \begin{bmatrix} \frac{1}{\sqrt{3}} & \frac{1}{\sqrt{3}} & \frac{1}{\sqrt{3}} \end{bmatrix}^{\mathrm{T}}$，确定变换矩阵和变换后的矢量。

解 本题中，矩阵 $\tilde{\boldsymbol{v}}$ 和 $(\tilde{\boldsymbol{v}})^2$ 分别为

$$\tilde{\boldsymbol{v}} = \frac{1}{\sqrt{3}} \begin{bmatrix} 0 & -1 & 1 \\ 1 & 0 & -1 \\ -1 & 1 & 0 \end{bmatrix}, \quad (\tilde{\boldsymbol{v}})^2 = \frac{1}{3} \begin{bmatrix} -2 & 1 & 1 \\ 1 & -2 & 1 \\ 1 & 1 & -2 \end{bmatrix}$$

当 $\theta = 45°$ 时，有

$$\sin\theta = \sin 45° = 0.7071, \quad 2\sin^2\frac{\theta}{2} = 2\sin^2\frac{45°}{2} = 0.2929$$

根据式(2.9)，变换矩阵可写为

$$\boldsymbol{A} = \boldsymbol{I} + \tilde{\boldsymbol{v}}\sin\theta + 2(\tilde{\boldsymbol{v}})^2\sin^2\frac{\theta}{2}$$

$$= \begin{bmatrix} 1 & 0 & 0 \\ 0 & 1 & 0 \\ 0 & 0 & 1 \end{bmatrix} + \frac{0.7071}{\sqrt{3}} \begin{bmatrix} 0 & -1 & 1 \\ 1 & 0 & -1 \\ -1 & 1 & 0 \end{bmatrix} + \frac{0.2929}{3} \begin{bmatrix} -2 & 1 & 1 \\ 1 & -2 & 1 \\ 1 & 1 & -2 \end{bmatrix}$$

$$=\begin{bmatrix}0.8048 & -0.3106 & 0.5058\\ 0.5058 & 0.8048 & -0.3106\\ -0.3106 & 0.5058 & 0.8048\end{bmatrix}$$

该变换矩阵也能够由式(2.10)中的欧拉参数 θ_0、θ_1、θ_2 和 θ_3 来计算。可以用简单的矩阵乘法来验证上述矩阵是否为正交矩阵。为了求解变换后的矢量 $\boldsymbol{r}$，根据式(2.8)可得

$$\boldsymbol{r}=\boldsymbol{A}\bar{\boldsymbol{r}}=\begin{bmatrix}0.8048 & -0.3106 & 0.5058\\ 0.5058 & 0.8048 & -0.3106\\ -0.3106 & 0.5058 & 0.8048\end{bmatrix}\begin{bmatrix}2\\3\\4\end{bmatrix}=\begin{bmatrix}2.7010\\2.1836\\4.1154\end{bmatrix}$$

从而，变换后的矢量 $\boldsymbol{r}$ 为

$$\boldsymbol{r}=[2.7010\quad 2.1836\quad 4.1154]^{\mathrm{T}}$$

考虑定义在刚体上且沿转轴的任意矢量 $\bar{\boldsymbol{a}}$，可以将其表示为

$$\bar{\boldsymbol{a}}=c\begin{bmatrix}\frac{1}{\sqrt{3}} & \frac{1}{\sqrt{3}} & \frac{1}{\sqrt{3}}\end{bmatrix}^{\mathrm{T}}$$

式中：c 为常数。若刚体绕转轴转动 45°，则变换后的矢量 $\boldsymbol{a}$ 为

$$\boldsymbol{a}=\boldsymbol{A}\bar{\boldsymbol{a}}=\begin{bmatrix}0.8048 & -0.3106 & 0.5058\\ 0.5058 & 0.8048 & -0.3106\\ -0.3106 & 0.5058 & 0.8048\end{bmatrix}\begin{bmatrix}\frac{c}{\sqrt{3}}\\ \frac{c}{\sqrt{3}}\\ \frac{c}{\sqrt{3}}\end{bmatrix}=c\begin{bmatrix}\frac{1}{\sqrt{3}}\\ \frac{1}{\sqrt{3}}\\ \frac{1}{\sqrt{3}}\end{bmatrix}$$

这意味着 $\boldsymbol{a}=\bar{\boldsymbol{a}}$。

这个例题的结果说明，如果矢量沿转轴方向，那么矢量转动前后不变。进而有

$$\boldsymbol{A}^{\mathrm{T}}\bar{\boldsymbol{a}}=\bar{\boldsymbol{a}}$$

这个例题所考虑的沿转轴方向矢量的变换结果并不是特例。根据式(2.9)中变换矩阵的定义，可以证明，沿转轴的矢量 $\bar{\boldsymbol{a}}$ 变换后与原矢量相同。其证明很简单，证明过程如下。由于 $\bar{\boldsymbol{a}}$ 是沿转轴的矢量，因此其可以写作

$$\bar{\boldsymbol{a}}=c\boldsymbol{v}$$

式中：c 为常数。直接利用矩阵乘法，可以证明

$$\tilde{\boldsymbol{v}}\boldsymbol{v}=\boldsymbol{v}\times\boldsymbol{v}=\boldsymbol{0}$$

和

$$(\tilde{\boldsymbol{v}})^2\boldsymbol{v}=\tilde{\boldsymbol{v}}(\tilde{\boldsymbol{v}}\boldsymbol{v})=\boldsymbol{0}$$

将式(2.9)中的变换矩阵 $\boldsymbol{A}$ 作用于 $\bar{\boldsymbol{a}}$，可得

$$\begin{aligned}\boldsymbol{A}\bar{\boldsymbol{a}}&=\left[\boldsymbol{I}+\tilde{\boldsymbol{v}}\sin\theta+2(\tilde{\boldsymbol{v}})^2\sin^2\frac{\theta}{2}\right]\bar{\boldsymbol{a}}\\&=c\left[\boldsymbol{v}+\tilde{\boldsymbol{v}}\boldsymbol{v}\sin\theta+2(\tilde{\boldsymbol{v}})^2\boldsymbol{v}\sin^2\frac{\theta}{2}\right]=c\boldsymbol{v}=\bar{\boldsymbol{a}}\end{aligned}\tag{2.26}$$

通过类似的推导，也可以证明 $\boldsymbol{A}^{\mathrm{T}}\bar{\boldsymbol{a}}=\bar{\boldsymbol{a}}$，由此可证明矩阵 $\boldsymbol{A}$ 和它的转置矩阵 $\boldsymbol{A}^{\mathrm{T}}$ 均存在特征值 1。对应于该特征值的特征矢量是 $\bar{\boldsymbol{a}}$。因此，沿转轴的方向是主方向。

2.3　连续转动

本节将推导指数形式的变换矩阵,并证明:绕两个不同的轴做连续转动的变换矩阵在乘法运算中不能交换顺序。

2.3.1　变换矩阵的指数形式

式(2.9)可以写成如下与 θ 有关的形式:

$$\boldsymbol{A}=\boldsymbol{I}+\tilde{\boldsymbol{v}}\sin\theta+(1-\cos\theta)(\tilde{\boldsymbol{v}})^2 \tag{2.27}$$

将 $\sin\theta$ 和 $\cos\theta$ 进行泰勒展开,得

$$\sin\theta=\theta-\frac{(\theta)^2}{3!}+\frac{(\theta)^2}{5!}+\cdots,\quad \cos\theta=1-\frac{(\theta)^2}{2!}+\cdots \tag{2.28}$$

将上述关系式代入变换矩阵表达式中,得

$$\begin{aligned}\boldsymbol{A}&=\boldsymbol{I}+\left(\theta-\frac{(\theta)^2}{3!}+\frac{(\theta)^2}{5!}+\cdots\right)\tilde{\boldsymbol{v}}+\left(1-1+\frac{(\theta)^2}{2!}-\frac{(\theta)^2}{4!}+\cdots\right)(\tilde{\boldsymbol{v}})^2\\&=\boldsymbol{I}+\left(\theta-\frac{(\theta)^2}{3!}+\frac{(\theta)^2}{5!}+\cdots\right)\tilde{\boldsymbol{v}}+\left(\frac{(\theta)^2}{2!}-\frac{(\theta)^2}{4!}+\cdots\right)(\tilde{\boldsymbol{v}})^2\end{aligned} \tag{2.29}$$

利用式(2.16)并重新排序,可将变换矩阵 $\boldsymbol{A}$ 写为

$$\boldsymbol{A}=\left[\boldsymbol{I}+\theta\tilde{\boldsymbol{v}}+\frac{(\theta)^2}{2!}(\tilde{\boldsymbol{v}})^2+\frac{(\theta)^3}{3!}(\tilde{\boldsymbol{v}})^3+\cdots+\frac{(\theta)^n}{n!}(\tilde{\boldsymbol{v}})^n+\cdots\right] \tag{2.30}$$

由于

$$\mathrm{e}^{\boldsymbol{B}}=\boldsymbol{I}+\boldsymbol{B}+\frac{(\boldsymbol{B})^2}{2!}+\frac{(\boldsymbol{B})^3}{3!}+\cdots \tag{2.31}$$

式中:$\boldsymbol{B}$ 是矩阵。通过式(2.31)可将变换矩阵 $\boldsymbol{A}$ 写成如下形式:

$$\boldsymbol{A}=\mathrm{e}^{\theta\tilde{\boldsymbol{v}}}=\exp(\theta\tilde{\boldsymbol{v}})$$

通常,连续有限转动不能交换顺序。但是当两次旋转运动的转轴平行时,存在特殊情况。考虑绕两根不同固定轴连续转动的情况,转动角度分别为 θ_1 和 θ_2,与这两次转动相对应的变换矩阵分别为$\boldsymbol{A}_1$ 和$\boldsymbol{A}_2$。令$\boldsymbol{v}_1$ 和$\boldsymbol{v}_2$ 为沿两个转轴方向的单位矢量。第一次转动后,矢量 $\bar{\boldsymbol{r}}$ 变为 $\boldsymbol{r}_1$,则有

$$\boldsymbol{r}_1=\boldsymbol{A}_1\bar{\boldsymbol{r}} \tag{2.32}$$

其中:$\boldsymbol{A}_1$ 是对应于转角 θ_1 的变换矩阵。然后,矢量$\boldsymbol{r}_1$ 绕单位矢量为$\boldsymbol{v}_2$ 的第二根转轴转动,得到新的位置矢量,记作$\boldsymbol{r}_2$,则有$\boldsymbol{r}_2=\boldsymbol{A}_2\boldsymbol{r}_1$,其中$\boldsymbol{A}_2$ 为对应转角 θ_2 的变换矩阵。最终的位置矢量 $\boldsymbol{r}_2$ 与初始位置 $\bar{\boldsymbol{r}}$ 的关系可记为$\boldsymbol{r}_2=\boldsymbol{A}_2\boldsymbol{A}_1\bar{\boldsymbol{r}}$,与变换矩阵$\boldsymbol{A}_1$ 和$\boldsymbol{A}_2$ 相对应,存在两个反对称矩阵 $\tilde{\boldsymbol{v}}_1$ 和 $\tilde{\boldsymbol{v}}_2$(式(2.7))。一般情况下,有

$$\tilde{\boldsymbol{v}}_1\tilde{\boldsymbol{v}}_2\neq\tilde{\boldsymbol{v}}_2\tilde{\boldsymbol{v}}_1,\quad \mathrm{e}^{\tilde{\boldsymbol{v}}_2}\mathrm{e}^{\tilde{\boldsymbol{v}}_1}\neq\mathrm{e}^{(\tilde{\boldsymbol{v}}_2+\tilde{\boldsymbol{v}}_1)}\neq\mathrm{e}^{\tilde{\boldsymbol{v}}_1}\mathrm{e}^{\tilde{\boldsymbol{v}}_2} \tag{2.33}$$

除非矩阵 $\tilde{\boldsymbol{v}}_1$ 和$\tilde{\boldsymbol{v}}_2$ 在乘法运算中可以交换顺序,即两个转轴平行的情况。因此,对于一般转角

θ_1 和 θ_2，有

$$A_2 A_1 = e^{\theta_2 \tilde{v}_2} e^{\theta_1 \tilde{v}_1} \neq e^{(\theta_2 \tilde{v}_2 + \theta_1 \tilde{v}_1)} \tag{2.34}$$

这意味着：

$$A_2 A_1 \neq A_1 A_2$$

因此转动顺序很重要。这个结论也意味着有限转动并不是矢量，这一点可以通过图 2.5 所示的例子进行简单的验证。图中展示了对同一物体做两组不同的连续转动的情况。图 2.5(a)中，物体先绕轴 X_2 转动90°再绕轴 X_3 转动90°。图 2.5(b)中，转动顺序则刚好相反，即物体先绕轴 X_3 转动90°再绕轴 X_2 转动90°。显然，转动顺序的改变导致了不同的转动结果。

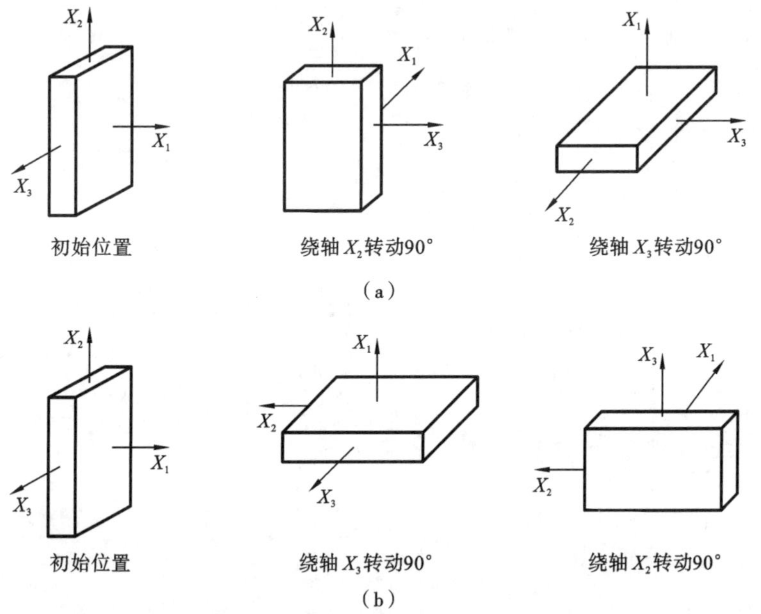

图 2.5　转动顺序的影响

根据本节推导的指数形式的变换矩阵，以及 $\tilde{v}$ 和 $\tilde{v}^{\mathrm{T}} = -\tilde{v}$ 在乘法运算中可以交换顺序的事实，可以对变换矩阵 A 的正交性进行简单的证明。矩阵乘积 AA^{T} 可以写为

$$AA^{\mathrm{T}} = e^{\theta\tilde{v}} e^{-\theta\tilde{v}} = e^{\mathbf{0}_3} = I = A^{\mathrm{T}} A \tag{2.35}$$

式中：$\mathbf{0}_3$ 表示 3×3 的零矩阵。

有两种方法可用来描述刚体的连续转动。第一种是单坐标系法，第二种是多坐标系法。下面将对这两种方法进行介绍，并举例说明两者的使用方法。

2.3.2　单坐标系法

这种方法使用一个固定的坐标系。每一次转动后，在固定坐标系中对新的转轴和刚体上的矢量进行重新定义。考虑固连于刚体的矢量 $b_1, b_2, \cdots, b_n$ 的连续转动，转角分别为 $\theta_1, \theta_2, \cdots, \theta_n$，绕$b_i$的转角 θ_i 的变换矩阵记为 A^i，取 θ 等于 θ_i，则该变换矩阵可以利用罗德里格斯公式进行计算，即

$$\boldsymbol{v}=\boldsymbol{v}_i=\boldsymbol{A}^{i-1}\boldsymbol{A}^{i-2}\cdots\boldsymbol{A}^1\ \boldsymbol{b}_i \tag{2.36}$$

式中：$\boldsymbol{A}^1$ 为单位矩阵。刚体上任意矢量经历 n 次连续转动后，其在固定坐标系内的转动用变换矩阵 $\boldsymbol{A}$ 来定义，即

$$\boldsymbol{A}=\boldsymbol{A}^n\boldsymbol{A}^{n-1}\cdots\boldsymbol{A}^2\ \boldsymbol{A}^1 \tag{2.37}$$

单坐标系法的用法通过下面的例题来说明。

例题 2.4　图 2.6 所示为连续转动刚体 i。令 $O^iX_1^i\ X_2^i\ X_3^i$ 为原点固连于刚体的体坐标系，$\boldsymbol{b}_1$ 和 $\boldsymbol{b}_2$ 是固定在刚体上的两条线，在体坐标系内的坐标矢量为 $\boldsymbol{b}_1=[1\quad 0\quad 1]^{\mathrm{T}}$，$\boldsymbol{b}_2=[0\quad 1\quad 0]^{\mathrm{T}}$，刚体先绕 $\boldsymbol{b}_1$ 转动180°再绕 $\boldsymbol{b}_2$ 转动90°。经历两次转动后，确定 $\boldsymbol{b}_3$ 在全局坐标系内的坐标矢量。其中 $\boldsymbol{b}_3=[1\quad 0\quad 0]^{\mathrm{T}}$ 在体坐标系中的分量固定。

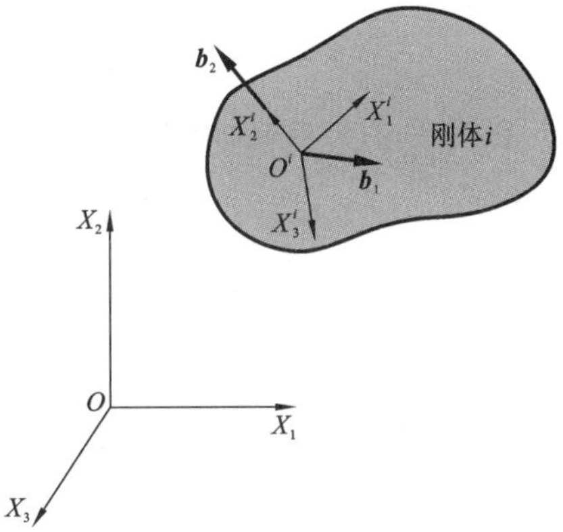

图 2.6　连续转动刚体 i

解　沿转轴 $\boldsymbol{b}_1$ 的单位矢量 $\boldsymbol{v}_1$ 为

$$\boldsymbol{v}_1=\frac{1}{\sqrt{2}}[1\quad 0\quad 1]^{\mathrm{T}}$$

由于 θ_1 为180°，因此此次有限转动对应的变换矩阵为

$$\begin{aligned}\boldsymbol{A}_1&=\boldsymbol{I}+\tilde{\boldsymbol{v}}_1\sin\theta_1+2(\tilde{\boldsymbol{v}}_1)^2\sin^2\frac{\theta_1}{2}\\&=\boldsymbol{I}+\tilde{\boldsymbol{v}}_1\sin(180^\circ)+2(\tilde{\boldsymbol{v}}_1)^2\sin^2(90^\circ)\\&=\boldsymbol{I}+2(\tilde{\boldsymbol{v}}_1)^2\end{aligned}$$

式中：

$$(\tilde{\boldsymbol{v}}_1)^2=\begin{bmatrix}0&-\frac{1}{\sqrt{2}}&0\\\frac{1}{\sqrt{2}}&0&-\frac{1}{\sqrt{2}}\\0&\frac{1}{\sqrt{2}}&0\end{bmatrix}^2=\frac{1}{2}\begin{bmatrix}-1&0&1\\0&-2&0\\1&0&-1\end{bmatrix}$$

则可求得变换矩阵 $\boldsymbol{A}_1$ 为

$$\boldsymbol{A}_1=\boldsymbol{I}+2(\tilde{\boldsymbol{v}}_1)^2=\begin{bmatrix}1&0&0\\0&1&0\\0&0&1\end{bmatrix}+\begin{bmatrix}-1&0&1\\0&-2&0\\1&0&-1\end{bmatrix}=\begin{bmatrix}0&0&1\\0&-1&0\\1&0&0\end{bmatrix}$$

可以验证 $\boldsymbol{A}_1$ 为正交矩阵，即 $\boldsymbol{A}_1^{\mathrm{T}}\ \boldsymbol{A}_1=\boldsymbol{A}_1\ \boldsymbol{A}_1^{\mathrm{T}}=\boldsymbol{I}$。假设坐标系 $O^iX_1^i\ X_2^i\ X_3^i$ 和 $OX_1X_2X_3$ 的各轴在初始状态是平行的，坐标系 $OX_1X_2X_3$ 内的矢量 $\boldsymbol{b}_2$ 和 $\boldsymbol{b}_3$ 的分量给定，则经过这次有限转动可得

$$\boldsymbol{b}_{21}=\boldsymbol{A}_1\ \boldsymbol{b}_2=\begin{bmatrix}0&0&1\\0&-1&0\\1&0&0\end{bmatrix}\begin{bmatrix}0\\1\\0\end{bmatrix}=\begin{bmatrix}0\\-1\\0\end{bmatrix}$$

$$\boldsymbol{b}_{31}=\boldsymbol{A}_1\ \boldsymbol{b}_3=\begin{bmatrix}0 & 0 & 1\\0 & -1 & 0\\1 & 0 & 0\end{bmatrix}\begin{bmatrix}1\\0\\0\end{bmatrix}=\begin{bmatrix}0\\0\\1\end{bmatrix}$$

第二次转动是绕$\boldsymbol{b}_{21}$转动90°。沿$\boldsymbol{b}_{21}$的单位矢量为$\boldsymbol{v}_2=[0\quad -1\quad 0]^{\mathrm{T}}$，由此可以得到反对称矩阵 $\tilde{\boldsymbol{v}}_2$ 和对称矩阵$(\tilde{\boldsymbol{v}}_2)^2$，即

$$\tilde{\boldsymbol{v}}_2=\begin{bmatrix}0 & 0 & -1\\0 & 0 & 0\\1 & 0 & 0\end{bmatrix},\quad (\tilde{\boldsymbol{v}}_2)^2=\begin{bmatrix}-1 & 0 & 0\\0 & 0 & 0\\0 & 0 & -1\end{bmatrix}$$

根据式(2.9)，可以得到变换矩阵 $\boldsymbol{A}_2$，即

$$\begin{aligned}\boldsymbol{A}_2&=\boldsymbol{I}+\tilde{\boldsymbol{v}}_2\sin\theta_2+2\ (\tilde{\boldsymbol{v}}_2)^2\sin^2\frac{\theta_2}{2}\\&=\boldsymbol{I}+\tilde{\boldsymbol{v}}_2\sin(90^\circ)+2(\tilde{\boldsymbol{v}}_2)^2\sin^2(45^\circ)\\&=\boldsymbol{I}+\tilde{\boldsymbol{v}}_2+(\tilde{\boldsymbol{v}}_2)^2\\&=\begin{bmatrix}1 & 0 & 0\\0 & 1 & 0\\0 & 0 & 1\end{bmatrix}+\begin{bmatrix}0 & 0 & -1\\0 & 0 & 0\\1 & 0 & 0\end{bmatrix}+\begin{bmatrix}-1 & 0 & 0\\0 & 0 & 0\\0 & 0 & -1\end{bmatrix}=\begin{bmatrix}0 & 0 & -1\\0 & 1 & 0\\1 & 0 & 0\end{bmatrix}\end{aligned}$$

可以验证，$\boldsymbol{A}_2$ 为正交矩阵，即$\boldsymbol{A}_2^{\mathrm{T}}\boldsymbol{A}_2=\boldsymbol{A}_2\ \boldsymbol{A}_2^{\mathrm{T}}=\boldsymbol{I}$。矢量$\boldsymbol{b}_3$ 在坐标系 $OX_1X_2X_3$ 内的分量是这次转动后的结果，因此可得

$$\boldsymbol{b}_{23}=\boldsymbol{A}_2\ \boldsymbol{b}_{31}=\boldsymbol{A}_2\ \boldsymbol{A}_1\ \boldsymbol{b}_3=\begin{bmatrix}0 & 0 & -1\\0 & 1 & 0\\1 & 0 & 0\end{bmatrix}\begin{bmatrix}0\\0\\1\end{bmatrix}=\begin{bmatrix}-1\\0\\0\end{bmatrix}$$

2.3.3 多坐标系法

在前面的例子中只用到一个固定坐标系，每次转动之后，在同一个固定坐标系中重新定义固连于刚体的矢量。除此之外，还可以使用之前引入的连体坐标系的概念，根据刚体绕固连在刚体上的矢量$\boldsymbol{b}_1,\boldsymbol{b}_2,\cdots,\boldsymbol{b}_n$ 连续转动 $\theta_1,\theta_2,\cdots,\theta_n$，定义一系列中间位形。图 2.7 给出了 $n=2$ 时的不同位形。第一个位形表示刚体转动之前；第二个位形表示刚体进行了第一次转动θ_1；第三个位形表示刚体进行了第二次转动θ_2。令矩阵$\boldsymbol{A}^{i(i-1)}$表示刚体进行 $i-1$ 次转动后得到第 $i-1$个位形的变换矩阵。那么，经历 n 次连续转动后，将刚体在固定坐标系内空间姿态的变换矩阵定义为

$$\boldsymbol{A}=\boldsymbol{A}^{21}\boldsymbol{A}^{32}\cdots\boldsymbol{A}^{(n-1)(n-2)}\boldsymbol{A}^{n(n-1)}\tag{2.38}$$

在这种情况下，变换矩阵 $\boldsymbol{A}^{i(i-1)}$ 可以利用罗德里格斯公式进行计算，其中转轴为$\boldsymbol{v}_{i-1}=\boldsymbol{b}_{i-1}$。这意味着，转轴可以在体坐标系内定义，而无须像单坐标系法一样在全局坐标系内定义。下面通过例题对多坐标系法在连续转动情况下的用法进行说明。

例题 2.5 例题 2.4 也可以用多坐标系法求解。在两次转动前，刚体的姿态如图 2.8(a)所示。在第一次绕$\boldsymbol{b}_1$ 转动后，刚体的姿态如图 2.8(b)所示。图 2.8(c)所示的是刚体第二次绕

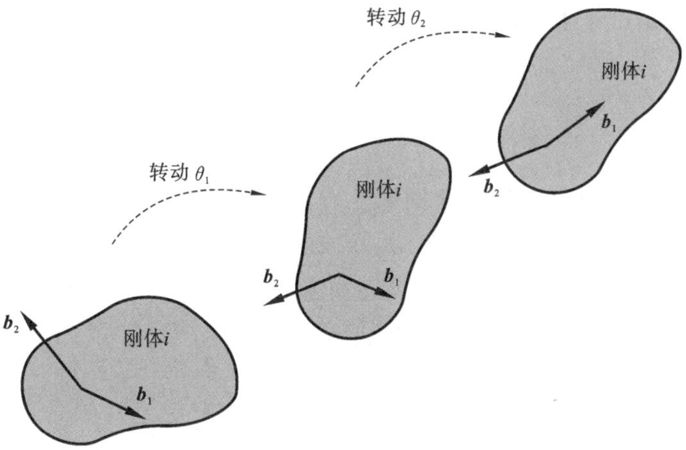

图 2.7　多坐标系法

$\boldsymbol{b}_2$ 转动角度θ_2 后的姿态。图 2.8(c)所示的刚体姿态相对于图 2.8(b)所示的刚体姿态可以用矩阵 $\boldsymbol{A}^{32}$ 表示：

$$\boldsymbol{A}^{32}=\boldsymbol{I}+\tilde{\boldsymbol{v}}_2\sin\theta_2+2(\tilde{\boldsymbol{v}}_2)^2\sin^2\frac{\theta_2}{2}$$

式中：$\boldsymbol{v}_2=\boldsymbol{b}_2=[0\quad 1\quad 0]^{\mathrm{T}}$；$\theta_2=90°$。代入上式可得

$$\boldsymbol{A}^{32}=\begin{bmatrix}0&0&1\\0&1&0\\-1&0&0\end{bmatrix}$$

图 2.8(b)所示的刚体姿态相对于图 2.8(a)所示的刚体姿态可定义为

$$\boldsymbol{A}^{21}=\boldsymbol{I}+\tilde{\boldsymbol{v}}_1\sin\theta_1+2(\tilde{\boldsymbol{v}}_1)^2\sin^2\frac{\theta_1}{2}$$

式中：

$$\boldsymbol{v}_1=\frac{\boldsymbol{b}_1}{|\boldsymbol{b}_1|}=\frac{1}{\sqrt{2}}[1\quad 0\quad 1]^{\mathrm{T}}$$

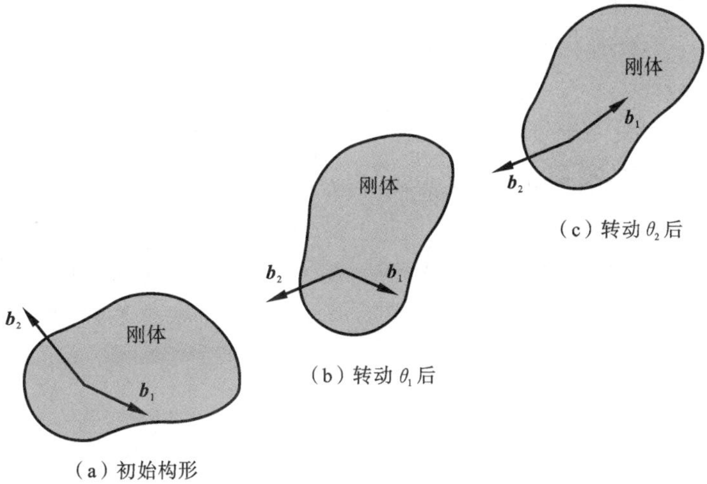

图 2.8　多坐标系法的应用

同时，$\theta_1=180°$。变换矩阵 $\boldsymbol{A}^{21}$ 为

$$\boldsymbol{A}^{21}=\begin{bmatrix}0 & 0 & 1\\ 0 & -1 & 0\\ 1 & 0 & 0\end{bmatrix}$$

因此，图 2.8(c)所示的刚体姿态相对于图 2.8(a)所示的刚体姿态可以用矩阵 $\boldsymbol{A}$ 表示为

$$\boldsymbol{A}=\boldsymbol{A}^{21}\boldsymbol{A}^{32}=\begin{bmatrix}0 & 0 & 1\\ 0 & -1 & 0\\ 1 & 0 & 0\end{bmatrix}\begin{bmatrix}0 & 0 & 1\\ 0 & 1 & 0\\ -1 & 0 & 0\end{bmatrix}=\begin{bmatrix}-1 & 0 & 0\\ 0 & -1 & 0\\ 0 & 0 & 1\end{bmatrix}$$

矢量 $\boldsymbol{b}_3$ 在图 2.8(a)所示坐标系内可定义为

$$\boldsymbol{b}_{32}=\boldsymbol{A}\boldsymbol{b}_3=\begin{bmatrix}-1 & 0 & 0\\ 0 & -1 & 0\\ 0 & 0 & 1\end{bmatrix}\begin{bmatrix}1\\ 0\\ 0\end{bmatrix}=\begin{bmatrix}-1\\ 0\\ 0\end{bmatrix}$$

2.3.4 无穷小转动

前面演示了变换矩阵可以写为 $\boldsymbol{A}=\boldsymbol{I}+\tilde{\boldsymbol{v}}\theta$，可以使用上述方程证明无穷小转角是一个矢量。为此，考虑两个连续的无穷小转角θ_1 和θ_2，θ_1 表示绕矢量为 $\boldsymbol{v}_1$ 的转轴的转角，θ_2 表示绕矢量为 $\boldsymbol{v}_2$ 的转轴的转角。因此，与第一次转动对应的变换矩阵为 $\boldsymbol{A}_1=\boldsymbol{I}+\tilde{\boldsymbol{v}}_1\theta_1$，与第二次转动对应的变换矩阵为 $\boldsymbol{A}_2=\boldsymbol{I}+\tilde{\boldsymbol{v}}_2\theta_2$，可得

$$\boldsymbol{A}_1\boldsymbol{A}_2=(\boldsymbol{I}+\tilde{\boldsymbol{v}}_1\theta_1)(\boldsymbol{I}+\tilde{\boldsymbol{v}}_2\theta_2)=\boldsymbol{I}+\tilde{\boldsymbol{v}}_1\theta_1+\tilde{\boldsymbol{v}}_2\theta_2+\tilde{\boldsymbol{v}}_1\tilde{\boldsymbol{v}}_2\theta_1\theta_2 \tag{2.39}$$

由于假设转动无穷小，因此可省略二次项 $\tilde{\boldsymbol{v}}_1\tilde{\boldsymbol{v}}_2\theta_1\theta_2$，可得

$$\boldsymbol{A}_1\boldsymbol{A}_2\approx\boldsymbol{I}+\tilde{\boldsymbol{v}}_1\theta_1+\tilde{\boldsymbol{v}}_2\theta_2\approx\boldsymbol{A}_2\boldsymbol{A}_1 \tag{2.40}$$

这表示绕两个不同的轴的两次连续无穷小的转动可以叠加。事实上，在经历了 n 次连续转动后，可得

$$\begin{aligned}\boldsymbol{A}_1\boldsymbol{A}_2\cdots\boldsymbol{A}_n&=\prod_{i=1}^{n}\boldsymbol{A}_i=\boldsymbol{I}+\tilde{\boldsymbol{v}}_1\theta_1+\tilde{\boldsymbol{v}}_2\theta_2+\cdots+\tilde{\boldsymbol{v}}_n\theta_n\\ &=\boldsymbol{I}+\sum_{i=1}^{n}\tilde{\boldsymbol{v}}_i\theta_i=\boldsymbol{A}_n\boldsymbol{A}_{n-1}\cdots\boldsymbol{A}_1\end{aligned} \tag{2.41}$$

例题 2.6 刚体绕转轴 b 做小角度旋转，若矢量 $\boldsymbol{b}$ 定义为 $\boldsymbol{b}=[2\quad 2\quad -1]^{\mathrm{T}}$，转角为3°，试确定这次无穷小转动的变换矩阵。

解 由于 $\theta=3°$，有 $\theta=0.05236$ rad，$\sin\theta=0.05234$，$\tan\theta=0.05241$，$\cos\theta=0.9986$，由此可知，$\sin\theta\approx\tan\theta\approx\theta$，$\cos\theta\approx1$，$\theta$ 可以视为无穷小量。在这种情况下，可求得变换矩阵 $\boldsymbol{A}$ 为

$$\boldsymbol{A}\approx\boldsymbol{I}+\tilde{\boldsymbol{v}}\theta$$

沿转轴 b 的单位矢量 $\boldsymbol{v}$ 为

$$\boldsymbol{v}=\frac{1}{3}[2\quad 2\quad -1]^{\mathrm{T}}$$

反对称矩阵 $\tilde{\boldsymbol{v}}$ 为

$$\tilde{v}=\frac{1}{3}\begin{bmatrix}0 & 1 & 2\\ -1 & 0 & -2\\ -2 & 2 & 0\end{bmatrix}$$

因此，无穷小变换矩阵为

$$\boldsymbol{A}=\boldsymbol{I}+\tilde{v}\theta=\begin{bmatrix}1 & 0 & 0\\ 0 & 1 & 0\\ 0 & 0 & 1\end{bmatrix}+\frac{0.05236}{3}\begin{bmatrix}0 & 1 & 2\\ -1 & 0 & -2\\ -2 & 2 & 0\end{bmatrix}$$

$$=\begin{bmatrix}1 & 0.01745 & 0.03491\\ -0.01745 & 1 & -0.03491\\ -0.03491 & 0.03491 & 1\end{bmatrix}$$

2.4 速度方程

刚体上任意一点的绝对速度可以根据位移对时间的微分得到。这需要求解变换矩阵对时间的导数。变换矩阵的正交性可以用于获得导数关系。注意到由于 $\boldsymbol{A}\boldsymbol{A}^{\mathrm{T}}=\boldsymbol{I}$，有 $\dot{\boldsymbol{A}}\boldsymbol{A}^{\mathrm{T}}+\boldsymbol{A}\dot{\boldsymbol{A}}^{\mathrm{T}}=\boldsymbol{0}$，这意味着 $\dot{\boldsymbol{A}}\boldsymbol{A}^{\mathrm{T}}=-\boldsymbol{A}\dot{\boldsymbol{A}}^{\mathrm{T}}=-(\dot{\boldsymbol{A}}\boldsymbol{A}^{\mathrm{T}})^{\mathrm{T}}$，它的转置矩阵互为逆矩阵，那么这个矩阵必然是一个反对称矩阵，即

$$\dot{\boldsymbol{A}}\boldsymbol{A}^{\mathrm{T}}=\tilde{\boldsymbol{\omega}} \tag{2.42}$$

式中：$\tilde{\boldsymbol{\omega}}$ 为由前述方程定义的反对称矩阵。这个反对称矩阵定义了一个矢量 $\boldsymbol{\omega}$，称为全局坐标系下的角速度矢量。由之前的变换矩阵对时间求导的方程可得

$$\dot{\boldsymbol{A}}=\tilde{\boldsymbol{\omega}}\boldsymbol{A} \tag{2.43}$$

另外，对方程 $\boldsymbol{A}\boldsymbol{A}^{\mathrm{T}}=\boldsymbol{I}$ 求导可得 $\boldsymbol{A}^{\mathrm{T}}\dot{\boldsymbol{A}}=-\dot{\boldsymbol{A}}^{\mathrm{T}}\boldsymbol{A}=-(\boldsymbol{A}^{\mathrm{T}}\dot{\boldsymbol{A}})^{\mathrm{T}}$，因此可以定义另一个反对称矩阵 $\tilde{\bar{\boldsymbol{\omega}}}$，即

$$\tilde{\bar{\boldsymbol{\omega}}}=\boldsymbol{A}^{\mathrm{T}}\dot{\boldsymbol{A}} \tag{2.44}$$

式(2.44)提供了另一种求变换矩阵对时间的导数的方法，即

$$\dot{\boldsymbol{A}}=\boldsymbol{A}\tilde{\bar{\boldsymbol{\omega}}} \tag{2.45}$$

反对称矩阵 $\tilde{\bar{\boldsymbol{\omega}}}$ 给出了体坐标系内角速度矢量 $\tilde{\boldsymbol{\omega}}$ 的定义。由式(2.43)和式(2.45)可以推出

$$\dot{\boldsymbol{A}}=\tilde{\boldsymbol{\omega}}\boldsymbol{A}=\boldsymbol{A}\tilde{\bar{\boldsymbol{\omega}}} \tag{2.46}$$

将上式左乘 $\boldsymbol{A}^{\mathrm{T}}$ 和右乘 $\boldsymbol{A}^{\mathrm{T}}$，可分别得

$$\tilde{\bar{\boldsymbol{\omega}}}=\boldsymbol{A}^{\mathrm{T}}\tilde{\boldsymbol{\omega}}\boldsymbol{A},\quad \tilde{\boldsymbol{\omega}}=\boldsymbol{A}\tilde{\bar{\boldsymbol{\omega}}}\boldsymbol{A}^{\mathrm{T}} \tag{2.47}$$

因此，对于刚体 i，根据式(2.43)和式(2.45)，矢量 $\dot{\boldsymbol{A}}^i\bar{\boldsymbol{u}}^i$ 能表示为如下两种形式：

$$\begin{cases}\dot{\boldsymbol{A}}^i\bar{\boldsymbol{u}}^i=\tilde{\boldsymbol{\omega}}^i\boldsymbol{A}^i\bar{\boldsymbol{u}}^i=\boldsymbol{\omega}^i\times\boldsymbol{u}^i\\ \dot{\boldsymbol{A}}^i\bar{\boldsymbol{u}}^i=\boldsymbol{A}^i\tilde{\bar{\boldsymbol{\omega}}}\boldsymbol{u}^i=\boldsymbol{A}^i(\bar{\boldsymbol{\omega}}^i\times\bar{\boldsymbol{u}}^i)\end{cases} \tag{2.48}$$

式中：$\boldsymbol{u}^i=\boldsymbol{A}^i\bar{\boldsymbol{u}}^i$。

2.4.1 角速度和姿态参数

根据式(2.44)和用欧拉参数表示的变换矩阵，将在体坐标系中定义的角速度矢量的反对称矩阵 $\tilde{\bar{\boldsymbol{\omega}}}$ 用欧拉参数表示为

$$\tilde{\bar{\boldsymbol{\omega}}}=\begin{bmatrix} 0 & -\bar{\omega}_3 & \bar{\omega}_2 \\ \bar{\omega}_3 & 0 & -\bar{\omega}_1 \\ -\bar{\omega}_2 & \bar{\omega}_1 & 0 \end{bmatrix} \tag{2.49}$$

式(2.49)中利用了式(2.11)所示的恒等式。根据式(2.49)，可得到 $\bar{\omega}_1$、$\bar{\omega}_2$ 和 $\bar{\omega}_3$ 的欧拉参数形式，即

$$\begin{cases} \bar{\omega}_1=2(\theta_3\dot{\theta}_2-\theta_2\dot{\theta}_3+\theta_1\dot{\theta}_0-\theta_0\dot{\theta}_1) \\ \bar{\omega}_2=2(\theta_1\dot{\theta}_3-\theta_0\dot{\theta}_2-\theta_3\dot{\theta}_1+\theta_2\dot{\theta}_0) \\ \bar{\omega}_3=2(\theta_2\dot{\theta}_1-\theta_3\dot{\theta}_0+\theta_0\dot{\theta}_3-\theta_1\dot{\theta}_2) \end{cases} \tag{2.50}$$

根据转动角度和转轴方向单位矢量的各分量，式(2.50)中的分量可写为

$$\begin{cases} \bar{\omega}_1=2(v_3\dot{v}_2-v_2\dot{v}_3)\sin^2\dfrac{\theta}{2}+\dot{v}_1\sin\theta+\dot{\theta}v_1 \\ \bar{\omega}_2=2(v_1\dot{v}_3-v_3\dot{v}_1)\sin^2\dfrac{\theta}{2}+\dot{v}_2\sin\theta+\dot{\theta}v_2 \\ \bar{\omega}_3=2(v_2\dot{v}_1-v_1\dot{v}_2)\sin^2\dfrac{\theta}{2}+\dot{v}_3\sin\theta+\dot{\theta}v_3 \end{cases} \tag{2.51}$$

式(2.51)也可以写为

$$\bar{\boldsymbol{\omega}}=2\dot{\boldsymbol{v}}\times\boldsymbol{v}\sin^2\frac{\theta}{2}+\dot{\boldsymbol{v}}\sin\theta+\boldsymbol{v}\dot{\theta} \tag{2.52}$$

另外，根据式(2.42)和欧拉参数形式的变换矩阵，可以得到全局坐标系内的角速度矢量对应的反对称矩阵 $\tilde{\boldsymbol{\omega}}$，用欧拉参数描述为

$$\tilde{\boldsymbol{\omega}}=\dot{\boldsymbol{A}}\boldsymbol{A}^{\mathrm{T}}=2\dot{\boldsymbol{E}}\boldsymbol{E}^{\mathrm{T}} \tag{2.53}$$

也可以用矩阵乘积来表示，即

$$\boldsymbol{\omega}=\boldsymbol{A}\bar{\boldsymbol{\omega}} \tag{2.54}$$

其中，矢量 $\boldsymbol{\omega}$ 的分量为

$$\begin{cases} \omega_1=2(\dot{\theta}_3\theta_2-\dot{\theta}_2\theta_3+\dot{\theta}_1\theta_0-\dot{\theta}_0\theta_1) \\ \omega_2=2(\dot{\theta}_1\theta_3-\dot{\theta}_0\theta_2-\dot{\theta}_3\theta_1+\dot{\theta}_2\theta_0) \\ \omega_3=2(\dot{\theta}_2\theta_1+\dot{\theta}_3\theta_0-\dot{\theta}_0\theta_3-\dot{\theta}_1\theta_2) \end{cases} \tag{2.55}$$

根据转动角度和转轴方向单位矢量的各分量，角速度矢量 $\boldsymbol{\omega}$ 的分量可写为

$$\begin{cases} \omega_1=2(\dot{v}_3v_2-\dot{v}_2v_3)\sin^2\dfrac{\theta}{2}+\dot{v}_1\sin\theta+\dot{\theta}v_1 \\ \omega_2=2(\dot{v}_1v_3-\dot{v}_3v_1)\sin^2\dfrac{\theta}{2}+\dot{v}_2\sin\theta+\dot{\theta}v_2 \\ \omega_3=2(\dot{v}_2v_1-\dot{v}_1v_2)\sin^2\dfrac{\theta}{2}+\dot{v}_3\sin\theta+\dot{\theta}v_3 \end{cases} \tag{2.56}$$

式(2.56)也可以写为

$$\boldsymbol{\omega}=2\boldsymbol{v}\times\dot{\boldsymbol{v}}\sin^2\frac{\theta}{2}+\dot{\boldsymbol{v}}\sin\theta+\boldsymbol{v}\dot{\theta} \tag{2.57}$$

注意到角速度矢量 $\boldsymbol{\omega}$ 和 $\bar{\boldsymbol{\omega}}$ 可以用欧拉参数简洁地表示为

$$\boldsymbol{\omega}=2\boldsymbol{E}\dot{\boldsymbol{\theta}}=-2\dot{\boldsymbol{E}}\boldsymbol{\theta},\quad \bar{\boldsymbol{\omega}}=2\bar{\boldsymbol{E}}\dot{\boldsymbol{\theta}}=-2\dot{\bar{\boldsymbol{E}}}\boldsymbol{\theta} \tag{2.58}$$

有趣的是，角速度矢量 $\boldsymbol{\omega}$ 在转轴方向上的分量应该为 $\dot{\theta}_0$，这可以由点积的定义及式(2.52)和式(2.57)给出的角速度矢量的定义来证明。同样可以清楚地看到，如果转轴在空间固定，则角速度矢量 $\boldsymbol{\omega}$ 的分量可以由转角对时间的导数来表示，即

$$\boldsymbol{\omega}=[\omega_1\quad \omega_2\quad \omega_3]^{\mathrm{T}}=\dot{\theta}\,[v_1\quad v_2\quad v_3]^{\mathrm{T}} \tag{2.59}$$

式中：v_1、v_2、v_3 为沿转轴方向单位矢量的分量。式(2.59)中的分量 ω_1、ω_2 和 ω_3 与在转动坐标系下定义的角速度矢量的分量相同，即在这种特殊情况下，有

$$\bar{\boldsymbol{\omega}}=\dot{\theta}\,[v_1\quad v_2\quad v_3]^{\mathrm{T}}=\boldsymbol{\omega} \tag{2.60}$$

这主要是因为

$$\boldsymbol{A}\boldsymbol{v}=\boldsymbol{A}^{\mathrm{T}}\boldsymbol{v}=\boldsymbol{v} \tag{2.61}$$

这在前面的章节中已经进行了讨论。

例题 2.7　定义在刚体连体坐标系内的矢量 $\bar{\boldsymbol{r}}=[2\quad 3\quad 4]^{\mathrm{T}}$ 以恒定角速度 $\dot{\theta}=10$ rad/s 绕转轴转动，转轴方向的单位矢量 $\boldsymbol{v}=\left[\frac{1}{\sqrt{3}}\quad\frac{1}{\sqrt{3}}\quad\frac{1}{\sqrt{3}}\right]^{\mathrm{T}}$，确定当 $t=0.1$ s 时，矢量 $\bar{\boldsymbol{r}}$ 相对于固定坐标系和转动坐标系的角速度矢量。

解　由于 $\boldsymbol{v}$ 是固定的单位矢量，因此显然有

$$\begin{aligned}\boldsymbol{\omega}=\bar{\boldsymbol{\omega}}=\dot{\theta}\,[v_1\quad v_2\quad v_3]^{\mathrm{T}}&=10\left[\frac{1}{\sqrt{3}}\quad\frac{1}{\sqrt{3}}\quad\frac{1}{\sqrt{3}}\right]^{\mathrm{T}}\\&=[5.773\quad 5.773\quad 5.773]^{\mathrm{T}}\end{aligned}$$

可以利用式(2.58)来求解该问题。为此，首先利用式(2.10)来计算四个欧拉参数 θ_0、θ_1、θ_2 和 θ_3：

$$\theta_0=\cos\frac{\theta}{2},\quad \theta_1=\theta_2=\theta_3=\frac{1}{\sqrt{3}}\sin\frac{\theta}{2}$$

这些参数对时间的导数为

$$\dot{\theta}_0=-\frac{\dot{\theta}}{2}\sin\frac{\theta}{2},\quad \dot{\theta}_1=\dot{\theta}_2=\dot{\theta}_3=\frac{\dot{\theta}}{2\sqrt{3}}\cos\frac{\theta}{2}$$

当 $t=0.1$ s 时，假设 $\theta(t=0)=0$ rad，则角度 θ 为

$$\theta=\dot{\theta}t=10\times0.1\ \mathrm{rad}=1\ \mathrm{rad}=57.296^\circ$$

从而有

$$\theta_0=\cos\left(\frac{57.296}{2}\right)=0.8776$$

$$\theta_1=\theta_2=\theta_3=\frac{1}{\sqrt{3}}\sin\left(\frac{57.296}{2}\right)=0.2768$$

$$\dot{\theta}_0=-\frac{10}{2}\sin\left(\frac{57.296}{2}\right)=-2.397$$

$$\dot{\theta}_1=\dot{\theta}_2=\dot{\theta}_3=\frac{10}{2\times1.732}\cos\left(\frac{57.296}{2}\right)=2.533$$

因此，根据式(2.58)以及式(2.23)中对矩阵 $\boldsymbol{E}$ 的定义，可计算矢量 $\boldsymbol{\omega}$ 在 $t=0.1$ s 时的值，即

$$\boldsymbol{\omega}=2\boldsymbol{E}\dot{\boldsymbol{\theta}}=2\begin{bmatrix}-\theta_1 & \theta_0 & -\theta_3 & \theta_2\\ -\theta_2 & \theta_3 & \theta_0 & -\theta_1\\ -\theta_3 & -\theta_2 & \theta_1 & \theta_0\end{bmatrix}\begin{bmatrix}\dot{\theta}_0\\ \dot{\theta}_1\\ \dot{\theta}_2\\ \dot{\theta}_3\end{bmatrix}$$

$$=2\begin{bmatrix}-0.2768 & 0.8776 & -0.2768 & 0.2768\\ -0.2768 & 0.2768 & 0.8776 & -0.2768\\ -0.2768 & -0.2768 & 0.2768 & 0.8776\end{bmatrix}\begin{bmatrix}-2.397\\ 2.533\\ 2.533\\ 2.533\end{bmatrix}$$

$$=\begin{bmatrix}5.773\\ 5.773\\ 5.773\end{bmatrix}$$

根据式(2.23)和式(2.58)，可求得 $\bar{\boldsymbol{\omega}}$，即

$$\bar{\boldsymbol{\omega}}=2\bar{\boldsymbol{E}}\dot{\boldsymbol{\theta}}=2\begin{bmatrix}-\theta_1 & \theta_0 & \theta_3 & -\theta_2\\ -\theta_2 & -\theta_3 & \theta_0 & \theta_1\\ -\theta_3 & \theta_2 & -\theta_1 & \theta_0\end{bmatrix}\begin{bmatrix}\dot{\theta}_0\\ \dot{\theta}_1\\ \dot{\theta}_2\\ \dot{\theta}_3\end{bmatrix}$$

$$=2\begin{bmatrix}-0.2768 & 0.8776 & 0.2768 & -0.2768\\ -0.2768 & -0.2768 & 0.8776 & 0.2768\\ -0.2768 & 0.2768 & -0.2768 & 0.8776\end{bmatrix}\begin{bmatrix}-2.397\\ 2.533\\ 2.533\\ 2.533\end{bmatrix}$$

$$=\begin{bmatrix}5.773\\ 5.773\\ 5.773\end{bmatrix}$$

矢量 $\boldsymbol{\omega}$ 和 $\bar{\boldsymbol{\omega}}$ 可以通过式(2.55)和式(2.50)直接计算出来。读者可进一步讨论，计算 $t=0.1$ s时的变换矩阵，并证明 $\boldsymbol{\omega}=\boldsymbol{A}\bar{\boldsymbol{\omega}}$。根据例题的计算结果，可以证明 $\boldsymbol{v}^{\mathrm{T}}\boldsymbol{\omega}=\dot{\theta}$，即角速度矢量 $\boldsymbol{\omega}$ 沿转轴方向的分量是 $\dot{\theta}$。

2.4.2 广义位移

本小节中推导的关系式能够用来确定多体系统中某一刚体内任意一点的绝对速度。前面已经给出，多体系统中某一刚体内任意一点 P 的位置矢量可以写为

$$\boldsymbol{r}^i=\boldsymbol{R}^i+\boldsymbol{u}^i \tag{2.62}$$

式中：$\boldsymbol{R}^i$ 为刚体坐标系原点的全局位置；$\boldsymbol{u}^i$ 为点 P 的局部位置。矢量 $\boldsymbol{u}^i$ 可以用局部分量表示为 $\boldsymbol{u}^i=\boldsymbol{A}^i\bar{\boldsymbol{u}}^i$，其中 $\boldsymbol{A}^i$ 是刚体的体坐标系与刚体所在的全局坐标系之间的变换矩阵，$\bar{\boldsymbol{u}}^i$ 是点 P 在体坐标系内的位置矢量。因此，位置矢量 $\boldsymbol{r}^i$ 可以写为

$$\boldsymbol{r}^i=\boldsymbol{R}^i+\boldsymbol{A}^i\bar{\boldsymbol{u}}^i \tag{2.63}$$

将式(2.63)对时间求导，得

$$\dot{\boldsymbol{r}}^i=\dot{\boldsymbol{R}}^i+\dot{\boldsymbol{A}}^i\bar{\boldsymbol{u}}^i \tag{2.64}$$

式中：$\dot{\boldsymbol{r}}^i$ 为点 P 的绝对速度；$\dot{\boldsymbol{R}}^i$ 为刚体参考系原点的绝对速度。前面已经证明

$$\dot{\boldsymbol{A}}^i\bar{\boldsymbol{u}}^i=\boldsymbol{\omega}^i\times\boldsymbol{u}^i=\boldsymbol{A}^i(\bar{\boldsymbol{\omega}}^i\times\bar{\boldsymbol{u}}^i) \tag{2.65}$$

因此，点 P 的绝对速度可以写为

$$\dot{\boldsymbol{r}}^i=\dot{\boldsymbol{R}}^i+\boldsymbol{\omega}^i\times\boldsymbol{u}^i \tag{2.66}$$

或者

$$\dot{\boldsymbol{r}}^i=\dot{\boldsymbol{R}}^i+\boldsymbol{A}^i(\bar{\boldsymbol{\omega}}^i\times\bar{\boldsymbol{u}}^i) \tag{2.67}$$

进一步，角速度矢量 $\boldsymbol{\omega}^i$ 和 $\bar{\boldsymbol{\omega}}^i$ 可以用欧拉参数的导数形式表示为

$$\boldsymbol{\omega}^i=\boldsymbol{G}^i\dot{\boldsymbol{\theta}}^i,\quad \bar{\boldsymbol{\omega}}^i=\bar{\boldsymbol{G}}^i\dot{\boldsymbol{\theta}}^i \tag{2.68}$$

式中：$\boldsymbol{G}^i$、$\bar{\boldsymbol{G}}^i$ 为取决于欧拉参数的 3×4 矩阵，即

$$\boldsymbol{G}^i=2\boldsymbol{E}^i,\quad \bar{\boldsymbol{G}}^i=2\bar{\boldsymbol{E}}^i \tag{2.69}$$

因此，矢量 $\dot{\boldsymbol{A}}^i\bar{\boldsymbol{u}}^i$ 可以写为

$$\dot{\boldsymbol{A}}^i\bar{\boldsymbol{u}}^i=\boldsymbol{A}^i(\bar{\boldsymbol{\omega}}^i\times\bar{\boldsymbol{u}}^i)=-\boldsymbol{A}^i(\bar{\boldsymbol{u}}^i\times\bar{\boldsymbol{\omega}}^i)=-\boldsymbol{A}^i\tilde{\bar{\boldsymbol{u}}}^i\bar{\boldsymbol{G}}^i\dot{\boldsymbol{\theta}}^i \tag{2.70}$$

式中：$\tilde{\bar{\boldsymbol{u}}}^i$ 为 3×3 反对称矩阵，即

$$\tilde{\bar{\boldsymbol{u}}}^i=\begin{bmatrix}0 & -\bar{u}_3^i & \bar{u}_2^i\\ \bar{u}_3^i & 0 & -\bar{u}_1^i\\ -\bar{u}_2^i & \bar{u}_1^i & 0\end{bmatrix} \tag{2.71}$$

下面的章节中将会得到类似式(2.68)的方程式，其中，转动坐标的时间导数是独立的，其也可以使用其他描述参考系姿态的坐标得到，如罗德里格斯参数或欧拉角。因此，式(2.70)的形式具有普遍性，并且与使用的转动坐标无关。式(2.70)的形式也很方便，第 3 章和第 5 章将利用该式推导多体系统中刚体和可变形体的动力学方程。

注意到式(2.70)同时说明了

$$\frac{\partial(\boldsymbol{A}^i\bar{\boldsymbol{u}}^i)}{\partial\boldsymbol{\theta}^i}=-\boldsymbol{A}^i\tilde{\bar{\boldsymbol{u}}}^i\bar{\boldsymbol{G}}^i \tag{2.72}$$

在矩阵 $\boldsymbol{A}^i$ 和 $\bar{\boldsymbol{G}}^i$ 的定义恰当的情况下，这个等式对任何形式的姿态参数都成立。在本书的其他章节中，在推导多体系统的运动方程时，将使用式(2.72)给出的重要恒等式得到广义力和铰约束的通用公式。

例题 2.8　图 2.9 所示为相对于车辆系统进行平动和转动的机械臂。如图所示，令 $OX_1X_2X_3$ 为车辆系统的坐标系，$O^iX_1^iX_2^iX_3^i$ 为机械臂的坐标系。假定机械臂通过圆柱铰与车辆相连，即机械臂与车辆之间的相对运动为沿圆柱铰轴的平动和绕圆柱铰轴的转动，如图 2.9 所示。假定机械臂以恒定的速度 2 m/s 沿圆柱铰轴平动和 5 rad/s 的角速度绕圆柱铰轴

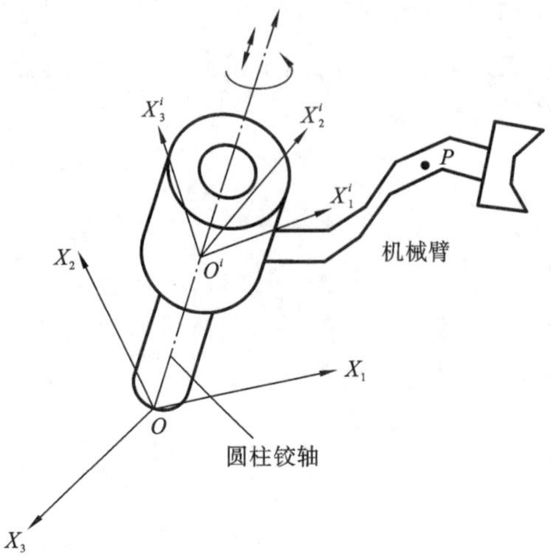

图 2.9　车辆系统

转动。确定当机械臂转动了30°时其上一点 P 的速度。点 P 在机械臂体坐标系内的位置矢量为 $\bar{\boldsymbol{u}}_P^i=[0\quad 1\quad 0]^{\mathrm{T}}$ m。假定车辆系统和机械臂的体坐标系的坐标轴在初始时刻重合。

解　在指定的位置，机械臂坐标系和车辆系统坐标系之间的变换矩阵为

$$\boldsymbol{A}^i=\boldsymbol{I}+\tilde{\boldsymbol{v}}\sin\theta^i+2(\tilde{\boldsymbol{v}})^2\sin^2\frac{\theta^i}{2}$$

当 $\theta^i=30°$时，反对称矩阵 $\tilde{\boldsymbol{v}}$ 为

$$\tilde{\boldsymbol{v}}=\frac{1}{\sqrt{3}}\begin{bmatrix}0 & -1 & 1\\ 1 & 0 & -1\\ -1 & 1 & 0\end{bmatrix}$$

将上式代入变换矩阵中，得到矩阵 $\boldsymbol{A}^i$：

$$\boldsymbol{A}^i=\begin{bmatrix}0.91068 & -0.24402 & 0.33334\\ 0.33334 & 0.91068 & -0.24402\\ -0.24402 & 0.33334 & 0.91068\end{bmatrix}$$

矢量 $\bar{\boldsymbol{u}}_P^i$ 在车辆系统坐标系内定义为

$$\boldsymbol{u}_P^i=\boldsymbol{A}^i\bar{\boldsymbol{u}}_P^i=\begin{bmatrix}0.91068 & -0.24402 & 0.33334\\ 0.33334 & 0.91068 & -0.24402\\ -0.24402 & 0.33334 & 0.91068\end{bmatrix}\begin{bmatrix}0\\1\\0\end{bmatrix}\ \mathrm{m}$$

$$=\begin{bmatrix}-0.24402\\ 0.91068\\ 0.33334\end{bmatrix}\ \mathrm{m}$$

角速度矢量 $\boldsymbol{\omega}^i$ 为

$$\boldsymbol{\omega}^i=\dot{\theta}^i\boldsymbol{v}=\frac{5}{\sqrt{3}}[1\quad 1\quad 1]^{\mathrm{T}}\ \mathrm{rad/s}=2.8868[1\quad 1\quad 1]^{\mathrm{T}}\ \mathrm{rad/s}$$

可得积 $\boldsymbol{\omega}^i\times\boldsymbol{u}_P^i$：

$$\boldsymbol{\omega}^i\times\boldsymbol{u}_P^i=\tilde{\boldsymbol{\omega}}^i\boldsymbol{u}_P^i=2.8868\begin{bmatrix}0 & -1 & 1\\ 1 & 0 & -1\\ -1 & 1 & 0\end{bmatrix}\begin{bmatrix}-0.24402\\ 0.91068\\ 0.33334\end{bmatrix}\ \mathrm{m/s}$$

$$=\begin{bmatrix}-1.6667\\ -1.6667\\ 3.3334\end{bmatrix}\ \mathrm{m/s}$$

点 P 在车辆系统坐标系中的速度可写为

$$\dot{\boldsymbol{r}}_P=\dot{\boldsymbol{R}}^i+\boldsymbol{\omega}^i\times\boldsymbol{u}_P^i$$

式中：$\dot{\boldsymbol{R}}^i$ 为机械臂坐标系原点的绝对速度，即

$$\dot{\boldsymbol{R}}^i=\frac{2}{\sqrt{3}}[1\quad 1\quad 1]^{\mathrm{T}}\ \mathrm{m/s}=1.1547\,[1\quad 1\quad 1]^{\mathrm{T}}\ \mathrm{m/s}$$

从而，可求得点 P 的速度为

$$\dot{\boldsymbol{r}}_P=1.1547\begin{bmatrix}1\\1\\1\end{bmatrix}+\begin{bmatrix}-1.6667\\-1.6667\\3.3334\end{bmatrix}\ \mathrm{m/s}=\begin{bmatrix}-0.512\\-0.512\\4.4881\end{bmatrix}\ \mathrm{m/s}$$

2.4.3 相对角速度

描述任意刚体 i 空间姿态的变换矩阵，可以用描述另一刚体 j 空间姿态的变换矩阵来表示，即

$$\boldsymbol{A}^i=\boldsymbol{A}^j\boldsymbol{A}^{ij} \tag{2.73}$$

由此可知

$$\begin{aligned}\tilde{\boldsymbol{\omega}}^i &=\dot{\boldsymbol{A}}^i\boldsymbol{A}^{i^{\mathrm{T}}}=(\dot{\boldsymbol{A}}^j\boldsymbol{A}^{ij}+\boldsymbol{A}^j\dot{\boldsymbol{A}}^{ij})(\boldsymbol{A}^j\boldsymbol{A}^{ij})^{\mathrm{T}}\\ &=[\tilde{\boldsymbol{\omega}}^j\boldsymbol{A}^j\boldsymbol{A}^{ij}+\boldsymbol{A}^j(\tilde{\boldsymbol{\omega}}^{ij}]_i\boldsymbol{A}^{ij})(\boldsymbol{A}^j\boldsymbol{A}^{ij})^{\mathrm{T}}\end{aligned} \tag{2.74}$$

式中：$(\tilde{\boldsymbol{\omega}}^{ij})_i$ 为在刚体 j 内定义的刚体 i 相对于刚体 j 的角速度对应的反对称矩阵。

$$\tilde{\boldsymbol{\omega}}^{ij}=\boldsymbol{A}^j(\tilde{\boldsymbol{\omega}}^{ij})_i\boldsymbol{A}^{j^{\mathrm{T}}} \tag{2.75}$$

式中：$\tilde{\boldsymbol{\omega}}^{ij}$ 为在全局坐标系内定义的刚体 i 相对于刚体 j 的角速度对应的反对称矩阵。再根据方程 $\tilde{\boldsymbol{\omega}}^i=\tilde{\boldsymbol{\omega}}^j+\tilde{\boldsymbol{\omega}}^{ij}$，有

$$\boldsymbol{\omega}^i=\boldsymbol{\omega}^j+\boldsymbol{\omega}^{ij} \tag{2.76}$$

这个方程表明刚体 i 的绝对角速度等于刚体 j 的绝对角速度加上刚体 i 相对于刚体 j 的角速度。

2.5 加速度及其重要性质

前面定义了矢量的时间变化率，本节将计算矢量对时间的二阶导数。对于任意矢量 $\boldsymbol{r}$，有

$$\dot{\boldsymbol{A}}\bar{\boldsymbol{r}}=\tilde{\boldsymbol{\omega}}\boldsymbol{r}=\boldsymbol{\omega}\times\boldsymbol{r} \tag{2.77}$$

式中：矢量 $\boldsymbol{r}$ 与 $\boldsymbol{A}\bar{\boldsymbol{r}}$ 相等。因此，$\dot{\boldsymbol{A}}\bar{\boldsymbol{r}}$ 可以写为 $\dot{\boldsymbol{A}}\bar{\boldsymbol{r}}=\tilde{\boldsymbol{\omega}}\boldsymbol{A}\bar{\boldsymbol{r}}$；$\bar{\boldsymbol{r}}$ 不是定值，$\boldsymbol{r}$ 的速度矢量也可以写为

$$\dot{\boldsymbol{r}}=\boldsymbol{A}\dot{\bar{\boldsymbol{r}}}+\tilde{\boldsymbol{\omega}}\boldsymbol{A}\bar{\boldsymbol{r}} \tag{2.78}$$

将式(2.78)对时间求导可得

$$\ddot{\boldsymbol{r}}=\dot{\boldsymbol{A}}\dot{\bar{\boldsymbol{r}}}+\boldsymbol{A}\ddot{\bar{\boldsymbol{r}}}+\dot{\tilde{\boldsymbol{\omega}}}\boldsymbol{A}\bar{\boldsymbol{r}}+\tilde{\boldsymbol{\omega}}\dot{\boldsymbol{A}}\bar{\boldsymbol{r}}+\tilde{\boldsymbol{\omega}}\boldsymbol{A}\dot{\bar{\boldsymbol{r}}} \tag{2.79}$$

对时间求导，重新整理式(2.79)，可得

$$\ddot{\boldsymbol{r}}=\boldsymbol{A}\ddot{\bar{\boldsymbol{r}}}+2\tilde{\boldsymbol{\omega}}\boldsymbol{v}_{\mathrm{g}}+\dot{\tilde{\boldsymbol{\omega}}}\boldsymbol{r}+\tilde{\boldsymbol{\omega}}\dot{\boldsymbol{A}}\bar{\boldsymbol{r}} \tag{2.80}$$

将式(2.77)代入式(2.80)，得

$$\ddot{\boldsymbol{r}}=\boldsymbol{A}\ddot{\bar{\boldsymbol{r}}}+2\tilde{\boldsymbol{\omega}}\boldsymbol{v}_{\mathrm{k}}+\dot{\tilde{\boldsymbol{\omega}}}\boldsymbol{r}+\tilde{\boldsymbol{\omega}}\tilde{\boldsymbol{\omega}}\bar{\boldsymbol{r}} \tag{2.81}$$

利用等式 $\tilde{\boldsymbol{\omega}}\boldsymbol{v}_{\mathrm{g}}=\boldsymbol{\omega}\times\boldsymbol{v}_{\mathrm{g}}$，$\dot{\tilde{\boldsymbol{\omega}}}\boldsymbol{r}=\dot{\boldsymbol{\omega}}\times\boldsymbol{r}$ 和 $\tilde{\boldsymbol{\omega}}\tilde{\boldsymbol{\omega}}\bar{\boldsymbol{r}}=\boldsymbol{\omega}\times(\boldsymbol{\omega}\times\boldsymbol{r})$，可得

$$\ddot{\boldsymbol{r}}=\boldsymbol{A}\ddot{\bar{\boldsymbol{r}}}+2\boldsymbol{\omega}\times\boldsymbol{v}_g+\dot{\boldsymbol{\omega}}\times\boldsymbol{r}+\boldsymbol{\omega}\times(\boldsymbol{\omega}\times\boldsymbol{r}) \tag{2.82}$$

2.5.1 角加速度矢量

记符号 $\boldsymbol{\alpha}=\dot{\boldsymbol{\omega}}$，其中 $\boldsymbol{\alpha}$ 为角加速度矢量，则式(2.82)可简化为

$$\ddot{\boldsymbol{r}}=\boldsymbol{A}\ddot{\bar{\boldsymbol{r}}}+2\boldsymbol{\omega}\times\boldsymbol{v}_g+\boldsymbol{\alpha}\times\boldsymbol{r}+\boldsymbol{\omega}\times(\boldsymbol{\omega}\times\boldsymbol{r}) \tag{2.83}$$

利用式(2.55)中对 $\boldsymbol{\omega}$ 的定义，可将矢量 $\boldsymbol{\alpha}$ 用欧拉参数的形式表示为

$$\boldsymbol{\alpha}=2\begin{bmatrix}\ddot{\theta}_3\theta_2-\ddot{\theta}_2\theta_3+\ddot{\theta}_1\theta_0-\ddot{\theta}_0\theta_1\\ \ddot{\theta}_1\theta_3-\ddot{\theta}_0\theta_2-\ddot{\theta}_3\theta_1+\ddot{\theta}_2\theta_0\\ \ddot{\theta}_2\theta_1+\ddot{\theta}_3\theta_0-\ddot{\theta}_0\theta_3-\ddot{\theta}_1\theta_2\end{bmatrix} \tag{2.84}$$

式(2.84)也可以写作 $\boldsymbol{\alpha}=2\boldsymbol{E}\ddot{\boldsymbol{\theta}}=\boldsymbol{G}\ddot{\boldsymbol{\theta}}$ 的矩阵形式，矩阵 $\boldsymbol{E}$ 和 $\boldsymbol{G}$ 分别在式(2.23)和式(2.69)中定义。式(2.83)也可以写为 $\ddot{\boldsymbol{r}}=\boldsymbol{a}_l+\boldsymbol{a}_e+\boldsymbol{a}_t+\boldsymbol{a}_n$，其中

$$\boldsymbol{a}_l=\boldsymbol{A}\ddot{\bar{\boldsymbol{r}}},\quad \boldsymbol{a}_e=2\boldsymbol{\omega}\times\boldsymbol{v}_g,\quad \boldsymbol{a}_t=\boldsymbol{\alpha}\times\boldsymbol{r},\quad \boldsymbol{a}_n=\boldsymbol{\omega}\times(\boldsymbol{\omega}\times\boldsymbol{r})$$

式中：$\ddot{\bar{\boldsymbol{r}}}$ 表示观测者位于转动坐标系内时看到的矢量 $\boldsymbol{r}$ 的加速度；$\boldsymbol{a}_l$ 表示在全局坐标系内定义的当地加速度；$\boldsymbol{a}_e$、$\boldsymbol{a}_t$ 和 $\boldsymbol{a}_n$ 分别是加速度矢量的科里奥利分量、切向分量和法向分量。如果矢量 $\bar{\boldsymbol{r}}$ 的模值固定，即矢量 $\bar{\boldsymbol{r}}$ 在旋转坐标系内具有固定分量，则该当地加速度分量为 0。法向分量 $\boldsymbol{a}_n$ 的模值与 $(\dot{\theta})^2r$ 相同，其中 r 是矢量 $\boldsymbol{r}$ 的长度。根据矢量叉乘的定义，可知这个分量沿着 $-\boldsymbol{r}$ 的方向。切向分量 $\boldsymbol{a}_t$ 的模值与 $\ddot{\theta}r$ 相同，它的方向垂直于 $\boldsymbol{\alpha}$ 和 $\boldsymbol{r}$。科里奥利分量 $\boldsymbol{a}_e$ 的模值与 $2\dot{\theta}v_g$ 相同，其中 v_g 是矢量 $\boldsymbol{v}_g$ 的模值。科里奥利分量的方向同时垂直于 $\boldsymbol{\omega}$ 和 $\boldsymbol{v}_g$。

若转轴在空间固定，则单位矢量 $\boldsymbol{v}$ 是一个常矢量。并且，由于

$$\boldsymbol{\theta}=[\theta_1\quad\theta_2\quad\theta_3\quad\theta_4]^{\mathrm{T}}=\left[\cos\frac{\theta}{2}\quad v_1\sin\frac{\theta}{2}\quad v_2\sin\frac{\theta}{2}\quad v_3\sin\frac{\theta}{2}\right]^{\mathrm{T}}$$

因此有

$$\dot{\boldsymbol{\theta}}=\frac{\dot{\theta}}{2}\left[-\sin\frac{\theta}{2}\quad v_1\cos\frac{\theta}{2}\quad v_2\cos\frac{\theta}{2}\quad v_3\cos\frac{\theta}{2}\right]^{\mathrm{T}}$$

$$\ddot{\boldsymbol{\theta}}=\frac{\ddot{\theta}}{2}\left[-\sin\frac{\theta}{2}\quad v_1\cos\frac{\theta}{2}\quad v_2\cos\frac{\theta}{2}\quad v_3\cos\frac{\theta}{2}\right]^{\mathrm{T}}-\frac{(\dot{\theta})^2}{4}\theta$$

由于 $\boldsymbol{\omega}=\dot{\theta}\boldsymbol{v}$，假定转轴在空间固定，可以证明角速度矢量：

$$\boldsymbol{\alpha}=\ddot{\theta}[v_1\quad v_2\quad v_3]^{\mathrm{T}}=\ddot{\theta}\boldsymbol{v}$$

如果考虑 X_3 为转轴的平面情况，那么显然有 $\boldsymbol{\alpha}=\ddot{\theta}\,[0\quad 0\quad 1]^{\mathrm{T}}$。

2.5.2 广义位移

本节中推导的运动学关系式可以用来计算多体系统中某一刚体上任意点的绝对速度。由前述可知，刚体 i 上任意点的绝对速度可表示为 $\dot{\boldsymbol{r}}^i=\dot{\boldsymbol{R}}^i+\dot{\boldsymbol{A}}^i\bar{\boldsymbol{u}}^i=\dot{\boldsymbol{R}}^i+\boldsymbol{A}^i(\bar{\boldsymbol{\omega}}^i\times\bar{\boldsymbol{u}}^i)$，其中，$\dot{\boldsymbol{R}}^i$ 是体坐标系原点的绝对速度，$\boldsymbol{A}^i$ 是变换矩阵，$\bar{\boldsymbol{\omega}}^i$ 是在体坐标系中定义的角速度矢量，$\bar{\boldsymbol{u}}^i$ 是任意点在体坐标系内的位置矢量。将 $\dot{\boldsymbol{r}}^i$ 对时间求导并利用本节建立的关系式，可以得到刚体上任意点

的绝对加速度，即

$$\ddot{\boldsymbol{r}}^i=\ddot{\boldsymbol{R}}^i+\boldsymbol{\omega}^i\times(\boldsymbol{\omega}^i\times\boldsymbol{u}^i)+\boldsymbol{\alpha}^i\times\boldsymbol{u}^i \tag{2.85}$$

式中：$\ddot{\boldsymbol{R}}^i$ 为体坐标系原点的绝对加速度；$\boldsymbol{\omega}^i$、$\boldsymbol{\alpha}^i$ 为在全局坐标系中定义的角速度和角加速度矢量。矢量 $\boldsymbol{u}^i$ 可写为 $\boldsymbol{u}^i=\boldsymbol{A}^i\bar{\boldsymbol{u}}^i$。加速度矢量 $\ddot{\boldsymbol{r}}^i$ 也可以由在体坐标系内定义的矢量描述，即

$$\ddot{\boldsymbol{r}}^i=\ddot{\boldsymbol{R}}^i+\boldsymbol{A}^i[\bar{\boldsymbol{\omega}}^i\times(\bar{\boldsymbol{\omega}}^i\times\bar{\boldsymbol{u}}^i)]+\boldsymbol{A}^i(\bar{\boldsymbol{\alpha}}^i\times\bar{\boldsymbol{u}}^i) \tag{2.86}$$

式中：$\bar{\boldsymbol{\omega}}^i$、$\bar{\boldsymbol{\alpha}}^i$ 分别为在体坐标系内定义的角速度和角加速度矢量。

2.5.3　欧拉参数的重要性质

欧拉参数广泛应用于计算动力学领域。尽管欧拉参数有冗余的变量，使用它时需要满足式(2.11)给出的约束条件；但是欧拉参数有许多有用的性质，能够用来简化运动学和动力学方程。接下来，我们对这些性质进行总结，其中有些性质在之前的章节中已经提到过：

$$\begin{cases}\boldsymbol{E}\boldsymbol{E}^{\mathrm{T}}=\bar{\boldsymbol{E}}\bar{\boldsymbol{E}}^{\mathrm{T}}=\boldsymbol{I}\\ \boldsymbol{E}^{\mathrm{T}}\boldsymbol{E}=\bar{\boldsymbol{E}}^{\mathrm{T}}\bar{\boldsymbol{E}}=\boldsymbol{I}_4-\boldsymbol{\theta}\boldsymbol{\theta}^{\mathrm{T}}\\ \boldsymbol{E}\boldsymbol{\theta}=\bar{\boldsymbol{E}}\boldsymbol{\theta}=\boldsymbol{0}\\ \dot{\boldsymbol{E}}\dot{\boldsymbol{\theta}}=\dot{\bar{\boldsymbol{E}}}\dot{\boldsymbol{\theta}}=\boldsymbol{0}\\ \boldsymbol{E}\dot{\bar{\boldsymbol{E}}}^{\mathrm{T}}=\dot{\boldsymbol{E}}\bar{\boldsymbol{E}}^{\mathrm{T}}\\ \dot{\boldsymbol{G}}\boldsymbol{G}^{\mathrm{T}}=-\boldsymbol{G}\dot{\boldsymbol{G}}^{\mathrm{T}}=2\tilde{\boldsymbol{\omega}}\\ \dot{\bar{\boldsymbol{G}}}\bar{\boldsymbol{G}}^{\mathrm{T}}=-\bar{\boldsymbol{G}}\dot{\bar{\boldsymbol{G}}}^{\mathrm{T}}=2\bar{\tilde{\boldsymbol{\omega}}}\\ \boldsymbol{\theta}^{\mathrm{T}}\boldsymbol{\theta}=1,\quad \dot{\boldsymbol{\theta}}^{\mathrm{T}}\boldsymbol{\theta}=0\end{cases} \tag{2.87}$$

式中：$\boldsymbol{I}$ 为 3×3 的单位矩阵；$\boldsymbol{I}_4$ 为 4×4 的单位矩阵。同理可得，由罗德里格斯公式确定的变换矩阵对 θ 的偏导数为

$$\boldsymbol{A}_\theta=\frac{\partial \boldsymbol{A}}{\partial\theta}=\boldsymbol{A}\tilde{\boldsymbol{v}}=\tilde{\boldsymbol{v}}\boldsymbol{A} \tag{2.88}$$

对于更一般的情况，有

$$\boldsymbol{A}_\theta=\frac{\partial^n \boldsymbol{A}}{\partial\theta^n}=\boldsymbol{A}(\tilde{\boldsymbol{v}})^n=(\tilde{\boldsymbol{v}})^n\boldsymbol{A} \tag{2.89}$$

式中：$\boldsymbol{v}$ 为沿转轴的单位矢量。

另一个重要性质可以通过四元数代数得到。这个性质在使用欧拉参数描述相对运动时十分有用。考虑三个正交矩阵 $\boldsymbol{A}^i$、$\boldsymbol{A}^j$ 和 $\boldsymbol{A}^k$ 之间的关系：$\boldsymbol{A}^i=\boldsymbol{A}^j\boldsymbol{A}^k$。令 $\boldsymbol{\theta}^i$、$\boldsymbol{\theta}^j$ 和 $\boldsymbol{\theta}^k$ 为对应正交变换矩阵 $\boldsymbol{A}^i$、$\boldsymbol{A}^j$ 和 $\boldsymbol{A}^k$ 的欧拉参数。这时，$\boldsymbol{\theta}^i$、$\boldsymbol{\theta}^j$ 和 $\boldsymbol{\theta}^k$ 可通过下列等式联系起来，即

$$\boldsymbol{\theta}^i=\boldsymbol{H}^j\boldsymbol{\theta}^k \tag{2.90}$$

式中：$\boldsymbol{H}^j$ 的定义为

$$\boldsymbol{H}^j=\begin{bmatrix}\theta_0^j & -\theta_1^j & -\theta_2^j & -\theta_3^j\\ \theta_1^j & \theta_0^j & -\theta_3^j & \theta_2^j\\ \theta_2^j & \theta_3^j & \theta_0^j & -\theta_1^j\\ \theta_3^j & -\theta_2^j & \theta_1^j & \theta_0^j\end{bmatrix} \tag{2.91}$$

$\boldsymbol{H}^j$ 是正交矩阵，即

$$\boldsymbol{H}^{j\mathrm{T}}\boldsymbol{H}^j=\boldsymbol{H}^j\boldsymbol{H}^{j\mathrm{T}}=\boldsymbol{I} \tag{2.92}$$

这个性质使得可以用 $\boldsymbol{\theta}^k$ 来表示 $\boldsymbol{\theta}^i$。

接下来将推导变换矩阵的其他形式，这些形式分别是罗德里格斯参数形式、欧拉角形式和方向余弦形式。

2.6　罗德里格斯参数

正如先前所指出的那样，描述体坐标系的空间姿态只需要三个独立变量。在前几节中推导的变换矩阵是由四个参数表示的，也就是说比自由度的个数多了一个。在本节中，将推导另一种包含三个参数的表达形式，这三个参数称为罗德里格斯参数。为了方便，将式(2.9)中的变换矩阵写过来

$$\boldsymbol{A}=\boldsymbol{I}+\tilde{\boldsymbol{v}}\sin\theta+2(\tilde{\boldsymbol{v}})^2\sin^2\frac{\theta}{2} \tag{2.93}$$

将罗德里格斯参数 $\boldsymbol{\gamma}$ 定义为

$$\boldsymbol{\gamma}=\boldsymbol{v}\tan\frac{\theta}{2} \tag{2.94}$$

即

$$\gamma_1=v_1\tan\frac{\theta}{2},\quad \gamma_2=v_2\tan\frac{\theta}{2},\quad \gamma_3=v_3\tan\frac{\theta}{2} \tag{2.95}$$

式中：θ 为绕转轴转动的角度；$\boldsymbol{v}$ 为沿转轴方向的单位矢量。注意到罗德里格斯参数表示法存在不足，即当 $\theta=\pi$ 时参数会变得无穷大。根据三角函数等式：

$$\begin{cases}\sin\theta=2\sin\dfrac{\theta}{2}\cos\dfrac{\theta}{2}\\ \sin\dfrac{\theta}{2}=\tan\dfrac{\theta}{2}\cos\dfrac{\theta}{2}\\ \sec^2\dfrac{\theta}{2}=\dfrac{1}{\cos^2\dfrac{\theta}{2}}=1+\tan^2\dfrac{\theta}{2}\end{cases} \tag{2.96}$$

$\sin\theta$ 可以写为

$$\sin\theta=2\sin\frac{\theta}{2}\cos\frac{\theta}{2}=2\tan\frac{\theta}{2}\cos^2\frac{\theta}{2}=\frac{2\tan\dfrac{\theta}{2}}{\sec^2\dfrac{\theta}{2}}=\frac{2\tan\dfrac{\theta}{2}}{1+\tan^2\dfrac{\theta}{2}} \tag{2.97}$$

由于 $\boldsymbol{v}$ 是单位矢量，因此有

$$\boldsymbol{\gamma}^{\mathrm{T}}\boldsymbol{\gamma}=\tan^2\frac{\theta}{2}=(\gamma)^2 \tag{2.98}$$

因此，由式(2.97)可得

$$\sin\theta=\frac{2\tan\frac{\theta}{2}}{1+(\gamma)^2} \tag{2.99}$$

类似地，有

$$\sin^2\frac{\theta}{2}=\frac{\tan^2\frac{\theta}{2}}{1+\tan^2\frac{\theta}{2}}=\frac{\tan^2\frac{\theta}{2}}{1+(\gamma)^2} \tag{2.100}$$

将式(2.99)和式(2.100)代入式(2.93)，得

$$\boldsymbol{A}=\boldsymbol{I}+\frac{2}{1+(\gamma)^2}\left(\tilde{\boldsymbol{v}}\tan\frac{\theta}{2}+(\tilde{\boldsymbol{v}})^2\tan^2\frac{\theta}{2}\right) \tag{2.101}$$

根据式(2.94)，可得

$$\boldsymbol{A}=\boldsymbol{I}+\frac{2}{1+(\gamma)^2}[\tilde{\boldsymbol{\gamma}}+(\tilde{\boldsymbol{\gamma}})^2] \tag{2.102}$$

式中：$\tilde{\boldsymbol{\gamma}}$ 为反对称矩阵，即

$$\tilde{\boldsymbol{\gamma}}=\begin{bmatrix} 0 & -\gamma_3 & \gamma_2 \\ \gamma_3 & 0 & -\gamma_1 \\ -\gamma_2 & \gamma_1 & 0 \end{bmatrix} \tag{2.103}$$

可以一种更直接的形式将矩阵 $\boldsymbol{A}$ 用 γ_1、γ_2 和 γ_3 表示为

$$\boldsymbol{A}=\frac{1}{1+(\gamma)^2}\begin{bmatrix} 1+(\gamma_1)^2-(\gamma_2)^2-(\gamma_3)^2 & 2(\gamma_1\gamma_2-\gamma_3) & 2(\gamma_1\gamma_3+\gamma_2) \\ 2(\gamma_1\gamma_2+\gamma_3) & 1-(\gamma_1)^2+(\gamma_2)^2-(\gamma_3)^2 & 2(\gamma_2\gamma_3-\gamma_1) \\ 2(\gamma_1\gamma_3-\gamma_2) & 2(\gamma_2\gamma_3+\gamma_1) & 1-(\gamma_1)^2-(\gamma_2)^2+(\gamma_3)^2 \end{bmatrix} \tag{2.104}$$

2.6.1　与欧拉参数之间的关系

根据式(2.10)对欧拉参数的定义，可以将罗德里格斯参数用欧拉参数表示为

$$\gamma_1=v_1\frac{\sin\frac{\theta}{2}}{\cos\frac{\theta}{2}}=\frac{\theta_1}{\theta_0},\quad \gamma_2=\frac{\theta_2}{\theta_0},\quad \gamma_3=\frac{\theta_3}{\theta_0} \tag{2.105}$$

即

$$\gamma_i=\frac{\theta_i}{\theta_0},\ i=1,\ 2,\ 3 \tag{2.106}$$

显然，由式(2.100)可得

$$\cos^2\frac{\theta}{2}=\frac{1}{1+(\gamma)^2} \tag{2.107}$$

即

$$\theta_0=\frac{1}{\sqrt{1+(\gamma)^2}} \tag{2.108}$$

根据这个等式,可以将其他的欧拉参数用罗德里格斯参数表示出来:

$$\theta_1=\frac{\gamma_1}{\sqrt{1+(\gamma)^2}},\quad \theta_2=\frac{\gamma_2}{\sqrt{1+(\gamma)^2}},\quad \theta_3=\frac{\gamma_3}{\sqrt{1+(\gamma)^2}} \tag{2.109}$$

即

$$\theta_i=\frac{\gamma_i}{\sqrt{1+(\gamma)^2}},\quad i=1,\ 2,\ 3 \tag{2.110}$$

罗德里格斯参数和欧拉参数对时间的导数之间的关系为

$$\gamma_i=\frac{\dot{\theta}_i\theta_0-\dot{\theta}_0\theta_i}{(\theta_0)^2},\quad i=1,\ 2,\ 3 \tag{2.111}$$

写为矩阵形式,得

$$\dot{\boldsymbol{\gamma}}=\boldsymbol{C}\dot{\boldsymbol{\theta}} \tag{2.112}$$

式中:$\dot{\boldsymbol{\theta}}=[\theta_0\quad \theta_1\quad \theta_2\quad \theta_3]^{\mathrm{T}}$,为四个欧拉参数;$\boldsymbol{C}$ 为定义的 3×4 矩阵,即

$$\boldsymbol{C}=\frac{1}{(\theta_0)^2}\begin{bmatrix}-\theta_1 & \theta_0 & 0 & 0\\ -\theta_2 & 0 & \theta_0 & 0\\ -\theta_3 & 0 & 0 & \theta_0\end{bmatrix} \tag{2.113}$$

反过来,有

$$\dot{\boldsymbol{\theta}}=\boldsymbol{D}\dot{\boldsymbol{\gamma}} \tag{2.114}$$

式中:$\boldsymbol{D}$ 为 4×3 矩阵,即

$$\boldsymbol{D}=\frac{1}{\sqrt{1+(\gamma)^2}}\begin{bmatrix}0 & 0 & 0\\ 1 & 0 & 0\\ 0 & 1 & 0\\ 0 & 0 & 1\end{bmatrix}-\frac{1}{[1+(\gamma)^2]^{\frac{3}{2}}}\begin{bmatrix}\gamma_1 & \gamma_2 & \gamma_3\\ (\gamma_1)^2 & \gamma_1\gamma_2 & \gamma_1\gamma_3\\ \gamma_2\gamma_1 & (\gamma_2)^2 & \gamma_2\gamma_3\\ \gamma_3\gamma_1 & \gamma_3\gamma_2 & (\gamma_3)^2\end{bmatrix} \tag{2.115}$$

2.6.2 角速度矢量

罗德里格斯参数形式的变换矩阵可以根据罗德里格斯参数写成两个矩阵 $\boldsymbol{E}$ 和 $\bar{\boldsymbol{E}}$ 的乘积,即

$$\boldsymbol{A}=\boldsymbol{E}\bar{\boldsymbol{E}}^{\mathrm{T}} \tag{2.116}$$

式中:$\boldsymbol{E}$、$\bar{\boldsymbol{E}}$ 为 3×4 矩阵,定义为

$$\begin{gathered}\boldsymbol{E}=\frac{1}{\sqrt{1+(\gamma)^2}}\begin{bmatrix}-\gamma_1 & 1 & -\gamma_3 & \gamma_2\\ -\gamma_2 & \gamma_3 & 1 & -\gamma_1\\ -\gamma_3 & -\gamma_2 & \gamma_1 & 1\end{bmatrix}\\ \bar{\boldsymbol{E}}=\frac{1}{\sqrt{1+(\gamma)^2}}\begin{bmatrix}-\gamma_1 & 1 & \gamma_3 & -\gamma_2\\ -\gamma_2 & -\gamma_3 & 1 & \gamma_1\\ -\gamma_3 & \gamma_2 & -\gamma_1 & 1\end{bmatrix}\end{gathered} \tag{2.117}$$

利用这些矩阵,可以证明,体坐标系内的角速度矢量 $\bar{\boldsymbol{\omega}}$ 可以利用罗德里格斯参数写为

$$\bar{\boldsymbol{\omega}}=\bar{\boldsymbol{G}}\dot{\boldsymbol{\gamma}} \tag{2.118}$$

式中：$\bar{\boldsymbol{G}}=2\bar{\boldsymbol{E}}\boldsymbol{D}$。通过计算矩阵乘积，可以得到矩阵 $\bar{\boldsymbol{G}}$ 的表达式为

$$\bar{\boldsymbol{G}}=\frac{2}{1+(\gamma)^2}\begin{bmatrix}1 & \gamma_3 & -\gamma_2\\ -\gamma_3 & 1 & \gamma_1\\ \gamma_2 & -\gamma_1 & 1\end{bmatrix} \tag{2.119}$$

同理，全局坐标系内的角速度矢量 $\boldsymbol{\omega}$ 为

$$\boldsymbol{\omega}=\boldsymbol{G}\dot{\boldsymbol{\gamma}} \tag{2.120}$$

式中：$\boldsymbol{G}=2\boldsymbol{E}\boldsymbol{D}$。通过计算矩阵乘积，可以得到矩阵 $\boldsymbol{G}$ 的表达式为

$$\boldsymbol{G}=\frac{2}{1+(\gamma)^2}\begin{bmatrix}1 & -\gamma_3 & \gamma_2\\ \gamma_3 & 1 & -\gamma_1\\ -\gamma_2 & \gamma_1 & 1\end{bmatrix} \tag{2.121}$$

2.7 欧拉角

在描述坐标系空间姿态的各种方法中，三个独立的欧拉角是应用最广泛的方法之一。本节将对欧拉角进行定义并推导变换矩阵。欧拉角包括绕三个轴的三次连续转动，而这三个轴在一般情况下并不相互正交。然而，欧拉角存在多种定义方式，我们采用最先、使用最广泛的由 Goldstein(1950) 给出的定义。最后，通过三次给定顺序的连续转动实现两个坐标系之间的变换，转动角度称为欧拉角。例如，考虑坐标系 $OX_1X_2X_3$ 和 $O\xi_1\xi_2\xi_3$，初始状态下这两个坐标系重合。首先，将坐标系 $O\xi_1\xi_2\xi_3$ 绕轴 X_3 转动角度 ϕ，转动后的结果如图 2.10(a)所示。由于 ϕ 是在平面 OX_1X_2 内的转动角度，有

$$\boldsymbol{\xi}=\boldsymbol{D}_1\boldsymbol{x} \tag{2.122}$$

式中：$\boldsymbol{D}_1$ 为变换矩阵，即

$$\boldsymbol{D}_1=\begin{bmatrix}\cos\phi & \sin\phi & 0\\ -\sin\phi & \cos\phi & 0\\ 0 & 0 & 1\end{bmatrix} \tag{2.123}$$

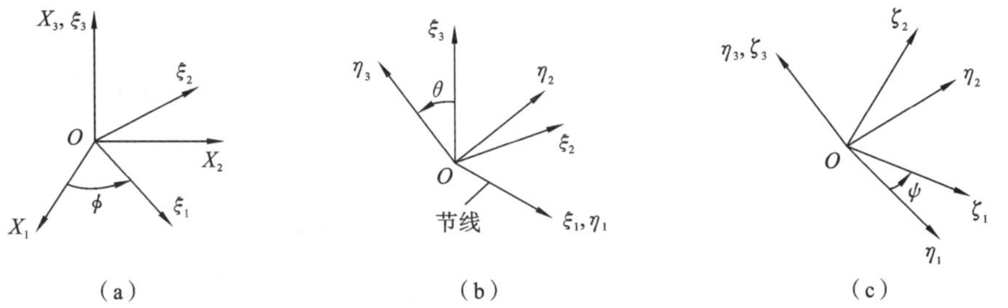

图 2.10　欧拉角

接下来，考虑坐标系 $O\eta_1\eta_2\eta_3$，该坐标系与坐标系 $O\xi_1\xi_2\xi_3$ 重合，绕轴 ξ_1 转动角度 θ，这个轴的当前位置称为节线。转动后的结果如图 2.10(b)所示。由于转动角度 θ 在平面 $O\xi_2\xi_3$ 内，有

$$\boldsymbol{\eta}=\boldsymbol{D}_2\boldsymbol{\xi} \tag{2.124}$$

式中：$\boldsymbol{D}_2$ 为变换矩阵，即

$$\boldsymbol{D}_2=\begin{bmatrix}1 & 0 & 0\\ 0 & \cos\theta & \sin\theta\\ 0 & -\sin\theta & \cos\theta\end{bmatrix} \tag{2.125}$$

最后，考虑坐标系 $O\zeta_1\zeta_2\zeta_3$，该坐标系与坐标系 $O\eta_1\eta_2\eta_3$ 重合，坐标系 $O\zeta_1\zeta_2\zeta_3$ 绕轴 η_3 转动角度 ψ，转动后的结果如图 2.10(c)所示。在这种情况下，有

$$\boldsymbol{\zeta}=\boldsymbol{D}_3\boldsymbol{\eta} \tag{2.126}$$

式中：$\boldsymbol{D}_3$ 为变换矩阵，即

$$\boldsymbol{D}_3=\begin{bmatrix}\cos\psi & \sin\psi & 0\\ -\sin\psi & \cos\psi & 0\\ 0 & 0 & 1\end{bmatrix} \tag{2.127}$$

利用式(2.122)、式(2.124)和式(2.126)，可以得到由初始坐标系 $OX_1X_2X_3$ 变换到最终坐标系 $O\zeta_1\zeta_2\zeta_3$ 的变换矩阵，即

$$\boldsymbol{\zeta}=\boldsymbol{D}_3\boldsymbol{D}_2\boldsymbol{D}_1\boldsymbol{x} \tag{2.128}$$

式(2.128)也可以写为

$$\boldsymbol{\zeta}=\boldsymbol{A}^{\mathrm{T}}\boldsymbol{x} \tag{2.129}$$

式中：$\boldsymbol{A}^{\mathrm{T}}=\boldsymbol{D}_3\boldsymbol{D}_2\boldsymbol{D}_1$。故有

$$\boldsymbol{x}=\boldsymbol{A}\boldsymbol{\zeta} \tag{2.130}$$

其中：$\boldsymbol{A}$ 为变换矩阵，即

$$\boldsymbol{A}=\begin{bmatrix}\cos\psi\cos\phi-\cos\theta\sin\phi\sin\psi & -\sin\psi\cos\phi-\cos\theta\sin\phi\cos\psi & \sin\theta\sin\phi\\ \cos\psi\sin\phi+\cos\theta\cos\phi\sin\psi & -\sin\psi\sin\phi+\cos\theta\cos\phi\cos\psi & -\sin\theta\cos\phi\\ \sin\theta\sin\psi & \sin\theta\cos\psi & \cos\theta\end{bmatrix} \tag{2.131}$$

三个角 ϕ、ψ 和 θ 称为欧拉角。式(2.131)中的矩阵 $\boldsymbol{A}$ 则是由欧拉角表示的变换矩阵。

2.7.1　角速度矢量

此前已经证明，无穷小转角为矢量，也就是说，无穷小转角能作为矢量相加。考虑无穷小转角 $\delta\psi$、$\delta\phi$ 和 $\delta\theta$，这些无穷小转角的矢量总和 $\delta\boldsymbol{\theta}$ 可以写为

$$\delta\boldsymbol{\theta}=\boldsymbol{v}_1\delta\phi+\boldsymbol{v}_2\delta\theta+\boldsymbol{v}_3\delta\psi \tag{2.132}$$

式中：$\boldsymbol{v}_1$、$\boldsymbol{v}_2$、$\boldsymbol{v}_3$ 分别为沿三个转轴的单位矢量。绕这三个轴连续转动的角度分别为 $\delta\phi$、$\delta\theta$ 和 $\delta\psi$(见图 2.11)。矢量 $\boldsymbol{v}_1$、$\boldsymbol{v}_2$ 和 $\boldsymbol{v}_3$ 在坐标系 $OX_1X_2X_3$ 内的定义为

$$\begin{cases}\boldsymbol{v}_1=[0\quad 0\quad 1]^{\mathrm{T}}\\ \boldsymbol{v}_2=[\cos\phi\quad \sin\phi\quad 0]^{\mathrm{T}}\\ \boldsymbol{v}_3=[\sin\theta\sin\phi\quad -\sin\theta\cos\phi\quad \cos\theta]^{\mathrm{T}}\end{cases} \tag{2.133}$$

因此，在坐标系 $OX_1X_2X_3$ 内矢量 $\delta\boldsymbol{\theta}$ 可以写成矩阵的形式，即

$$\delta\boldsymbol{\theta}=\begin{bmatrix}0 & \cos\phi & \sin\theta\sin\phi\\0 & \sin\phi & -\sin\theta\cos\phi\\1 & 0 & \cos\theta\end{bmatrix}\begin{bmatrix}\delta\phi\\\delta\theta\\\delta\psi\end{bmatrix} \tag{2.134}$$

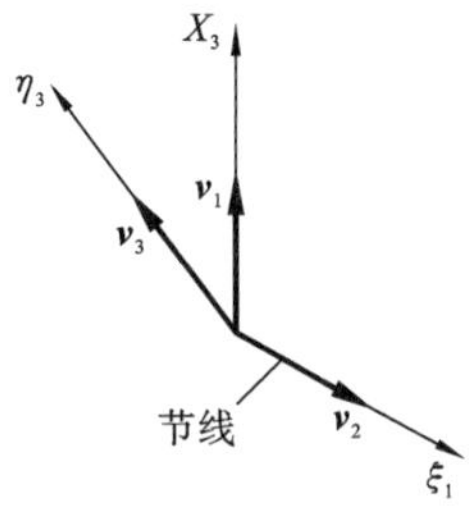

图 2.11 转动轴

根据定义,角速度矢量 $\boldsymbol{\omega}$ 为

$$\boldsymbol{\omega}=\frac{\mathrm{d}\boldsymbol{\theta}}{\mathrm{d}t} \tag{2.135}$$

可以用欧拉角来表示角速度矢量,写为

$$\boldsymbol{\omega}=\boldsymbol{G}\dot{\boldsymbol{v}} \tag{2.136}$$

式中:$\boldsymbol{v}=[\phi \quad \theta \quad \psi]$;$\boldsymbol{G}$ 为矩阵,即

$$\boldsymbol{G}=\begin{bmatrix}0 & \cos\phi & \sin\theta\sin\phi\\0 & \sin\phi & -\sin\theta\cos\phi\\1 & 0 & \cos\theta\end{bmatrix} \tag{2.137}$$

即

$$\begin{cases}\omega_1=\dot{\theta}\cos\phi+\dot{\psi}\sin\theta\sin\phi\\\omega_2=\dot{\theta}\sin\phi-\dot{\psi}\sin\theta\cos\phi\\\omega_3=\dot{\phi}+\dot{\psi}\cos\theta\end{cases} \tag{2.138}$$

在坐标系 $O\xi_1\xi_2\xi_3$ 内,角速度矢量可以写为

$$\begin{cases}\bar{\omega}_1=\dot{\phi}\sin\theta\sin\psi+\dot{\theta}\cos\psi\\\bar{\omega}_2=\dot{\phi}\sin\theta\cos\psi-\dot{\theta}\sin\psi\\\bar{\omega}_3=\dot{\phi}\cos\theta+\dot{\psi}\end{cases} \tag{2.139}$$

也可以写为矩阵形式:

$$\bar{\boldsymbol{\omega}}=\bar{\boldsymbol{G}}\dot{\boldsymbol{\gamma}} \tag{2.140}$$

式中:$\bar{\boldsymbol{G}}$ 为矩阵,即

$$\bar{\boldsymbol{G}}=\begin{bmatrix}\sin\theta\sin\psi & \cos\psi & 0\\\sin\theta\cos\psi & -\sin\psi & 0\\\cos\theta & 0 & 1\end{bmatrix} \tag{2.141}$$

2.7.2 与欧拉参数之间的关系

欧拉角与欧拉参数之间的关系可表示为

$$\begin{cases}\theta_0=\cos\dfrac{\theta}{2}\cos\dfrac{\psi+\phi}{2}, \quad \theta_1=\sin\dfrac{\theta}{2}\cos\dfrac{\phi-\psi}{2}\\\theta_2=\sin\dfrac{\theta}{2}\sin\dfrac{\phi-\psi}{2}, \quad \theta_3=\cos\dfrac{\theta}{2}\sin\dfrac{\psi+\phi}{2}\end{cases} \tag{2.142}$$

同理,欧拉角也能用欧拉参数表示为

$$\begin{cases}\theta=\arccos[2(\theta_0^2+\theta_3^2)-1]\\ \phi=\arccos\left[\dfrac{-2(\theta_2\theta_3-\theta_0\theta_1)}{\sin\theta}\right]\\ \psi=\arccos\left[\dfrac{2(\theta_2\theta_3+\theta_0\theta_1)}{\sin\theta}\right]\end{cases} \tag{2.143}$$

可用转动角 ϕ、θ 和 ψ 研究陀螺仪的运动。陀螺仪是指转轴空间方向发生变化的转动刚体。陀螺仪如图 2.12 所示，它的圆盘绕轴 ζ 转动。该轴安装在被称为内框架的环上，允许圆盘转轴 ζ 相对于内框架转动。内框架在其平面内绕轴 η 自由转动。轴 η 与圆盘的轴垂直，安装在第二个框架上，称为外框架，该框架在其平面内绕轴 X_3 自由转动。轴 X_3 固连于惯性坐标系 $OX_1X_2X_3$。重心保持不变的圆盘可以通过以下三次连续转动变换到任意姿态：外框架绕轴 X_3 转动角度 ϕ，内框架绕轴 η 转动角度 θ，圆盘绕其自身的轴 ζ 转动角度 ψ。这三个欧拉角分别称为进动角、章动角和自旋角。陀螺仪中采用的装置为卡丹式悬架。

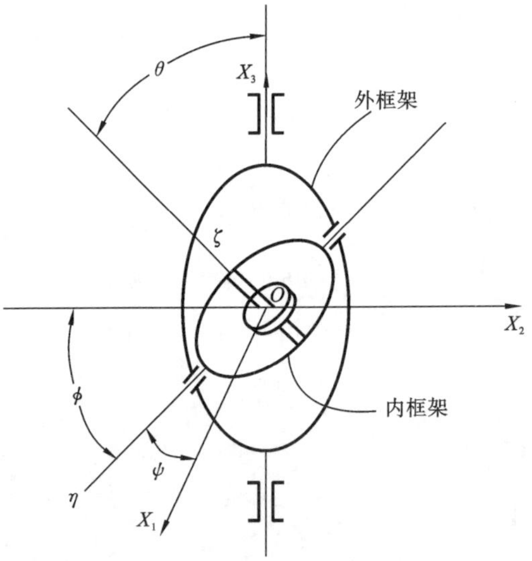

图 2.12　陀螺仪

例题 2.9　刚体的空间姿态由四个欧拉参数来定义：$\theta_0=0.9239$，$\theta_1=\theta_2=\theta_3=0.2209$。对于给定的位形，刚体的瞬时绝对角速度为 $\boldsymbol{\omega}=[120.72\quad 75.87\quad -46.59]^{\mathrm{T}}$ rad/s。求欧拉角对时间的导数。

解　欧拉角为

$$\theta=\arccos[2(\theta_0^2+\theta_3^2)-1]=36.41°$$

$$\phi=\arccos\left[\frac{-2(\theta_2\theta_3-\theta_0\theta_1)}{\sin\theta}\right]=\arccos(0.5232)=58.4496°$$

$$\psi=\arccos\left[\frac{2(\theta_2\theta_3+\theta_0\theta_1)}{\sin\theta}\right]=\arccos(0.8521)=-31.5604°$$

ψ 取负值是为了确保由欧拉角确定的变换矩阵的元素与由欧拉参数确定的变换矩阵的元素一致。考虑 $\boldsymbol{\omega}=\boldsymbol{G}\dot{\boldsymbol{\gamma}}$，其中：

$$G=\begin{bmatrix}0 & \cos\phi & \sin\theta\sin\phi\\ 0 & \sin\phi & -\sin\theta\cos\phi\\ 1 & 0 & \cos\theta\end{bmatrix}$$

又 $\dot{\boldsymbol{\gamma}}=\boldsymbol{G}^{-1}\boldsymbol{\omega}$，其中：

$$G^{-1}=\frac{1}{\sin\theta}\begin{bmatrix}-\sin\phi\cos\theta & \cos\phi\cos\theta & \sin\theta\\ \sin\theta\cos\phi & \sin\theta\sin\phi & 0\\ \sin\phi & -\cos\phi & 0\end{bmatrix}$$

注意到当 θ 等于 0 或者 π 的时候上式奇异。将欧拉角的值代入上式，可得

$$G^{-1}=\begin{bmatrix}-1.1554 & 0.7093 & 1\\ 0.5232 & 0.8522 & 0\\ 1.4356 & -0.8814 & 0\end{bmatrix}$$

则计算可得欧拉角对时间的导数为

$$\begin{bmatrix}\dot{\phi}\\ \dot{\theta}\\ \dot{\psi}\end{bmatrix}=\boldsymbol{G}^{-1}\boldsymbol{\omega}=\begin{bmatrix}-1.1554 & 0.7093 & 1\\ 0.5232 & 0.8522 & 0\\ 1.4356 & -0.8814 & 0\end{bmatrix}\begin{bmatrix}120.72\\ 75.87\\ -46.59\end{bmatrix}=\begin{bmatrix}-132.2553\\ 127.8171\\ 106.4338\end{bmatrix}$$

2.7.3　另一种顺序

另一种广泛应用于航空航天和汽车领域的欧拉角转动顺序是：绕轴 X_1^i 转动角度 ϕ，再绕轴 X_2^i 转动角度 θ，最后绕轴 X_3^i 转动角度 ψ。根据这种顺序所得到的变换矩阵为

$$A=\begin{bmatrix}\cos\theta\cos\psi & -\cos\theta\sin\psi & \sin\theta\\ \sin\phi\sin\theta\cos\psi+\cos\phi\sin\psi & -\sin\phi\sin\theta\sin\psi+\cos\phi\cos\psi & -\sin\phi\cos\theta\\ -\cos\phi\sin\theta\cos\psi+\sin\phi\sin\psi & \cos\phi\sin\theta\sin\psi+\sin\phi\cos\psi & \cos\phi\cos\theta\end{bmatrix}\tag{2.144}$$

根据这种转动顺序，可以得到由角速度矢量确定的矩阵 $\boldsymbol{G}$ 和 $\bar{\boldsymbol{G}}$：

$$G=\begin{bmatrix}1 & 0 & \sin\theta\\ 0 & \cos\phi & -\sin\phi\cos\theta\\ 0 & \sin\phi & \cos\phi\cos\theta\end{bmatrix},\quad \bar{G}=\begin{bmatrix}\cos\theta\cos\psi & \sin\psi & 0\\ -\cos\theta\sin\psi & \cos\psi & 0\\ \sin\theta & 0 & 1\end{bmatrix}\tag{2.145}$$

很显然，当 $\theta=\pi/2$ 时，矩阵 $\boldsymbol{G}$ 和 $\bar{\boldsymbol{G}}$ 奇异。任何用来描述刚体的空间姿态或者空间参考系的三个独立的欧拉角都存在类似的奇异问题。需要注意，只有在无穷小转动的情况下，转动角度及其导数的二次项才可以忽略，才满足 $\boldsymbol{\omega}=[\dot{\phi}\quad\dot{\theta}\quad\dot{\psi}]^{\mathrm{T}}$。

2.8　方向余弦

在多体系统动力学中，虽然很少用方向余弦来描述三维转动，但是为了保证课程的完整性，本节对这种方法进行讨论。为此，考虑图 2.13 所示的两个坐标系 $OX_1X_2X_3$ 和 $O^iX_1^iX_2^iX_3^i$。令 $\boldsymbol{i}_1^i$、$\boldsymbol{i}_2^i$ 和 $\boldsymbol{i}_3^i$ 分别为沿 X_1^i、X_2^i 和 X_3^i 方向的单位矢量，$\boldsymbol{i}_1$、$\boldsymbol{i}_2$ 和 $\boldsymbol{i}_3$ 分别为沿 X_1、X_2

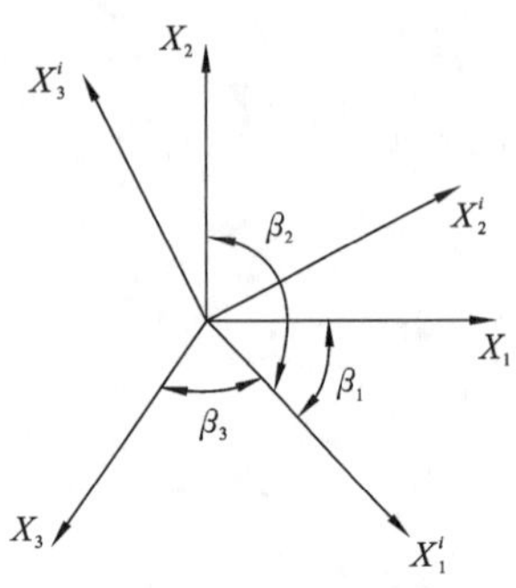

图 2.13　方向余弦

和 X_3 方向的单位矢量。相应地，令 β_1 为 X_1^i 和 X_1 之间的夹角，β_2 为 X_1^i 和 X_2 之间的夹角，β_3 为 X_1^i 和 X_3 之间的夹角。$\boldsymbol{i}_1^i$ 沿 X_1、X_2 和 X_3 方向的分量为

$$\alpha_{11}=\cos\beta_1=\boldsymbol{i}_1^i\cdot\boldsymbol{i}_1,\quad \alpha_{12}=\cos\beta_2=\boldsymbol{i}_1^i\cdot\boldsymbol{i}_2,\quad \alpha_{13}=\cos\beta_3=\boldsymbol{i}_1^i\cdot\boldsymbol{i}_3 \tag{2.146}$$

式中：α_{11}、α_{12}、α_{13} 分别为 X_1^i 相对 X_1、X_2 和 X_3 的方向余弦。类似地，定义 X_2^i 相对 X_1、X_2 和 X_3 的方向余弦分别为 α_{21}、α_{22}、α_{23}；X_3^i 相对 X_1、X_2 和 X_3 的方向余弦分别为 α_{31}、α_{32}、α_{33}。运用单位矢量之间的点积可以得到这些方向余弦：

$$\alpha_{21}=\boldsymbol{i}_2^i\cdot\boldsymbol{i}_1,\quad \alpha_{22}=\boldsymbol{i}_2^i\cdot\boldsymbol{i}_2,\quad \alpha_{23}=\boldsymbol{i}_2^i\cdot\boldsymbol{i}_3 \tag{2.147}$$

$$\alpha_{31}=\boldsymbol{i}_3^i\cdot\boldsymbol{i}_1,\quad \alpha_{32}=\boldsymbol{i}_3^i\cdot\boldsymbol{i}_2,\quad \alpha_{33}=\boldsymbol{i}_3^i\cdot\boldsymbol{i}_3 \tag{2.148}$$

也可以写为

$$\alpha_{jk}=\boldsymbol{i}_j^i\cdot\boldsymbol{i}_k,\quad j,k=1,2,3 \tag{2.149}$$

根据这些关系式，可以用单位矢量 $\boldsymbol{i}_1$、$\boldsymbol{i}_2$ 和 $\boldsymbol{i}_3$ 表示单位矢量 $\boldsymbol{i}_1^i$、$\boldsymbol{i}_2^i$ 和 $\boldsymbol{i}_3^i$，即

$$\begin{cases}\boldsymbol{i}_1^i=\alpha_{11}\boldsymbol{i}_1+\alpha_{12}\boldsymbol{i}_2+\alpha_{13}\boldsymbol{i}_3\\ \boldsymbol{i}_2^i=\alpha_{21}\boldsymbol{i}_1+\alpha_{22}\boldsymbol{i}_2+\alpha_{23}\boldsymbol{i}_3\\ \boldsymbol{i}_3^i=\alpha_{31}\boldsymbol{i}_1+\alpha_{32}\boldsymbol{i}_2+\alpha_{33}\boldsymbol{i}_3\end{cases} \tag{2.150}$$

利用求和约定可以将式(2.150)写成更简略的形式，即

$$\boldsymbol{i}_k^i=\alpha_{kl}\boldsymbol{i}_l,\quad k,l=1,2,3 \tag{2.151}$$

同样地，可以用单位矢量 $\boldsymbol{i}_1^i$、$\boldsymbol{i}_2^i$ 和 $\boldsymbol{i}_3^i$ 来表示单位矢量 $\boldsymbol{i}_1$、$\boldsymbol{i}_2$ 和 $\boldsymbol{i}_3$，即

$$\begin{cases}\boldsymbol{i}_1=\alpha_{11}\boldsymbol{i}_1^i+\alpha_{21}\boldsymbol{i}_2^i+\alpha_{31}\boldsymbol{i}_3^i\\ \boldsymbol{i}_2=\alpha_{12}\boldsymbol{i}_1^i+\alpha_{22}\boldsymbol{i}_2^i+\alpha_{32}\boldsymbol{i}_3^i\\ \boldsymbol{i}_3=\alpha_{13}\boldsymbol{i}_1^i+\alpha_{23}\boldsymbol{i}_2^i+\alpha_{33}\boldsymbol{i}_3^i\end{cases} \tag{2.152}$$

利用求和约定可以将式(2.152)写成更简略的形式，即

$$\boldsymbol{i}_k=\alpha_{lk}\boldsymbol{i}_l^i,\quad k,l=1,2,3 \tag{2.153}$$

考虑三维矢量 $\boldsymbol{x}$ 在坐标系 $OX_1X_2X_3$ 和 $O^iX_1^iX_2^iX_3^i$ 内的分量分别为 x_1、x_2、x_3 和 $\bar{x}_1$、$\bar{x}_2$、$\bar{x}_3$，即

$$\boldsymbol{r}=x_1\boldsymbol{i}_1+x_2\boldsymbol{i}_2+x_3\boldsymbol{i}_3=\bar{x}_1\boldsymbol{i}_1^i+\bar{x}_2\boldsymbol{i}_2^i+\bar{x}_3\boldsymbol{i}_3^i \tag{2.154}$$

因为单位矢量 $\boldsymbol{i}_1$、$\boldsymbol{i}_2$ 和 $\boldsymbol{i}_3$ 以及 $\boldsymbol{i}_1^i$、$\boldsymbol{i}_2^i$ 和 $\boldsymbol{i}_3^i$ 满足

$$\begin{cases}\boldsymbol{i}_k\cdot\boldsymbol{i}_l=\boldsymbol{i}_k^i\cdot\boldsymbol{i}_l^i=1,\quad k=l\\ \boldsymbol{i}_k\cdot\boldsymbol{i}_l=\boldsymbol{i}_k^i\cdot\boldsymbol{i}_l^i=0,\quad k\neq l\end{cases} \tag{2.155}$$

所以可以得到以下结论：

$$\begin{cases}\bar{x}_1=\boldsymbol{r}\cdot\boldsymbol{i}_1^i=\alpha_{11}x_1+\alpha_{12}x_2+\alpha_{13}x_3\\ \bar{x}_2=\boldsymbol{r}\cdot\boldsymbol{i}_2^i=\alpha_{21}x_1+\alpha_{22}x_2+\alpha_{23}x_3\\ \bar{x}_3=\boldsymbol{r}\cdot\boldsymbol{i}_3^i=\alpha_{31}x_1+\alpha_{32}x_2+\alpha_{33}x_3\end{cases} \tag{2.156}$$

即 $\bar{\boldsymbol{x}}=\boldsymbol{A}\boldsymbol{x}$，其中 $\bar{\boldsymbol{x}}=[\bar{x}_1\quad \bar{x}_2\quad \bar{x}_3]^{\mathrm{T}}$，$\boldsymbol{x}=[x_1\quad x_2\quad x_3]^{\mathrm{T}}$，$\boldsymbol{A}$ 是变换矩阵，即

$$\boldsymbol{A}=\begin{bmatrix}\alpha_{11} & \alpha_{12} & \alpha_{13}\\ \alpha_{21} & \alpha_{22} & \alpha_{23}\\ \alpha_{31} & \alpha_{32} & \alpha_{33}\end{bmatrix} \tag{2.157}$$

类似地，可以得到 $\boldsymbol{x}=\boldsymbol{A}^{\mathrm{T}}\bar{\boldsymbol{x}}$，其中 $\boldsymbol{A}$ 是由方向余弦 α_{ij} $(i, j=1, 2, 3)$ 表示的两个坐标系之间的变换矩阵。由于描述空间内刚体的姿态只需要三个独立变量，因此 α_{ij} 这九个量并不独立。事实上，这些量满足由式(2.151)中的 $\boldsymbol{i}_1$、$\boldsymbol{i}_2$ 和 $\boldsymbol{i}_3$（或者是 $\boldsymbol{i}_1^i$、$\boldsymbol{i}_2^i$ 和 $\boldsymbol{i}_3^i$）正交所得到的六个等式。这些等式可以通过将式(2.150)代入式(2.155)得到

$$\alpha_{1k}\alpha_{1l}+\alpha_{2k}\alpha_{2l}+\alpha_{3k}\alpha_{3l}=\delta_{kl},\quad k, l=1, 2, 3 \tag{2.158}$$

式中：δ_{kl} 为克罗内克符号，即

$$\delta_{kl}=\begin{cases}1, & k=l\\ 0, & k\neq l\end{cases} \tag{2.159}$$

式(2.158)给出了方向余弦 α_{ij} 满足的六个关系式。

例题 2.10　在初始位形，刚体 i 体坐标系的坐标轴 X_1^i、X_2^i 和 X_3^i 在全局坐标系中由矢量 $[0.5\quad 0\quad 0.5]^{\mathrm{T}}$、$[0.25\quad 0.25\quad -0.25]^{\mathrm{T}}$ 和 $[-2.0\quad 4.0\quad 2.0]^{\mathrm{T}}$ 定义。从初始位形开始，刚体 i 先绕轴 X_3^i 转动角度 $\theta_1=45°$，再绕轴 X_1^i 转动角度 $\theta_2=60°$。试求体坐标系相对全局坐标系的变换矩阵。

解　在转动之前，定义体坐标系三个轴的方向余弦为

$$[\alpha_{11}\quad \alpha_{12}\quad \alpha_{13}]^{\mathrm{T}}=[0.7071\quad 0\quad 0.7071]^{\mathrm{T}}$$

$$[\alpha_{21}\quad \alpha_{22}\quad \alpha_{23}]^{\mathrm{T}}=[0.5774\quad 0.5774\quad -0.5774]^{\mathrm{T}}$$

$$[\alpha_{31}\quad \alpha_{32}\quad \alpha_{33}]^{\mathrm{T}}=[-0.4082\quad 0.8165\quad 0.4082]^{\mathrm{T}}$$

因此，定义转动前刚体方位的变换矩阵为

$$\boldsymbol{A}_0^i=\begin{bmatrix}\alpha_{11} & \alpha_{21} & \alpha_{31}\\ \alpha_{12} & \alpha_{22} & \alpha_{32}\\ \alpha_{13} & \alpha_{23} & \alpha_{33}\end{bmatrix}=\begin{bmatrix}0.7071 & 0.5774 & -0.4082\\ 0 & 0.5774 & 0.8165\\ 0.7071 & -0.5774 & 0.4082\end{bmatrix}$$

θ_1 是绕轴 X_3^i 转动的角度，这次简单转动的变换矩阵为

$$\boldsymbol{A}_1^i=\begin{bmatrix}\cos\theta_1 & -\sin\theta_1 & 0\\ \sin\theta_1 & \cos\theta_1 & 0\\ 0 & 0 & 1\end{bmatrix}=\begin{bmatrix}0.7071 & -0.7071 & 0\\ 0.7071 & 0.7071 & 0\\ 0 & 0 & 1\end{bmatrix}$$

θ_2 是绕轴 X_1^i 转动的角度，这次简单转动的变换矩阵为

$$\boldsymbol{A}_2^i=\begin{bmatrix}1 & 0 & 0\\ 0 & \cos\theta_2 & -\sin\theta_2\\ 0 & \sin\theta_2 & \cos\theta_2\end{bmatrix}=\begin{bmatrix}1 & 0 & 0\\ 0 & 0.5 & -0.8660\\ 0 & 0.8660 & 0.5\end{bmatrix}$$

因此，上述刚体 i 体坐标系相对全局坐标系的变换矩阵为

$$\boldsymbol{A}^i=\boldsymbol{A}_0^i\boldsymbol{A}_1^i\boldsymbol{A}_2^i=\begin{bmatrix}0.9083 & -0.3994 & -0.1247\\ 0.4083 & 0.9112 & 0.0547\\ 0.0919 & -0.1007 & 0.9908\end{bmatrix}$$

2.9 4×4 变换矩阵

之前曾提到过，刚体 i 内任意一点 P 在坐标系 $OX_1X_2X_3$ 内的位置可表示为

$$\boldsymbol{r}^i=\boldsymbol{R}^i+\boldsymbol{A}^i\bar{\boldsymbol{u}}^i \tag{2.160}$$

式中：$\boldsymbol{R}^i$ 为刚体坐标系原点在坐标系 $OX_1X_2X_3$ 内的位置矢量，如图 2.3 所示；$\boldsymbol{A}^i$ 为变换矩阵；$\bar{\boldsymbol{u}}^i$ 为刚体内任意一点 P 在 $O^iX_1^iX_2^iX_3^i$ 坐标系内的位置矢量；矢量 $\boldsymbol{R}^i$ 描述刚体平动。式(2.160)等号右边的第二项描述刚体的转动。式(2.160)表示的是定义在坐标系 $O^iX_1^iX_2^iX_3^i$ 内的矢量 $\bar{\boldsymbol{u}}^i$ 到另一个坐标系 $OX_1X_2X_3$ 的变换。它可以写成另一种形式，这种形式用到了4×4变换矩阵：

$$\boldsymbol{r}_4^i=\boldsymbol{A}_4^i\bar{\boldsymbol{u}}_4^i \tag{2.161}$$

式中：$\boldsymbol{r}_4^i$、$\bar{\boldsymbol{u}}_4^i$ 为如下四维矢量，即

$$\boldsymbol{r}_4^i=[r_1^i \quad r_2^i \quad r_3^i \quad 1]^{\mathrm{T}},\quad \bar{\boldsymbol{u}}_4^i=[\bar{u}_1^i \quad \bar{u}_2^i \quad \bar{u}_3^i \quad 1]^{\mathrm{T}} \tag{2.162}$$

$\boldsymbol{A}_4^i$ 为 4×4 变换矩阵：

$$\boldsymbol{A}_4^i=\begin{bmatrix}\boldsymbol{A}^i & \boldsymbol{R}^i\\ \boldsymbol{0}_3^{\mathrm{T}} & 1\end{bmatrix} \tag{2.163}$$

式中：$\boldsymbol{0}_3$ 为零矢量，即 $\boldsymbol{0}_3^{\mathrm{T}}=[0 \quad 0 \quad 0]^{\mathrm{T}}$。式(2.163)中的 4×4 变换矩阵有时被称为齐次变换矩阵。使用这种方法的好处在于刚体的平动和转动可以用一个矩阵描述。但是，需要注意，4×4变换矩阵 $\boldsymbol{A}_4^i$ 并不是正交的，所以 $\boldsymbol{A}_4^i$ 矩阵的逆为

$$(\boldsymbol{A}_4^i)^{-1}=\begin{bmatrix}\boldsymbol{A}^{i\mathrm{T}} & -\boldsymbol{A}^{i\mathrm{T}}\boldsymbol{R}^i\\ \boldsymbol{0}_3^{\mathrm{T}} & 1\end{bmatrix} \tag{2.164}$$

为了求 4×4 变换矩阵 $\boldsymbol{A}_4^i$ 的逆，必须先求变换矩阵 $\boldsymbol{A}^i$ 的转置矩阵。

例题 2.11 刚体具有坐标系 $O^iX_1^iX_2^iX_3^i$，坐标系原点 O^i 在全局坐标系内的位置矢量为 $\boldsymbol{R}^i=[1 \quad 1 \quad -5]^{\mathrm{T}}$，刚体绕轴 X_3 转动角度 $\theta^i=30°$。求位置矢量为 $\bar{\boldsymbol{u}}^i=[0 \quad 1 \quad 0]^{\mathrm{T}}$ 的点 P 在这次转动后的新位置。假定坐标系 $OX_1X_2X_3$ 和 $O^iX_1^iX_2^iX_3^i$ 在初始状态下各坐标轴平行。

解 在这种情况下，变换矩阵 $\boldsymbol{A}^i$ 为

$$\boldsymbol{A}^i=\begin{bmatrix}\cos\theta^i & -\sin\theta^i & 0\\ \sin\theta^i & \cos\theta^i & 0\\ 0 & 0 & 1\end{bmatrix}=\begin{bmatrix}\cos 30° & -\sin 30° & 0\\ \sin 30° & \cos 30° & 0\\ 0 & 0 & 1\end{bmatrix}$$

$$=\begin{bmatrix}0.8660 & -0.5000 & 0\\ 0.5000 & 0.8660 & 0\\ 0 & 0 & 1\end{bmatrix}$$

式(2.163)中的 4×4 变换矩阵为

$$\boldsymbol{A}_4^i=\begin{bmatrix}\boldsymbol{A}^i & \boldsymbol{R}^i\\ \boldsymbol{0}_3^{\mathrm{T}} & 1\end{bmatrix}=\begin{bmatrix}0.8660 & -0.5000 & 0 & 1\\ 0.5000 & 0.8660 & 0 & 1\\ 0 & 0 & 1 & -5\\ 0 & 0 & 0 & 1\end{bmatrix}$$

式(2.162)中的四维矢量 $\bar{\boldsymbol{u}}_4^i=[0\quad 1\quad 0\quad 1]^{\mathrm{T}}$，四维矢量 $\boldsymbol{r}_4^i$ 用式(2.161)表示为

$$\begin{bmatrix} r_1^i \\ r_2^i \\ r_3^i \\ 1 \end{bmatrix}=\begin{bmatrix} 0.8660 & -0.5000 & 0 & 1 \\ 0.5000 & 0.8660 & 0 & 1 \\ 0 & 0 & 1 & -5 \\ 0 & 0 & 0 & 1 \end{bmatrix}\begin{bmatrix} 0 \\ 1 \\ 0 \\ 1 \end{bmatrix}=\begin{bmatrix} 0.5000 \\ 1.8660 \\ -5 \\ 1 \end{bmatrix}$$

4×4 矩阵 $\boldsymbol{A}_4^i$ 的逆为

$$(\boldsymbol{A}_4^i)^{-1}=\begin{bmatrix} 0.8660 & 0.5000 & 0 & -1.3660 \\ -0.5000 & 0.8660 & 0 & 0.3660 \\ 0 & 0 & 1 & 5 \\ 0 & 0 & 0 & 1 \end{bmatrix}$$

2.9.1　相对运动

很多多体系统在建模时，都可以处理为一系列刚体通过运动副，如转动铰、棱柱铰、圆柱铰等关联在一起。这些系统的一个典型例子就是图 2.14 所示的机器人的机械臂。这种系统中的刚体有时称为连杆。两个通过转动铰连接起来的关节之间的相对运动可以表示为绕铰轴的转动。如果两个刚体通过棱柱铰相连，那么相对运动就是沿铰轴的平动。更为一般的情况是，两个刚体之间通过圆柱铰相连。在这种情况下，它们之间的相对运动通过沿柱铰轴的平动和绕柱铰轴的转动来表示。很显然，转动铰和棱柱铰都可以视为固定圆柱铰一个自由度时的特殊情况。相邻刚体之间的相对平动和转动，可以通过两个变量或者两个铰自由度来表示。因此，4×4 变换矩阵 $\boldsymbol{A}_4^i$ 只是两个参数的函数，一个参数表示两个连杆之间的相对平动，另一个则表示相对转动。为了阐明这一点，以图 2.15 所示的两个刚体(关节) i 与 $i-1$ 为例。假设刚体 i 与 $i-1$ 通过圆柱铰相连，即连杆 i 相对连杆 $i-1$ 沿轴 i 平动，绕轴 i 转动。令 $O^{i-1}X_1^{i-1}\ X_2^{i-1}\ X_3^{i-1}$ 为原点刚性固连于刚体 $i-1$ 上的点 O^{i-1} 的坐标系，$O^i\ X_1^i\ X_2^i\ X_3^i$ 为原点刚性固连于刚体 i 上的点 O^i 的坐标系。沿转轴 i 的单位矢量定义为 $\boldsymbol{v}_0$，该单位矢量可以用以点

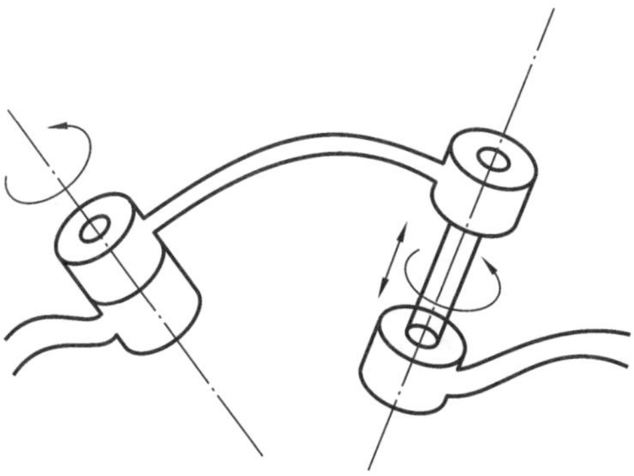

图 2.14　机械臂

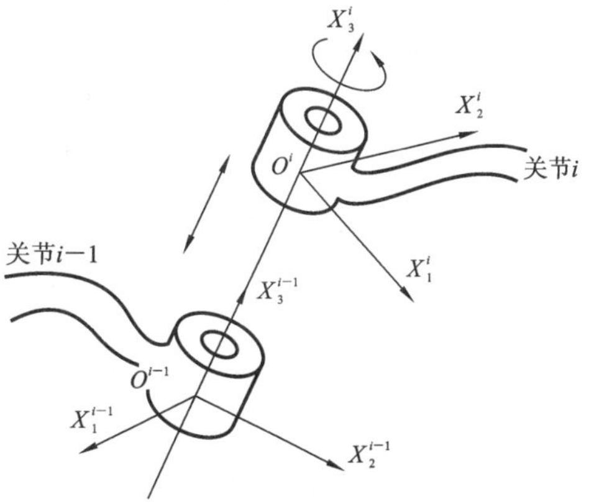

图 2.15　相对运动

O^{i-1}为起点的刚性线来表示，它在 $O^{i-1}X_1^{i-1}\ X_2^{i-1}\ X_3^{i-1}$ 坐标系内沿三个轴的分量为常量。坐标系 $O^iX_1^iX_2^iX_3^i$ 与坐标系 $O^{i-1}X_1^{i-1}X_2^{i-1}X_3^{i-1}$ 之间的相对平动可由矢量 $\boldsymbol{R}^{i,i-1}$ 描述。由于沿铰轴的单位矢量 $\boldsymbol{v}$ 在坐标系 $O^{i-1}X_1^{i-1}\ X_2^{i-1}\ X_3^{i-1}$ 内沿三个轴的分量为常量，因此矢量 $\boldsymbol{R}^{i,i-1}$ 在坐标系 $O^{i-1}X_1^{i-1}\ X_2^{i-1}\ X_3^{i-1}$ 内可用一个变量写为

$$\boldsymbol{R}^{i,i-1}=\boldsymbol{v}d^i \tag{2.165}$$

式中：d^i 为点 O^{i-1} 与点 O^i 之间的距离。d^i 是描述刚体 i 与 $i-1$ 之间相对平动的变量。两个相邻刚体之间的相对转动可以用一个变量 θ^i 来表示。根据式(2.9)，假设坐标系 $O^{i-1}X_1^{i-1}X_2^{i-1}X_3^{i-1}$ 和 $O^iX_1^iX_2^iX_3^i$ 在初始状态各坐标轴平行，则描述刚体 i 相对于刚体 $i-1$ 的空间姿态的变换矩阵 $\boldsymbol{A}^{i,i-1}$ 可以写为

$$\boldsymbol{A}^{i,i-1}=\boldsymbol{I}+\tilde{\boldsymbol{v}}\sin\theta^i+2(\tilde{\boldsymbol{v}})^2\sin^2\frac{\theta^i}{2} \tag{2.166}$$

式中：$\tilde{\boldsymbol{v}}$ 为反对称矩阵；$\boldsymbol{I}$ 为单位矩阵。由于单位矢量 $\boldsymbol{v}$ 在坐标系 $O^{i-1}X_1^{i-1}\ X_2^{i-1}\ X_3^{i-1}$ 内的分量为常量，因此式(2.166)所示的变换矩阵仅取决于一个变量 θ^i。利用式(2.15)或式(2.16)，可以得到变换矩阵的一些有趣的性质(之前在 2.5 节提到过)，即

$$(\boldsymbol{A}^{i,i-1})^{\mathrm{T}}\boldsymbol{A}_\theta^{i,i-1}=\tilde{\boldsymbol{v}},\quad (\boldsymbol{A}_\theta^{i,i-1})^{\mathrm{T}}\boldsymbol{A}_\theta^{i,i-1}=-(\tilde{\boldsymbol{v}})^2 \tag{2.167}$$

其中，

$$\begin{aligned}\boldsymbol{A}_\theta^{i,i-1}&=\frac{\partial}{\partial\theta^i}\boldsymbol{A}^{i,i-1}=\tilde{\boldsymbol{v}}\cos\theta^i+2(\tilde{\boldsymbol{v}})^2\sin\frac{\theta^i}{2}\cos\frac{\theta^i}{2}\\&=\tilde{\boldsymbol{v}}\cos\theta^i+(\tilde{\boldsymbol{v}})^2\sin\theta^i=\tilde{\boldsymbol{v}}\boldsymbol{A}^{i,i-1}=\boldsymbol{A}^{i,i-1}\tilde{\boldsymbol{v}}\end{aligned} \tag{2.168}$$

变换矩阵 $\boldsymbol{A}^{i,i-1}$ 与反对称矩阵相乘的顺序是可以交换的。此外，刚体 i 相对于刚体 $i-1$ 的角速度矢量 $\boldsymbol{\omega}^{i,i-1}$ 为

$$\boldsymbol{\omega}^{i,i-1}=\dot{\theta}^i\boldsymbol{v} \tag{2.169}$$

变换矩阵对时间的导数也可以写成如下简单的形式，即

$$\begin{aligned}\dot{\boldsymbol{A}}^{i,i-1}&=\boldsymbol{A}_\theta^{i,i-1}\dot{\theta}^i=[\tilde{\boldsymbol{v}}\cos\theta^i+(\tilde{\boldsymbol{v}})^2\sin\theta^i]\dot{\theta}^i=\dot{\theta}^i\tilde{\boldsymbol{v}}\boldsymbol{A}^{i,i-1}\\&=\boldsymbol{A}^{i,i-1}\tilde{\boldsymbol{v}}\dot{\theta}^i\end{aligned} \tag{2.170}$$

根据式(2.165)与式(2.166)，刚体 i 上任意一点 P 在坐标系 $O^{i-1}X_1^{i-1}\ X_2^{i-1}\ X_3^{i-1}$ 内的位置矢量 $\boldsymbol{r}^{i,i-1}$ 可写为

$$\boldsymbol{r}^{i,i-1}=\boldsymbol{R}^{i,i-1}+\boldsymbol{A}^{i,i-1}\bar{\boldsymbol{u}}^i=\boldsymbol{v}d^i+\boldsymbol{A}^{i,i-1}\bar{\boldsymbol{u}}^i \tag{2.171}$$

式中：$\bar{\boldsymbol{u}}^i$ 为定义在坐标系 $O^i\ X_1^i\ X_2^i\ X_3^i$ 内的点 P 的局部位置矢量。同式(2.161)一样，式(2.171)也可以用 4×4 变换矩阵来表示，在这种情况下，式(2.163)中的 4×4 变换矩阵定义为

$$\boldsymbol{A}_4^{i,i-1}=\begin{bmatrix}\boldsymbol{A}^{i,i-1} & \boldsymbol{v}d^i\\ \boldsymbol{0}_3^{\mathrm{T}} & 1\end{bmatrix} \tag{2.172}$$

因为 $\boldsymbol{A}^{i,i-1}$ 只与铰变量 θ^i 有关，所以 4×4 变换矩阵是两个铰变量 θ^i 与 d^i 的函数。

刚体 i 上任意点 P 相对于与刚体 $i-1$ 刚性连接的坐标系 $O^{i-1}X_1^{i-1}\ X_2^{i-1}\ X_3^{i-1}$ 的速度矢量可以通过对式(2.171)求导得到，即

$$\dot{\boldsymbol{r}}^{i,i-1}=\boldsymbol{v}\dot{d}^i+\dot{\boldsymbol{A}}^{i,i-1}\bar{\boldsymbol{u}}^i=\boldsymbol{v}\dot{d}^i+\boldsymbol{A}_\theta^{i,i-1}\bar{\boldsymbol{u}}^i\dot{\theta}^i \tag{2.173}$$

利用 4×4 矩阵，式(2.173)可以写为

$$\dot{\boldsymbol{r}}_4^{i,i-1}=\dot{\boldsymbol{A}}_4^{i,i-1}\bar{\boldsymbol{u}}_4^i \tag{2.174}$$

其中，$\dot{\boldsymbol{A}}_4^{i,i-1}$ 为 $\dot{\boldsymbol{r}}_4^{i,i-1}$，是$\boldsymbol{r}_4^{i,i-1}$ 对时间的导数，即

$$\dot{\boldsymbol{r}}_4^{i,i-1}=\begin{bmatrix}\dot{r}_1^{i,i-1} & \dot{r}_2^{i,i-1} & \dot{r}_3^{i,i-1} & 0\end{bmatrix}^{\mathrm{T}} \tag{2.175}$$

点 P 的加速度可以通过对式(2.173)求导得到，即

$$\ddot{\boldsymbol{r}}^{i,i-1}=\boldsymbol{v}\ddot{d}^i+\boldsymbol{A}_\theta^{i,i-1}\bar{\boldsymbol{u}}^i\ddot{\theta}^i+\dot{\boldsymbol{A}}_\theta^{i,i-1}\bar{\boldsymbol{u}}^i\dot{\theta}^i \tag{2.176}$$

其中，

$$\dot{\boldsymbol{A}}_\theta^{i,i-1}=[-\tilde{\boldsymbol{v}}\sin\theta^i+(\tilde{\boldsymbol{v}})^2\cos\theta^i]\dot{\theta}^i=(\tilde{\boldsymbol{v}})^2\boldsymbol{A}^{i,i-1}\dot{\theta}^i=\boldsymbol{A}^{i,i-1}(\tilde{\boldsymbol{v}})^2\dot{\theta}^i \tag{2.177}$$

利用式(2.168)和式(2.177)，可以将式(2.176)写成

$$\begin{aligned}\ddot{\boldsymbol{r}}^{i,i-1}&=\boldsymbol{v}\ddot{d}^i+\boldsymbol{A}^{i,i-1}[\tilde{\boldsymbol{v}}\bar{\boldsymbol{u}}^i\ddot{\theta}^i+(\tilde{\boldsymbol{v}})^2\bar{\boldsymbol{u}}^i(\dot{\theta}^i)^2]\\&=\boldsymbol{v}\ddot{d}^i+\boldsymbol{A}^{i,i-1}[\bar{\boldsymbol{\alpha}}^i\times\bar{\boldsymbol{u}}^i+\bar{\boldsymbol{\omega}}^i\times(\bar{\boldsymbol{\omega}}^i\times\bar{\boldsymbol{u}}^i)]\end{aligned} \tag{2.178}$$

式中：$\bar{\boldsymbol{\omega}}^i$ 和 $\bar{\boldsymbol{\alpha}}^i$ 的表达式分别为

$$\bar{\boldsymbol{\omega}}^i=\boldsymbol{v}\dot{\theta}^i,\quad \bar{\boldsymbol{\alpha}}^i=\boldsymbol{v}\ddot{\theta}^i \tag{2.179}$$

式(2.178)也可以写成 4×4 矩阵的形式，即

$$\ddot{\boldsymbol{r}}_4^{i,i-1}=\ddot{\boldsymbol{A}}_4^{i,i-1}\bar{\boldsymbol{u}}_4^i \tag{2.180}$$

其中，$\ddot{\boldsymbol{r}}_4^{i,i-1}=\dfrac{\mathrm{d}}{\mathrm{d}t}\dot{\boldsymbol{r}}_4^{i,i-1}$，$\ddot{\boldsymbol{A}}_4^{i,i-1}$ 为 4×4 矩阵，即

$$\ddot{\boldsymbol{A}}_4^{i,i-1}=\begin{bmatrix}\boldsymbol{A}^{i,i-1}[\tilde{\boldsymbol{v}}\ddot{\theta}^i+(\tilde{\boldsymbol{v}})^2(\dot{\theta}^i)^2] & \boldsymbol{v}\ddot{d}^i\\ \boldsymbol{0}_3^{\mathrm{T}} & 0\end{bmatrix} \tag{2.181}$$

在推导运动学方程的过程中，会用到变换矩阵 $\boldsymbol{A}^{i,i-1}$ 与反对称矩阵 $\tilde{\boldsymbol{v}}$ 的乘积的顺序可以交换这个性质。事实上，对于任意有限转动角 θ 对应的变换矩阵 $\boldsymbol{A}$，比式(2.168)更普遍的形式是

$$\frac{\partial^n\boldsymbol{A}}{\partial\theta^n}=(\tilde{\boldsymbol{v}})^n\boldsymbol{A}=\boldsymbol{A}(\tilde{\boldsymbol{v}})^n \tag{2.182}$$

式(2.171)、式(2.173)和式(2.176)分别表示一般相对运动的位移方程、速度方程和加速度方程。求解转角这种特殊情况时，只要将上述运动学方程中的 d^i 视为常量即可，而求解棱柱副这种特殊情况时，则可将 θ^i 视为常量。此外，在先前章节中提到的平面变换矩阵的许多特性也能够由本节中的这些运动学方程推导得到，前提是假定单位矢量 $\boldsymbol{v}$ 沿轴X_3^{i-1}。

2.9.2 Denavit-Hatenberg 变换

另一种描述相对平动和转动的 4×4 变换矩阵的方法基于 Denavit-Hatengberg 变换。这种方法十分受机械工程学者的欢迎。4×4 Denavit-Hatenberg 变换矩阵是 4 个参数的函数：两个常量参数取决于刚性连杆的几何形状，另两个则是用于描述相对运动的变量参数。图 2.16 所示为连杆参数，假定铰 $i-1$ 位于刚体 $i-1$ 的近端，铰 i 位于刚体 $i-1$ 的远端。对于铰链轴$i-1$与 i，两轴之间存在确定的距离 a^{i-1}。距离 a^{i-1}是沿垂直于轴 $i-1$ 与 i 的直线量度的。这条垂线是唯一确定的，两个铰轴平行的特殊情况除外。距离 a^{i-1}是连杆的第一个常量参数，称为连杆长度，连杆的第二个常量参数称为连杆扭角，记作 α^{i-1}，是垂直于 a^{i-1}的平面内铰轴 i

与铰轴 $i-1$ 坐标轴之间的夹角。这个角以 a^{i-1} 的右手法则为准，从铰轴 $i-1$ 指向轴 i。在 4×4 Denavit-Hatenberg 变换矩阵中用到的另外两个变量参数分别是连杆偏移 d^i 和铰转角 θ^i。连杆偏移 d^i 描述连杆 $i-1$ 与 i 之间的相对平动，铰转角 θ^i 描述连杆 i 相对于 $i-1$ 的姿态变化。如图 2.17 所示，连杆 $i-1$ 与 i 通过铰 i 连接，轴 i 是两个相邻连杆 i 与 $i-1$ 之间的公共铰轴。如果 a^i 是垂直于连杆 i 的铰轴的垂线，那么 d^i 是 a^{i-1} 与铰轴 $i-1$ 交点和 a^i 与铰轴 i 交点沿铰轴 i 的距离。铰转角 θ^i 被定义为直线 a^{i-1} 与 a^i 绕铰轴 i 转动的角度。

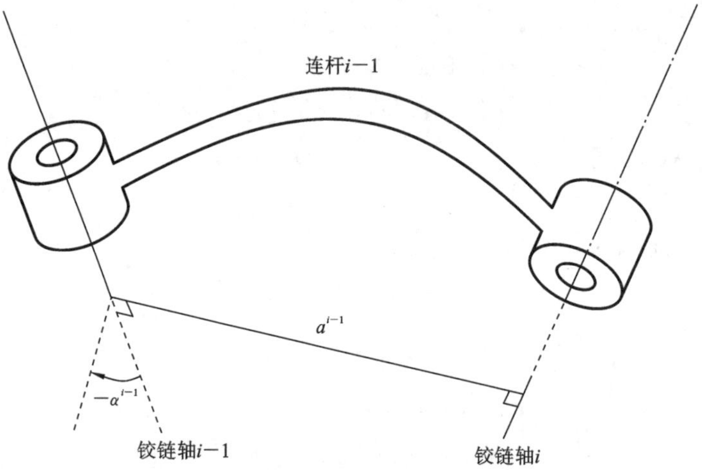

图 2.16 连杆参数

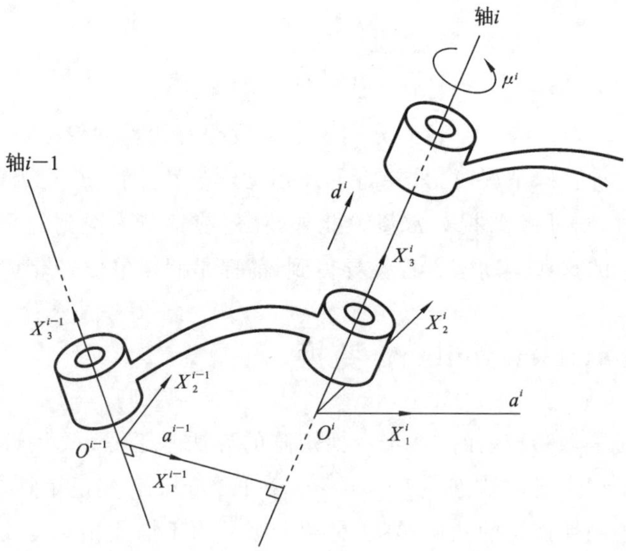

图 2.17 铰自由度

为了描述连杆 i 相对于 $i-1$ 的运动，引入两个铰坐标系：以 O^{i-1} 为原点，在铰 $i-1$ 处固连于连杆 $i-1$ 的坐标系 $O^{i-1}X_1^{i-1}\ X_2^{i-1}\ X_3^{i-1}$，以及以 O^i 为原点，在铰 i 处固连于连杆 i 的坐标系

$O^i X_1^i X_2^i X_3^i$。如此定义坐标系 $O^{i-1} X_1^{i-1} X_2^{i-1} X_3^{i-1}$ 可以使得轴X_3^{i-1} 与铰链轴 $i-1$ 同向，轴 X_1^{i-1} 与 a^{i-1}同向，也就是从铰 $i-1$ 到铰 i 的方向。轴X_2^{i-1} 的方向则可通过右手法则来确定，并构成坐标系 $O^{i-1} X_1^{i-1} X_2^{i-1} X_3^{i-1}$。可以用类似的方法来确定图 2.17 所示的坐标系 $O^i X_1^i X_2^i X_3^i$。因此，很显然，连杆长度 a^{i-1}是轴X_3^{i-1} 与轴X_3^i 之间沿轴X_1^{i-1} 的距离，连杆扭角 α^{i-1}是轴X_3^{i-1} 与轴X_3^i 之间绕轴X_1^{i-1} 的夹角。连杆偏移 d^i 表示轴X_1^{i-1} 与轴X_1^i 之间沿轴X_3^i 的距离，铰转角 θ^i 是轴X_1^{i-1} 与轴X_1^i 之间绕轴X_3^i 的夹角。

为了确定坐标系 $O^i X_1^i X_2^i X_3^i$ 相对于坐标系 $O^{i-1} X_1^{i-1} X_2^{i-1} X_3^{i-1}$ 的位置和姿态，引入图 2.18 所示的三个中间坐标系。将坐标系 $O^{i-1} X_1^{i-1} X_2^{i-1} X_3^{i-1}$ 绕轴X_1^{i-1} 转动角度 α^{i-1}得到坐标系 $O^{i-1}Y_1^{i-1}Y_2^{i-1}Y_3^{i-1}$，将坐标系 $O^{i-1}Y_1^{i-1}Y_2^{i-1}Y_3^{i-1}$ 沿轴 Y_1^{i-1} 平移 a^{i-1}得到坐标系$O^{i,i-1} Z_1^{i-1} Z_2^{i-1} Z_3^{i-1}$，将坐标系 $O^{i,i-1} Z_1^{i-1} Z_2^{i-1} Z_3^{i-1}$ 绕轴 Z_1^{i-1} 转动角度 θ^i 得到坐标系 $O^{i,i-1}Y_1^iY_2^iY_3^i$。很显然，坐标系 $O^i X_1^i X_2^i X_3^i$ 可以由坐标系 $O^{i,i-1}Y_1^iY_2^iY_3^i$ 沿轴X_3^i 平移 d^i 得到。由 $O^iX_1^iX_2^iX_3^i$ 到$O^{i,i-1}Y_1^iY_2^iY_3^i$ 的 4×4 变换矩阵只取决于连杆偏移 d^i，即

$$\boldsymbol{A}_1 = \begin{bmatrix} 1 & 0 & 0 & 0 \\ 0 & 1 & 0 & 0 \\ 0 & 0 & 1 & d^i \\ 0 & 0 & 0 & 1 \end{bmatrix} \tag{2.183}$$

由坐标系 $O^{i,i-1}Y_1^i Y_2^i Y_3^i$ 到 $O^{i,i-1} Z_1^{i-1} Z_2^{i-1} Z_3^{i-1}$ 的 4×4 变换旋转矩阵只取决于铰转角 θ^i，即

$$\boldsymbol{A}_2 = \begin{bmatrix} \cos\theta^i & -\sin\theta^i & 0 & 0 \\ \sin\theta^i & \cos\theta^i & 0 & 0 \\ 0 & 0 & 1 & 0 \\ 0 & 0 & 0 & 1 \end{bmatrix} \tag{2.184}$$

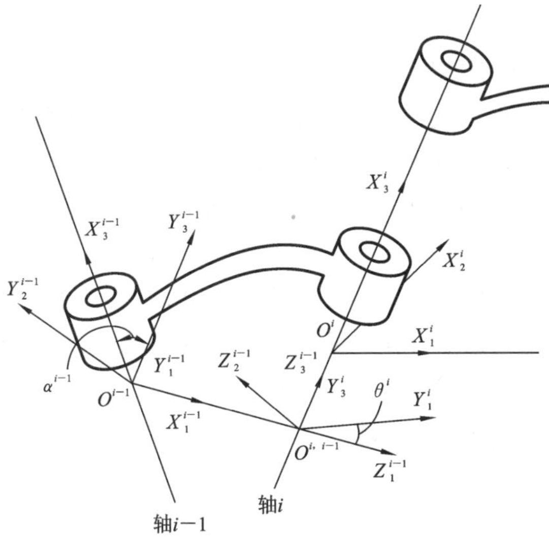

图 2.18　中间坐标系

由坐标系 $O^{i,i-1}Z_1^{i-1}\ Z_2^{i-1}\ Z_3^{i-1}$ 到 $O^{i-1}Y_1^{i-1}\ Y_2^{i-1}\ Y_3^{i-1}$ 的 4×4 变换矩阵只取决于连杆长度 a^{i-1}，即

$$\boldsymbol{A}_3=\begin{bmatrix}1 & 0 & 0 & a^{i-1}\\ 0 & 1 & 0 & 0\\ 0 & 0 & 1 & 0\\ 0 & 0 & 0 & 1\end{bmatrix} \tag{2.185}$$

最后，由坐标系 $O^{i-1}Y_1^{i-1}\ Y_2^{i-1}\ Y_3^{i-1}$ 到 $O^{i-1}X_1^{i-1}\ X_2^{i-1}\ X_3^{i-1}$ 的 4×4 变换矩阵为

$$\boldsymbol{A}_4=\begin{bmatrix}1 & 0 & 0 & 0\\ 0 & \cos\alpha^{i-1} & -\sin\alpha^{i-1} & 0\\ 0 & \sin\alpha^{i-1} & \cos\alpha^{i-1} & 0\\ 0 & 0 & 0 & 1\end{bmatrix} \tag{2.186}$$

从而，可以得到坐标系 $O^iX_1^i\ X_2^i\ X_3^i$ 相对于坐标系 $O^{i-1}X_1^{i-1}\ X_2^{i-1}\ X_3^{i-1}$ 的 4×4 变换矩阵，即

$$\boldsymbol{A}^{i,i-1}=\boldsymbol{A}_1\ \boldsymbol{A}_2\ \boldsymbol{A}_3\ \boldsymbol{A}_4 \tag{2.187}$$

其中，4×4 Denavit-Hatenberg 变换矩阵 $\boldsymbol{A}^{i,i-1}$ 定义为

$$\boldsymbol{A}^{i,i-1}=\begin{bmatrix}\cos\theta^i & -\sin\theta^i & 0 & a^{i-1}\\ \sin\theta^i\cos\alpha^{i-1} & \cos\theta^i\cos\alpha^{i-1} & -\sin\alpha^{i-1} & -d^i\sin\alpha^{i-1}\\ \sin\theta^i\sin\alpha^{i-1} & \cos\theta^i\sin\alpha^{i-1} & \cos\alpha^{i-1} & d^i\cos\alpha^{i-1}\\ 0 & 0 & 0 & 1\end{bmatrix} \tag{2.188}$$

2.10 不同姿态坐标之间的关系

本章推导了平面运动和空间运动的变换矩阵。不同形式的 3×3 正交变换矩阵可由不同的形式来表示，如欧拉参数、欧拉角、罗德里格斯参数和方向余弦等。当使用欧拉角和罗德里格斯参数时，只需要三个变量就可以描述刚体的空间姿态。然而，这两种方式的不足之处就在于当刚体处在空间特定方位时存在奇异现象。因此，推荐使用欧拉参数和式(2.9)所示的罗德里格斯公式。尽管四个欧拉参数之间并不相互独立，但使用欧拉参数可以避免变换矩阵奇异。此外，变换矩阵只是欧拉参数的二次函数，利用这一点，在简化动力学方程的过程中可以得到许多有趣的性质。不同形式的变换矩阵之间是相互等价的。事实上，任何一组坐标，如欧拉参数、欧拉角、罗德里格斯参数等，都能够由一个给定的变换矩阵，通过求解超越方程得到。由两个 3×3 变换矩阵相等，可以得到九个方程。尽管如此，只要独立方程的个数等于所给姿态坐标的未知量个数，方程就可以求解。例如，给定下列变换矩阵：

$$\boldsymbol{A}=\begin{bmatrix}a_{11} & a_{12} & a_{13}\\ a_{21} & a_{22} & a_{23}\\ a_{31} & a_{32} & a_{33}\end{bmatrix} \tag{2.189}$$

可以利用式(2.189)与式(2.9)以转角 θ 和沿转轴单位矢量 $\boldsymbol{v}=[v_1\quad v_2\quad v_3]^{\mathrm{T}}$ 表示的变换矩阵相等得到

$$\theta=\arccos\left(\frac{a_{11}+a_{22}+a_{33}-1}{2}\right),\quad \boldsymbol{v}=\begin{bmatrix}v_1\\v_2\\v_3\end{bmatrix}=\frac{1}{2\sin\theta}\begin{bmatrix}a_{32}-a_{23}\\a_{13}-a_{31}\\a_{21}-a_{12}\end{bmatrix}\tag{2.190}$$

显然，当转动角度非常小的时候，沿转轴的单位矢量 $\boldsymbol{v}$ 不容易确定。有关该问题的更详细讨论，以及由给定变换矩阵推导给定姿态坐标的方法可以在有关文献中找到(Klumpp,1976；Paul,1981；Craig,1986)。前面也讨论了 4×4 变换矩阵，可以用该矩阵同时表示刚体的平动和转动。虽然 4×4 矩阵不是正交矩阵，但是该矩阵的逆能够由 3×3 正交变换矩阵的转置矩阵直接表示。前面还讨论了描述两个刚体之间相对运动的方法。刚体之间的转角和转动轴首次被用来推导 4×4 变换矩阵。前面对位移、速度和加速度之间的运动学关系也进行了推导，为了简化这些运动学方程，也用到了许多有趣的性质。最后，利用 Denavit-Hatenberg 方法推导得到了 4×4 变换矩阵。该矩阵用四个参数来表示连杆长度、连杆扭角、连杆偏移和铰转角。连杆长度和铰转角是常量，仅仅取决于刚性连杆的几何形状。对于圆柱铰，连杆偏移和铰转角均为变量。对于转动铰，连杆偏移为常量，对于棱柱铰，铰转角为常量。Denavit-Hatenberg 4×4 变换矩阵广泛运用于机械臂和空间机构(Paul,1976；Craig,1986)。

2.11　基于多体运动学的六足复合运动模式机器人爬行运动学轨迹仿真研究

目前，传统移动机器人按照移动方式可以分为轮式、弹跳式、足式和履带式四类。其中轮式机器人是各国研究最为广泛的一种，它的结构和运动控制相对简单，被广泛应用于情况勘测。为适应复杂多变的地形，轮式机器人大多装配了地形自适应机构，从而提高了整个机器人的生存能力，但当其在工作过程中遇到了沟渠或者起伏比较大的地形时，它的通过能力就会变得十分差，即其活动范围容易受到地形地貌的影响，无法有效地在未知地形地貌的空间进行勘测活动。

弹跳式机器人可以跳跃与自身大小相同或数倍于自身大小的障碍物，且落地面积比较小，落脚点不集中，体积小，可适应复杂多变的环境。在复杂的地形地貌上执行侦察任务时有明显的优势。但在复杂的非结构环境下作业时，单一运动模式机器人运动受限颇多。因此，各国开始注重将弹跳、爬行等多种运动模式相结合的复合运动模式机器人的研究。

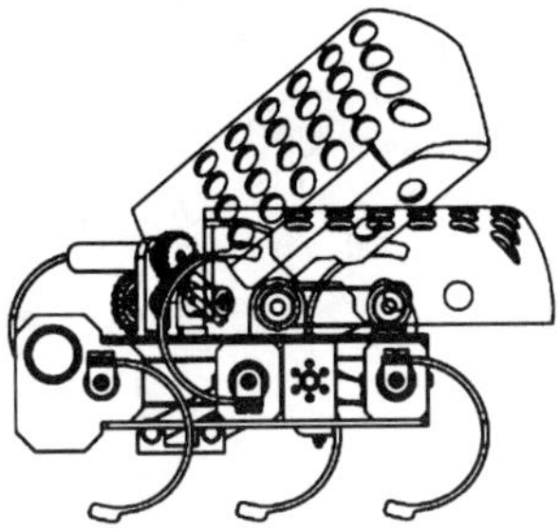

图 2.19　六足爬行弹跳式机器人

图 2.19 所示为具有复合运动模式的六足爬行弹跳式机器人，限于篇幅，本节仅对其爬行运动学展开相应研究。复合运动模式机器人爬行系统具有六足圆弧滚动腿，分列于系统两侧。为了便于分析，仅考虑系统二维爬行工况，在

该工况下，其运动轨迹可等效转化为二维轨迹，如图 2.20 所示。采用多体动力学建模方法(即圆弧腿任一点位置矢量$\boldsymbol{r}_{C_p}^i=\boldsymbol{R}_1^i+\boldsymbol{A}_1^i\bar{\boldsymbol{u}}_{C_p}^i$)对系统进行多体运动学建模，如图 2.21、图 2.22 所示。针对圆弧滚动腿与路面接触的构型特征，采用两种工况进行相关研究。

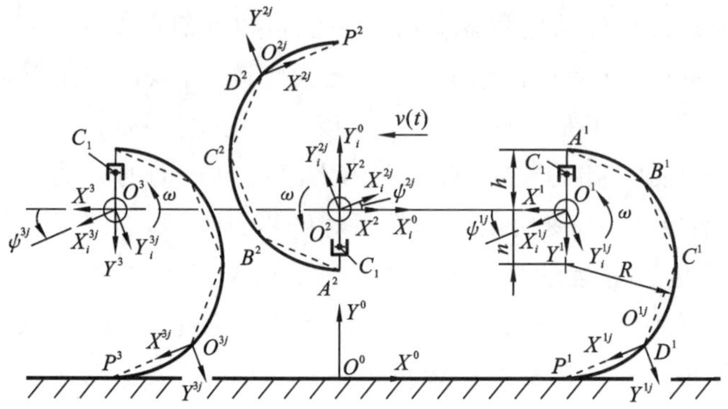

图 2.20　系统运动构型简图 Ⅰ

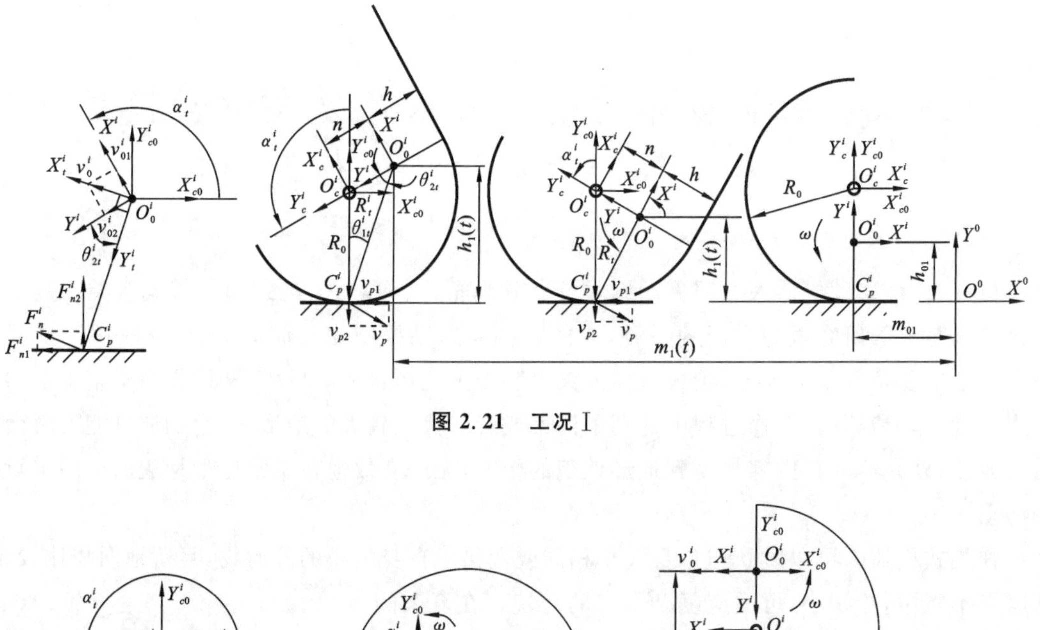

图 2.21　工况 Ⅰ

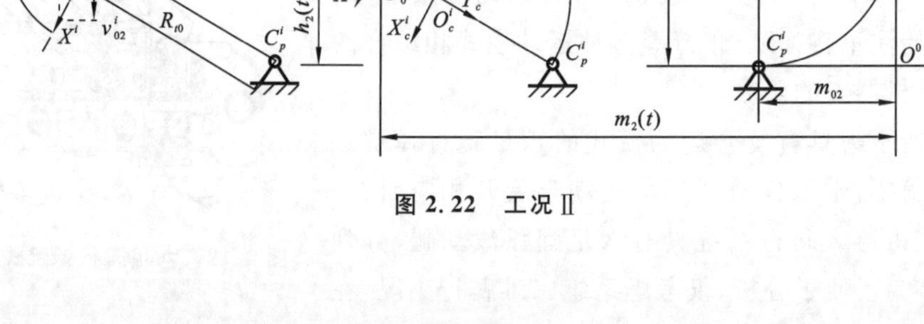

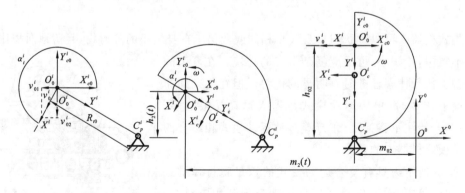

图 2.22　工况 Ⅱ

1）工况Ⅰ（$0°\leqslant\alpha_t^i\leqslant180°$）

姿态变换矩阵$\boldsymbol{A}_1^i=\begin{bmatrix}\cos\alpha_t & -\sin\alpha_t\\ \sin\alpha_t & \cos\alpha_t\end{bmatrix}^i$，$\alpha_t^i=\omega\times t$，$\omega$ 为圆弧式腿转速，$\bar{\boldsymbol{u}}_{C_p}^i=[-R\quad 0]^{\mathrm{T}}$，$R_t=\sqrt{R_0^2+n^2-2R_0\times n\times\cos\alpha_t^i}$；$C_p^i$ 为圆弧式腿与地面接触点，在考虑非完整约束的情况下，此点为圆弧式腿瞬时速度中心，则 $\bar{\boldsymbol{v}}_0^i=[\bar{v}_{01}^i\quad\bar{v}_{02}^i]^{\mathrm{T}}=|\boldsymbol{v}_0^i|\times[\cos\theta_{2t}^i\quad\sin\theta_{2t}^i]^{\mathrm{T}}$，其中$\boldsymbol{v}_0^i=\boldsymbol{\omega}\times\boldsymbol{R}_t$。利用正弦定理可以得到 θ_{1t}^i：

$$\frac{n}{\sin\theta_{1t}^i}=\frac{R_t^i}{\sin\alpha_t^i}\quad\Rightarrow\quad\sin\theta_{1t}^i=\frac{n\times\sin\alpha_t^i}{R_t^i}$$

由三角形内角和定理可得：

$$\theta_{2t}^i=180°-\alpha_t^i-\theta_{1t}^i$$

综上，鉴于圆弧式腿与地面间存在非完整约束，由此可推出点 O_0^i 在全局坐标系下的速度$\boldsymbol{v}_0^i$：

$$\boldsymbol{v}_0^i=[v_{01}^i\quad v_{02}^i]^{\mathrm{T}}=\boldsymbol{A}_1^i\bar{\boldsymbol{v}}_0^i\tag{2.191}$$

2）工况Ⅱ（$180°\leqslant\alpha_t^i\leqslant360°$）

$\bar{\boldsymbol{v}}_0^i=[|\boldsymbol{v}_0^i|\quad 0]^{\mathrm{T}}$，其中$\bar{\boldsymbol{v}}_0^i=[\omega\times R_{t0}\quad 0]^{\mathrm{T}}$，$R_{t0}=R_0+n$。综上，鉴于圆弧式腿与地面间存在非完整约束，由此可推出点 O_0^i 在全局坐标系下的速度$\boldsymbol{v}_0^i$：

$$\boldsymbol{v}_0^i=\boldsymbol{A}_1^i\bar{\boldsymbol{v}}_0^i\tag{2.192}$$

在式(2.19)、式(2.20)的基础上，可以得到圆弧式腿回转中心位置矢量 $\boldsymbol{r}_{O_0^i}$。通过数值仿真，如图 2.23 所示，可知六足圆弧滚动腿机器人运动轨迹存在明显振荡，振荡幅度与圆弧式腿回转中心偏心距 n(见图 2.20、图 2.21)有关，同时波动峰值出现在两侧腿交替时刻(见图2.24、图 2.25)。根据路面对圆弧滚动腿的支反力水平与竖直方向的投影比例，提出越野通过增强系数 μ，如图 2.26 所示；随着圆弧式腿回转中心偏心距 n 的增大，系统越野能力增强。

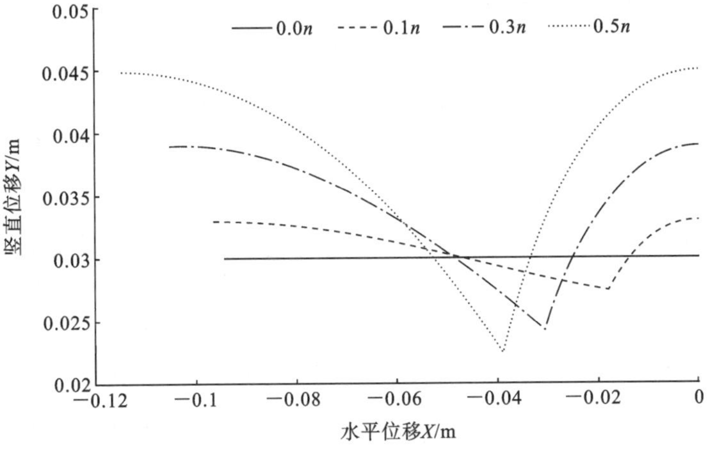

图 2.23　回转中心 O_0^i 在全局坐标系下的轨迹

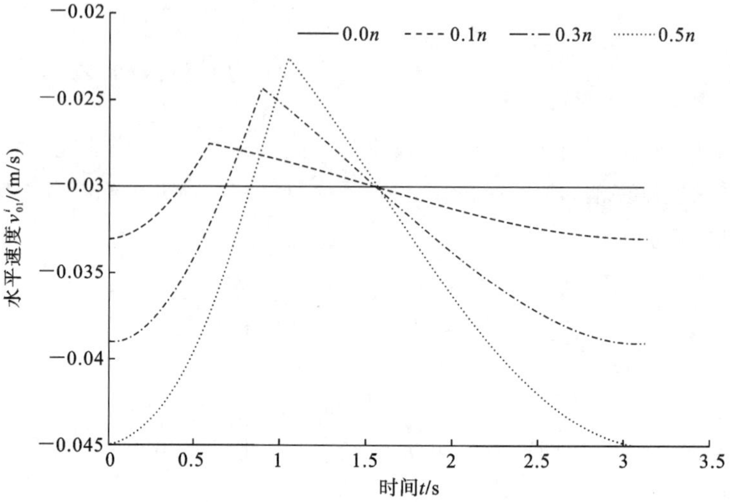

图 2.24　回转中心 O_0^i 在全局坐标系下的水平速度

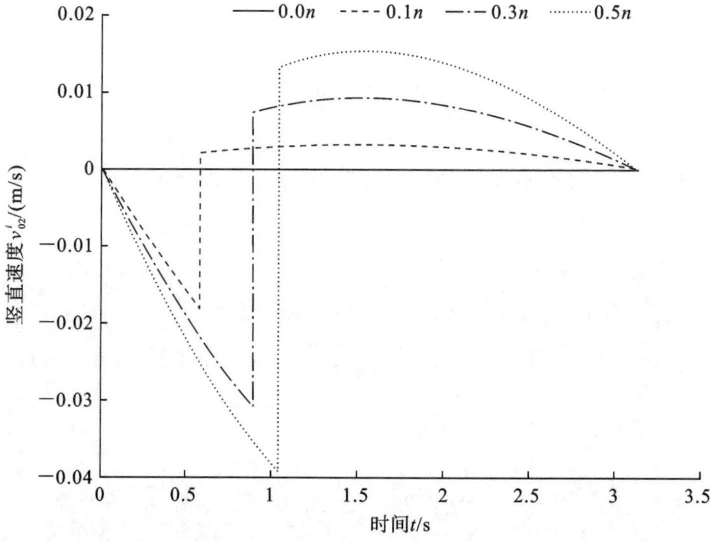

图 2.25　回转中心 O_0^i 在全局坐标系下的竖直速度

3）结论

（1）针对不同路况，系统对圆弧式腿回转中心偏心距 n 具有自适应调整功能，可实现：① 在较平路面工况下平稳高效移动；② 在恶劣非结构环境下，配合弹跳功能，提高系统综合越野通过能力。

（2）引入系统弹性阻尼悬架与柔顺腿，有利于提高系统运动的平稳性，提高后续装备安装工作的可行性。

后续应进一步研究，以实现系统行走与工作的高效性，进而延长工作时长并增大运动距离。

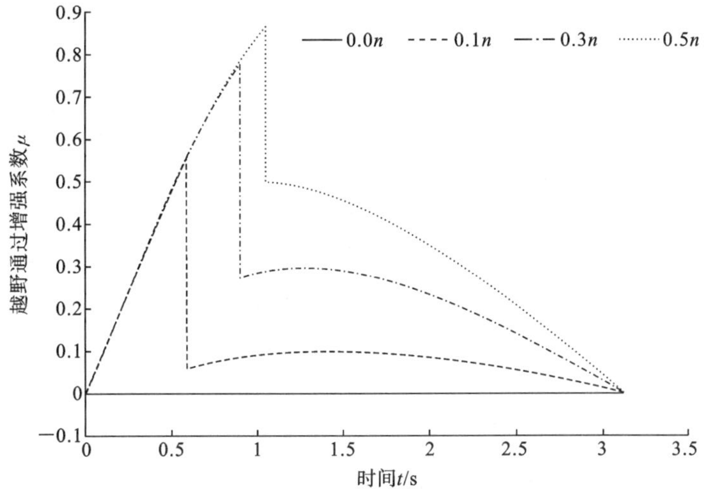

图 2.26　越野通过增强系数随时间的变化

2.12　本章小结

本章主要介绍了由相互连接的刚体组成的多体系统的运动学方程的推导方法。本章首先介绍了变换矩阵，引入欧拉参数以描述刚体在空间中的转动，并结合体坐标系在空间中的平动来描述多体系统中的广义位移；其次讨论了变换矩阵的正交性，提出变换矩阵的指数形式；接着介绍了单坐标系法和多坐标系法以描述刚体的连续转动；再次，基于变换矩阵的正交性，求解变换矩阵相对时间的导数并结合广义位置矢量的导数来获得刚体上任一点的速度方程；接着讨论了加速度的求解方法及其性质，给出广义加速度的一般表达形式；随后，本章介绍了变换矩阵的其余表达形式，分别引入罗德里格斯参数、欧拉角和方向余弦，用于表达变换矩阵，还介绍了 4×4 变换矩阵即齐次变换的形式及具体应用；最后，综合本章介绍的运动学方程推导方法，推导了六足复合运动模式机器人爬行运动学方程并进行轨迹仿真研究，仿真结果验证了本章所介绍的运动学建模方法的合理性与有效性。

第3章　多体系统动力学

第2章介绍了多体系统运动学分析方法。这种运动学分析是理解运动刚体或坐标系动态运动的基础。本章主要介绍由相互连接的刚体组成的多体系统动力学运动方程的推导方法。在后面几章介绍变形体的基本概念后，再介绍做大幅平动和转动的变形体组成的多体系统分析方法。3.1节至3.3节介绍一些在本书中经常使用的基本概念和定义。在这几节中我们会讨论力学系统的一些重要概念：广义坐标、完整和非完整约束、自由度、虚功和系统广义力。虽然读者之前可能学习过部分甚至是所有的这些概念和定义，但是它们是学习其他知识的基础，因此我们需要详细介绍。在考虑大规模多体系统时，由于直接运用牛顿第二定律十分困难，因此在3.4节中会运用达朗贝尔定理推导拉格朗日方程，在一定程度上可避免运用牛顿第二定律时出现的问题。后者将会在3.5节中介绍。与牛顿第二定律相比，使用拉格朗日方程需要一些标量，如动能、势能和虚功。3.6和3.7节介绍了动力学变分原理，包括哈密顿原理。根据哈密顿原理可以从标量出发推导多体系统运动的动力学方程。最后将推导由相互连接的刚体组成的多体系统的动力学方程。

为了保持本章公式的通用性，本章统一采用笛卡儿坐标系描述多体系统的运动。为此，我们称参考坐标系为体参考系或体坐标系，在多体系统的每一个单体中都建立这样的参考坐标系。系统中刚体的位形可以通过其原点的位置和体坐标系的三个坐标轴相对于惯性全局参考系的姿态来确定。

3.1　广义坐标和运动学约束

对多体系统位形进行定义可以通过一组称为广义坐标的变量来实现，这些坐标能够完整地定义系统中每一个刚体的位置和姿态。空间中质点的位形可利用三个坐标来定义，这三个坐标描述质点相对于惯性坐标系三个坐标轴的平动。描述质点运动没有必要使用转动坐标，三个平动坐标能够完全定义质点的位置。这种质点运动学的简化描述基于假设质点尺寸足够小，以至于质点在三维空间中只用一个点就能够确定其位置。然而，当考虑刚体时，这种假设并不有效。刚体的位形可以由六个独立坐标完全描述：三个坐标用来描述刚体坐标系原点的位置，三个转动坐标用来描述刚体相对于固定坐标系的姿态。一旦这组坐标确定下来，刚体上任意一点的全局位置都能够用这组坐标表示。例如，多体系统中刚体 i 内任意一点 P（见图3.1）的位置在第2章中可以写为 $\boldsymbol{r}_P^i=\boldsymbol{R}^i+\boldsymbol{A}^i\bar{\boldsymbol{u}}^i$，其中，$\boldsymbol{R}^i$ 是被选中的体坐标系 $O^iX_1^iX_2^iX_3^i$ 的原点的位置，$\boldsymbol{A}^i$ 是体坐标系 $O^iX_1^iX_2^iX_3^i$ 与全局坐标系 $OX_1X_2X_3$ 之间的变换矩阵，$\bar{\boldsymbol{u}}^i$ 是点 P 相对于体坐标系 $O^iX_1^iX_2^iX_3^i$ 的局部位置。因此，通过定义位置矢量 $\boldsymbol{R}^i$ 和变换矩阵 $\boldsymbol{A}^i$，就可

以定义刚体 i 内任意一点 P 的位置。由第 2 章可知变换矩阵 $\boldsymbol{A}^i$ 是一组转动坐标$\boldsymbol{\theta}^i$ 的函数，在平面分析中$\boldsymbol{\theta}^i$ 具有一个元素，在空间分析中具有三个或四个元素，这取决于变换矩阵采用的是欧拉角、罗德里格斯参数还是欧拉参数。因此，通过分别定义体坐标系的平动坐标$\boldsymbol{R}^i$ 和转动坐标$\boldsymbol{\theta}^i$，就可以完全定义刚体的位形。当考虑变形体时上述结论并不成立，这是因为 $\bar{\boldsymbol{u}}^i$ 不再是一个常矢量。

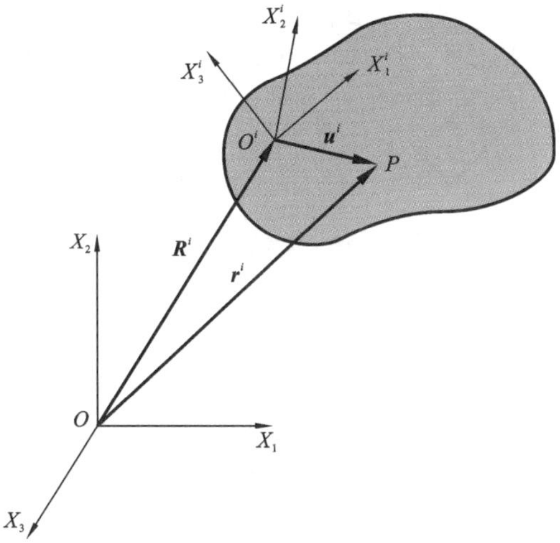

图 3.1　刚体的参考坐标

3.1.1　参考坐标

为方便起见，用符号 $\boldsymbol{q}_r^i$ 来表示体坐标系的广义坐标，即

$$\boldsymbol{q}_r^i = [\boldsymbol{R}^{i^{\mathrm{T}}} \quad \boldsymbol{\theta}^{i^{\mathrm{T}}}]^{\mathrm{T}} \tag{3.1}$$

相应地，在平面分析中矢量 $\boldsymbol{q}_r^i$ 可写作 $\boldsymbol{q}_r^i = [R_1^i \quad R_2^i \quad \theta^i]^{\mathrm{T}}$，其中，$R_1^i$、$R_2^i$ 是体坐标系原点的坐标，θ^i 是绕体坐标系轴X_3 的转动角度。在三维分析中，有 $\boldsymbol{q}_r^i = [R_1^i \quad R_2^i \quad R_3^i \quad \boldsymbol{\theta}^i]^{\mathrm{T}}$，其中，$R_1^i$、$R_2^i$ 和 R_3^i 是体坐标系原点的坐标，$\boldsymbol{\theta}^i$ 是一组可以用来表示变换矩阵的转动坐标。$\boldsymbol{\theta}^i$ 可以是欧拉角、罗德里格斯参数或者欧拉参数。当使用欧拉角或罗德里格斯参数时，$\boldsymbol{\theta}^i$ 包含三个变量，而使用欧拉参数时包含四个不相互独立的变量。因此，在空间分析中，若使用三个独立的姿态坐标，则矢量 $\boldsymbol{q}_r^i$ 是六维矢量，若使用四元数则矢量 $\boldsymbol{q}_r^i$ 是七维矢量。

图 3.2 所示的多体系统包含 n_b 个相互关联的刚体，需要 $6n_b$ 个坐标来描述系统在空间中的位形。然而，这些广义坐标并不是相互独立的，因为相邻的两个刚体之间存在机械铰。由于存在与广义坐标和速度有关的运动约束，系统中每个部分的运动都会受到其他部分的影响。为了理解和控制多体系统的运动，有必要确立一组相互独立的广义坐标，称之为自由度。比如，考虑图 3.3 所示的波塞利耶机构，它由若干刚体组成，刚体与刚体之间通过转动铰约束。如第 1 章所描述的那样，该机构的目的是在点 P 处形成直线运动。点 P 的运动完全由曲轴 CD 的转动来控制。该机构有八个刚体，但其自由度为 1。

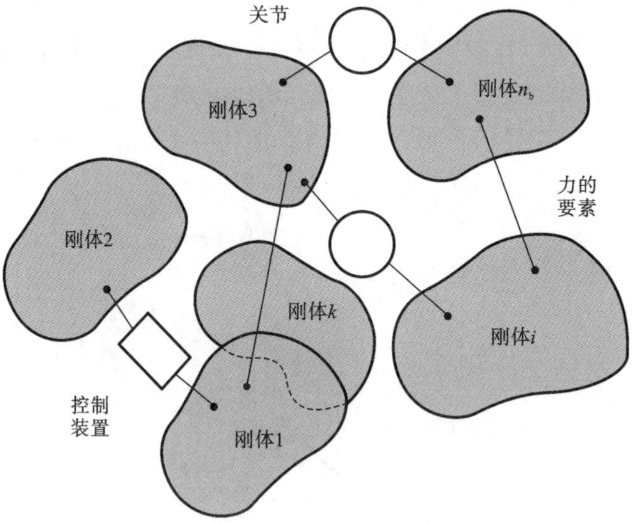

图 3.2 多体系统

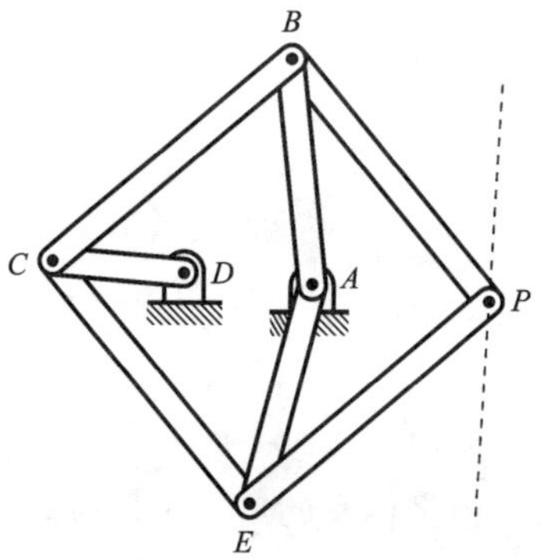

图 3.3 波塞利耶机构

3.1.2 运动学约束

多体系统的广义坐标通过矢量 $\boldsymbol{q}=[q_1 \quad q_2 \quad q_3 \quad \cdots \quad q_n]^{\mathrm{T}}$ 表示，其中 n 表示广义坐标的数量。在多体系统中，这 n 个广义坐标通过 n_c 个约束方程联系起来，且 $n_c \leqslant n$。如果这 n_c 个约束方程可以写为如下矢量形式：

$$\boldsymbol{C}(q_1, q_2, \cdots, q_n, t)=\boldsymbol{C}(\boldsymbol{q}, t)=\boldsymbol{0} \tag{3.2}$$

其中 $\boldsymbol{C}=\left[C_1(\boldsymbol{q}, t) \quad C_2(\boldsymbol{q}, t) \quad \cdots \quad C_{n_c}(\boldsymbol{q}, t)\right]^{\mathrm{T}}$ 是相互独立的约束方程组，则这些约束称为完整约束。如果式(3.2)不显含时间 t，则系统称为定常系统。否则，如果系统是完整的并且式(3.2)显含时间 t，那么这个系统称为非定常系统。一个简单的定常约束方程的例子就是图 3.3 中所示的波塞利耶机构中任意两个刚体之间的转动铰。

图 3.4 所示为一个系统中由转动副连接的任意两个平面刚体 i 和 j。在这种情况下，刚体之间只存在相对转动，约束方程中由刚体 i 的全局坐标确定的点 P 的位置与由刚体 j 的坐标

确定的点 P 的位置相同。所以,此时两个约束方程可以写为

$$\boldsymbol{r}_P^i=\boldsymbol{r}_P^j$$

或

$$\boldsymbol{R}^i+\boldsymbol{A}^i\bar{\boldsymbol{u}}^i=\boldsymbol{R}^j+\boldsymbol{A}^j\bar{\boldsymbol{u}}^j \tag{3.3}$$

也可以清楚地表示成

$$\begin{bmatrix}R_1^i\\R_2^i\end{bmatrix}+\begin{bmatrix}\cos\theta^i & -\sin\theta^i\\ \sin\theta^i & \cos\theta^i\end{bmatrix}\begin{bmatrix}\bar{u}_1^i\\ \bar{u}_2^i\end{bmatrix}=\begin{bmatrix}R_1^j\\R_2^j\end{bmatrix}+\begin{bmatrix}\cos\theta^j & -\sin\theta^j\\ \sin\theta^j & \cos\theta^j\end{bmatrix}\begin{bmatrix}\bar{u}_1^j\\ \bar{u}_2^j\end{bmatrix} \tag{3.4}$$

式中:$\boldsymbol{R}^k=[R_1^k \quad R_2^k]^{\mathrm{T}}$ 且 $\bar{\boldsymbol{u}}^k=[\bar{u}_1^k \quad \bar{u}_2^k]^{\mathrm{T}}$,$k=i,j$。也可以采用类似式(3.3)的形式表示三维分析中的球铰。

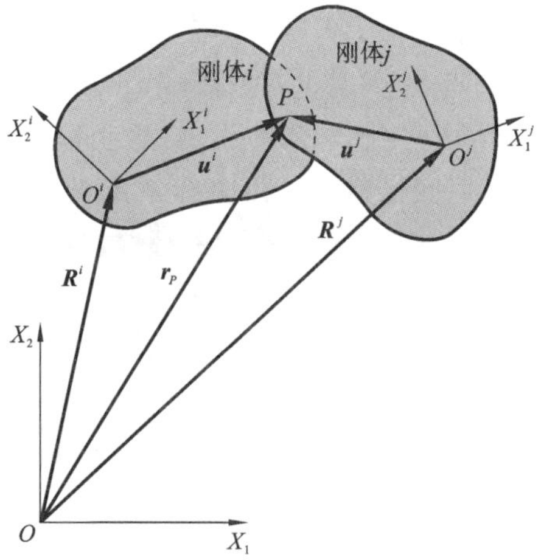

图 3.4　两个刚体之间的转动副

考虑图 3.5 中机械手的运动,就可以得到一个非定常约束的例子。在许多应用中,机械手末端执行器的运动遵循特定的轨迹。机械臂就是典型的开环多体系统。令末端执行器为刚体 i,其上一点 P 的指定轨迹可写为

$$\boldsymbol{r}_P^i=\boldsymbol{R}^i+\boldsymbol{A}^i\bar{\boldsymbol{u}}^i=\boldsymbol{f}(t) \tag{3.5}$$

式中:$\boldsymbol{f}(t)=[f_1(t) \quad f_2(t) \quad f_3(t)]^{\mathrm{T}}$,为与时间有关的函数;$\boldsymbol{A}^i$ 为第 2 章给出的 3×3 变换矩阵。

不能写成式(3.2)的形式的约束称为非完整约束。简单的非完整约束可以写成下列形式:

$$\boldsymbol{a}_0+\boldsymbol{B}\dot{\boldsymbol{q}}=\boldsymbol{0} \tag{3.6}$$

式中:$\boldsymbol{a}_0=\boldsymbol{a}_0(\boldsymbol{q},\ t)=[a_{01} \quad a_{02} \quad \cdots \quad a_{0n_c}]^{\mathrm{T}}$;$\dot{\boldsymbol{q}}=[\dot{q}_1 \quad \dot{q}_2 \quad \dot{q}_3 \quad \cdots \quad \dot{q}_n]^{\mathrm{T}}$,为系统广义速度的矢量形式;$\boldsymbol{B}$ 为 $n_c\times n$ 系数矩阵,即

$$\boldsymbol{B}=\begin{bmatrix}b_{11} & b_{12} & \cdots & b_{1n}\\ b_{21} & b_{22} & \cdots & b_{2n}\\ \vdots & \vdots & & \vdots\\ b_{n_c1} & b_{n_c2} & \cdots & b_{n_cn}\end{bmatrix}=\boldsymbol{B}(\boldsymbol{q},\ t) \tag{3.7}$$

不能对式(3.6)进行积分并将其仅用广义坐标表示出来,否则会得到式(3.2)。非完整约

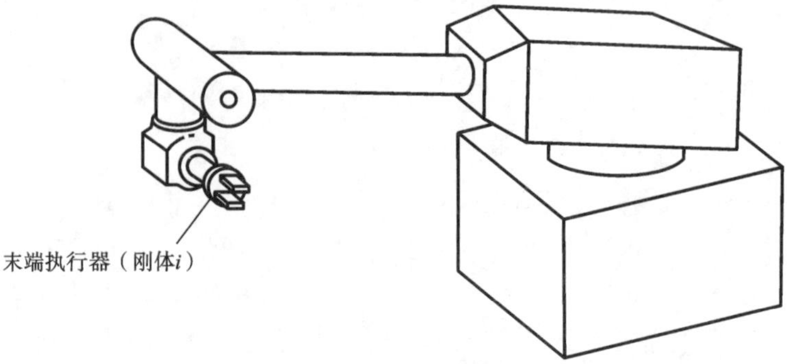

图 3.5　三维机械臂

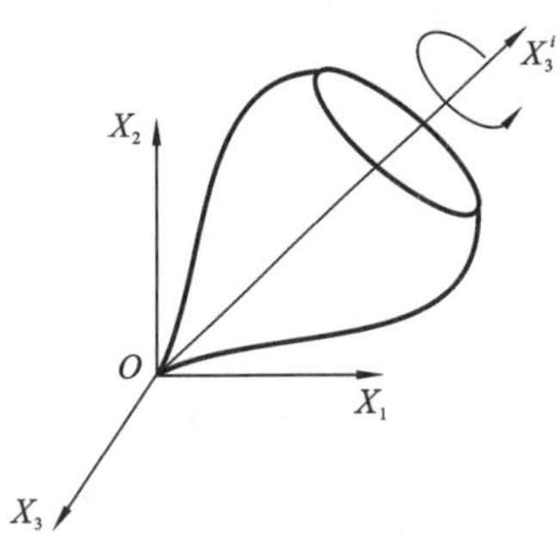

图 3.6　自转陀螺

束存在于很多应用中。例如，图 3.6 所示的以任意角速度绕轴 X_3^i 转动的自转陀螺、轮船引擎的螺旋桨、以任意角速度绕非固定轴转动的飞机，这些都是非完整系统的例子。我们可以回忆相对于体坐标系定义的角速度矢量以及它用四元数 θ_0^i、θ_1^i、θ_2^i 和 θ_3^i 表示的形式，写作 $\overline{\boldsymbol{\omega}}^i=2\overline{\boldsymbol{E}}^i\dot{\boldsymbol{\theta}}^i$，$\overline{\boldsymbol{E}}^i$ 是矩阵，即

$$\overline{\boldsymbol{E}}^i=\begin{bmatrix}-\theta_1 & \theta_0 & \theta_3 & -\theta_2\\ -\theta_2 & -\theta_2 & \theta_0 & \theta_1\\ \theta_3 & \theta_3 & -\theta_1 & \theta_0\end{bmatrix}^{\mathrm{T}} \tag{3.8}$$

如果刚体 i 以特定角速度转动，那么在图 3.6 所示的陀螺例子中，角速度约束可写为

$$\overline{\boldsymbol{\omega}}^i=2\overline{\boldsymbol{E}}^i\dot{\boldsymbol{\theta}}^i=\boldsymbol{f}(\boldsymbol{q},\ t) \tag{3.9}$$

在这种情况下，由式(3.6)可知，$\boldsymbol{a}_0=-\boldsymbol{f}(\boldsymbol{q},\ t)$，$\boldsymbol{B}=2\overline{\boldsymbol{E}}^i$，$\boldsymbol{f}(\boldsymbol{q},\ t)$是取决于系统坐标和时间的特定函数。式(3.9)可以表述成如下更明确的形式：

$$\begin{cases}2(\theta_3\dot{\theta}_2-\theta_2\dot{\theta}_3-\theta_1\dot{\theta}_0+\theta_0\dot{\theta}_1)^i=f_1(\boldsymbol{q},\ t)\\ 2(\theta_1\dot{\theta}_3-\theta_0\dot{\theta}_2-\theta_3\dot{\theta}_1+\theta_2\dot{\theta}_0)^i=f_2(\boldsymbol{q},\ t)\\ 2(\theta_2\dot{\theta}_1-\theta_3\dot{\theta}_0+\theta_0\dot{\theta}_3-\theta_1\dot{\theta}_2)^i=f_3(\boldsymbol{q},\ t)\end{cases} \tag{3.10}$$

式中：$f_1(\boldsymbol{q},\ t)$、$f_2(\boldsymbol{q},\ t)$、$f_3(\boldsymbol{q},\ t)$为矢量 $\boldsymbol{f}(\boldsymbol{q},\ t)$的分量 。

其他形式的约束则是系统坐标之间应满足的不等式关系，写为矢量形式为

$$\boldsymbol{C}(\boldsymbol{q},\ t)\geqslant\boldsymbol{0} \tag{3.11}$$

例如，球体表面质点 P 的运动必须满足关系 $\boldsymbol{r}_P^{\mathrm{T}}\boldsymbol{r}_P-a^2\geqslant 0$，其中 $\boldsymbol{r}_P$ 是以球体中心为原点的点 P 的位置矢量，a 是球体的半径。不等式约束可以写成与系统坐标和速度有关的形式 $\boldsymbol{C}(\boldsymbol{q},\ \dot{\boldsymbol{q}},\ t)\geqslant\boldsymbol{0}$，这些约束是单边和非限制性的。如果 $\boldsymbol{C}(\boldsymbol{q},\ \dot{\boldsymbol{q}},\ t)=\boldsymbol{0}$，那么这些约束是双边和限制性的。有些书中，完整系统和非完整系统之间的区别是通过限制性约束是几何约束还是运动学约束来判断的。如果这些约束是由式（3.2）即 $\boldsymbol{C}(\boldsymbol{q},\ t)=\boldsymbol{0}$ 表示的，那它们就是几何约束；如果包含速度项，即 $\boldsymbol{C}(\boldsymbol{q},\ \dot{\boldsymbol{q}},\ t)=\boldsymbol{0}$，那它们就是运动学约束。可积分的运动学约束本质上就是几何约束。反过来却不一定对，即不可积分的运动学约束一般来说不能等价于几何约束。因此，可以定义一个非完整多体系统是具有不可简化为几何约束的不可积分运动学约束的系统。在后

面的内容中，术语运动学约束代表完整约束和非完整约束。然而，可以看到完整约束会对机械系统中单个刚体的可能运动施加限制，非完整约束则是从运动学上限制刚体的可能速度。很明显，每个完整约束同时对速度产生一定的运动学约束。但是，反过来不一定对，即，限制系统速度的不可积分约束并不会对系统坐标进行限制。因此，在非完整系统中，一些坐标是相互独立的，但速度不独立。

3.1.3　简单非完整系统

考虑图 3.7 所示的圆盘，该圆盘具有锋利的边缘且在 OX_1X_2 平面内做无滑动滚动。假设 $OX_1X_2X_3$ 坐标系是固定坐标系，则圆盘在任何情况下的位置都可以由参数 R_1、R_2 和 R_3 表示，它们确定了点 C 在全局坐标系内的坐标；欧拉角 ϕ、θ 和 ψ 分别表示绕轴 X_1^i、X_2^i 和 X_3^i 的转角。因此，圆盘的广义坐标 $\boldsymbol{q}$ 可写为

$$\boldsymbol{q}=[q_1 \quad q_2 \quad q_3 \quad q_4 \quad q_5 \quad q_6]^{\mathrm{T}} =[R_1 \quad R_2 \quad R_3 \quad \phi \quad \theta \quad \psi]^{\mathrm{T}} \tag{3.12}$$

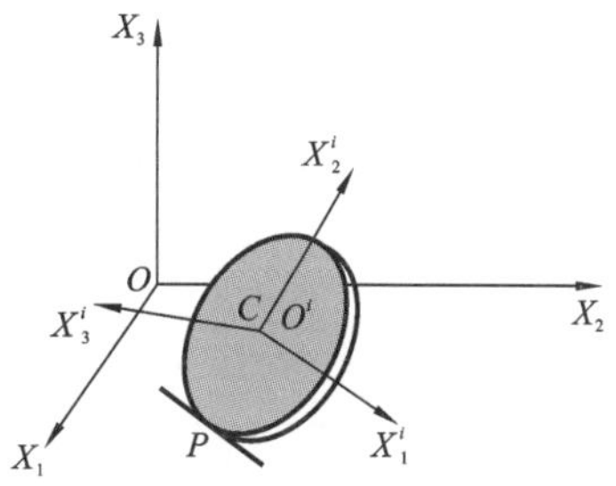

图 3.7　滚动圆盘

因为圆盘在 OX_1X_2 平面内做无滑动滚动，易知圆盘与平面接触点 P 的瞬时速度为 0。接触点在全局坐标系内的位置矢量写作 $\boldsymbol{r}_P=\boldsymbol{R}+\boldsymbol{A}\bar{\boldsymbol{u}}_P$，其中，$\boldsymbol{R}=[R_1 \quad R_2 \quad R_3]^{\mathrm{T}}$，$\bar{\boldsymbol{u}}_P$ 是接触点的局部位置矢量，$\boldsymbol{A}$ 是变换矩阵，定义为

$$\boldsymbol{A}=\begin{bmatrix} \cos\theta\cos\psi & -\cos\theta\sin\psi & \sin\theta \\ \sin\phi\sin\theta\cos\psi+\cos\phi\sin\psi & -\sin\phi\sin\theta\sin\psi+\cos\phi\cos\psi & -\sin\phi\cos\theta \\ -\cos\phi\sin\theta\cos\psi+\sin\phi\sin\psi & \cos\phi\sin\theta\sin\psi+\sin\phi\cos\psi & \cos\phi\cos\theta \end{bmatrix} \tag{3.13}$$

由于圆盘接触点速度为 0，可得到如下条件：

$$\dot{\boldsymbol{r}}_P=\boldsymbol{0}=\dot{\boldsymbol{R}}+\boldsymbol{A}(\bar{\boldsymbol{\omega}}\times\bar{\boldsymbol{u}}_P) \tag{3.14}$$

式中：$\bar{\boldsymbol{\omega}}$ 为在圆盘坐标系内定义的角速度。由上述等式可得到无滑动滚动的条件为

$$\dot{\boldsymbol{R}}=-\boldsymbol{A}(\bar{\boldsymbol{\omega}}\times\bar{\boldsymbol{u}}_P) \tag{3.15}$$

由第 2 章可知角速度 $\bar{\boldsymbol{\omega}}$ 可写为 $\bar{\boldsymbol{\omega}}=\bar{\boldsymbol{G}}\dot{\boldsymbol{\theta}}$，其中 $\boldsymbol{\theta}=[\phi \quad \theta \quad \psi]^{\mathrm{T}}$，而

$$\bar{\boldsymbol{G}}=\begin{bmatrix} \cos\theta\cos\phi & \sin\psi & 0 \\ -\cos\theta\sin\psi & \cos\psi & 0 \\ \sin\theta & 0 & 1 \end{bmatrix} \tag{3.16}$$

可得角速度矢量为

$$\bar{\boldsymbol{\omega}}=\bar{\boldsymbol{G}}\dot{\boldsymbol{\theta}}=\begin{bmatrix} \dot{\phi}\cos\theta\cos\phi+\dot{\theta}\sin\psi \\ -\dot{\phi}\cos\theta\sin\psi+\dot{\theta}\cos\psi \\ \dot{\phi}\sin\theta+\dot{\psi} \end{bmatrix} \tag{3.17}$$

令圆盘的半径为 a，则接触点的局部位置矢量 $\bar{\boldsymbol{u}}_P$ 可写为

$$\bar{\boldsymbol{u}}_P=[-a\sin\psi \quad -a\cos\psi \quad 0]^{\mathrm{T}} \tag{3.18}$$

利用矩阵和矢量乘法，可得

$$\dot{\boldsymbol{R}}=-\boldsymbol{A}(\bar{\boldsymbol{\omega}}\times\bar{\boldsymbol{u}}_P)=a\begin{bmatrix}\dot{\psi}\cos\theta\\ \dot{\phi}\sin\phi+\dot{\psi}\sin\phi\sin\theta\\ -\dot{\phi}\cos\phi-\dot{\psi}\cos\phi\sin\theta\end{bmatrix}\tag{3.19}$$

下列方程定义了圆盘坐标与虚位移之间的关系：

$$\begin{bmatrix}\delta R_1\\ \delta R_2\\ \delta R_3\end{bmatrix}=a\begin{bmatrix}0&0&\cos\theta\\ \sin\phi&0&\sin\phi\sin\theta\\ -\cos\phi&0&-\cos\phi\sin\theta\end{bmatrix}\begin{bmatrix}\delta\phi\\ \delta\theta\\ \delta\psi\end{bmatrix}\tag{3.20}$$

系统坐标 $\delta\boldsymbol{q}$ 的虚位移可以由独立变量 $\delta\phi$、$\delta\theta$ 和 $\delta\psi$ 来表示，即

$$\begin{bmatrix}\delta R_1\\ \delta R_2\\ \delta R_3\\ \delta\phi\\ \delta\theta\\ \delta\psi\end{bmatrix}=a\begin{bmatrix}0&0&\cos\theta\\ \sin\phi&0&\sin\phi\sin\theta\\ -\cos\phi&0&-\cos\phi\sin\theta\\ 1&0&0\\ 0&1&0\\ 0&0&1\end{bmatrix}\begin{bmatrix}\delta\phi\\ \delta\theta\\ \delta\psi\end{bmatrix}\tag{3.21}$$

很明显，这里只有三个独立变量，但是总共有五个独立坐标 R_1、R_2、ϕ、θ 和 ψ，即圆盘的位形由这五个独立坐标决定，因为存在非完整约束方程，实际上只有三个独立变量。虽然这些非完整运动学约束必须满足圆盘的运动条件，但由于圆盘做无滑动滚动，坐标 R_1、R_2、ϕ、θ 和 ψ 可以取任意值。例如，圆盘可以由给定初始位置$(R_{10},R_{20},\phi_0,\theta_0,\psi_0)$转动到新的位置$(R_1,R_2,\phi,\theta,\psi)$。先绕轴$X_1^i$ 转动角度 ϕ，再绕轴X_2^i 转动角度 θ，最后，圆盘沿长度为 $a(\psi-\psi_0+2\pi k)$（k 为整数）的弧线由接触点P_0旋转到点 P。

3.2　自由度和广义坐标分块

由于多体系统约束的存在，系统坐标之间并不相互独立。总的来说，它们通过非线性约束方程关联，这些非线性方程体现了系统的机械铰和指定的运动轨迹。对完整系统而言，约束方程是线性无关的，每一个约束方程都能够将一个坐标用别的坐标表示出来以达到消元的效果。因此，如果一个系统有 n 个坐标和 n_c 个约束方程，那么它就有 $n-n_c$ 个独立坐标。这些独立坐标也称为系统自由度。例如，如图 3.4 所示的平面双体系统，两个刚体之间通过转动铰相连，约束方程已在式(3.3)中给出，将这个方程重新写成 $\boldsymbol{R}^j=\boldsymbol{R}^i+\boldsymbol{A}^i\bar{\boldsymbol{u}}^i-\boldsymbol{A}^j\bar{\boldsymbol{u}}^j$，其中 $\boldsymbol{R}^j$ 是该系统的非独立坐标，可以由独立坐标 $\boldsymbol{q}_r^i=[\boldsymbol{R}^{i\mathrm{T}}\quad\theta^i]^{\mathrm{T}}$ 和 θ^j 表示。矢量 $\boldsymbol{R}^i=[R_1^i\quad R_2^i]^{\mathrm{T}}$ 和 $\boldsymbol{R}^j=[R_1^j\quad R_2^j]^{\mathrm{T}}$ 分别定义了刚体 i 和刚体 j 在坐标系原点的位置。$\bar{\boldsymbol{u}}^i=[\bar{u}_1^i\quad\bar{u}_2^i]^{\mathrm{T}}$ 和 $\bar{\boldsymbol{u}}^j=[\bar{u}_1^j\quad\bar{u}_2^j]^{\mathrm{T}}$ 则分别表示铰接点在刚体 i 和刚体 j 各自坐标系内的局部位置。$\boldsymbol{A}^i$ 和 $\boldsymbol{A}^j$ 是平面变换矩阵，即

$$\boldsymbol{A}^i=\begin{bmatrix}\cos\theta^i&-\sin\theta^i\\ \sin\theta^i&\cos\theta^i\end{bmatrix},\quad \boldsymbol{A}^j=\begin{bmatrix}\cos\theta^j&-\sin\theta^j\\ \sin\theta^j&\cos\theta^j\end{bmatrix}\tag{3.22}$$

可以将非独立坐标 $\boldsymbol{R}^j$ 用这些独立坐标明确地表示出来：

$$\boldsymbol{R}^j=\begin{bmatrix}R_1^j\\R_2^j\end{bmatrix}=\begin{bmatrix}R_1^i\\R_2^i\end{bmatrix}+\begin{bmatrix}\cos\theta^i & -\sin\theta^i\\\sin\theta^i & \cos\theta^i\end{bmatrix}\begin{bmatrix}\bar{u}_1^i\\\bar{u}_2^i\end{bmatrix}-\begin{bmatrix}\cos\theta^j & -\sin\theta^j\\\sin\theta^j & \cos\theta^j\end{bmatrix}\begin{bmatrix}\bar{u}_1^j\\\bar{u}_2^j\end{bmatrix} \tag{3.23}$$

即

$$\begin{cases}R_1^j=R_1^i+\bar{u}_1^i\cos\theta^i-\bar{u}_2^i\sin\theta^i-\bar{u}_1^j\cos\theta^j+\bar{u}_2^j\sin\theta^j\\R_2^j=R_2^i+\bar{u}_1^i\sin\theta^i+\bar{u}_2^i\cos\theta^i-\bar{u}_1^j\sin\theta^j-\bar{u}_2^j\cos\theta^j\end{cases} \tag{3.24}$$

也可采用另一种方式，选择 R_1^i 和 R_2^i 作为非独立坐标并将它们用其他坐标表示出来，即 $\boldsymbol{R}^i=\boldsymbol{R}^j+\boldsymbol{A}^j\bar{\boldsymbol{u}}^j-\boldsymbol{A}^i\bar{\boldsymbol{u}}^i$。因此，这组独立坐标并不是唯一的。认识到非独立坐标的数目等于线性独立约束方程的数目这一点非常重要。从这个角度来讲，自由度可以定义为描述系统状态所需独立变量的最小数目。如图 3.4 所示的双体系统，系统坐标总数是 6，但由于转动铰运动约束的存在，独立坐标的数目或自由度是 4。图 3.3 所示的波塞利耶机构共有 8 个连杆，包括与地面固连的 1 个。如果用笛卡儿坐标来描述每一个连杆的位形，那么整个装置就有 24 个坐标。然而，因为运动学约束的存在，这些坐标并不是相互独立的。我们已经知道该装置只有 1 个自由度，也就是说该装置的运动只由 1 个变量来控制，这叫作曲轴的转动。

3.2.1　广义坐标分块

接下来，我们会用到虚位移的概念，虚位移指的是系统在给定时间 t 内，在外力和约束的作用下，坐标 q 的任意微小变化而导致的系统位形的变化。之所以称为“虚位移”是因为要将它与系统在时间区间 $\mathrm{d}t$ 内的真实位移区别开来，在这段时间内，外力和约束都有可能发生变化。

根据系统坐标的虚位移，式(3.2)给出的约束利用泰勒展开可得

$$\boldsymbol{C}_{q1}\delta q_1+\boldsymbol{C}_{q2}\delta q_2+\cdots+\boldsymbol{C}_{qn}\delta q_n=\boldsymbol{0} \tag{3.25}$$

式中：$\boldsymbol{C}_{qi}=\partial\boldsymbol{C}/\partial q_i=\left[\partial C_1/\partial q_1\quad \partial C_2/\partial q_2\quad \cdots\quad \partial C_{n_c}/\partial q_i\right]^{\mathrm{T}}$。式(3.25)写为矩阵形式为

$$\boldsymbol{C}_q\delta\boldsymbol{q}=\boldsymbol{0} \tag{3.26}$$

其中，

$$\boldsymbol{C}_q=\begin{bmatrix}C_{11} & C_{12} & \cdots & C_{1n}\\C_{21} & C_{22} & \cdots & C_{2n}\\\vdots & \vdots & & \vdots\\C_{n_c1} & C_{n_c2} & \cdots & C_{n_cn}\end{bmatrix} \tag{3.27}$$

为 $n_c\times n$ 矩阵，称为系统雅可比矩阵，$C_{ij}=\partial C_i/\partial q_j$。如果约束方程线性独立，则 $\boldsymbol{C}_q$ 满秩。在这种情况下，可以将系统广义坐标进行分块：

$$\boldsymbol{q}=\left[\boldsymbol{q}_{\mathrm{i}}^{\mathrm{T}}\quad \boldsymbol{q}_{\mathrm{d}}^{\mathrm{T}}\right]^{\mathrm{T}} \tag{3.28}$$

式中：矢量 $\boldsymbol{q}_{\mathrm{i}}$ 和 $\boldsymbol{q}_{\mathrm{d}}$ 分别含有 $n-n_c$ 和 n_c 个分量。根据式(3.28)对坐标的分块，式(3.26)可以写成如下形式：

$$\boldsymbol{C}_{\boldsymbol{q}_{\mathrm{i}}}\delta\boldsymbol{q}_{\mathrm{i}}+\boldsymbol{C}_{\boldsymbol{q}_{\mathrm{d}}}\delta\boldsymbol{q}_{\mathrm{d}}=\boldsymbol{0} \tag{3.29}$$

式中：$\boldsymbol{C}_{\boldsymbol{q}_{\mathrm{d}}}$ 为 $n_{\mathrm{c}}\times n_{\mathrm{c}}$ 非奇异矩阵；$\boldsymbol{C}_{\boldsymbol{q}_{\mathrm{i}}}$ 为 $n_{\mathrm{c}}\times(n-n_{\mathrm{c}})$ 矩阵。由式(3.29)可得

$$\boldsymbol{C}_{\boldsymbol{q}_{\mathrm{d}}}\delta\boldsymbol{q}_{\mathrm{d}}=-\boldsymbol{C}_{\boldsymbol{q}_{\mathrm{i}}}\delta\boldsymbol{q}_{\mathrm{i}} \tag{3.30}$$

由于 $\boldsymbol{C}_{\boldsymbol{q}_{\mathrm{d}}}$ 非奇异，所以其可逆，式(3.30)可改写成

$$\delta\boldsymbol{q}_{\mathrm{d}}=\boldsymbol{C}_{\mathrm{di}}\delta\boldsymbol{q}_{\mathrm{i}} \tag{3.31}$$

其中，

$$\boldsymbol{C}_{\mathrm{di}}=-\boldsymbol{C}_{\boldsymbol{q}_{\mathrm{d}}}^{-1}\boldsymbol{C}_{\boldsymbol{q}_{\mathrm{i}}} \tag{3.32}$$

为 $n_{\mathrm{c}}\times(n-n_{\mathrm{c}})$ 矩阵。因此，利用式(3.28)的坐标分块，可以将坐标集 $\boldsymbol{q}_{\mathrm{d}}$ 的变化用另一组坐标集 $\boldsymbol{q}_{\mathrm{i}}$ 来表示。$\boldsymbol{q}_{\mathrm{d}}$ 是非独立坐标集，$\boldsymbol{q}_{\mathrm{i}}$ 则是独立坐标集或系统自由度。

3.2.2 解释性例子

针对之前推论的一个说明性的例子就是图 3.4 中的两个刚体之间的平面转动副。对式(3.3)求微分可得到

$$\delta\boldsymbol{R}^i+\delta(\boldsymbol{A}^i\bar{\boldsymbol{u}}^i)-\delta\boldsymbol{R}^j-\delta(\boldsymbol{A}^j\bar{\boldsymbol{u}}^j)=\boldsymbol{0} \tag{3.33}$$

由于在分析刚体时 $\bar{\boldsymbol{u}}^i$ 是常矢量并且 $\delta\boldsymbol{A}^i=(\partial\boldsymbol{A}^i/\partial\theta^i)\delta\theta^i$，因此 $\delta(\boldsymbol{A}^i\bar{\boldsymbol{u}}^i)$ 可以写为 $\delta(\boldsymbol{A}^i\bar{\boldsymbol{u}}^i)=(\boldsymbol{A}_\theta^i\bar{\boldsymbol{u}}^i)\delta\theta^i$，其中 $\boldsymbol{A}_\theta^i=(\partial\boldsymbol{A}^i/\partial\theta^i)$，而

$$\boldsymbol{A}_\theta^i=\begin{bmatrix}-\sin\theta^i & -\cos\theta^i\\ \cos\theta^i & -\sin\theta^i\end{bmatrix} \tag{3.34}$$

对刚体 j 有同样的结论，式(3.33)亦可改写为

$$\delta\boldsymbol{R}^i+\boldsymbol{A}_\theta^i\bar{\boldsymbol{u}}^i\delta\theta^i-\delta\boldsymbol{R}^j-\boldsymbol{A}_\theta^j\bar{\boldsymbol{u}}^j\delta\theta^j=\boldsymbol{0} \tag{3.35}$$

选择 $\boldsymbol{R}^j$ 为非独立变量，$\boldsymbol{R}^i$、θ^i 和 θ^j 为独立变量，得

$$\delta\boldsymbol{R}^j=\delta\boldsymbol{R}^i+\boldsymbol{A}_\theta^i\bar{\boldsymbol{u}}^i\delta\theta^i-\boldsymbol{A}_\theta^j\bar{\boldsymbol{u}}^j\delta\theta^j \tag{3.36}$$

等价于

$$\delta\boldsymbol{R}^j=\begin{bmatrix}\boldsymbol{I}_2 & \boldsymbol{A}_\theta^i\bar{\boldsymbol{u}}^i & -\boldsymbol{A}_\theta^j\bar{\boldsymbol{u}}^j\end{bmatrix}\begin{bmatrix}\delta\boldsymbol{R}^i\\ \delta\theta^i\\ \delta\theta^j\end{bmatrix} \tag{3.37}$$

式中：$\boldsymbol{I}_2$ 为 2×2 单位矩阵。比较式(3.30)和式(3.37)可知 $\boldsymbol{C}_{\boldsymbol{q}_{\mathrm{d}}}$ 是单位矩阵，且有

$$-\boldsymbol{C}_{\boldsymbol{q}_{\mathrm{i}}}=\begin{bmatrix}\boldsymbol{I}_2 & \boldsymbol{A}_\theta^i\bar{\boldsymbol{u}}^i & -\boldsymbol{A}_\theta^j\bar{\boldsymbol{u}}^j\end{bmatrix} \tag{3.38}$$

很显然，在这个简单的例子中，式(3.32)中的 $\boldsymbol{C}_{\mathrm{di}}$ 与矩阵 $-\boldsymbol{C}_{\boldsymbol{q}_{\mathrm{i}}}$ 相等，因为 $\boldsymbol{C}_{\boldsymbol{q}_{\mathrm{d}}}$ 是单位矩阵，也就是说，$\boldsymbol{C}_{\mathrm{di}}$ 是 2×4 矩阵，即

$$\boldsymbol{C}_{\mathrm{di}}=-\boldsymbol{C}_{\boldsymbol{q}_{\mathrm{i}}}=\begin{bmatrix}\boldsymbol{I}_2 & \boldsymbol{A}_\theta^i\bar{\boldsymbol{u}}^i & -\boldsymbol{A}_\theta^j\bar{\boldsymbol{u}}^j\end{bmatrix} \tag{3.39}$$

矩阵 $\boldsymbol{C}_{\mathrm{di}}$ 亦可写为

$$\boldsymbol{C}_{\mathrm{di}}=\begin{bmatrix}1 & 0 & c_{13} & c_{14}\\ 0 & 1 & c_{23} & c_{24}\end{bmatrix} \tag{3.40}$$

其中，系数 c_{13}、c_{14}、c_{23} 和 c_{24} 分别为

$$\begin{aligned}c_{13}&=-\bar{u}_1^i\sin\theta^i-\bar{u}_2^i\cos\theta^i,\quad c_{23}=\bar{u}_1^i\cos\theta^i-\bar{u}_2^i\sin\theta^i\\ c_{14}&=\bar{u}_1^j\sin\theta^j-\bar{u}_2^j\cos\theta^j,\quad c_{24}=-\bar{u}_1^j\cos\theta^j+\bar{u}_2^j\sin\theta^j\end{aligned} \tag{3.41}$$

在大型多体系统中，由于系统的复杂性，确定非独立坐标或独立坐标，或者据此确定非奇异矩阵 $\boldsymbol{C}_q$ 都很困难。在这种情况下，可以根据数值方法得到非奇异雅可比矩阵，并据此确定独立坐标和非独立坐标。该方法将会在第 5 章介绍柔性多体系统后详细讨论。

例题 3.1　如图 3.8 所示，多体曲柄滑块机构包含 4 个刚体。刚体 1 是固定的连杆或地面，刚体 2 是曲轴 OA，刚体 3 是连杆 AB，刚体 4 是中心点为 B 的滑块。曲轴（刚体 2）以固定角速度旋转，滑块（刚体 4）就会做直线运动。

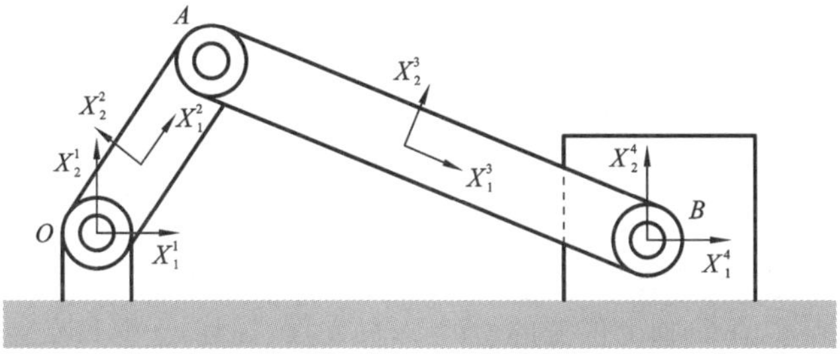

图 3.8　多体曲柄滑块机构

为了利用笛卡儿坐标系研究该机构的运动，在每一个刚体上建立坐标系。假设这些坐标系的原点都固定在相应刚体的几何中心，由此可以定义刚体的笛卡儿坐标系：

$$\boldsymbol{q}_r^1=[R_1^1 \quad R_2^1 \quad \theta^1]^{\mathrm{T}}, \quad \boldsymbol{q}_r^2=[R_1^2 \quad R_2^2 \quad \theta^2]^{\mathrm{T}}$$

$$\boldsymbol{q}_r^3=[R_1^3 \quad R_2^3 \quad \theta^3]^{\mathrm{T}}, \quad \boldsymbol{q}_r^4=[R_1^4 \quad R_2^4 \quad \theta^4]^{\mathrm{T}}$$

式中：R_1^i、R_2^i 为刚体 i 的体坐标系 $OX_1^iX_2^i$ 的坐标原点在全局坐标系内的笛卡儿坐标；θ^i 为刚体 i 的角度坐标。因此，系统笛卡儿坐标的矢量 $\boldsymbol{q}$ 可定义为

$$\begin{aligned}\boldsymbol{q}&=[q_1 \quad q_2 \quad \cdots \quad q_{12}]^{\mathrm{T}}=[\boldsymbol{q}_r^{1^{\mathrm{T}}} \quad \boldsymbol{q}_r^{2^{\mathrm{T}}} \quad \boldsymbol{q}_r^{3^{\mathrm{T}}} \quad \boldsymbol{q}_r^{4^{\mathrm{T}}}]^{\mathrm{T}}\\&=[R_1^1 \quad R_2^1 \quad \theta^1 \quad R_1^2 \quad R_2^2 \quad \theta^2 \quad R_1^3 \quad R_2^3 \quad \theta^3 \quad R_1^4 \quad R_2^4 \quad \theta^4]^{\mathrm{T}}\end{aligned}$$

因为作用在机械装置上的运动学约束，这些坐标并不是相互独立的。约束条件可以写成如下形式。刚体 1 是固定连杆，这意味着

$$R_1^1=0, \quad R_2^1=0, \quad \theta^1=0$$

这些约束称为地面约束。假设曲轴的运动为绕点 O 的纯转动，这意味着点 O 在全局坐标系 $OX_1^1X_2^1$ 内的坐标为 0，用数学方式表示为

$$\boldsymbol{R}^2+\boldsymbol{A}^2\bar{\boldsymbol{u}}_O^2=\boldsymbol{0}$$

式中：$\boldsymbol{R}^2=[R_1^2 \quad R_2^2]^{\mathrm{T}}$；$\boldsymbol{A}^2$ 为从曲轴（刚体 2）的坐标系到全局坐标系的变换矩阵；$\bar{\boldsymbol{u}}_O^2$ 为点 O 在曲轴坐标系下的位置矢量，即

$$\bar{\boldsymbol{u}}_O^2=\left[-\frac{l^2}{2} \quad 0\right]^{\mathrm{T}}$$

式中：l^2 为曲轴的长度。

曲轴（刚体 2）和连杆（刚体 3）之间通过点 A 处的转动铰相连。令 l^3 为连杆的长度，则转动铰处的约束方程可用两个刚体的笛卡儿坐标系表示为

$$\boldsymbol{R}^2+\boldsymbol{A}^2\bar{\boldsymbol{u}}_A^2-\boldsymbol{R}^3-\boldsymbol{A}^3\bar{\boldsymbol{u}}_A^3=\boldsymbol{0}$$

式中：$\boldsymbol{R}^i=[R_1^i \quad R_2^i]^{\mathrm{T}}$；$\boldsymbol{A}^i$ 为从刚体 i 的坐标系到全局坐标系的平面变换矩阵；$\bar{\boldsymbol{u}}_A^i$（$i=2,3$）为铰点处的局部坐标，即

$$\bar{\boldsymbol{u}}_A^2=\left[\frac{l^2}{2} \quad 0\right]^{\mathrm{T}},\quad \bar{\boldsymbol{u}}_A^3=\left[-\frac{l^3}{2} \quad 0\right]^{\mathrm{T}}$$

刚体 3 和刚体 4 通过点 B 处的转动铰相连，该转动铰类似点 A 处的转动铰。因此，刚体 3 和刚体 4 之间的约束方程可以表示为

$$\boldsymbol{R}^3+\boldsymbol{A}^3\bar{\boldsymbol{u}}_B^3-\boldsymbol{R}^4-\boldsymbol{A}^4\bar{\boldsymbol{u}}_B^4=\boldsymbol{0}$$

式中：$\bar{\boldsymbol{u}}_B^3=\left[-\frac{l^3}{2} \quad 0\right]^{\mathrm{T}}$；$\bar{\boldsymbol{u}}_B^4=[0 \quad 0]^{\mathrm{T}}$。

滑块（刚体 4）的运动必须满足以下运动学约束：

$$R_2^4=0,\quad \theta^4=0$$

很显然，在这个例子中，曲柄滑块机构一共有 12 个笛卡儿坐标，11 个代数约束方程：3 个地面约束方程，固定点 O 在曲轴上位置的 2 个约束方程，描述点 A 和点 B 处转动铰的 4 个约束方程，限制滑块（刚体 4）运动的 2 个约束方程。因此，该机构的自由度是 1。考虑广义坐标的虚位移由地面约束可得

$$\delta R_1^1=0,\quad \delta R_2^1=0,\quad \delta\theta^1=0$$

也可以写成矩阵的形式，即

$$\begin{bmatrix}1 & 0 & 0\\0 & 1 & 0\\0 & 0 & 1\end{bmatrix}\begin{bmatrix}\delta R_1^1\\\delta R_2^1\\\delta\theta^1\end{bmatrix}=\begin{bmatrix}0\\0\\0\end{bmatrix}$$

对点 O 在全局坐标系内的位置的约束为

$$\delta\boldsymbol{R}^2+\boldsymbol{A}_\theta^2\bar{\boldsymbol{u}}^2\delta\theta^2=\boldsymbol{0}$$

式中：$\boldsymbol{A}_\theta^2$ 为平面变换矩阵 $\boldsymbol{A}^2$ 对 θ^2 的偏导数。利用 $\bar{\boldsymbol{u}}_O^2$ 的定义，上述方程可以写成更具体的形式：

$$\begin{bmatrix}1 & 0 & \frac{l^2}{2}\sin\theta^2\\0 & 1 & -\frac{l^2}{2}\cos\theta^2\end{bmatrix}\begin{bmatrix}\delta R_1^2\\\delta R_2^2\\\delta\theta^2\end{bmatrix}=\begin{bmatrix}0\\0\end{bmatrix}$$

由点 A 处转动铰的约束可得

$$\begin{bmatrix}1 & 0 & \frac{l^2}{2}\sin\theta^2\\0 & 1 & -\frac{l^2}{2}\cos\theta^2\end{bmatrix}\begin{bmatrix}\delta R_1^2\\\delta R_2^2\\\delta\theta^2\end{bmatrix}-\begin{bmatrix}1 & 0 & \frac{l^3}{2}\sin\theta^3\\0 & 1 & -\frac{l^3}{2}\cos\theta^3\end{bmatrix}\begin{bmatrix}\delta R_1^3\\\delta R_2^3\\\delta\theta^3\end{bmatrix}=\begin{bmatrix}0\\0\end{bmatrix}$$

或

$$\begin{bmatrix}1 & 0 & \frac{l^2}{2}\sin\theta^2 & -1 & 0 & -\frac{l^3}{2}\sin\theta^3\\0 & 1 & -\frac{l^2}{2}\cos\theta^2 & 0 & -1 & \frac{l^3}{2}\cos\theta^3\end{bmatrix}\begin{bmatrix}\delta R_1^2\\\delta R_2^2\\\delta\theta^2\\\delta R_1^3\\\delta R_2^3\\\delta\theta^3\end{bmatrix}=\begin{bmatrix}0\\0\end{bmatrix}$$

对于点 B 处的转动铰，有

$$\begin{bmatrix} 1 & 0 & \dfrac{l^3}{2}\sin\theta^3 & -1 & 0 & 0 \\ 0 & 1 & -\dfrac{l^3}{2}\cos\theta^3 & 0 & -1 & 0 \end{bmatrix}\begin{bmatrix} \delta R_1^3 \\ \delta R_2^3 \\ \delta\theta^3 \\ \delta R_1^4 \\ \delta R_2^4 \\ \delta\theta^4 \end{bmatrix}=\begin{bmatrix} 0 \\ 0 \end{bmatrix}$$

根据点 B 处对滑块运动的约束，有

$$\begin{bmatrix} 1 & 0 \\ 0 & 1 \end{bmatrix}\begin{bmatrix} \delta R_2^4 \\ \delta\theta^4 \end{bmatrix}=\begin{bmatrix} 0 \\ 0 \end{bmatrix}$$

或

$$\begin{bmatrix} 0 & 1 & 0 \\ 0 & 0 & 1 \end{bmatrix}\begin{bmatrix} \delta R_1^4 \\ \delta R_2^4 \\ \delta\theta^4 \end{bmatrix}=\begin{bmatrix} 0 \\ 0 \end{bmatrix}$$

综合上述方程，得到

$$\boldsymbol{C}_{\boldsymbol{q}}\delta\boldsymbol{q}=\boldsymbol{0}$$

式中：$\boldsymbol{q}=[R_1^1 \quad R_2^1 \quad \theta^1 \quad R_1^2 \quad R_2^2 \quad \theta^2 \quad R_1^3 \quad R_2^3 \quad \theta^3 \quad R_1^4 \quad R_2^4 \quad \theta^4]^{\mathrm{T}}$；$\boldsymbol{C}_{\boldsymbol{q}}$ 为 11×12 系统雅可比矩阵，可以简写成 $\boldsymbol{C}_{\boldsymbol{q}}=[C_{i,j}]$，非零元素 $C_{i,j}$ 为

$$C_{1,1}=C_{2,2}=C_{3,3}=C_{4,4}=C_{5,5}=C_{6,4}=C_{7,5}=C_{8,7}=C_{9,8}=C_{10,11}=C_{11,12}=1$$

$$C_{6,7}=C_{7,8}=C_{8,10}=C_{9,11}=-1$$

$$C_{4,6}=\frac{l^2}{2}\sin\theta^2,\ C_{5,6}=-\frac{l^2}{2}\cos\theta^2,\ C_{6,6}=-\frac{l^2}{2}\sin\theta^2,\ C_{7,6}=\frac{l^2}{2}\cos\theta^2$$

$$C_{6,9}=-\frac{l^3}{2}\sin\theta^3,\ C_{7,9}=\frac{l^3}{2}\cos\theta^3,\ C_{8,9}=-\frac{l^3}{2}\sin\theta^3,\ C_{9,9}=\frac{l^3}{2}\cos\theta^3$$

选择 θ^2 作为独立坐标或系统自由度，在这种情况下，雅可比矩阵可分块为

$$\boldsymbol{C}_{\boldsymbol{q}_{\mathrm{d}}}\boldsymbol{q}_{\mathrm{d}}+\boldsymbol{C}_{\boldsymbol{q}_{\mathrm{i}}}\boldsymbol{q}_{\mathrm{i}}=\boldsymbol{0}$$

式中：$\boldsymbol{C}_{\boldsymbol{q}_{\mathrm{d}}}$ 为与非独立坐标有关的雅可比矩阵，它是 11×11 方阵；$\boldsymbol{C}_{\boldsymbol{q}_{\mathrm{i}}}$ 为与独立坐标 θ^2 有关的雅可比矩阵，它是 11 维矢量。非独立坐标和独立坐标的矢量分别写为

$$\boldsymbol{q}_{\mathrm{d}}=[R_1^1 \quad R_2^1 \quad \theta^1 \quad R_1^2 \quad R_2^2 \quad R_1^3 \quad R_2^3 \quad \theta^3 \quad R_1^4 \quad R_2^4 \quad \theta^4]^{\mathrm{T}}$$

$$\boldsymbol{q}_{\mathrm{i}}=\theta^2$$

矢量 $\boldsymbol{C}_{\boldsymbol{q}_{\mathrm{i}}}$ 定义为

$$\begin{aligned}\boldsymbol{C}_{\boldsymbol{q}_{\mathrm{i}}}&=[0 \quad 0 \quad 0 \quad C_{4,6} \quad C_{5,6} \quad C_{6,6} \quad C_{7,6} \quad 0 \quad 0 \quad 0 \quad 0]^{\mathrm{T}}\\&=\left[0 \quad 0 \quad 0 \quad \frac{l^2}{2}\sin\theta^2 \quad -\frac{l^2}{2}\cos\theta^2 \quad -\frac{l^2}{2}\sin\theta^2 \quad \frac{l^2}{2}\cos\theta^2 \quad 0 \quad 0 \quad 0 \quad 0\right]^{\mathrm{T}}\end{aligned}$$

矩阵 $\boldsymbol{C}_{\boldsymbol{q}_{\mathrm{d}}}$ 定义为

$$
\boldsymbol{C}_{\boldsymbol{q}_\mathrm{d}}=\begin{bmatrix}
1 & 0 & 0 & 0 & 0 & 0 & 0 & 0 & 0 & 0 & 0\\
0 & 1 & 0 & 0 & 0 & 0 & 0 & 0 & 0 & 0 & 0\\
0 & 0 & 1 & 0 & 0 & 0 & 0 & 0 & 0 & 0 & 0\\
0 & 0 & 0 & 1 & 0 & 0 & 0 & 0 & 0 & 0 & 0\\
0 & 0 & 0 & 0 & 1 & 0 & 0 & 0 & 0 & 0 & 0\\
0 & 0 & 0 & 1 & 0 & -1 & 0 & C_{6,9} & 0 & 0 & 0\\
0 & 0 & 0 & 0 & 1 & 0 & -1 & C_{7,9} & 0 & 0 & 0\\
0 & 0 & 0 & 0 & 0 & 1 & 0 & C_{8,9} & -1 & 0 & 0\\
0 & 0 & 0 & 0 & 0 & 0 & 1 & C_{9,9} & 0 & -1 & 0\\
0 & 0 & 0 & 0 & 0 & 0 & 0 & 0 & 0 & 1 & 0\\
0 & 0 & 0 & 0 & 0 & 0 & 0 & 0 & 0 & 0 & 1
\end{bmatrix}
$$

显然，$\boldsymbol{C}_{\boldsymbol{q}_\mathrm{d}}$ 是非奇异矩阵，所以矢量 $\delta\boldsymbol{q}_\mathrm{d}$ 可以由自由度的变分 $\delta\theta^2$ 表示为

$$
\delta\boldsymbol{q}_\mathrm{d}=-\boldsymbol{C}_{\boldsymbol{q}_\mathrm{d}}^{-1}\boldsymbol{C}_{\boldsymbol{q}_\mathrm{i}}\delta\theta^2
$$

前面已经指出，独立坐标不是唯一的。在该多体曲柄滑块机构中，也可以选择 R_1^4 这个描述滑块水平运动的坐标作为独立坐标，即

$$
\boldsymbol{q}_\mathrm{d}=[R_1^1\quad R_2^1\quad \theta^1\quad R_1^2\quad R_2^2\quad \theta^2\quad R_1^3\quad R_2^3\quad \theta^3\quad R_2^4\quad \theta^4]^\mathrm{T}
$$

$$
\boldsymbol{q}_\mathrm{i}=R_1^4
$$

在这种情况下，矢量 $\boldsymbol{C}_{\boldsymbol{q}_\mathrm{i}}$ 为

$$
\boldsymbol{C}_{\boldsymbol{q}_\mathrm{i}}=[0\quad 0\quad 0\quad 0\quad 0\quad 0\quad 0\quad -1\quad 0\quad 0\quad 0]^\mathrm{T}
$$

矩阵 $\boldsymbol{C}_{\boldsymbol{q}_\mathrm{d}}$ 为

$$
\boldsymbol{C}_{\boldsymbol{q}_\mathrm{d}}=\begin{bmatrix}
1 & 0 & 0 & 0 & 0 & 0 & 0 & 0 & 0 & 0 & 0\\
0 & 1 & 0 & 0 & 0 & 0 & 0 & 0 & 0 & 0 & 0\\
0 & 0 & 1 & 0 & 0 & 0 & 0 & 0 & 0 & 0 & 0\\
0 & 0 & 0 & 1 & 0 & C_{4,6} & 0 & 0 & 0 & 0 & 0\\
0 & 0 & 0 & 0 & 1 & C_{5,6} & 0 & 0 & 0 & 0 & 0\\
0 & 0 & 0 & 1 & 0 & C_{6,6} & -1 & 0 & C_{6,9} & 0 & 0\\
0 & 0 & 0 & 0 & 1 & C_{7,6} & 0 & -1 & C_{7,9} & 0 & 0\\
0 & 0 & 0 & 0 & 0 & 0 & 1 & 0 & C_{8,9} & 0 & 0\\
0 & 0 & 0 & 0 & 0 & 0 & 0 & 1 & C_{9,9} & -1 & 0\\
0 & 0 & 0 & 0 & 0 & 0 & 0 & 0 & 0 & 1 & 0\\
0 & 0 & 0 & 0 & 0 & 0 & 0 & 0 & 0 & 0 & 1
\end{bmatrix}
$$

因此，$\boldsymbol{C}_{\boldsymbol{q}_\mathrm{d}}$ 为非奇异矩阵，非独立坐标 $\boldsymbol{q}_\mathrm{d}$ 可由其他独立坐标表示。

现在考虑图 3.9 所示的机构的特殊位形：$\theta^2=\theta^3=0$。特定情况下可以验证

$$
C_{4,6}=C_{6,6}=C_{6,9}=C_{8,9}=0
$$

将上述值代入之前的矩阵 $\boldsymbol{C}_{\boldsymbol{q}_\mathrm{d}}$ 中，可以证实这个矩阵是奇异的，例如，将第 6 行和第 8 行加起来可以得到第 4 行，即第 4 行是第 6 行和第 8 行的线性组合，$\boldsymbol{C}_{\boldsymbol{q}_\mathrm{d}}$ 不满秩，因此该矩阵是

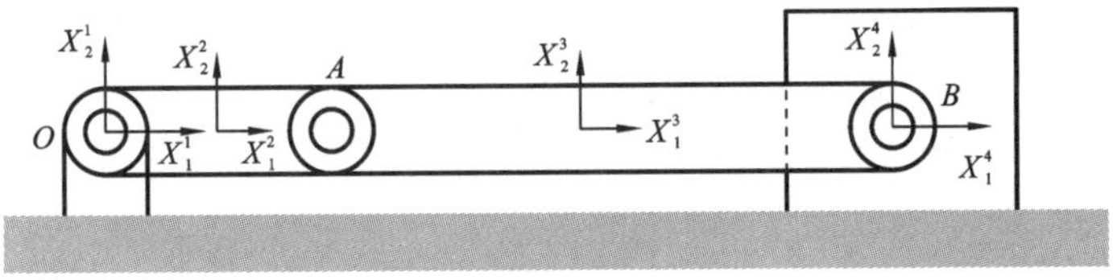

图 3.9　特殊位形

奇异矩阵。这意味着在这种特殊情况下，选择的非独立坐标不能够由变量 δR_1^4 表示。从物理上来讲，在这种位形下该机构不能够通过给定滑块（刚体 4 ）在水平方向上的运动来控制其自身的运动。这种特殊位形称为奇异位形。然而，当其他位形 $\boldsymbol{C}_{q_d}$ 非奇异时，便不会出现这种情况。

3.3　虚功和广义力

在多体系统动力学的拉格朗日方程求解中，很重要的步骤是求解与系统广义坐标相关的广义力。本节将在静力学和动力学分析中通过应用虚功原理引入广义力。本节首先引入质点系统。假设刚体是由大量的质点组成的，由此推导刚体广义力的表达形式。

3.3.1　静平衡

考虑三维空间中由 n_P 个质点组成的系统，如图 3.10 所示。系统内任意一个质点 i 受系统力的作用，合力为 $\boldsymbol{F}^i$。如果质点 i 静平衡，则有

$$\boldsymbol{F}^i = \boldsymbol{0} \tag{3.42}$$

式中：$\boldsymbol{F}^i = [F_1^i \quad F_2^i \quad F_3^i]^{\mathrm{T}}$。如果式(3.42)成立，显然有

$$\boldsymbol{F}^i \cdot \delta \boldsymbol{r}^i = 0 \tag{3.43}$$

对质点 i 的任意虚位移 $\delta \boldsymbol{r}^i$，如果质点系统是平衡的，则有

$$\sum_{i=1}^{n_P} \boldsymbol{F}^i \cdot \delta \boldsymbol{r}^i = 0 \tag{3.44}$$

如果系统位形必须满足一组约束方程，则可以将作用在质点 i 上的合力写为

$$\boldsymbol{F}^i = \boldsymbol{F}_e^i + \boldsymbol{F}_c^i \tag{3.45}$$

式中：$\boldsymbol{F}_e^i$ 为外部作用力矢量；$\boldsymbol{F}_c^i$ 为约束力矢量。之所以存在约束力是因为系统内单个质点之间存在连接，将式(3.45)代入式(3.44)可得

$$\sum_{i=1}^{n_P} \boldsymbol{F}^i \cdot \delta \boldsymbol{r}^i = \sum_{i=1}^{n_P} (\boldsymbol{F}_e^i + \boldsymbol{F}_c^i) \cdot \delta \boldsymbol{r}^i = 0 \tag{3.46}$$

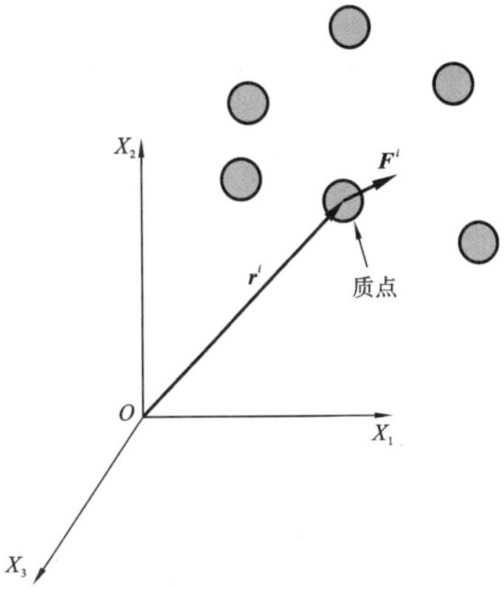

图 3.10　质点系

因为点积运算符合分配律,所以有

$$\sum_{i=1}^{n_P}\boldsymbol{F}^i\cdot\delta\boldsymbol{r}^i=\sum_{i=1}^{n_P}\boldsymbol{F}_{\mathrm{e}}^i\cdot\delta\boldsymbol{r}^i+\sum_{i=1}^{n_P}\boldsymbol{F}_{\mathrm{c}}^i\cdot\delta\boldsymbol{r}^i=0 \tag{3.47}$$

使用如下记法:

$$\delta W=\sum_{i=1}^{n_P}\boldsymbol{F}^i\cdot\delta\boldsymbol{r}^i,\quad \delta W_{\mathrm{e}}=\sum_{i=1}^{n_P}\boldsymbol{F}_{\mathrm{e}}^i\cdot\delta\boldsymbol{r}^i,\quad \delta W_{\mathrm{c}}=\sum_{i=1}^{n_P}\boldsymbol{F}_{\mathrm{c}}^i\cdot\delta\boldsymbol{r}^i \tag{3.48}$$

式中:δW 为作用在系统上的所有力所做的虚功;δW_{e} 为外部作用力所做的虚功;δW_{c} 为约束力所做的虚功。式(3.47)也可以写为

$$\delta W=\delta W_{\mathrm{e}}+\delta W_{\mathrm{c}}=0 \tag{3.49}$$

如果假设约束力不做功,其被视为无功约束力,那么约束力的虚功为 0,即

$$\delta W_{\mathrm{c}}=\sum_{i=1}^{n_P}\boldsymbol{F}_{\mathrm{c}}^i\cdot\delta\boldsymbol{r}^i=0 \tag{3.50}$$

无功约束力的例子有无摩擦的转动铰和棱柱铰,此时,约束力的作用方向与位移方向垂直。在这种情况下,式(3.49)可以简化为

$$\delta W=\delta W_{\mathrm{e}}=\sum_{i=1}^{n_P}\boldsymbol{F}_{\mathrm{e}}^i\cdot\delta\boldsymbol{r}^i=0 \tag{3.51}$$

式(3.51)是静平衡的虚功原理,它表示质点系外力所做的功处于平衡状态并且无功约束力为 0 。然而,式(3.51)并不意味着对所有的 i 而言都有 $\boldsymbol{F}_{\mathrm{e}}^i=0$,因为在约束质点系中,$\boldsymbol{r}^i(i=1,2,\cdots,n_P)$ 并不线性独立。

前面提到过,系统的位形能够用一组广义坐标 $\boldsymbol{q}=[q_1\quad q_2\quad\cdots\quad q_n]^{\mathrm{T}}$ 来表示,此时 $\boldsymbol{r}^i$ 可以写为

$$\boldsymbol{r}^i=\boldsymbol{r}^i(q_1\quad q_2\quad\cdots\quad q_n) \tag{3.52}$$

且虚位移可写为

$$\delta\boldsymbol{r}^i=\frac{\partial\boldsymbol{r}^i}{\partial q_1}\delta q_1+\frac{\partial\boldsymbol{r}^i}{\partial q_2}\delta q_2+\cdots+\frac{\partial\boldsymbol{r}^i}{\partial q_n}\delta q_n=\sum_{j=1}^{n}\frac{\partial\boldsymbol{r}^i}{\partial q_j}\delta q_j \tag{3.53}$$

将上述方程代入式(3.51),得

$$\delta W=\delta W_{\mathrm{e}}=\sum_{i=1}^{n_P}\boldsymbol{F}_{\mathrm{e}}^i\cdot\sum_{j=1}^{n}\frac{\partial\boldsymbol{r}^i}{\partial q_j}\delta q_j=0 \tag{3.54}$$

也可以写为

$$\delta W=\delta W_{\mathrm{e}}=\sum_{j=1}^{n}\sum_{i=1}^{n_P}\boldsymbol{F}_{\mathrm{e}}^i\cdot\frac{\partial\boldsymbol{r}^i}{\partial q_j}\delta q_j=0 \tag{3.55}$$

定义 Q_j 为

$$Q_j=\sum_{i=1}^{n_P}\boldsymbol{F}_{\mathrm{e}}^i\cdot\frac{\partial\boldsymbol{r}^i}{\partial q_j}=\sum_{i=1}^{n_P}\boldsymbol{F}_{\mathrm{e}}^i\cdot\boldsymbol{r}_{q_j}^i \tag{3.56}$$

其中,$\boldsymbol{r}_{q_j}^i=\dfrac{\partial\boldsymbol{r}^i}{\partial q_j}$。根据 Q_j 的定义,式(3.55)可简化为

$$\delta W=\delta W_{\mathrm{e}}=\sum_{j=1}^{n}Q_j\delta q_j=\boldsymbol{Q}^{\mathrm{T}}\delta\boldsymbol{q}=0 \tag{3.57}$$

式中：$\boldsymbol{Q}=[Q_1 \quad Q_2 \quad \cdots \quad Q_n]^{\mathrm{T}}$，为广义力矢量，该矢量中的元素 Q_i 是与广义坐标 q_j 相关的广义力。若广义坐标的分量相互独立，则根据式(3.57)的成立条件，得

$$Q_j=0,\quad j=1,2,\cdots,n \tag{3.58}$$

这里有 n 个代数方程，它们可以是系统广义坐标 $q_1,q_2,\cdots,q_n$ 的非线性函数。根据这些方程能够求解出 n 个坐标。系统内质点的位置可由式(3.52)中的运动学关系来求解。

例题 3.2　图 3.11 所示为 OX_1X_2 平面内的双质点系统。质量分别为 m^1 和 m^2 的两个质点在无摩擦棱柱铰的约束下在直杆上运动。这两个质点由弹性系数分别为 k_1 和 k_2 的弹簧支撑。假设大小不变的力 P 持续作用在质点 2 上，求解式(3.58)的平衡条件。

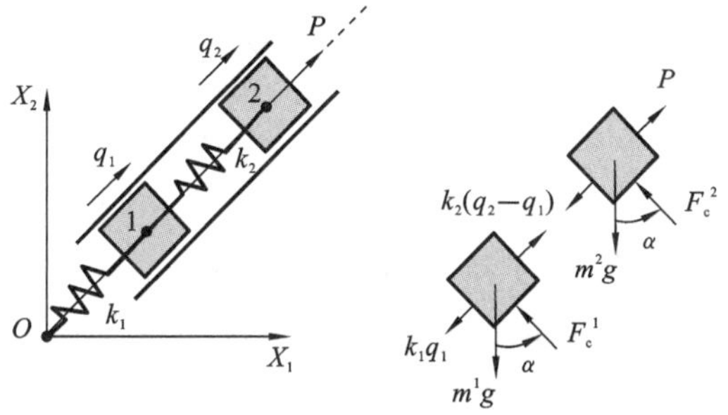

图 3.11　质点的约束运动

解　令 $\boldsymbol{r}^1=[R_1^1 \quad R_2^1 \quad 0]^{\mathrm{T}}$，为质点 1 在笛卡儿坐标系下的位移矢量，$\boldsymbol{r}^2=[R_1^2 \quad R_2^2 \quad 0]^{\mathrm{T}}$，为质点 2 的位移矢量。很显然，该系统只有两个独立坐标 q_1 和 q_2，两个质点的位移矢量的虚位移可以由坐标 q_1 和 q_2 的虚位移表示，即

$$\delta\boldsymbol{r}^1=\begin{bmatrix}\cos\alpha\\ \sin\alpha\\ 0\end{bmatrix}\delta q_1,\quad \delta\boldsymbol{r}^2=\begin{bmatrix}\cos\alpha\\ \sin\alpha\\ 0\end{bmatrix}\delta q_2$$

式中：α 为角度常量。

如图 3.11 所示，在笛卡儿坐标系内作用在两质点上的约束力矢量为

$$\boldsymbol{F}_{\mathrm{c}}^1=\begin{bmatrix}-F_{\mathrm{c}}^1\sin\alpha\\ F_{\mathrm{c}}^1\cos\alpha\\ 0\end{bmatrix},\quad \boldsymbol{F}_{\mathrm{c}}^2=\begin{bmatrix}-F_{\mathrm{c}}^2\sin\alpha\\ F_{\mathrm{c}}^2\cos\alpha\\ 0\end{bmatrix}$$

约束力所做的虚功为

$$\begin{aligned}\delta W_{\mathrm{c}} &= \sum_{i=1}^{n_P}\boldsymbol{F}_{\mathrm{c}}^i\delta\boldsymbol{r}^i = \boldsymbol{F}_{\mathrm{c}}^{1^{\mathrm{T}}}\delta\boldsymbol{r}^1+\boldsymbol{F}_{\mathrm{c}}^{2^{\mathrm{T}}}\delta\boldsymbol{r}^2\\ &=[-F_{\mathrm{c}}^1\sin\alpha \quad F_{\mathrm{c}}^1\cos\alpha \quad 0]\begin{bmatrix}\cos\alpha\\ \sin\alpha\\ 0\end{bmatrix}\delta q_1+[-F_{\mathrm{c}}^2\sin\alpha \quad F_{\mathrm{c}}^2\cos\alpha \quad 0]\begin{bmatrix}\cos\alpha\\ \sin\alpha\\ 0\end{bmatrix}\delta q_2=0\end{aligned}$$

也就是说，这些约束是不做功的，这是因为约束力的作用方向与位移方向垂直。由图 3.11 所示的受力分析可知，在笛卡儿坐标系下外力矢量为

$$\boldsymbol{F}_{\mathrm{e}}^{1}=\begin{bmatrix}[k_2(q_2-q_1)-k_1q_1]\cos\alpha\\ [k_2(q_2-q_1)-k_1q_1]\sin\alpha-m^1g\\ 0\end{bmatrix}$$

$$\boldsymbol{F}_{\mathrm{e}}^{2}=\begin{bmatrix}[P-k_2(q_2-q_1)]\cos\alpha\\ [P-k_2(q_2-q_1)]\sin\alpha-m^2g\\ 0\end{bmatrix}$$

式中：g 为重力加速度。

外力所做的虚功可写为

$$\begin{aligned}\delta W_{\mathrm{e}}&=\delta W=\sum_{i=1}^{n_P}\boldsymbol{F}_{\mathrm{e}}^{i}\delta\boldsymbol{r}^{i}=\boldsymbol{F}_{\mathrm{e}}^{1^{\mathrm{T}}}\delta\boldsymbol{r}^{1}+\boldsymbol{F}_{\mathrm{e}}^{2^{\mathrm{T}}}\delta\boldsymbol{r}^{2}\\&=\{[k_2(q_2-q_1)-k_1q_1](\cos^2\alpha+\sin^2\alpha)-m^1g\sin\alpha\}\delta q_1\\&\quad+\{[P-k_2(q_2-q_1)](\cos^2\alpha+\sin^2\alpha)-m^2g\sin\alpha\}\delta q_2\end{aligned}$$

由于$\cos^2\alpha+\sin^2\alpha=1$ 并且假设 q_1 和 q_2 线性无关，因此在上述等式中它们的系数为 0，即

$$Q_1=k_2(q_2-q_1)-k_1q_1-m^1g\sin\alpha=0$$

$$Q_2=P-k_2(q_2-q_1)-m^2g\sin\alpha=0$$

将这些方程写成矩阵的形式得

$$\begin{bmatrix}k_1+k_2 & -k_2\\ -k_2 & k_2\end{bmatrix}\begin{bmatrix}q_1\\ q_2\end{bmatrix}=\begin{bmatrix}-m^1g\sin\alpha\\ P-m^2g\sin\alpha\end{bmatrix}$$

由此可解得 q_1 和 q_2，即

$$\begin{bmatrix}q_1\\ q_2\end{bmatrix}=\frac{1}{k_1k_2}\begin{bmatrix}k_2 & k_2\\ k_2 & k_1+k_2\end{bmatrix}\begin{bmatrix}-m^1g\sin\alpha\\ P-m^2g\sin\alpha\end{bmatrix}$$

由本节的公式和例题可知，当单独研究单个质点的平衡时，连接力必须作为辅助量考虑。当考虑整个质点系时，这些力则可以消去。这种约束有时被称为理想约束，因为它们的连接力不做功。显然，刚体内质点之间的内部相互作用力就属于这种类型。刚体内质点 i 和质点 j 之间的距离始终不变。该条件在数学上可表示为

$$(\boldsymbol{r}^{i}-\boldsymbol{r}^{j})^{\mathrm{T}}(\boldsymbol{r}^{i}-\boldsymbol{r}^{j})=c \tag{3.59}$$

式中：$\boldsymbol{r}^{i}$、$\boldsymbol{r}^{j}$ 分别为质点 i 和质点 j 的位置矢量；c 为常数。考虑位置矢量的虚变化，则约束方程可写为

$$(\boldsymbol{r}^{i}-\boldsymbol{r}^{j})^{\mathrm{T}}(\delta\boldsymbol{r}^{i}-\delta\boldsymbol{r}^{j})=0 \tag{3.60}$$

假设 $\boldsymbol{F}_{\mathrm{c}}^{ij}$ 是这个约束作用于质点 i 的连接力，则根据牛顿第三定律，必有反作用力 $\boldsymbol{F}_{\mathrm{c}}^{ji}=-\boldsymbol{F}_{\mathrm{c}}^{ij}$ 作用于质点 j。易知，作用力 $\boldsymbol{F}_{\mathrm{c}}^{ij}$ 和 $\boldsymbol{F}_{\mathrm{c}}^{ji}$ 大小相等，方向相反，并且方向沿连接质点 i 和质点 j 的直线，即

$$\boldsymbol{F}_{\mathrm{c}}^{ij}=k(\boldsymbol{r}^{i}-\boldsymbol{r}^{j}) \tag{3.61}$$

式中：k 为常数。

在这种情况下，约束力所做的虚功可写为

$$\delta W_{\mathrm{c}}=\boldsymbol{F}_{\mathrm{c}}^{ij^{\mathrm{T}}}\delta\boldsymbol{r}^{i}+\boldsymbol{F}_{\mathrm{c}}^{ji^{\mathrm{T}}}\delta\boldsymbol{r}^{j}=\boldsymbol{F}_{\mathrm{c}}^{ij^{\mathrm{T}}}\delta\boldsymbol{r}^{i}-\boldsymbol{F}_{\mathrm{c}}^{ij^{\mathrm{T}}}\delta\boldsymbol{r}^{j}=\boldsymbol{F}_{\mathrm{c}}^{ij^{\mathrm{T}}}(\delta\boldsymbol{r}^{i}-\delta\boldsymbol{r}^{j})$$

$$=k(\boldsymbol{r}^i-\boldsymbol{r}^j)(\delta\boldsymbol{r}^i-\delta\boldsymbol{r}^j)=0 \tag{3.62}$$

也就是说，刚体内质点之间的约束产生的连接力所做的虚功等于 0。

3.3.2　动平衡

类似地，可以推导动态情况下的虚功原理。牛顿第二定律表明，作用在质点上的合力与该质点的动量变化率相等，即 $\boldsymbol{F}^i=\dot{\boldsymbol{P}}^i$，或等价地，有

$$\boldsymbol{F}^i-\dot{\boldsymbol{P}}^i=\boldsymbol{0} \tag{3.63}$$

式中：$\boldsymbol{P}^i$ 为质点 i 的动量。若质点 i 满足式(3.63)的条件，便说质点 i 处于动平衡状态。动平衡的条件为

$$(\boldsymbol{F}^i-\dot{\boldsymbol{P}}^i)\cdot\delta\boldsymbol{r}^i=0 \tag{3.64}$$

若质点处于动平衡状态，则有

$$\sum_{i=1}^{n_P}(\boldsymbol{F}^i-\dot{\boldsymbol{P}}^i)\cdot\delta\boldsymbol{r}^i=0 \tag{3.65}$$

根据式(3.45)，$\boldsymbol{F}^i$ 可以写成外力与约束力之和，得到

$$\sum_{i=1}^{n_P}(\boldsymbol{F}_{\mathrm{e}}^i+\boldsymbol{F}_{\mathrm{c}}^i-\dot{\boldsymbol{P}}^i)\cdot\delta\boldsymbol{r}^i=0$$

或

$$\sum_{i=1}^{n_P}(\boldsymbol{F}_{\mathrm{e}}^i-\dot{\boldsymbol{P}}^i)\cdot\delta\boldsymbol{r}^i+\sum_{i=1}^{n_P}\boldsymbol{F}_{\mathrm{c}}^i\cdot\delta\boldsymbol{r}^i=0 \tag{3.66}$$

如果约束力不做功，则 $\sum_{i=1}^{n_P}\boldsymbol{F}_{\mathrm{c}}^i\cdot\delta\boldsymbol{r}^i=0$，得

$$\sum_{i=1}^{n_P}(\boldsymbol{F}_{\mathrm{e}}^i-\dot{\boldsymbol{P}}^i)\cdot\delta\boldsymbol{r}^i=0 \tag{3.67}$$

该方程也被称为达朗贝尔原理。根据式(3.53)，式(3.67)也可以由广义坐标来表示，即

$$\sum_{i=1}^{n_P}(\boldsymbol{F}_{\mathrm{e}}^i-\dot{\boldsymbol{P}}^i)\cdot\sum_{j=1}^{n}\frac{\partial\boldsymbol{r}^i}{\partial q_j}\delta q_j=0 \tag{3.68}$$

或等价地，有

$$\sum_{j=1}^{n}\sum_{i=1}^{n_P}(\boldsymbol{F}_{\mathrm{e}}^i-\dot{\boldsymbol{P}}^i)\cdot\frac{\partial\boldsymbol{r}^i}{\partial q_j}\delta q_j=0 \tag{3.69}$$

定义 $\bar{Q}_j$ 为

$$\bar{Q}_j=\sum_{i=1}^{n_P}(\boldsymbol{F}_{\mathrm{e}}^i-\dot{\boldsymbol{P}}^i)\cdot\frac{\partial\boldsymbol{r}^i}{\partial q_j},\quad j=1,2,\cdots,n \tag{3.70}$$

据此，可以将式(3.69)写成

$$\sum_{j=1}^{n}\sum_{i=1}^{n_P}(\boldsymbol{F}_{\mathrm{e}}^i-\dot{\boldsymbol{P}}^i)\cdot\frac{\partial\boldsymbol{r}^i}{\partial q_j}\delta q_j=\sum_{j=1}^{n}\bar{Q}_j\delta q_j=\bar{\boldsymbol{Q}}\delta\boldsymbol{q}=0 \tag{3.71}$$

式中：$\bar{\boldsymbol{Q}}=[\bar{Q}_1\quad\bar{Q}_2\quad\cdots\quad\bar{Q}_n]^{\mathrm{T}}$。如果广义坐标矢量的分量之间相互独立，那么由式(3.71)

可得

$$\bar{\boldsymbol{Q}}=[\bar{Q}_1 \quad \bar{Q}_2 \quad \cdots \quad \bar{Q}_n]^{\mathrm{T}}=\boldsymbol{0} \tag{3.72}$$

也就是说,$\bar{Q}_j=0$, $j=1, 2, \cdots, n$。式(3.72)是描述系统动力学的 n 个二阶常微分运动方程。这些方程由独立坐标表示,且能够自动消除约束力。对式(3.72)积分可以得到广义坐标和广义速度。而质点的位置可以由式(3.52)中的运动学关系确定。

例题 3.3 如图 3.12 所示,在 OX_1X_2 平面内,质量为 m 的质点在不计质量的细长杆上自由滑动,该杆以角速度 $\dot{\theta}$ 和角加速度 $\ddot{\theta}$ 绕轴 X_3 转动。求质点的动平衡方程。

解 图 3.12 所示系统的位形可以由独立坐标 q 和 θ 来表示。图 3.12 中,力分量 F_{c1}^1 和 F_{c2}^1 是不做功的铰约束的反作用力。在笛卡儿坐标系内,质点的位置和速度均可由独立坐标来表示,即

$$\boldsymbol{r}=\begin{bmatrix}\cos\theta\\ \sin\theta\\ 0\end{bmatrix}q, \quad \dot{\boldsymbol{r}}=\dot{\theta}\begin{bmatrix}-\sin\theta\\ \cos\theta\\ 0\end{bmatrix}q+\begin{bmatrix}\cos\theta\\ \sin\theta\\ 0\end{bmatrix}\dot{q}$$

式中:θ 为质点的角位置;q 为质点相对于点 O 的位移。系统坐标的虚位移为

$$\delta\boldsymbol{r}=\begin{bmatrix}-\sin\theta\\ \cos\theta\\ 0\end{bmatrix}q\delta\theta+\begin{bmatrix}\cos\theta\\ \sin\theta\\ 0\end{bmatrix}\delta q$$

由于质点和杆之间的作用力和反作用力大小相等,方向相反,因此这些力的虚功为 0。

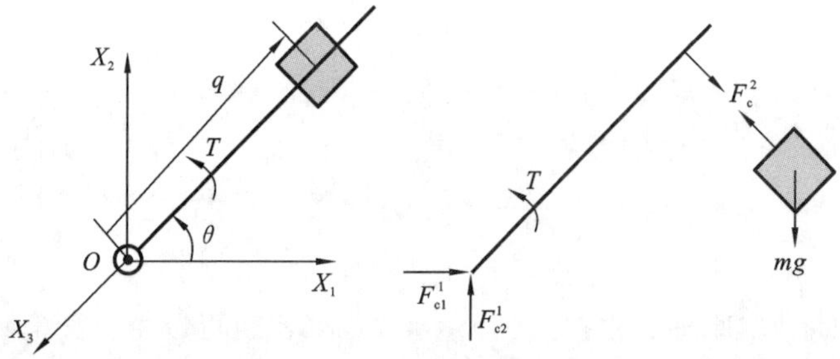

图 3.12 质点的动力学平衡

在笛卡儿坐标系内,作用在质点上的外力矢量为

$$\boldsymbol{F}_{\mathrm{e}}=\begin{bmatrix}0\\ -mg\\ 0\end{bmatrix}$$

式中:m 为质点的质量;g 为重力加速度。

作用在系统上的外力和外力矩的虚功为

$$\delta W_{\mathrm{e}}=\boldsymbol{F}_{\mathrm{e}}^{\mathrm{T}}\delta\boldsymbol{r}+T\delta\theta=-mg\sin\theta\delta q+(T-mgq\cos\theta)\delta\theta$$

式中:T 为作用在杆上的外力矩。在笛卡儿坐标系内质点的动量为

$$\boldsymbol{P}=m\dot{\boldsymbol{r}}$$

则动量的变化率 $\dot{\boldsymbol{P}}$ 为

$$\dot{\boldsymbol{P}}=m\ddot{\boldsymbol{r}}=m\ddot{\theta}q\begin{bmatrix}-\sin\theta\\ \cos\theta\\ 0\end{bmatrix}+2m\dot{\theta}\dot{q}\begin{bmatrix}-\sin\theta\\ \cos\theta\\ 0\end{bmatrix}+m\ddot{q}\begin{bmatrix}\cos\theta\\ \sin\theta\\ 0\end{bmatrix}+m\,(\dot{\theta})^2q\begin{bmatrix}-\cos\theta\\ -\sin\theta\\ 0\end{bmatrix}$$

可以验证惯性力所做的虚功为

$$\delta W_i=\dot{\boldsymbol{P}}^{\mathrm{T}}\delta\boldsymbol{r}=(2mq\dot{q}\dot{\theta}+m(q)^2\ddot{\theta})\delta\theta+(m\ddot{q}-m(\dot{\theta})^2q)\delta q$$

应用方程：

$$\sum_{i=1}^{n_P}(\boldsymbol{F}_{\mathrm{e}}^i+\boldsymbol{F}_{\mathrm{c}}^i-\dot{\boldsymbol{P}}^i)^{\mathrm{T}}\delta\boldsymbol{r}^i=0$$

可得

$$-mg\sin\theta\delta q+(T-mgq\cos\theta)\delta\theta-(2mq\dot{q}\dot{\theta}+m(q)^2\ddot{\theta})\delta\theta-(m\ddot{q}-m(\dot{\theta})^2q)\delta q=0$$

或

$$(T-mgq\cos\theta-2mq\dot{q}\dot{\theta}-m(q)^2\ddot{\theta})\delta\theta+(-mg\sin\theta-m\ddot{q}+m(\dot{\theta})^2q)\delta q=0$$

由于假定 θ 和 q 相互独立，方程中 $\delta\theta$ 和 δq 的系数可以设置为 0，这样就得到了两个非线性二阶微分运动方程，即

$$m\ddot{q}-m(\dot{\theta})^2q+mg\sin\theta=0$$

$$m(q)^2\ddot{\theta}+2mq\dot{q}\dot{\theta}+mgq\cos\theta-T=0$$

对这些方程进行数值积分可以确定独立坐标和速度。在笛卡儿坐标系内质点的位移可由这些运动学方程来求解，并将位移用独立坐标来表示。

3.3.3 刚体的广义力

我们已经看到一个力所做的虚功是由力和力作用点处位移矢量的虚位移的点积来决定的。在之前的推导中考虑了质点系，但是关于虚功的定义也可以扩展到刚体上，以接下来的例子作为演示。

例题 3.4　考虑图 3.13 所示的刚体 i 的平面运动，其中，$\boldsymbol{F}^i=[F_1^i\quad F_2^i]^{\mathrm{T}}$，是分量相对惯性系定义的任意力函数。力 $\boldsymbol{F}^i$ 作用在刚体的点 P 上，点 P 的全局位置矢量为 $\boldsymbol{r}_P^i$。这个力所做的虚功可写为

$$\delta W^i=\boldsymbol{F}^{i^{\mathrm{T}}}\delta\boldsymbol{r}_P^i$$

式中：$\boldsymbol{r}_P^i$ 可用刚体 i 的广义坐标来表示，即

$$\boldsymbol{r}_P^i=\boldsymbol{R}^i+\boldsymbol{A}^i\bar{\boldsymbol{u}}_P^i$$

其中：$\boldsymbol{A}^i$ 为变换矩阵；$\bar{\boldsymbol{u}}_P^i$ 为点 P 的局部位置。

有

$$\boldsymbol{A}^i=\begin{bmatrix}\cos\theta^i & -\sin\theta^i\\ \sin\theta^i & \cos\theta^i\end{bmatrix}$$

$$\delta\boldsymbol{r}_P^i=\delta\boldsymbol{R}^i+\boldsymbol{A}_\theta^i\bar{\boldsymbol{u}}_P^i\delta\theta^i$$

式中：$\boldsymbol{A}_\theta^i$ 为 $\boldsymbol{A}^i$ 相对于 θ^i 的导数，即

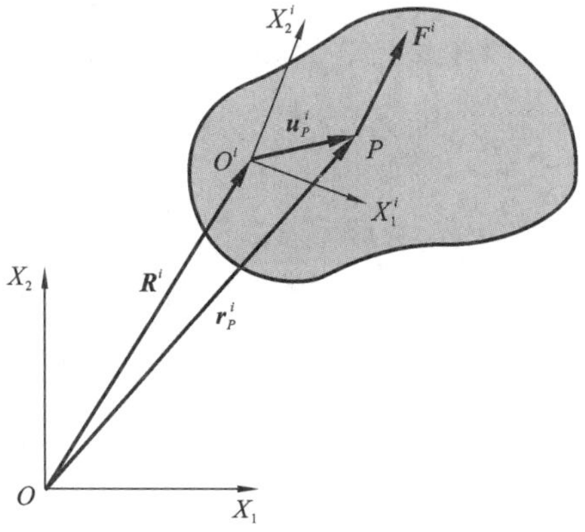

图 3.13　平面刚体

$$\boldsymbol{A}_\theta^i=\begin{bmatrix}-\sin\theta^i & -\cos\theta^i\\ \cos\theta^i & -\sin\theta^i\end{bmatrix}$$

$\delta\boldsymbol{r}_P^i$ 也可以写成分块形式：

$$\delta\boldsymbol{r}_P^i=\begin{bmatrix}\boldsymbol{I}_2 & \boldsymbol{A}_\theta^i\bar{\boldsymbol{u}}_P^i\end{bmatrix}\begin{bmatrix}\delta\boldsymbol{R}^i\\ \delta\theta^i\end{bmatrix}$$

式中：$\boldsymbol{I}_2$ 为 2×2 单位矩阵。由力 $\boldsymbol{F}^i$ 引起的虚功 δW^i 为

$$\delta W^i=\boldsymbol{F}^{i\mathrm{T}}\delta\boldsymbol{r}_P^i=\boldsymbol{F}^{i\mathrm{T}}\begin{bmatrix}\boldsymbol{I}_2 & \boldsymbol{A}_\theta^i\bar{\boldsymbol{u}}_P^i\end{bmatrix}\begin{bmatrix}\delta\boldsymbol{R}^i\\ \delta\theta^i\end{bmatrix}=\begin{bmatrix}\boldsymbol{F}^{i\mathrm{T}} & \boldsymbol{F}^{i\mathrm{T}}\boldsymbol{A}_\theta^i\bar{\boldsymbol{u}}_P^i\end{bmatrix}\begin{bmatrix}\delta\boldsymbol{R}^i\\ \delta\theta^i\end{bmatrix}$$

也可以将 δW^i 写成更简洁的形式，即

$$\delta W^i=\begin{bmatrix}\boldsymbol{Q}_r^{i\mathrm{T}} & \boldsymbol{Q}_\theta^i\end{bmatrix}\begin{bmatrix}\delta\boldsymbol{R}^i\\ \delta\theta^i\end{bmatrix}$$

其中，

$$\boldsymbol{Q}_r^i=\boldsymbol{F}^i$$

$$\boldsymbol{Q}_\theta^i=\boldsymbol{F}^{i\mathrm{T}}\boldsymbol{A}_\theta^i\bar{\boldsymbol{u}}_P^i=\pm\left|(\boldsymbol{A}^i\bar{\boldsymbol{u}}_P^i)\times\boldsymbol{F}^i\right|=\pm\left|\bar{\boldsymbol{u}}_P^i\times(\boldsymbol{A}^{i\mathrm{T}}\boldsymbol{F}^i)\right|$$

$\boldsymbol{Q}_r^i$ 和 $\boldsymbol{Q}_\theta^i$ 分别是与广义坐标 $\boldsymbol{R}^i$ 和 θ^i 有关的广义力。这意味着作用在任意点 P 上的力等价于作用在体坐标系的原点上的力与作用在刚体上的力矩。

空间分析中的广义力也有类似的性质。在这种情况下 $\boldsymbol{F}^i=[F_1^i\quad F_2^i\quad F_3^i]^{\mathrm{T}}$，并有

$$\delta\boldsymbol{r}_P^i=\begin{bmatrix}\boldsymbol{I}_3 & \boldsymbol{B}^i\end{bmatrix}\begin{bmatrix}\delta\boldsymbol{R}^i\\ \delta\theta^i\end{bmatrix}$$

式中：$\boldsymbol{I}_3$ 为 3×3 单位矩阵；$\boldsymbol{B}^i$ 为矩阵，它的列是 $\boldsymbol{A}^i\bar{\boldsymbol{u}}_P^i$ 对转动坐标微分的结果。

例题 3.5　图 3.14 所示的刚体 i 和刚体 j 通过弹簧-阻尼-驱动器单元相连。弹簧-阻尼-驱动器单元在刚体 i 和刚体 j 上的作用点分别是 P^i 和 P^j。弹簧的弹性系数为 k，阻尼器的阻尼系数为 c，驱动器所产生的力沿点 P^i 和点 P^j 的连线方向，大小为 f_a，弹簧原长为 l_0，弹簧-

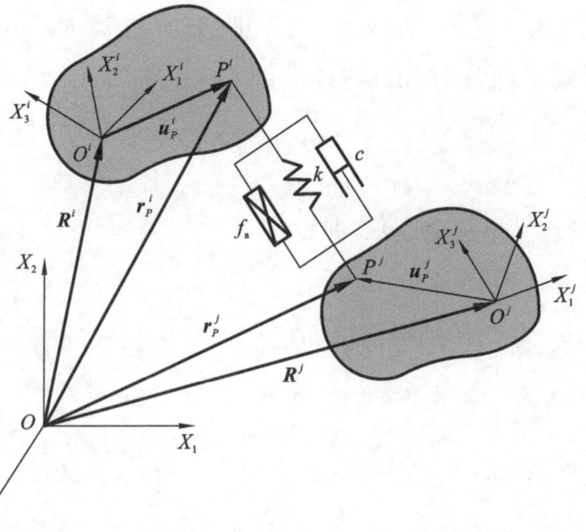

图 3.14　弹簧-阻尼-驱动器单元

阻尼-驱动器单元所产生的力沿点 P^i 和点 P^j 的连线方向的分量为

$$F_s = k(l - l_o) + c\dot{l} + f_a$$

式中：l 为弹簧的长度；$\dot{l}$ 为 l 对时间的导数。方程等号右端的第一项表示弹性力，第二项表示阻尼力，第三项则表示驱动力。弹簧的弹性力作用方向和其伸长的方向相反，可以将 F_s 的虚功写为

$$\delta W = -F_s \delta l$$

式中：δl 为弹簧长度的虚位移。令矢量 $\overrightarrow{P^iP^j}$ 为 $\boldsymbol{l}_s$，即

$$\boldsymbol{l}_s = [l_1 \quad l_2 \quad l_3]^{\mathrm{T}}$$

弹簧长度可由如下关系求得：

$$l = (\boldsymbol{l}_s^{\mathrm{T}} \boldsymbol{l}_s)^{1/2} = [(l_1)^2 + (l_2)^2 + (l_3)^2]^{1/2}$$

其中，

$$\boldsymbol{l}_s = \boldsymbol{r}_P^i - \boldsymbol{r}_P^j = \boldsymbol{R}^i + \boldsymbol{A}^i \bar{\boldsymbol{u}}_P^i - \boldsymbol{R}^j - \boldsymbol{A}^j \bar{\boldsymbol{u}}_P^j$$

式中：$\bar{\boldsymbol{u}}_P^i$、$\bar{\boldsymbol{u}}_P^j$ 分别为点 P^i 和点 P^j 的局部位置；$\boldsymbol{R}^i$、$\boldsymbol{R}^j$ 分别为刚体 i 和刚体 j 的坐标系原点的全局位置；$\boldsymbol{A}^i$、$\boldsymbol{A}^j$ 分别为由局部坐标系变换到整体坐标系的变换矩阵。长度的虚位移 δl 为

$$\delta l = \frac{\partial l}{\partial l_1}\delta l_1 + \frac{\partial l}{\partial l_2}\delta l_2 + \frac{\partial l}{\partial l_3}\delta l_3 = \frac{1}{l}[l_1 \delta l_1 + l_2 \delta l_2 + l_3 \delta l_3]$$

将上述方程写成矢量形式，有

$$\delta l = \frac{1}{l}\boldsymbol{l}_s^{\mathrm{T}} \delta \boldsymbol{l}_s = \hat{\boldsymbol{l}}_s^{\mathrm{T}} \delta \boldsymbol{l}_s$$

式中：$\hat{\boldsymbol{l}}_s$ 为沿 $\boldsymbol{l}_s$ 方向的单位矢量；$\delta \boldsymbol{l}_s$ 表达式为

$$\delta \boldsymbol{l}_s = \delta \boldsymbol{R}^i + \boldsymbol{B}^i \delta \boldsymbol{\theta}^i - \delta \boldsymbol{R}^j - \boldsymbol{B}^j \delta \boldsymbol{\theta}^j$$

式中：$\boldsymbol{B}^k$ 为 $\boldsymbol{A}^k \bar{\boldsymbol{u}}_P^k$ 相对于刚体 k 的转动坐标 $\boldsymbol{\theta}^k$ 的偏导数$(k=i,j)$。刚体 i 和刚体 j 的广义坐标分别为 $\boldsymbol{q}_r^i = [\boldsymbol{R}^{i\mathrm{T}} \quad \boldsymbol{\theta}^{i\mathrm{T}}]^{\mathrm{T}}$，$\boldsymbol{q}_r^j = [\boldsymbol{R}^{j\mathrm{T}} \quad \boldsymbol{\theta}^{j\mathrm{T}}]^{\mathrm{T}}$。$\delta \boldsymbol{l}_s$ 写成矩阵形式为

$$\delta \boldsymbol{l}_s = [\boldsymbol{I}_3 \quad \boldsymbol{B}^i]\begin{bmatrix}\delta \boldsymbol{R}^i \\ \delta \boldsymbol{\theta}^i\end{bmatrix} - [\boldsymbol{I}_3 \quad \boldsymbol{B}^j]\begin{bmatrix}\delta \boldsymbol{R}^j \\ \delta \boldsymbol{\theta}^j\end{bmatrix}$$

接下来，虚功 δW 可写为

$$\begin{aligned}\delta W &= -F_s \delta l = -F_s \hat{\boldsymbol{l}}_s^{\mathrm{T}} \delta \boldsymbol{l}_s = -F_s \hat{\boldsymbol{l}}_s^{\mathrm{T}} [\boldsymbol{I}_3 \quad \boldsymbol{B}^i]\begin{bmatrix}\delta \boldsymbol{R}^i \\ \delta \boldsymbol{\theta}^i\end{bmatrix} + F_s \hat{\boldsymbol{l}}_s^{\mathrm{T}} [\boldsymbol{I}_3 \quad \boldsymbol{B}^j]\begin{bmatrix}\delta \boldsymbol{R}^j \\ \delta \boldsymbol{\theta}^j\end{bmatrix} \\ &= [\boldsymbol{Q}_R^{i\mathrm{T}} \quad \boldsymbol{Q}_\theta^{i\mathrm{T}}]\begin{bmatrix}\delta \boldsymbol{R}^i \\ \delta \boldsymbol{\theta}^i\end{bmatrix} + [\boldsymbol{Q}_R^{j\mathrm{T}} \quad \boldsymbol{Q}_\theta^{j\mathrm{T}}]\begin{bmatrix}\delta \boldsymbol{R}^j \\ \delta \boldsymbol{\theta}^j\end{bmatrix}\end{aligned}$$

式中：$\boldsymbol{I}_3$ 为 3×3 单位矩阵；$\boldsymbol{Q}_R^{i\mathrm{T}}$，$\boldsymbol{Q}_\theta^{i\mathrm{T}}$，$\boldsymbol{Q}_R^{j\mathrm{T}}$，$\boldsymbol{Q}_\theta^{j\mathrm{T}}$ 分别为与广义坐标 $\boldsymbol{R}^i$，$\boldsymbol{\theta}^i$，$\boldsymbol{R}^j$ 和 $\boldsymbol{\theta}^i$ 有关的广义力矢量，即

$$\begin{cases}\boldsymbol{Q}_R^{i\mathrm{T}} = -F_s \hat{\boldsymbol{l}}_s^{\mathrm{T}}, & \boldsymbol{Q}_\theta^{i\mathrm{T}} = -F_s \hat{\boldsymbol{l}}_s^{\mathrm{T}} \boldsymbol{B}^i \\ \boldsymbol{Q}_R^{j\mathrm{T}} = F_s \hat{\boldsymbol{l}}_s^{\mathrm{T}}, & \boldsymbol{Q}_\theta^{j\mathrm{T}} = -F_s \hat{\boldsymbol{l}}_s^{\mathrm{T}} \boldsymbol{B}^j\end{cases}$$

读者可以自行完成上述公式在二维情况下的表达式以及使用其他姿态坐标的三维情况下的表达式。

3.3.4 受约束运动

在上述例子中，我们推导了不受约束刚体的广义力和虚功的表达式，同理，受约束的刚体系统的广义力和虚功的表达式也能够被推导出来。首先确定系统的独立坐标，然后确定与这些坐标相关的广义力。按照系统研究方法，首先使用矢量形式的系统笛卡儿坐标表示虚功，即

$$\delta W = \boldsymbol{Q}^{\mathrm{T}} \delta \boldsymbol{q} \tag{3.73}$$

式中：$\boldsymbol{Q}$ 为广义力矢量；$\delta\boldsymbol{q}$ 为系统坐标矢量的虚位移。然后，可以用约束雅可比矩阵来确定一组独立坐标。在这种情况下，系统坐标可以由独立坐标表示出来，即

$$\delta \boldsymbol{q} = \boldsymbol{B}_{\mathrm{di}} \delta \boldsymbol{q}_{\mathrm{i}} \tag{3.74}$$

式中：$\boldsymbol{q}_{\mathrm{i}}$ 为系统独立坐标矢量或自由度；$\boldsymbol{B}_{\mathrm{di}}$ 为相应的变换矩阵。利用这些独立坐标，可以将虚功写为

$$\delta W = \boldsymbol{Q}^{\mathrm{T}} \boldsymbol{B}_{\mathrm{di}} \delta \boldsymbol{q}_{\mathrm{i}} = \boldsymbol{Q}_{\mathrm{i}}^{\mathrm{T}} \delta \boldsymbol{q}_{\mathrm{i}} \tag{3.75}$$

其中，

$$\boldsymbol{Q}_{\mathrm{i}}^{\mathrm{T}} = \boldsymbol{Q}^{\mathrm{T}} \boldsymbol{B}_{\mathrm{di}} \tag{3.76}$$

是与广义坐标或自由度有关的广义力矢量。

3.4 拉格朗日动力学

本节利用先前讨论过的达朗贝尔原理推导拉格朗日方程。整个推导过程以一个具有 n_P 个质点的系统为例。假设质点 i 的位移 $\boldsymbol{r}^i$ 取决于一组系统广义坐标 $q_j(j=1,2,\cdots,n)$，则有

$$\boldsymbol{r}^i = \boldsymbol{r}^i(q_1, q_2, \cdots, q_n, t) \tag{3.77}$$

式中：t 为时间。利用链式法则将式(3.77)对时间求微分，可得

$$\dot{\boldsymbol{r}}^i = \frac{\partial \boldsymbol{r}^i}{\partial q_1}\dot{q}_1 + \frac{\partial \boldsymbol{r}^i}{\partial q_2}\dot{q}_2 + \cdots + \frac{\partial \boldsymbol{r}^i}{\partial q_n}\dot{q}_n + \frac{\partial \boldsymbol{r}^i}{\partial t} = \sum_{j=1}^{n} \frac{\partial \boldsymbol{r}^i}{\partial q_j}\dot{q}_j + \frac{\partial \boldsymbol{r}^i}{\partial t} \tag{3.78}$$

虚位移 $\delta\boldsymbol{r}^i$ 可以由坐标 q_j 来表示，即

$$\delta \boldsymbol{r}^i = \sum_{j=1}^{n} \frac{\partial \boldsymbol{r}^i}{\partial q_j}\delta q_j \tag{3.79}$$

利用虚位移的表达式，质点 i 所受力 $\boldsymbol{F}^i$ 做的虚功可写为

$$\boldsymbol{F}^{i\mathrm{T}} \delta \boldsymbol{r}^i = \sum_{j=1}^{n} \boldsymbol{F}^{i\mathrm{T}} \frac{\partial \boldsymbol{r}^i}{\partial q_j}\delta q_j \tag{3.80}$$

式(3.80)可以推广到系统内的每一个质点。对这些表达式求和，可得

$$\sum_{i=1}^{n_P} \boldsymbol{F}^{i\mathrm{T}} \delta \boldsymbol{r}^i = \sum_{i=1}^{n_P}\sum_{j=1}^{n} \boldsymbol{F}^{i\mathrm{T}} \frac{\partial \boldsymbol{r}^i}{\partial q_j}\delta q_j = \sum_{j=1}^{n}\sum_{i=1}^{n_P} \boldsymbol{F}^{i\mathrm{T}} \frac{\partial \boldsymbol{r}^i}{\partial q_j}\delta q_j = \sum_{j=1}^{n} Q_j \delta q_j \tag{3.81}$$

式中：Q_j 为与坐标 q_j 有关的广义力分量，即

$$Q_j = \sum_{i=1}^{n_P} \boldsymbol{F}^{i\mathrm{T}} \frac{\partial \boldsymbol{r}^i}{\partial q_j} \tag{3.82}$$

质点 i 所受惯性力做的虚功为 $\delta W_{\mathrm{i}}^{i}=m^{i}\ddot{\boldsymbol{r}}^{i}\delta\boldsymbol{r}^{i}$，其中 m^{i} 和 $\ddot{\boldsymbol{r}}^{i}$ 分别是质点 i 的质量和加速度矢量。系统内所有惯性力所做的虚功可写为

$$\delta W_{\mathrm{i}}=\sum_{i=1}^{n_P}m^{i}\ddot{\boldsymbol{r}}^{i}\delta\boldsymbol{r}^{i} \tag{3.83}$$

利用式(3.79)，可以将式(3.83)写成下列形式，即

$$\delta W_{\mathrm{i}}=\sum_{i=1}^{n_P}\sum_{j=1}^{n}m^{i}\ddot{\boldsymbol{r}}^{i}\frac{\partial\boldsymbol{r}^{i}}{\partial q_j}\delta q_j \tag{3.84}$$

可证明：

$$\sum_{i=1}^{n_P}\frac{\mathrm{d}}{\mathrm{d}t}\left(m^{i}\dot{\boldsymbol{r}}^{i}\frac{\partial\boldsymbol{r}^{i}}{\partial q_j}\right)=\sum_{i=1}^{n_P}m^{i}\ddot{\boldsymbol{r}}^{i}\frac{\partial\boldsymbol{r}^{i}}{\partial q_j}+\sum_{i=1}^{n_P}m^{i}\dot{\boldsymbol{r}}^{i}\frac{\mathrm{d}}{\mathrm{d}t}\left(\frac{\partial\boldsymbol{r}^{i}}{\partial q_j}\right) \tag{3.85}$$

由式(3.85)可求得

$$\sum_{i=1}^{n_P}m^{i}\ddot{\boldsymbol{r}}^{i}\frac{\partial\boldsymbol{r}^{i}}{\partial q_j}=\sum_{i=1}^{n_P}\left[\frac{\mathrm{d}}{\mathrm{d}t}\left(m^{i}\dot{\boldsymbol{r}}^{i}\frac{\partial\boldsymbol{r}^{i}}{\partial q_j}\right)-m^{i}\dot{\boldsymbol{r}}^{i}\frac{\mathrm{d}}{\mathrm{d}t}\left(\frac{\partial\boldsymbol{r}^{i}}{\partial q_j}\right)\right] \tag{3.86}$$

根据式(3.78)并交换 t 和 q_j 微分顺序可得

$$\frac{\mathrm{d}}{\mathrm{d}t}\left(\frac{\partial\boldsymbol{r}^{i}}{\partial q_j}\right)=\sum_{k=1}^{n}\frac{\partial^2\boldsymbol{r}^{i}}{\partial q_j\partial q_k}\dot{q}_k+\frac{\partial^2\boldsymbol{r}^{i}}{\partial q_j\partial t}=\frac{\partial\dot{\boldsymbol{r}}^{i}}{\partial q_j} \tag{3.87}$$

将式(3.78)中的 $\dot{\boldsymbol{r}}^{i}$ 对 $\dot{q}_j$ 求偏导，可得

$$\frac{\partial\dot{\boldsymbol{r}}^{i}}{\partial\dot{q}_j}=\frac{\partial\boldsymbol{r}^{i}}{\partial q_j} \tag{3.88}$$

结合式(3.86)，得

$$\begin{aligned}\sum_{i=1}^{n_P}m^{i}\ddot{\boldsymbol{r}}^{i}\frac{\partial\boldsymbol{r}^{i}}{\partial q_j}&=\sum_{i=1}^{n_P}\left[\frac{\mathrm{d}}{\mathrm{d}t}\left(m^{i}\dot{\boldsymbol{r}}^{i}\frac{\partial\boldsymbol{r}^{i}}{\partial q_j}\right)-m^{i}\dot{\boldsymbol{r}}^{i}\frac{\mathrm{d}}{\mathrm{d}t}\left(\frac{\partial\boldsymbol{r}^{i}}{\partial q_j}\right)\right]\\&=\sum_{i=1}^{n_P}\left\{\frac{\mathrm{d}}{\mathrm{d}t}\left[\frac{\partial}{\partial\dot{q}_j}\left(\frac{1}{2}m^{i}\dot{\boldsymbol{r}}^{i\mathrm{T}}\dot{\boldsymbol{r}}^{i}\right)\right]-\frac{\partial}{\partial q_j}\left(\frac{1}{2}m^{i}\dot{\boldsymbol{r}}^{i\mathrm{T}}\dot{\boldsymbol{r}}^{i}\right)\right\}\end{aligned} \tag{3.89}$$

令质点 i 的动能为

$$T^{i}=\frac{1}{2}m^{i}\dot{\boldsymbol{r}}^{i\mathrm{T}}\dot{\boldsymbol{r}}^{i} \tag{3.90}$$

则可将式(3.89)写成更简洁的形式，即

$$\sum_{i=1}^{n_P}m^{i}\ddot{\boldsymbol{r}}^{i}\frac{\partial\boldsymbol{r}^{i}}{\partial q_j}=\sum_{i=1}^{n_P}\left\{\frac{\mathrm{d}}{\mathrm{d}t}\left[\frac{\partial}{\partial\dot{q}_j}(T^{i})\right]-\frac{\partial T^{i}}{\partial q_j}\right\} \tag{3.91}$$

或者换一种写法，即

$$\sum_{i=1}^{n_P}m^{i}\ddot{\boldsymbol{r}}^{i}\frac{\partial\boldsymbol{r}^{i}}{\partial q_j}=\frac{\mathrm{d}}{\mathrm{d}t}\left(\frac{\partial T}{\partial\dot{q}_j}\right)-\frac{\partial T}{\partial q_j} \tag{3.92}$$

式中：T 为系统总动能，即

$$T=\sum_{i=1}^{n_P}T^{i}=\sum_{i=1}^{n_P}\frac{1}{2}m^{i}\dot{\boldsymbol{r}}^{i\mathrm{T}}\dot{\boldsymbol{r}}^{i} \tag{3.93}$$

将式(3.92)代入式(3.84)中并运用式(3.67)的达朗贝尔原理，得

$$\sum_{i=1}^{n_p}\left[\frac{\mathrm{d}}{\mathrm{d}t}\left(\frac{\partial T}{\partial \dot{q}_j}\right)-\frac{\partial T}{\partial q_j}-\boldsymbol{Q}_j\right]\delta q_j = 0 \tag{3.94}$$

该方程有时被称为达朗贝尔-拉格朗日方程。如果广义坐标 q_j 线性无关，则由式(3.94)可以导出拉格朗日方程：

$$\frac{\mathrm{d}}{\mathrm{d}t}\left(\frac{\partial T}{\partial \dot{q}_j}\right)-\frac{\partial T}{\partial q_j}-\boldsymbol{Q}_j=0,\quad j=1,2,\cdots,n \tag{3.95}$$

有时为了方便起见，将达朗贝尔-拉格朗日方程写成矩阵的形式。为此，将式(3.94)写成更具体的形式：

$$\left[\frac{\mathrm{d}}{\mathrm{d}t}\left(\frac{\partial T}{\partial \dot{q}_1}\right)-\frac{\partial T}{\partial q_1}-\boldsymbol{Q}_1\right]\delta q_1+\left[\frac{\mathrm{d}}{\mathrm{d}t}\left(\frac{\partial T}{\partial \dot{q}_2}\right)-\frac{\partial T}{\partial q_2}-\boldsymbol{Q}_2\right]\delta q_2+\cdots+\left[\frac{\mathrm{d}}{\mathrm{d}t}\left(\frac{\partial T}{\partial \dot{q}_n}\right)-\frac{\partial T}{\partial q_n}-\boldsymbol{Q}_n\right]\delta q_n=0 \tag{3.96}$$

可以写为

$$\begin{bmatrix}\frac{\mathrm{d}}{\mathrm{d}t}\left(\frac{\partial T}{\partial \dot{q}_1}\right) & \frac{\mathrm{d}}{\mathrm{d}t}\left(\frac{\partial T}{\partial \dot{q}_2}\right) & \cdots & \frac{\mathrm{d}}{\mathrm{d}t}\left(\frac{\partial T}{\partial \dot{q}_n}\right)\end{bmatrix}\begin{bmatrix}\delta q_1\\ \delta q_2\\ \vdots\\ \delta q_n\end{bmatrix}-\begin{bmatrix}\frac{\partial T}{\partial q_1} & \frac{\partial T}{\partial q_2} & \cdots & \frac{\partial T}{\partial q_n}\end{bmatrix}\begin{bmatrix}\delta q_1\\ \delta q_2\\ \vdots\\ \delta q_n\end{bmatrix}$$

$$-\begin{bmatrix}\boldsymbol{Q}_1 & \boldsymbol{Q}_2 & \cdots & \boldsymbol{Q}_n\end{bmatrix}\begin{bmatrix}\delta q_1\\ \delta q_2\\ \vdots\\ \delta q_n\end{bmatrix}=0 \tag{3.97}$$

即

$$\left[\frac{\mathrm{d}}{\mathrm{d}t}\left(\frac{\partial T}{\partial \dot{\boldsymbol{q}}}\right)-\frac{\partial T}{\partial \boldsymbol{q}}-\boldsymbol{Q}_{\mathrm{e}}^{\mathrm{T}}\right]\delta\boldsymbol{q}=0 \tag{3.98}$$

其中

$$\begin{cases}\frac{\mathrm{d}}{\mathrm{d}t}\left(\frac{\partial T}{\partial \dot{\boldsymbol{q}}}\right)=\begin{bmatrix}\frac{\mathrm{d}}{\mathrm{d}t}\left(\frac{\partial T}{\partial \dot{q}_1}\right) & \frac{\mathrm{d}}{\mathrm{d}t}\left(\frac{\partial T}{\partial \dot{q}_2}\right) & \cdots & \frac{\mathrm{d}}{\mathrm{d}t}\left(\frac{\partial T}{\partial \dot{q}_n}\right)\end{bmatrix}\\ \frac{\partial T}{\partial \boldsymbol{q}}=\begin{bmatrix}\frac{\partial T}{\partial q_1} & \frac{\partial T}{\partial q_2} & \cdots & \frac{\partial T}{\partial q_n}\end{bmatrix}\\ \boldsymbol{Q}_{\mathrm{e}}^{\mathrm{T}}=\begin{bmatrix}\boldsymbol{Q}_1 & \boldsymbol{Q}_2 & \cdots & \boldsymbol{Q}_n\end{bmatrix}\end{cases} \tag{3.99}$$

例题 3.6 使用拉格朗日方程推导例题 3.3 中的系统运动微分方程。

解 由例题 3.3 可知质点速度可以用独立坐标及其对时间的导数来表示，即

$$\dot{\boldsymbol{r}}=\dot{\theta}\begin{bmatrix}-\sin\theta\\ \cos\theta\\ 0\end{bmatrix}q+\begin{bmatrix}\cos\theta\\ \sin\theta\\ 0\end{bmatrix}\dot{q}=\begin{bmatrix}-q\sin\theta & \cos\theta\\ q\cos\theta & \sin\theta\\ 0 & 0\end{bmatrix}\begin{bmatrix}\dot{\theta}\\ \dot{q}\end{bmatrix}=\boldsymbol{B}\dot{\boldsymbol{q}}$$

其中

$$\boldsymbol{q}=\begin{bmatrix}\theta\\ q\end{bmatrix}$$

$$\boldsymbol{B}=\begin{bmatrix} -q\sin\theta & \cos\theta \\ q\cos\theta & \sin\theta \\ 0 & 0 \end{bmatrix}$$

假设杆的质量可以忽略，则系统的动能可以写为

$$T=\frac{1}{2}m\dot{\boldsymbol{r}}^{\mathrm{T}}\dot{\boldsymbol{r}}=\frac{1}{2}m\dot{\boldsymbol{q}}^{\mathrm{T}}\boldsymbol{B}^{\mathrm{T}}\boldsymbol{B}\dot{\boldsymbol{q}}$$

式中：$\boldsymbol{B}^{\mathrm{T}}\boldsymbol{B}$ 为一个 2×2 的矩阵，即

$$\boldsymbol{B}^{\mathrm{T}}\boldsymbol{B}=\begin{bmatrix} -q\sin\theta & q\cos\theta & 0 \\ \cos\theta & \sin\theta & 0 \end{bmatrix}\begin{bmatrix} -q\sin\theta & \cos\theta \\ q\cos\theta & \sin\theta \\ 0 & 0 \end{bmatrix}=\begin{bmatrix} (q)^2 & 0 \\ 0 & 1 \end{bmatrix}$$

因此，动能 T 为

$$T=\frac{1}{2}m(\dot{\theta})^2(q)^2+\frac{1}{2}m(\dot{q})^2$$

可得

$$\frac{\partial T}{\partial\dot{\theta}}=m(q)^2\dot{\theta},\quad \frac{\mathrm{d}}{\mathrm{d}t}\left(\frac{\partial T}{\partial\dot{\theta}}\right)=m(q)^2\ddot{\theta}+2mq\dot{q}\dot{\theta},\quad \frac{\partial T}{\partial\theta}=0$$

$$\frac{\partial T}{\partial\dot{q}}=m\dot{q},\quad \frac{\mathrm{d}}{\mathrm{d}t}\left(\frac{\partial T}{\partial\dot{q}}\right)=m\ddot{q},\quad \frac{\partial T}{\partial q}=m(\dot{\theta})^2q$$

外力所做的虚功为

$$\delta W=T\delta\theta-mg\delta(q\sin\theta)=(T-mgq\cos\theta)\delta\theta-mg\sin\theta\delta q$$

这意味着与广义坐标 θ 和 q 有关的广义力 Q_θ 和 Q_q 分别为

$$Q_\theta=T-mgq\cos\theta,\quad Q_q=-mg\sin\theta$$

由于有两个独立坐标 θ 和 q，因此可以得到两个拉格朗日方程：

$$\frac{\mathrm{d}}{\mathrm{d}t}\left(\frac{\partial T}{\partial\dot{\theta}}\right)-\frac{\partial T}{\partial\theta}=Q_\theta,\quad \frac{\mathrm{d}}{\mathrm{d}t}\left(\frac{\partial T}{\partial\dot{q}}\right)-\frac{\partial T}{\partial q}=Q_q$$

从而可得到两个运动微分方程：

$$m(q)^2\ddot{\theta}+2mq\dot{q}\dot{\theta}=T-mgq\cos\theta$$

$$m\ddot{q}-m(\dot{\theta})^2q=-mg\sin\theta$$

与例题 3.3 中的微分方程相同。

3.4.1　动力学方程的形式

为了由式(3.94)得到式(3.95)，假设系统坐标矢量 $\boldsymbol{q}$ 的虚位移是独立的。在多体系统中，由于存在运动副或指定运动轨迹，因此存在运动学约束方程。在这种情况下，有两种方法可用来得到约束多体系统的动力学方程。这两种方法分别是嵌入法和增广法。在嵌入法中，系统动力学方程由自由度来表示，这种方法可得到最少数量的动力学方程，且不包含任何约束力。在增广法中，动力学方程由一组冗余坐标来描述，因此，得到的方程由非独立坐标和约束力来表示。采用数值方法求解由嵌入法得到的方程时只需要对一组系统微分方程进行积分，而求

解由增广法得到的方程时需要求解系统微分代数方程。

在讨论嵌入法和增广法之前，将多体系统的运动方程首先表示为一般的矩阵形式。前面已经证明有如下方程：$\delta W_{\mathrm{i}}-\delta W_{\mathrm{e}}=0$。其中 δW_{i} 是惯性力虚功，δW_{e} 是外作用力虚功。可以证明任何系统的 δW_{i} 和 δW_{e} 都可以写成如下形式：

$$\delta W_{\mathrm{i}}=(\boldsymbol{M}\ddot{\boldsymbol{q}}-\boldsymbol{Q}_{\mathrm{v}})^{\mathrm{T}}\delta\boldsymbol{q},\quad \delta W_{\mathrm{e}}=\boldsymbol{Q}_{\mathrm{e}}^{\mathrm{T}}\delta\boldsymbol{q} \tag{3.100}$$

式中：$\boldsymbol{M}$ 为系统的质量矩阵；$\boldsymbol{Q}_{\mathrm{v}}$ 为离心力和科里奥利惯性力矢量；$\boldsymbol{Q}_{\mathrm{e}}$ 为外作用力，包括重力、弹性力、阻尼力和驱动力。由上述方程可得

$$(\boldsymbol{M}\ddot{\boldsymbol{q}}-\boldsymbol{Q}_{\mathrm{v}}-\boldsymbol{Q}_{\mathrm{e}})^{\mathrm{T}}\delta\boldsymbol{q}=0 \tag{3.101}$$

可以简写为

$$(\boldsymbol{M}\ddot{\boldsymbol{q}}-\boldsymbol{Q})^{\mathrm{T}}\delta\boldsymbol{q}=0 \tag{3.102}$$

其中，

$$\boldsymbol{Q}=\boldsymbol{Q}_{\mathrm{e}}+\boldsymbol{Q}_{\mathrm{v}} \tag{3.103}$$

3.4.2　嵌入法

由式(3.2)可知，多体系统的约束方程可写为 $\boldsymbol{C}(\boldsymbol{q},t)=\boldsymbol{0}$，其中 $\boldsymbol{C}=[C_1(\boldsymbol{q},t)\quad C_2(\boldsymbol{q},t)\quad\cdots\quad C_{n_{\mathrm{c}}}(\boldsymbol{q},t)]^{\mathrm{T}}$，是约束力函数矢量，$n_{\mathrm{c}}$ 是约束方程的数量。对虚位移 $\delta\boldsymbol{q}$ 而言，约束方程矢量满足

$$\boldsymbol{C}_{\boldsymbol{q}}\delta\boldsymbol{q}=0 \tag{3.104}$$

式中：$\boldsymbol{C}_{\boldsymbol{q}}$ 为约束雅可比矩阵。对完整系统而言，需要确定一组独立坐标（自由度），然后将系统坐标用这些独立坐标表示出来。令 $\boldsymbol{q}_{\mathrm{d}}$ 为非独立坐标集，$\boldsymbol{q}_{\mathrm{i}}$ 为独立坐标集，则广义坐标矢量 $\boldsymbol{q}$ 可写为分块形式，即

$$\boldsymbol{q}=[\boldsymbol{q}_{\mathrm{d}}^{\mathrm{T}}\quad \boldsymbol{q}_{\mathrm{i}}^{\mathrm{T}}]^{\mathrm{T}} \tag{3.105}$$

从而有 $\delta\boldsymbol{q}=[\delta\boldsymbol{q}_{\mathrm{d}}^{\mathrm{T}}\quad \delta\boldsymbol{q}_{\mathrm{i}}^{\mathrm{T}}]^{\mathrm{T}}$。根据这种坐标分块的方法可将式(3.104)写为

$$\boldsymbol{C}_{\boldsymbol{q}_{\mathrm{d}}}\delta\boldsymbol{q}_{\mathrm{d}}+\boldsymbol{C}_{\boldsymbol{q}_{\mathrm{i}}}\delta\boldsymbol{q}_{\mathrm{i}}=0 \tag{3.106}$$

式中：$\boldsymbol{C}_{\boldsymbol{q}_{\mathrm{d}}}$、$\boldsymbol{C}_{\boldsymbol{q}_{\mathrm{i}}}$ 分别为与非独立坐标和独立坐标有关的约束雅可比矩阵。如果约束方程线性无关，就能确定坐标 $\boldsymbol{q}_{\mathrm{i}}$，使得 $\boldsymbol{C}_{\boldsymbol{q}_{\mathrm{d}}}$ 满秩且非奇异。如果 $\boldsymbol{C}_{\boldsymbol{q}_{\mathrm{d}}}$ 非奇异，那么 $\boldsymbol{C}_{\boldsymbol{q}_{\mathrm{d}}}$ 的逆存在，可表示为 $\boldsymbol{C}_{\boldsymbol{q}_{\mathrm{d}}}^{-1}$。根据式(3.106)可得 $\delta\boldsymbol{q}_{\mathrm{d}}=-\boldsymbol{C}_{\boldsymbol{q}_{\mathrm{d}}}^{-1}\boldsymbol{C}_{\boldsymbol{q}_{\mathrm{i}}}\delta\boldsymbol{q}_{\mathrm{i}}$。这样一来，非独立坐标的虚位移就能够由独立坐标的虚位移来表示。将这个关系写成更紧凑的形式，即

$$\delta\boldsymbol{q}_{\mathrm{d}}=\boldsymbol{C}_{\mathrm{di}}\delta\boldsymbol{q}_{\mathrm{i}} \tag{3.107}$$

式中：$\boldsymbol{C}_{\mathrm{di}}=-\boldsymbol{C}_{\boldsymbol{q}_{\mathrm{d}}}^{-1}\boldsymbol{C}_{\boldsymbol{q}_{\mathrm{i}}}$。因此，可以将矢量 $\delta\boldsymbol{q}$ 写为

$$\delta\boldsymbol{q}=\begin{bmatrix}\delta\boldsymbol{q}_{\mathrm{i}}\\ \delta\boldsymbol{q}_{\mathrm{d}}\end{bmatrix}=\begin{bmatrix}\delta\boldsymbol{q}_{\mathrm{i}}\\ \boldsymbol{C}_{\mathrm{di}}\delta\boldsymbol{q}_{\mathrm{i}}\end{bmatrix}=\begin{bmatrix}\boldsymbol{I}\\ \boldsymbol{C}_{\mathrm{di}}\end{bmatrix}\delta\boldsymbol{q}_{\mathrm{i}} \tag{3.108}$$

也可以写成

$$\delta\boldsymbol{q}=\boldsymbol{B}_{\mathrm{di}}\delta\boldsymbol{q}_{\mathrm{i}} \tag{3.109}$$

其中矩阵 $\boldsymbol{B}_{\mathrm{di}}$ 为

$$\boldsymbol{B}_{\mathrm{di}}=\begin{bmatrix}\boldsymbol{I}\\ \boldsymbol{C}_{\mathrm{di}}\end{bmatrix} \tag{3.110}$$

式中：$\boldsymbol{I}$ 为维数为 $n-n_{\mathrm{c}}$ 的单位矩阵。

由式(3.102)和式(3.109)可得

$$(\boldsymbol{M}\ddot{\boldsymbol{q}}-\boldsymbol{Q})^{\mathrm{T}}\boldsymbol{B}_{\mathrm{di}}\delta\boldsymbol{q}_{\mathrm{i}}=0 \tag{3.111}$$

将式(3.111)左乘 $\boldsymbol{B}_{\mathrm{di}}^{\mathrm{T}}$，利用 $\delta\boldsymbol{q}_{\mathrm{i}}$ 的各分量之间相互独立的条件，可得

$$\boldsymbol{M}_{\mathrm{ii}}\ddot{\boldsymbol{q}}_{\mathrm{i}}=\boldsymbol{Q}_{\mathrm{i}} \tag{3.112}$$

其中，

$$\boldsymbol{M}_{\mathrm{ii}}=\boldsymbol{B}_{\mathrm{di}}^{\mathrm{T}}\boldsymbol{M}\boldsymbol{B}_{\mathrm{di}},\quad \boldsymbol{Q}_{\mathrm{i}}=\boldsymbol{B}_{\mathrm{di}}^{\mathrm{T}}\boldsymbol{Q} \tag{3.113}$$

式(3.112)包含$(n-n_{\mathrm{c}})$个微分方程。在这些方程中，由于只使用了独立坐标，约束力被自动消去。矩阵 $\boldsymbol{M}_{\mathrm{ii}}$ 和矢量 $\boldsymbol{Q}_{\mathrm{i}}$ 分别是广义惯性矩阵和与独立坐标相关的广义力矢量。

3.4.3　增广形式

在增广形式中，拉格朗日乘子法不仅可运用于完整系统，也能够运用于非完整系统。如果式(3.104)中的约束关系不可积分并且在速度上不独立，那么下式同样成立：

$$\boldsymbol{\lambda}^{\mathrm{T}}\boldsymbol{C}_{q}\delta\boldsymbol{q}=0 \tag{3.114}$$

式中：$\boldsymbol{\lambda}=[\lambda_1\quad \lambda_2\quad \cdots\quad \lambda_{n_{\mathrm{c}}}]^{\mathrm{T}}$，为拉格朗日乘子矢量。结合式(3.102)和式(3.104)可得

$$\delta\boldsymbol{q}^{\mathrm{T}}(\boldsymbol{M}\ddot{\boldsymbol{q}}-\boldsymbol{Q}+\boldsymbol{C}_{q}^{\mathrm{T}}\boldsymbol{\lambda})=0 \tag{3.115}$$

将这些坐标分块为独立和非独立部分，可得

$$\boldsymbol{M}=\begin{bmatrix}\boldsymbol{M}_{\mathrm{dd}} & \boldsymbol{M}_{\mathrm{di}}\\ \boldsymbol{M}_{\mathrm{id}} & \boldsymbol{M}_{\mathrm{ii}}\end{bmatrix},\quad \boldsymbol{Q}=\begin{bmatrix}\boldsymbol{Q}_{\mathrm{d}}\\ \boldsymbol{Q}_{\mathrm{i}}\end{bmatrix} \tag{3.116}$$

式中：下标 d 和 i 分别指的是非独立和独立。由于完整或者非完整约束方程的存在，式(3.115)中的虚位移矢量 $\delta\boldsymbol{q}$ 的分量之间并不相互独立。假设存在 λ_k，$k=1,2,\cdots,n_{\mathrm{c}}$，使得

$$\boldsymbol{M}_{\mathrm{dd}}\ddot{\boldsymbol{q}}_{\mathrm{d}}+\boldsymbol{M}_{\mathrm{di}}\ddot{\boldsymbol{q}}_{\mathrm{i}}-\boldsymbol{Q}_{\mathrm{d}}+\boldsymbol{C}\boldsymbol{q}_{\mathrm{d}}^{\mathrm{T}}\boldsymbol{\lambda}=\boldsymbol{0} \tag{3.117}$$

其中，$\boldsymbol{q}_{\mathrm{d}}=[q_1\quad q_2\quad \cdots\quad q_{n_{\mathrm{c}}}]^{\mathrm{T}}$，为非独立分量。将式(3.117)代入式(3.115)，得

$$\delta\boldsymbol{q}_{\mathrm{i}}^{\mathrm{T}}(\boldsymbol{M}_{\mathrm{ii}}\ddot{\boldsymbol{q}}_{\mathrm{i}}+\boldsymbol{M}_{\mathrm{id}}\ddot{\boldsymbol{q}}_{\mathrm{d}}-\boldsymbol{Q}_{\mathrm{i}}+\boldsymbol{C}_{q_{\mathrm{i}}}^{\mathrm{T}}\boldsymbol{\lambda})=0 \tag{3.118}$$

由于在式(3.118)中矢量 $\boldsymbol{q}_{\mathrm{i}}$ 的分量相互独立，可得

$$\boldsymbol{M}_{\mathrm{ii}}\ddot{\boldsymbol{q}}_{\mathrm{i}}+\boldsymbol{M}_{\mathrm{id}}\ddot{\boldsymbol{q}}_{\mathrm{d}}-\boldsymbol{Q}_{\mathrm{i}}+\boldsymbol{C}_{q_{\mathrm{i}}}^{\mathrm{T}}\boldsymbol{\lambda}=\boldsymbol{0} \tag{3.119}$$

由于 $\boldsymbol{q}_{\mathrm{d}}$ 和 $\boldsymbol{q}_{\mathrm{i}}$ 都是 $\boldsymbol{q}$ 的分块，将式(3.117)和式(3.119)结合成一个方程，即

$$\boldsymbol{M}\ddot{\boldsymbol{q}}-\boldsymbol{Q}+\boldsymbol{C}_{q}^{\mathrm{T}}\boldsymbol{\lambda}=\boldsymbol{0} \tag{3.120}$$

式(3.120)是包含约束方程在内的运动微分方程，能够从中解出系统的广义坐标 $\boldsymbol{q}$ 和拉格朗日乘子矢量 $\boldsymbol{\lambda}$。无论是完整约束还是非完整约束，式(3.120)都是推导众多多体系统动力学分析算法的基础。

3.5　刚体动力学应用

到目前为止，我们以质点系为例，推导了动力学中的虚功原理和拉格朗日方程。由于刚体

或柔体是由大量质点组成的，因此本章提到的方法对刚体和柔体同样适用。假设刚体或柔体由大量微元 $\rho^i \mathrm{d}V^i$ 组成，其中 ρ^i 是密度，V^i 是体积。刚体或柔体的惯性力虚功可视为每一部分微元质量的虚功之和，求和极限可写为

$$\delta W^i = \sum (\rho^i \mathrm{d}V^i) \ddot{\boldsymbol{r}}^{i\mathrm{T}} \delta \boldsymbol{r}^i = \int \rho^i \ddot{\boldsymbol{r}}^{i\mathrm{T}} \delta \boldsymbol{r}^i \mathrm{d}V^i \tag{3.121}$$

式中：$\boldsymbol{r}^i$ 为刚体或柔体内任意一点的全局位置矢量。类似地，动能可以写为

$$T^i = \frac{1}{2} \sum \rho^i \dot{\boldsymbol{r}}^{i\mathrm{T}} \dot{\boldsymbol{r}}^i \mathrm{d}V^i = \frac{1}{2} \int \rho^i \dot{\boldsymbol{r}}^{i\mathrm{T}} \boldsymbol{r}^i \mathrm{d}V^i \tag{3.122}$$

通过选择合适的体坐标，本章中介绍的推导运动方程的方法可直接应用于上述两个方程。

为了证实前几节讨论过的那些方法的有效性，针对一个可运用牛顿第二定律求解的简单例子，运用动力学中的虚功原理和拉格朗日方程求解，以期得到同样的结果。考虑图 3.15 所示的钟摆。应用牛顿第二定律，钟摆的运动方程可写为

$$m\ddot{R}_1 = F_1, \quad m\ddot{R}_2 = F_2, \quad I_c\ddot{\theta} = M_c \tag{3.123}$$

式中：m、I_c 分别为杆的质量和绕质心的转动惯量，即 $I_c = m(l)^2/12$，l 为杆的长度；R_1、R_2 分别为杆质心的水平位移和竖直位移；θ 为角位移；F_1、F_2 分别为水平方向和竖直方向上的合力；M_c 为作用力矩。上述运动方程表明惯性力和惯性力矩应当分别与作用力和力矩相等。如图 3.15 所示，其中 F_{c1} 和 F_{c2} 是铰链处的反作用力。考虑两个力在点 O 处形成的力矩，可以得到标量方程：

$$m\ddot{R}_1 \frac{l}{2}\cos\theta + m\ddot{R}_2 \frac{l}{2}\sin\theta + I_c\ddot{\theta} = F_1 \frac{l}{2}\cos\theta + F_2 \frac{l}{2}\sin\theta + M_c \tag{3.124}$$

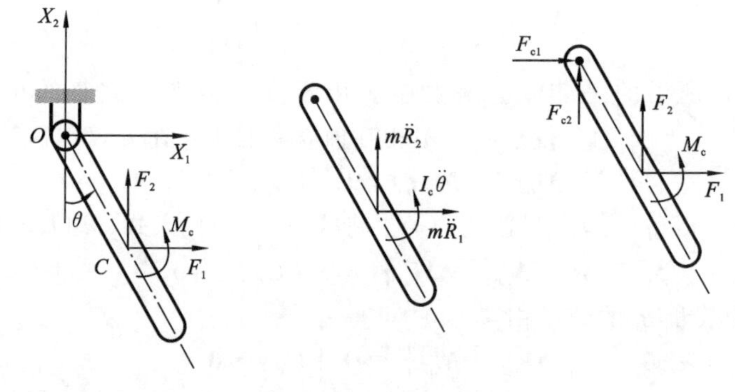

图 3.15　平面钟摆

因为 $R_1 = (l/2)\sin\theta$，$R_2 = -(l/2)\cos\theta$，可得

$$\begin{cases} \dot{R}_1 = \dfrac{l}{2}\dot{\theta}\cos\theta & \ddot{R}_1 = \dfrac{l}{2}\ddot{\theta}\cos\theta - \dfrac{l}{2}(\dot{\theta})^2\sin\theta \\ \dot{R}_2 = \dfrac{l}{2}\dot{\theta}\sin\theta & \ddot{R}_2 = \dfrac{l}{2}\ddot{\theta}\sin\theta + \dfrac{l}{2}(\dot{\theta})^2\cos\theta \end{cases} \tag{3.125}$$

由上述方程可得

$$\left(m\frac{(l)^2}{4} + I_c\right)\ddot{\theta} = M_O \tag{3.126}$$

式中：M_O 为外力在点 O 处形成的力矩，即

$$M_O=F_1\ \frac{l}{2}\cos\theta+F_2\ \frac{l}{2}\sin\theta+M_c \tag{3.127}$$

由于 $I_c=m(l)^2/12$，可得

$$\frac{m(l)^2}{4}+I_c=\frac{m(l)^2}{3}=I_O \tag{3.128}$$

即

$$I_O\ddot{\theta}=M_O \tag{3.129}$$

这就是由牛顿第二定律得到的单自由度的钟摆运动方程。运用拉格朗日方程可以得到同样的方程。为了得到这个方程，将杆的动能写成下列形式：

$$T=\frac{1}{2}m(\dot{R}_1)^2+\frac{1}{2}m(\dot{R}_2)^2+\frac{1}{2}I_c(\dot{\theta})^2 \tag{3.130}$$

将 $\dot{R}_1$ 和 $\dot{R}_2$ 的表达式代入动能表达式中，则

$$T=\frac{1}{2}\left(m\ \frac{(l)^2}{4}+I_c\right)(\dot{\theta})^2=\frac{1}{2}I_O(\dot{\theta})^2 \tag{3.131}$$

外力和外力矩的虚功为

$$\begin{aligned}\delta W &=F_1\delta R_1+F_2\delta R_2+M_c\delta\theta=F_1\ \frac{l}{2}\cos\theta\delta\theta+F_2\ \frac{l}{2}\sin\theta\delta\theta+M_c\delta\theta\\ &=\left(F_1\ \frac{l}{2}\cos\theta+F_2\ \frac{l}{2}\sin\theta+M_c\right)\delta\theta=M_O\delta\theta\end{aligned} \tag{3.132}$$

利用拉格朗日方程，又因为只有一个独立坐标 θ，可以得到一个方程：

$$\frac{\mathrm{d}}{\mathrm{d}t}\left(\frac{\partial T}{\partial\dot{\theta}}\right)-\frac{\partial T}{\partial\theta}=M_O \tag{3.133}$$

可得 $I_O\ddot{\theta}=M_O$，这与应用牛顿第二定律得出的方程相同。

在本节中运用牛顿第二定律和拉格朗日方程推导出的单摆的微分方程也能够由动力学中的虚功原理得到。在这种情况下，定义虚位移为 $\delta R_1=(l/2)\cos\theta\delta\theta$，$\delta R_2=(l/2)\sin\theta\delta\theta$。利用这些虚位移和钟摆质心的加速度表达式，将钟摆的惯性力虚功写为 $\delta W_i=m\ddot{R}_1\delta R_1+m\ddot{R}_2\delta R_2+I_c\ddot{\theta}\delta\theta$，简化为 $\delta W_i=I_O\ddot{\theta}\delta\theta$。考虑外部作用力的虚功表达式，以及约束力做功为 0，可以得到与由牛顿第二定律和拉格朗日方程得到的方程一样的方程。

3.5.1　消除约束力

在上面讨论的关于钟摆的例子中，功和能的表达式都是根据系统自由度推导的，选择钟摆的转动角度 θ 作为系统的自由度。另一种求解方法就是将动能和虚功用系统坐标 R_1、R_2 和 θ 来表达，并利用式(3.94)给出的达朗贝尔-拉格朗日方程的变形。根据式(3.110)中的矩阵 $\boldsymbol{B}_{di}$，可以将广义坐标分块得到独立坐标，最终求得与系统独立坐标 θ 有关的单个二阶微分方程。例如，钟摆的动能就是速度的二次形式方程，即

$$T=\frac{1}{2}m(\dot{R}_1)^2+\frac{1}{2}m(\dot{R}_2)^2+\frac{1}{2}I_c(\dot{\theta})^2=\frac{1}{2}\dot{\boldsymbol{q}}^{\mathrm{T}}\boldsymbol{M}\dot{\boldsymbol{q}} \tag{3.134}$$

式中：$\boldsymbol{q}=[R_1\quad R_2\quad \theta]^{\mathrm{T}}$，并且有

$$\boldsymbol{M}=\begin{bmatrix} m & 0 & 0 \\ 0 & m & 0 \\ 0 & 0 & I_c \end{bmatrix} \tag{3.135}$$

力所做的虚功为

$$\delta W=\begin{bmatrix} F_1 & F_2 & M_c \end{bmatrix}\begin{bmatrix} \delta R_1 \\ \delta R_2 \\ \delta\theta \end{bmatrix} \tag{3.136}$$

这意味着式(3.102)所示的系统广义力矢量 $\boldsymbol{Q}$ 为 $\boldsymbol{Q}^{\mathrm{T}}=[F_1 \quad F_2 \quad M_c]$。因此,式(3.102)可以写为

$$\begin{bmatrix} \ddot{R}_1 & \ddot{R}_2 & \ddot{\theta} \end{bmatrix}\begin{bmatrix} m & 0 & 0 \\ 0 & m & 0 \\ 0 & 0 & I_c \end{bmatrix}-\begin{bmatrix} F_1 & F_2 & M_c \end{bmatrix}\begin{bmatrix} \delta R_1 \\ \delta R_2 \\ \delta\theta \end{bmatrix}=0 \tag{3.137}$$

也可以写成$(\ddot{\boldsymbol{q}}^{\mathrm{T}}\boldsymbol{M}-\boldsymbol{Q}^{\mathrm{T}})\delta\boldsymbol{q}=0$。上式括号内不为 0 是因为 δR_1、δR_2 和 $\delta\theta$ 不相互独立。它们通过点 O 处转动铰的约束方程相互关联,即

$$R_1-\frac{l}{2}\sin\theta=0,\quad R_2+\frac{l}{2}\cos\theta=0 \tag{3.138}$$

对于系统坐标的虚位移,由上述方程可得

$$\delta R_1-\frac{l}{2}\cos\theta\delta\theta=0,\quad \delta R_2-\frac{l}{2}\sin\theta\delta\theta=0 \tag{3.139}$$

也可以写成矩阵的形式:

$$\begin{bmatrix} 1 & 0 & -\dfrac{l}{2}\cos\theta \\ 0 & 1 & -\dfrac{l}{2}\sin\theta \end{bmatrix}\begin{bmatrix} \delta R_1 \\ \delta R_2 \\ \delta\theta \end{bmatrix}=\begin{bmatrix} 0 \\ 0 \end{bmatrix} \tag{3.140}$$

该方程也可以写成 $\boldsymbol{C}_{\boldsymbol{q}}\delta\boldsymbol{q}=0$,其中 $\boldsymbol{C}_{\boldsymbol{q}}$ 是系统的雅可比矩阵,定义为

$$\boldsymbol{C}_{\boldsymbol{q}}=\begin{bmatrix} 1 & 0 & -\dfrac{l}{2}\cos\theta \\ 0 & 1 & -\dfrac{l}{2}\sin\theta \end{bmatrix} \tag{3.141}$$

因为约束方程并不依赖于时间,可以证明 $\boldsymbol{C}_{\boldsymbol{q}}\dot{\boldsymbol{q}}=\boldsymbol{0}$,即

$$\begin{bmatrix} 1 & 0 & -\dfrac{l}{2}\cos\theta \\ 0 & 1 & -\dfrac{l}{2}\sin\theta \end{bmatrix}\begin{bmatrix} \dot{R}_1 \\ \dot{R}_2 \\ \dot{\theta} \end{bmatrix}=\begin{bmatrix} 0 \\ 0 \end{bmatrix} \tag{3.142}$$

对该完整系统而言,可以将独立坐标和非独立坐标定义为 $q_{\mathrm{i}}=\theta$ 和 $\boldsymbol{q}_{\mathrm{d}}=[R_1 \quad R_2]^{\mathrm{T}}$。根据这个分块,有

$$\begin{bmatrix} \delta R_1 \\ \delta R_2 \end{bmatrix}+\begin{bmatrix} -\dfrac{l}{2}\cos\theta \\ -\dfrac{l}{2}\sin\theta \end{bmatrix}\delta\theta=\begin{bmatrix} 0 \\ 0 \end{bmatrix} \tag{3.143}$$

其中矩阵 $\boldsymbol{C}_{\boldsymbol{q}_d}$ 是单位矩阵，矩阵 $\boldsymbol{C}_{\boldsymbol{q}_i}$ 为

$$\boldsymbol{C}_{\boldsymbol{q}_i}=\begin{bmatrix}-\dfrac{l}{2}\cos\theta\\ -\dfrac{l}{2}\sin\theta\end{bmatrix} \tag{3.144}$$

因此，矩阵 $\boldsymbol{C}_{\mathrm{di}}$ 是列矢量：

$$\boldsymbol{C}_{\mathrm{di}}=-\boldsymbol{C}_{\boldsymbol{q}_d}^{-1}\boldsymbol{C}_{\boldsymbol{q}_i}=\frac{l}{2}\begin{bmatrix}\cos\theta\\ \sin\theta\end{bmatrix} \tag{3.145}$$

即

$$\begin{bmatrix}\delta R_1\\ \delta R_2\\ \delta\theta\end{bmatrix}=\begin{bmatrix}\dfrac{l}{2}\cos\theta\\ \dfrac{l}{2}\sin\theta\\ 1\end{bmatrix}\delta\theta \tag{3.146}$$

代入达朗贝尔-拉格朗日方程中，得

$$[\ddot{R}_1\quad \ddot{R}_2\quad \ddot{\theta}]\begin{bmatrix}m&0&0\\0&m&0\\0&0&I_c\end{bmatrix}\begin{bmatrix}\dfrac{l}{2}\cos\theta\\ \dfrac{l}{2}\sin\theta\\ 1\end{bmatrix}\delta\theta-[F_1\quad F_2\quad M_c]\begin{bmatrix}\dfrac{l}{2}\cos\theta\\ \dfrac{l}{2}\sin\theta\\ 1\end{bmatrix}\delta\theta=0 \tag{3.147}$$

将约束方程对时间求导两次可得

$$\begin{bmatrix}\ddot{R}_1\\ \ddot{R}_2\\ \ddot{\theta}\end{bmatrix}=\begin{bmatrix}\dfrac{l}{2}\cos\theta\\ \dfrac{l}{2}\sin\theta\\ 1\end{bmatrix}\ddot{\theta}+\begin{bmatrix}-\sin\theta\\ \cos\theta\\ 0\end{bmatrix}\frac{l}{2}\dot{\theta}^2 \tag{3.148}$$

将上述方程代入运动方程式(3.72)中，得

$$\left[\left(m\,\frac{(l)^2}{4}+I_c\right)\ddot{\theta}-\left(F_1\,\frac{l}{2}\cos\theta+F_2\,\frac{l}{2}\sin\theta+M_c\right)\right]\delta\theta=0 \tag{3.149}$$

即 $I_O\ddot{\theta}=M_O$，与之前求出来的方程相同。

3.5.2　使用冗余坐标

由上述讨论可以很清楚地知道，当利用达朗贝尔原理、虚功原理或拉格朗日方程时，动力学方程由系统自由度来表示，可自动消除约束力。而解决约束力问题的另一种方法是在最终的动力学方程中保留独立坐标和非独立坐标，该方法可以由式(3.120)实现，在图 3.15 所示的钟摆例子中该方程写为

$$\begin{bmatrix}m&0&0\\0&m&0\\0&0&I_c\end{bmatrix}\begin{bmatrix}\ddot{R}_1\\ \ddot{R}_2\\ \ddot{\theta}\end{bmatrix}+\begin{bmatrix}1&0\\0&1\\-\dfrac{l}{2}\cos\theta&-\dfrac{l}{2}\sin\theta\end{bmatrix}\begin{bmatrix}\lambda_1\\ \lambda_2\end{bmatrix}=\begin{bmatrix}F_1\\ F_2\\ M_c\end{bmatrix} \tag{3.150}$$

上述矩阵方程含有三个标量微分方程和五个未知量 R_1、R_2、θ、λ_1 和 λ_2，需要两个附加方程来求解这五个未知量。这些方程可以由点 O 处转动铰的运动学方程组成。它们是两个非线性代数方程，可与微分方程结合在一起求解未知量 R_1、R_2、θ、λ_1 和 λ_2。求解代数和微分混合方程的方法会在第 5 章中介绍。然而，需要指出的是，矢量 $\boldsymbol{C}_{\boldsymbol{q}}^{\mathrm{T}}\boldsymbol{\lambda}$ 表示的是与系统广义坐标相关的广义约束力。该矢量有可能不是铰接处的真实反作用力矢量。将运动微分方程写成如下形式：

$$\begin{cases} m\ddot{R}_1 = F_1 - \lambda_1 \\ m\ddot{R}_2 = F_2 - \lambda_2 \\ I_c\ddot{\theta} = M_c + \lambda_1 \dfrac{l}{2}\cos\theta + \lambda_2 \dfrac{l}{2}\sin\theta \end{cases} \tag{3.151}$$

显然，在这个例子中，与坐标 R_1 和 R_2 有关的广义作用力的拉格朗日乘子分别为 λ_1 和 λ_2，与转角 θ 有关的广义力矩为 $\lambda_1(l/2)\cos\theta + \lambda_2(l/2)\sin\theta$。但是，由于无摩擦转动铰是不做功的约束，因此系统广义反作用力必须等价于在点 O 处作用的一个力并且力矩为 0。这意味着，在图 3.16 所示的例子中，实际反作用力 F_{c1} 和 F_{c2} 为

$$F_{c1} = -\lambda_1, \quad F_{c2} = -\lambda_2 \tag{3.152}$$

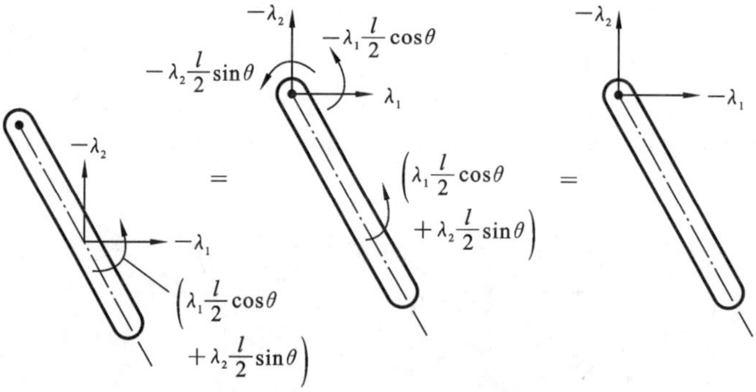

图 3.16 广义反作用力

也就是说实际反作用力可以写成拉格朗日乘子的函数形式。在这个简单的例子中，实际反作用力是拉格朗日乘子的相反数。在其他例子中，实际约束力是系统广义坐标的非线性函数。

3.6 变 分 法

本节介绍变分法。这个方法提供了由积分原理推导得到拉格朗日方程的另一种方式。变分法的主要问题就是寻找使某些给定积分取极值的曲线。首先，考虑一维形式，在两点之间寻找一条曲线 $y=y(x)$，使得某函数 $f(y,y',x)$（$y'=\mathrm{d}y/\mathrm{d}x$）的积分取极值。积分的形式为

$$J = \int_{x_1}^{x_2} f(y,y',x)\,\mathrm{d}x \tag{3.153}$$

式(3.153)所示的积分形式称为泛函。因此，我们可以将待解决的问题表述为：寻找图 3.17 中的两点之间的路径 $y=y(x)$，使得式(3.153)的函数值最大或者最小。假定函数 $f(y,y',x)$ 相

对所有自变量具有连续的一阶和二阶导数；假定函数 $y(x)$，即问题的解，对 $x_1 \leqslant x \leqslant x_2$ 连续可微并且满足边界条件：

$$y(x_1)=y_1,\quad y(x_2)=y_2 \tag{3.154}$$

令 $y(x)$ 为要求的曲线，假设对 $y(x)$ 给定增量 $\alpha h(x)$，使得

$$y(x,\alpha)=y(x,0)+\alpha h(x) \tag{3.155}$$

式中：α 为可以取不同值的参数；$h(x)$ 为满足下列条件的函数，即

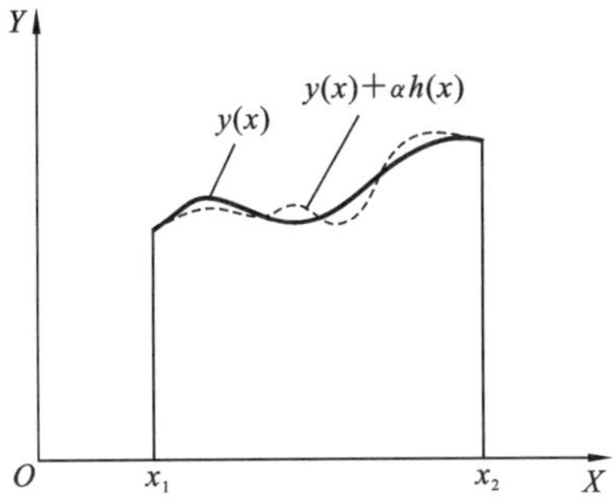

图 3.17　变分

$$h(x_1)=h(x_2)=0 \tag{3.156}$$

这些条件保证了 $y(x,\alpha)$ 为容许函数。显然，当 $\alpha=0$ 时，式(3.155)所示的曲线与式(3.153)所示函数的极值曲线吻合。根据参数 α，式(3.153)可以写为

$$J=\int_{x_1}^{x_2} f(y(x,\alpha),\ y'(x,\alpha),\ x)\mathrm{d}x \tag{3.157}$$

其取极值的条件为

$$\delta J=\left(\frac{\partial J}{\partial \alpha}\right)_{\alpha=0}\delta\alpha=0 \tag{3.158}$$

根据微分的链式法则，式(3.157)写为

$$J=\int_{x_1}^{x_2}\left(\frac{\partial f}{\partial y}\frac{\partial y}{\partial \alpha}+\frac{\partial f}{\partial y'}\frac{\partial y'}{\partial \alpha}\right)\delta\alpha\mathrm{d}x \tag{3.159}$$

其中，

$$\int_{x_1}^{x_2}\frac{\partial f}{\partial y'}\frac{\partial y'}{\partial \alpha}\mathrm{d}x=\int_{x_1}^{x_2}\frac{\partial f}{\partial y'}\frac{\partial^2 y}{\partial \alpha\partial x}\mathrm{d}x \tag{3.160}$$

分部积分可得

$$\int_{x_1}^{x_2}\frac{\partial f}{\partial y'}\frac{\partial^2 y}{\partial \alpha\partial x}\mathrm{d}x=\frac{\partial f}{\partial y'}\frac{\partial y}{\partial \alpha}\bigg|_{x_1}^{x_2}-\int_{x_1}^{x_2}\frac{\mathrm{d}}{\mathrm{d}x}\left(\frac{\partial f}{\partial y'}\right)\frac{\partial y}{\partial \alpha}\mathrm{d}x \tag{3.161}$$

式(3.155)意味着

$$\frac{\partial y}{\partial \alpha}=h(x) \tag{3.162}$$

因此，由式(3.156)可得

$$\left(\frac{\partial y}{\partial \alpha}\right)_{x=x_1}=\left(\frac{\partial y}{\partial \alpha}\right)_{x=x_2}=0 \tag{3.163}$$

所以，式(3.161)可以写为

$$\int_{x_1}^{x_2}\frac{\partial f}{\partial y'}\frac{\partial^2 y}{\partial \alpha\partial x}\mathrm{d}x=-\int_{x_1}^{x_2}\frac{\mathrm{d}}{\mathrm{d}x}\left(\frac{\partial f}{\partial y'}\right)\frac{\partial y}{\partial \alpha}\mathrm{d}x \tag{3.164}$$

代入式(3.159)可得

$$\delta J=\int_{x_1}^{x_2}\left\{\frac{\partial f}{\partial y}-\frac{\mathrm{d}}{\mathrm{d}x}\left(\frac{\partial f}{\partial y'}\right)\right\}\frac{\partial y}{\partial \alpha}\delta\alpha\mathrm{d}x \tag{3.165}$$

为求极值，在 $\alpha=0$ 处求导，可得

$$\delta J=\left(\frac{\partial J}{\partial\alpha}\right)_{\alpha=0}\delta\alpha=\int_{x_1}^{x_2}\left\{\frac{\partial f}{\partial y}-\frac{\mathrm{d}}{\mathrm{d}x}\left(\frac{\partial f}{\partial y'}\right)\right\}\left(\frac{\partial y}{\partial\alpha}\right)_{\alpha=0}\delta\alpha\mathrm{d}x \tag{3.166}$$

其中，

$$\left(\frac{\partial y}{\partial\alpha}\right)_{\alpha=0}\delta\alpha=\delta y \tag{3.167}$$

因此，式(3.166)可以写为

$$\delta J=\int_{x_1}^{x_2}\left\{\frac{\partial f}{\partial y}-\frac{\mathrm{d}}{\mathrm{d}x}\left(\frac{\partial f}{\partial y'}\right)\right\}\delta y\mathrm{d}x \tag{3.168}$$

由于 δy 可取任意值，由式(3.158)的条件可得

$$\frac{\partial f}{\partial y}-\frac{\mathrm{d}}{\mathrm{d}x}\left(\frac{\partial f}{\partial y'}\right)=0 \tag{3.169}$$

因此，当且仅当曲线 $y(x)$ 满足式(3.169)时泛函 J 取极值，该式也称为欧拉方程。满足欧拉方程的曲线称为极值曲线。

欧拉方程是二阶常微分方程。式(3.169)的解依赖于式(3.154)的边界条件。欧拉方程在变分法中有很重要的作用，接下来讨论它的几个特殊情况。

1. 情况 1

假设函数不依赖于 y，则泛函 J 可写为

$$J=\int_{x_1}^{x_2}f(x,y')\mathrm{d}x \tag{3.170}$$

在这种情况下，式(3.169)可简化为 $\frac{\mathrm{d}(f_{y'})}{\mathrm{d}x}=0$，这表明 $f_{y'}=C$，其中 C 是常数。

2. 情况 2

假设被积函数 f 不依赖于 x，即

$$J=\int_{x_1}^{x_2}f(y,y')\mathrm{d}x \tag{3.171}$$

则有

$$f_y-\frac{\mathrm{d}}{\mathrm{d}x}(f_{y'})=f_y-f_{y'y}y'-f_{y'y'}y'' \tag{3.172}$$

将式(3.172)乘以 y'，得

$$f_y y'-f_{y'y}(y')^2-f_{y'y'}y'y''=\frac{\mathrm{d}}{\mathrm{d}x}(f-y'f_{y'}) \tag{3.173}$$

因此，在这种特殊情况下，欧拉方程可简化为

$$f-y'f_{y'}=C \tag{3.174}$$

式中：C 为常数。

3. 情况 3

假设函数 f 不依赖于 y'，则欧拉方程简化为 $f_y=0$，这不是微分方程，而是包含 y 和参数 x 的代数方程。

例题 3.7 最速降线问题(见图 3.18)。这个问题首先由约翰·伯努利(John Bernoulli)在 1696 年提出，表述如下。寻找给定点 A 和 B 之间的一条曲线，使质点在重力作用下沿该曲

线滑动的时间最短。

解　令 ds 为沿点 A 和点 B 之间所求曲线的弧长微量，v 为沿曲线的速度，则质点经过弧长 ds 所需的时间为

$$\Delta t=\frac{\mathrm{d}s}{v}$$

需要进行最小化的泛函可写为

$$t=\int\Delta t=\int_A^B\frac{\mathrm{d}s}{v}$$

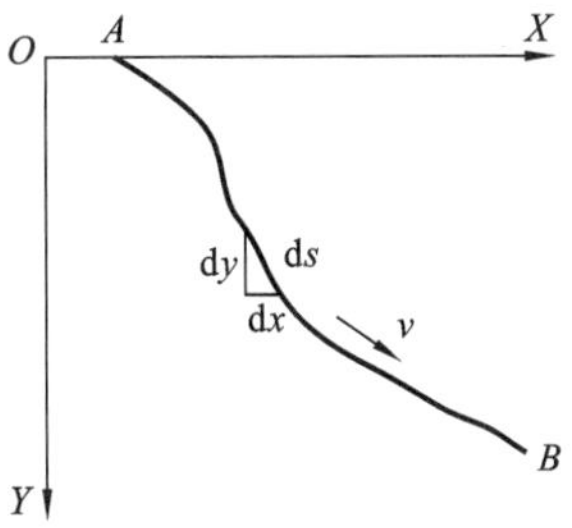

图 3.18　最速降线问题

显然，由图 3.18 可知

$$\mathrm{d}s=[(\mathrm{d}x)^2+(\mathrm{d}y)^2]^{1/2}=[1+(y')^2]^{1/2}\mathrm{d}x$$

式中：$y'=\mathrm{d}y/\mathrm{d}x$。因此，可以将时间 t 写成更加具体的形式，即

$$t=\int_A^B\frac{[1+(y')^2]^{1/2}}{v}\mathrm{d}x$$

根据能量守恒方程，有

$$\frac{1}{2}m(v)^2=mgy$$

式中：m 为质点的质量；g 为重力加速度；y 为从释放点至终点垂直向下的高度。

由能量守恒方程可得

$$v=\sqrt{2gy}$$

这样时间 t 可写为

$$t=\int_A^B\sqrt{\frac{1+(y')^2}{2gy}}\mathrm{d}x$$

则函数 f 可定义为

$$f=\sqrt{\frac{1+(y')^2}{2gy}}$$

上述欧拉方程的通解由摆线族方程组成，其证明请读者自行完成。

例题 3.8　试用欧拉方程求解平面内点 A 和点 B 之间的最短距离。

解　在例题 3.7 中，平面内弧长可表示为

$$\mathrm{d}s=\sqrt{(\mathrm{d}x)^2+(\mathrm{d}y)^2}$$

需要最小化的泛函可写为

$$s=\int_A^B\mathrm{d}s=\int_{x_A}^{x_B}\sqrt{1+(y')^2}\mathrm{d}s$$

式中：$y'=\dfrac{\mathrm{d}y}{\mathrm{d}x}$。因此，欧拉方程中的函数 f 定义为

$$f=\sqrt{1+(y')^2}$$

将上式代入欧拉方程可得

$$\frac{\partial f}{\partial y}=0,\quad \frac{\partial f}{\partial y'}=\frac{y'}{\sqrt{1+(y')^2}}$$

有

$$\frac{\mathrm{d}}{\mathrm{d}x}\left(\frac{\partial f}{\partial y'}\right)=\frac{\mathrm{d}}{\mathrm{d}x}\left(\frac{y'}{\sqrt{1+(y')^2}}\right)=0$$

或

$$\frac{y'}{(1+(y')^2)^{1/2}}=C$$

式中：C 为积分常数。可以证明上述方程的解为

$$y=C_1x+C_2$$

式中：C_1、C_2 为常数。这个例子的解是我们所熟知的直线，它表明两点之间线段最短。

例题 3.9　在连接点(x_1,y_1)和(x_2,y_2)的所有曲线中，寻找一条曲线使得该曲线绕轴 X 旋转一圈所得的面积最小。

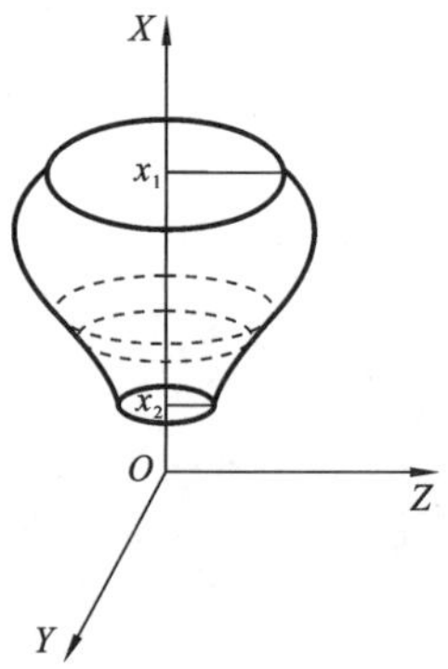

图 3.19　最小表面积

解　如图 3.19 所示，曲线 $y=y(x)$绕轴 X 转动所得旋成体的面积为

$$I=2\pi\int_{x_1}^{x_2} y\mathrm{d}s=2\pi\int_{x_1}^{x_2} y\sqrt{1+(y')^2}\,\mathrm{d}x$$

其中，欧拉方程中函数 f 为

$$f=y\sqrt{1+(y')^2}$$

由于 f 并不依赖于参数 x（情况 2），所以有

$$f-y'f_{y'}=a$$

式中：a 为常数。

将 f 的值代入上面的方程中，可得

$$y\sqrt{1+(y')^2}-\frac{y(y')^2}{\sqrt{1+(y')^2}}=a$$

或

$$y=a\sqrt{1+(y')^2}$$

所以

$$y'=\sqrt{\frac{(y)^2-(a)^2}{(a)^2}}$$

分离变量可得

$$\mathrm{d}x=\frac{a\mathrm{d}y}{\sqrt{(y)^2-(a)^2}}$$

或

$$x+a_1=a\ln\left(\frac{y+\sqrt{(y)^2-(a)^2}}{a}\right)$$

式中：a_1 为常数。

上述方程也可以写成另一种形式，即

$$y=a\cosh\frac{x+a_1}{a}$$

这是经过两给定点的悬链线方程。

3.7 多变量欧拉方程

3.6节中考虑的 $y=y(x)$ 为单变量函数。在本节中将考虑多个变量 $y_1(x), y_2(x), \cdots, y_n(x)$，其中 x 是参变量。这时，我们主要关注矢量函数 $\mathbf{y}(x)=[y_1 \quad y_2 \quad \cdots \quad y_n]^{\mathrm{T}}$，其应使下列泛函最小，即

$$J=\int_{x_1}^{x_2} f(y_1, y_2, \cdots, y_n, y'_1, y'_2, \cdots, y'_n, x)\mathrm{d}x \tag{3.175}$$

利用矢量符号将式(3.175)改写成如下形式：

$$J=\int_{x_1}^{x_2} f(\mathbf{y}, \mathbf{y}', x)\mathrm{d}x \tag{3.176}$$

与3.6节类似，可以写出

$$\mathbf{y}(x,\alpha)=\mathbf{y}(x,0)+\alpha\boldsymbol{h}(x) \tag{3.177}$$

式中：α 为3.6节中已经介绍过的参数；$\boldsymbol{h}(x)=[h_1 \quad h_2 \quad \cdots \quad h_n]^{\mathrm{T}}$，为矢量函数，其在端点 (x_1, y_1) 和 (x_2, y_2) 处满足下列条件：

$$h(x_1)=h(x_2)=0 \tag{3.178}$$

式(3.175)的变分形式为

$$\delta J=\frac{\partial J}{\partial \alpha}\delta\alpha=\int_{x_1}^{x_2}\left(f_{\mathbf{y}}\frac{\partial \mathbf{y}}{\partial \alpha}\delta\alpha+f_{\mathbf{y}'}\frac{\partial \mathbf{y}'}{\partial \alpha}\delta\alpha\right)\mathrm{d}x \tag{3.179}$$

矢量下标表示对该下标对应的矢量求微分，即

$$f_{\mathbf{y}}=[f_{y1} \quad f_{y_2} \quad \cdots \quad f_{y_n}], \quad f_{\mathbf{y}'}=[f_{y'_1} \quad f_{y'_2} \quad \cdots \quad f_{y'_n}] \tag{3.180}$$

利用分部积分，可以将式(3.179)等号右边的第二部分写为

$$\int_{x_1}^{x_2} f_{\mathbf{y}'}\frac{\partial^2 \mathbf{y}}{\partial\alpha\partial x}\mathrm{d}x=f_{\mathbf{y}}\frac{\partial \mathbf{y}}{\partial \alpha}\bigg|_{x_1}^{x_2}-\int_{x_1}^{x_2}\frac{\mathrm{d}}{\mathrm{d}x}(f_{\mathbf{y}'})\frac{\partial \mathbf{y}}{\partial \alpha}\mathrm{d}x \tag{3.181}$$

利用式(3.178)可得

$$\int_{x_1}^{x_2} f_{\mathbf{y}'}\frac{\partial^2 \mathbf{y}}{\partial\alpha\partial x}\mathrm{d}x=-\int_{x_1}^{x_2}\frac{\mathrm{d}}{\mathrm{d}x}(f_{\mathbf{y}'})\frac{\partial \mathbf{y}}{\partial \alpha}\mathrm{d}x \tag{3.182}$$

将式(3.182)代入式(3.179)中，得

$$\delta J=\int_{x_1}^{x_2}\left[f_{\mathbf{y}}-\frac{\mathrm{d}}{\mathrm{d}x}(f_{\mathbf{y}'})\right]\frac{\partial \mathbf{y}}{\partial \alpha}\delta\alpha\mathrm{d}x \tag{3.183}$$

又因为 $\delta\mathbf{y}=(\partial\mathbf{y}/\partial\alpha)\delta\alpha$，上述方程可以写为

$$\delta J=\int_{x_1}^{x_2}\left[f_{\mathbf{y}}-\frac{\mathrm{d}}{\mathrm{d}x}(f_{\mathbf{y}'})\right]\delta\mathbf{y}\mathrm{d}x \tag{3.184}$$

如果 $\mathbf{y}$ 变量线性无关，则由上述方程可得

$$f_{\mathbf{y}}-\frac{\mathrm{d}}{\mathrm{d}x}(f_{\mathbf{y}'})=\mathbf{0}^{\mathrm{T}} \tag{3.185}$$

式(3.185)是一组被称为欧拉-拉格朗日方程的微分方程。根据这些微分方程的解可以确定矢量函数 $\mathbf{y}$，使得式(3.175)中的泛函 J 取最小值。

3.7.1 哈密顿原理

本节中所描述的变分法提供了利用能量这一标量推导运动方程的途径。这也可以由哈密顿原理得到，哈密顿原理在数学上可表示为

$$\delta\int_{t_1}^{t_2}(T-V)\,\mathrm{d}t+\int_{t_1}^{t_2}\delta W_{\mathrm{nc}}\,\mathrm{d}t=0 \tag{3.186}$$

式中：T 为系统的动能；V 为势能，包括应变能和任何保守外力的势能；W_{nc} 为作用在系统上非保守力所做的虚功。哈密顿原理表明动能和势能所做的虚功加上非保守力所做的虚功在时间区间 $t_1 \sim t_2$ 内的线性积分之和为 0。

定义如下标量

$$L=T-V \tag{3.187}$$

将其称为拉格朗日量，则式(3.186)可写为

$$\delta\int_{t_1}^{t_2}L\,\mathrm{d}t+\int_{t_1}^{t_2}\delta W_{\mathrm{nc}}\,\mathrm{d}t=0 \tag{3.188}$$

前面的内容表明虚功 W_{nc} 可以写成广义力和系统虚位移矢量的点积，即

$$\delta W_{\mathrm{nc}}=\boldsymbol{Q}_{\mathrm{nc}}^{\mathrm{T}}\delta\boldsymbol{q} \tag{3.189}$$

式中：$\boldsymbol{Q}_{\mathrm{nc}}$ 为非保守广义力矢量。运用变分法可得

$$\delta\int_{t_1}^{t_2}L\,\mathrm{d}t=\int_{t_1}^{t_2}L\left[-\frac{\mathrm{d}}{\mathrm{d}t}\left(\frac{\partial L}{\partial\dot{\boldsymbol{q}}}\right)+\frac{\partial L}{\partial\boldsymbol{q}}\right]\delta\boldsymbol{q}\,\mathrm{d}t \tag{3.190}$$

由式(3.188)可得

$$\int_{t_1}^{t_2}L\left[\frac{\mathrm{d}}{\mathrm{d}t}\left(\frac{\partial L}{\partial\dot{\boldsymbol{q}}}\right)-\frac{\partial L}{\partial\boldsymbol{q}}\right]\delta\boldsymbol{q}\,\mathrm{d}t-\int_{t_1}^{t_1}\boldsymbol{Q}_{\mathrm{nc}}^{\mathrm{T}}\delta\boldsymbol{q}\,\mathrm{d}t=0 \tag{3.191}$$

或

$$\int_{t_1}^{t_2}\left[\frac{\mathrm{d}}{\mathrm{d}t}\left(\frac{\partial L}{\partial\dot{\boldsymbol{q}}}\right)-\frac{\partial L}{\partial\boldsymbol{q}}-\boldsymbol{Q}_{\mathrm{nc}}^{\mathrm{T}}\right]\delta\boldsymbol{q}\,\mathrm{d}t=0 \tag{3.192}$$

如果 $\delta q_j,j=1,2,\cdots,n$ 线性独立，则由式(3.192)可得系统运动方程的矩阵形式：

$$\frac{\mathrm{d}}{\mathrm{d}t}\left(\frac{\partial L}{\partial\dot{\boldsymbol{q}}}\right)-\frac{\partial L}{\partial\boldsymbol{q}}-\boldsymbol{Q}_{\mathrm{nc}}^{\mathrm{T}}=\boldsymbol{0}^{\mathrm{T}} \tag{3.193}$$

如果 $\delta q_j,j=1,2,\cdots,n$ 不线性独立，则可以运用拉格朗日乘子将式(3.192)写成矩阵方程和代数方程的混合形式，即

$$\frac{\mathrm{d}}{\mathrm{d}t}\left(\frac{\partial L}{\partial\dot{\boldsymbol{q}}}\right)-\frac{\partial L}{\partial\boldsymbol{q}}+\boldsymbol{\lambda}^{\mathrm{T}}\boldsymbol{C}_q=\boldsymbol{Q}_{\mathrm{nc}}^{\mathrm{T}},\quad \boldsymbol{C}(\boldsymbol{q},t)=\boldsymbol{0} \tag{3.194}$$

式中：$\boldsymbol{\lambda}$ 为拉格朗日乘子矢量；$\boldsymbol{C}(\boldsymbol{q},t)$ 为约束函数矢量；$\boldsymbol{C}_q$ 为约束雅可比矩阵。

哈密顿原理(式(3.188)) 也可以写成另一种形式，即

$$\delta\int_{t_1}^{t_2}T\,\mathrm{d}t+\int_{t_1}^{t_2}\delta W\,\mathrm{d}t=0 \tag{3.195}$$

式中：$\delta W=\delta W_{\mathrm{c}}+\delta W_{\mathrm{nc}}$，为所有作用在系统上的力所做的虚功；$\delta W_{\mathrm{c}}$ 为约束力所做的虚功。在这种情况下，可以将 δW 写成 $\delta W=\boldsymbol{Q}^{\mathrm{T}}\delta\boldsymbol{q}$，$\boldsymbol{Q}$ 是由保守力和非保守力组成的广义力矢量。

3.7.2　保守力

在式(3.195)中，需要注意到有

$$\int_{t_1}^{t_2}\delta W \mathrm{d}t=\delta\int_{t_1}^{t_2} W \mathrm{d}t \tag{3.196}$$

当且仅当所有系统力为保守力时式(3.196)成立，即存在势能函数 V 使得所有的力都可由该函数导出。在这种特殊情况下，与第 j 个坐标有关的广义力 Q_j 为

$$Q_j=-\frac{\partial V}{\partial q_j} \tag{3.197}$$

由于

$$\frac{\partial V}{\partial q_i\partial q_j}=\frac{\partial V}{\partial q_j\partial q_i} \tag{3.198}$$

有

$$\frac{\partial Q_j}{\partial q_i}=\frac{\partial Q_i}{\partial q_j} \tag{3.199}$$

这与 V 完全可微等价。此时，可以将虚功 δW 写为

$$\delta W = Q_1\delta q_1+Q_2\delta q_2+\cdots+Q_n\delta q_n = \sum_{j=1} Q_j\delta q_j \tag{3.200}$$

根据式(3.197)，δW 可以写为

$$\delta W =-\sum_{j=1}\frac{\partial V}{\partial q_j}\delta q_j =-\delta V \tag{3.201}$$

在这种保守力的特殊情况下，虚功与势能变分的负值相等。然而，非保守力不能够由势能得到，因此虚功不会与特定函数变分的负值相等。

例题 3.10　图 3.20 所示为质量-弹簧-阻尼系统，其弹性系数为 k，阻尼系数为 c，求系统动力学方程。

解　系统的动能为

$$T=\frac{1}{2}m(\dot{x})^2$$

势能 V 为

$$V=\frac{1}{2}k(x)^2$$

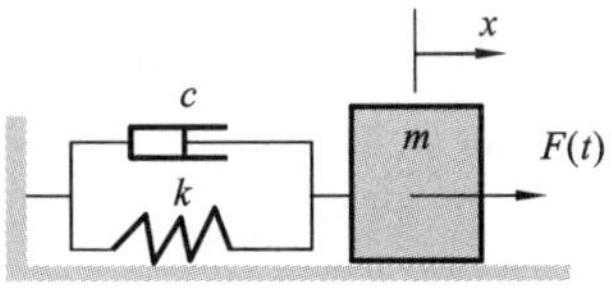

图 3.20　质量-弹簧-阻尼系统

非保守的阻尼力和外力所做的虚功为

$$\delta W_{\mathrm{nc}}=-c\dot{x}\delta x+F(t)\delta x$$

利用式(3.187)，定义拉格朗日量 L 为

$$L=T-V=\frac{1}{2}m(\dot{x})^2-\frac{1}{2}k(x)^2$$

将上式代入式(3.188) 中，得

$$\delta\int_{t_1}^{t_2}\left[\frac{1}{2}m(\dot{x})^2-\frac{1}{2}k(x)^2\right]\mathrm{d}t+\int_{t_1}^{t_2}[-c\dot{x}\delta x+F(t)\delta x]\mathrm{d}t=0$$

先用变分法计算结果，再用另一种方法来证明。利用变分法可得

$$\int_{t_1}^{t_2}(m\dot{x}\delta\dot{x}-kx\delta x)\mathrm{d}t+\int_{t_1}^{t_2}[-c\dot{x}+F(t)]\delta x\mathrm{d}t=0$$

对第一项进行分部积分，得

$$\int_{t_1}^{t_2}m\dot{x}\delta\dot{x}\mathrm{d}t=m\dot{x}\delta x\Big|_{x_1}^{x_2}-\int_{t_1}^{t_2}m\ddot{x}\delta x\mathrm{d}t$$

其中，

$$m\dot{x}\delta x\Big|_{x_1}^{x_2}=0$$

由于在端点处位移是给定的，因此可将运动方程写为

$$\int_{t_1}^{t_2}(-m\ddot{x}-kx)\delta x\mathrm{d}t+\int_{t_1}^{t_2}[-c\dot{x}+F(t)]\delta x\mathrm{d}t=0$$

或

$$\int_{t_1}^{t_2}[-m\ddot{x}-kx-c\dot{x}+F(t)]\delta x\mathrm{d}t=0$$

由于 δx 为独立坐标，因此可以得到系统简谐运动方程，即

$$m\ddot{x}+c\dot{x}+kx=F(t)$$

该方程也可由拉格朗日方程直接推导得到。注意到

$$\frac{\mathrm{d}}{\mathrm{d}t}\left(\frac{\partial T}{\partial\dot{x}}\right)=m\ddot{x},\quad \frac{\partial T}{\partial x}=0$$

作用在系统上所有力所做的虚功为

$$\delta W=-kx\delta x-c\dot{x}\delta x+F(t)\delta x=Q\delta x$$

其中，

$$Q=-kx-c\dot{x}+F(t)$$

运用系统的拉格朗日方程，可得

$$m\ddot{x}=-kx-c\dot{x}+F(t)$$

这与之前推导得到的运动方程一致。

例题 3.11　图 3.21 所示为一个圆环在倾斜平面上无滑动滚动，该平面与水平面的夹角为 ϕ，求解该系统的动力学方程。

解　这是一个简单的完整系统。出于演示的目的，使用拉格朗日乘子法来求解该系统的动力学方程。选择 x 和 θ 作为系统的广义坐标，这些坐标之间通过约束方程 $\mathrm{d}x=r\mathrm{d}\theta$ 相关联，即

$$\mathrm{d}x-r\mathrm{d}\theta=0$$

式中：r 为环的半径。

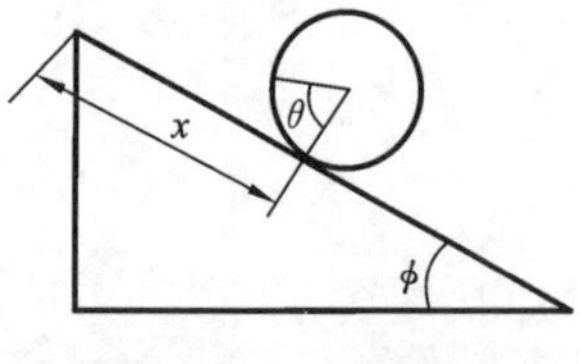

图 3.21　滚动圆环

由基本的刚体分析可知，环的动能为

$$T=\frac{1}{2}m(\dot{x})^2+\frac{1}{2}I(\dot{\theta})^2$$

式中：m、I 分别为圆环的质量和转动惯量。

由于 $I=m(r)^2$，动能 T 可写为

$$T=\frac{1}{2}m(\dot{x})^2+\frac{1}{2}m(r)^2(\dot{\theta})^2$$

圆环的势能为

$$V=mg(d-x)\sin\phi$$

式中：d 为斜面长度；g 为重力加速度。

现在可以将系统的拉格朗日量写为

$$L=T-V=\frac{1}{2}m(\dot{x})^2+\frac{1}{2}m(r)^2(\dot{\theta})^2-mg(d-x)\sin\phi$$

由于有两个广义坐标 x 和 θ，因此可以写出下面的两个方程：

$$\frac{\mathrm{d}}{\mathrm{d}t}\left(\frac{\partial L}{\partial \dot{x}}\right)-\frac{\partial L}{\partial x}+C_x\lambda=0$$

$$\frac{\mathrm{d}}{\mathrm{d}t}\left(\frac{\partial L}{\partial \dot{\theta}}\right)-\frac{\partial L}{\partial \theta}+C_\theta\lambda=0$$

式中：C_x、C_θ 为约束雅可比矩阵的元素，有

$$\boldsymbol{C_q}=[C_x \quad C_\theta]$$

式中：$C_x=1$；$C_\theta=-r$。由此可以推导出如下两个拉格朗日方程：

$$m\ddot{x}-mg\sin\phi+\lambda=0$$

$$m(r)^2\ddot{\theta}-\lambda r=0$$

这两个方程与约束

$$\dot{x}-r\dot{\theta}=0$$

组成了约束系统的运动方程，并可用于求解三个未知数 x、θ 和 λ。为了求解加速度和拉格朗日乘子 λ，对上述约束方程在时间上进行微分，可得

$$\ddot{x}-r\ddot{\theta}=0$$

该方程与由拉格朗日方程得到的等式可以一起写为矩阵形式，即

$$\begin{bmatrix} m & 0 & 0 \\ 0 & m(r)^2 & -r \\ 1 & -r & 0 \end{bmatrix}\begin{bmatrix} \ddot{x} \\ \ddot{\theta} \\ \lambda \end{bmatrix}=\begin{bmatrix} mg\sin\phi \\ 0 \\ 0 \end{bmatrix}$$

由此可以求解出 $\ddot{x}$、$\ddot{\theta}$ 和 λ，可以验证：

$$\ddot{x}=\frac{1}{2}g\sin\phi,\quad \ddot{\theta}=\frac{g}{2r}\sin\phi,\quad \lambda=\frac{1}{2}mg\sin\phi$$

从而可求得约束力为

$$R_x=C_x\lambda=\frac{1}{2}mg\sin\phi$$

$$R_\theta=C_\theta\lambda=-\frac{1}{2}mgr\sin\phi$$

对加速度 $\ddot{x}$ 和 $\ddot{\theta}$ 求积分可以得到斜面上任意距离 b 处的速度。由于 $\ddot{x}=\dot{x}\mathrm{d}\dot{x}/\mathrm{d}t$，可得

$$\dot{x}=\sqrt{bg\sin\phi},\quad \dot{\theta}=\frac{1}{r}\sqrt{gb\sin\phi}$$

至此已得出了机械系统运动方程。除了几个简单的例子外，本章没有介绍这些方程的解法，在许多应用中，不可能得到方程的解析解。与 n 个广义坐标对应的 n 个二阶微分方程的解

一般来说具有高度非线性。在给定广义坐标和广义速度的初始值的情况下，这个方程组可以直接由数值积分法求解。当考虑多体系统时，可由本节中的拉格朗日方程导出一组非线性微分方程和代数约束方程，这些方程需要根据系统所处的状态同时求解。求解这样的系统方程有许多数值方法，其中之一是由 Wehage(1980)给出的。在该方法中，确定一组独立坐标，并由直接数值积分程序在时间上进行积分来求解方程。非独立坐标则由非线性运动学约束方程来确定。这种方法既可以用来求解完整系统方程，也可以用来求解非完整系统方程。

3.8　刚体系统的运动方程

本节将推导由相互连接的刚体组成的多体系统的运动方程。为了确定多体系统的位形或状态，首先需要定义广义坐标，用来表示多体系统中任意刚体的每一个点的位置。

3.8.1　运动学方程

对于刚体 i，前面已经给出坐标 $\boldsymbol{R}^i$ 和 $\boldsymbol{\theta}^i$ 分别是体坐标系原点相对惯性系的位置和该坐标系相对于惯性系的姿态，选择它们作为刚体的广义坐标。刚体 i 上任意一点 P^i 的全局位置用这些广义坐标表示为

$$\boldsymbol{r}^i=\boldsymbol{R}^i+\boldsymbol{A}^i\bar{\boldsymbol{u}}^i \tag{3.202}$$

式中：$\boldsymbol{R}^i$ 为体坐标系原点相对于惯性系的位置；$\boldsymbol{A}^i$ 为第 i 个刚体的体坐标系到惯性坐标系的变换矩阵；$\bar{\boldsymbol{u}}^i$ 为点 P^i 相对体坐标系的位置。在平面分析中，矢量 $\boldsymbol{R}^i$ 和 $\bar{\boldsymbol{u}}^i$ 具有下列形式：

$$\boldsymbol{R}^i=[R_1^i \quad R_2^i \quad 0]^{\mathrm{T}},\quad \bar{\boldsymbol{u}}^i=[\bar{u}_1^i \quad \bar{u}_2^i \quad 0]^{\mathrm{T}}=[x_1^i \quad x_2^i \quad 0]^{\mathrm{T}} \tag{3.203}$$

变换矩阵 $\boldsymbol{A}^i$ 由绕轴 X_3 的转动角度 θ^i 决定，即

$$\boldsymbol{A}^i=\begin{bmatrix}\cos\theta^i & -\sin\theta^i & 0\\ \sin\theta^i & \cos\theta^i & 0\\ 0 & 0 & 1\end{bmatrix} \tag{3.204}$$

在空间分析中，$\boldsymbol{R}^i$ 和 $\bar{\boldsymbol{u}}^i$ 都是三维矢量，即

$$\boldsymbol{R}^i=[R_1^i \quad R_2^i \quad R_3^i]^{\mathrm{T}},\quad \bar{\boldsymbol{u}}^i=[u_1^i \quad u_2^i \quad u_3^i]^{\mathrm{T}}=[x_1^i \quad x_2^i \quad x_3^i]^{\mathrm{T}} \tag{3.205}$$

此时，变换矩阵可以由欧拉参数、罗德里格斯参数或者欧拉角来表示。这些变换矩阵的不同形式在先前的章节中推导过，在本节中为了方便直接使用。由欧拉参数 θ_0、θ_1、θ_2 和 θ_3 表示的变换矩阵为

$$\boldsymbol{A}^i=\begin{bmatrix}1-2(\theta_2)^2-2(\theta_3)^2 & 2(\theta_1\theta_2-\theta_0\theta_3) & 2(\theta_1\theta_3+\theta_0\theta_2)\\ 2(\theta_1\theta_2+\theta_0\theta_3) & 1-2(\theta_1)^2-2(\theta_3)^2 & 2(\theta_2\theta_3-\theta_0\theta_1)\\ 2(\theta_1\theta_3-\theta_0\theta_2) & 2(\theta_2\theta_3+\theta_0\theta_1) & 1-2(\theta_1)^2-2(\theta_2)^2\end{bmatrix}^i \tag{3.206}$$

其中，4 个欧拉参数通过 $\sum\limits_{k=0}^{3}(\theta_k^i)^2=1$ 相联系。

若采用 3 个罗德里格斯参数 γ_1、γ_2 和 γ_3，则变换矩阵为

$$\boldsymbol{A}^i=\frac{1}{1+(\gamma)^2}\begin{bmatrix}1+(\gamma_1)^2-(\gamma_2)^2-(\gamma_3)^2 & 2(\gamma_1\gamma_2-\gamma_3) & 2(\gamma_1\gamma_3+\gamma_2)\\ 2(\gamma_1\gamma_2+\gamma_3) & 1-(\gamma_1)^2+(\gamma_2)^2-(\gamma_3)^2 & 2(\gamma_2\gamma_3-\gamma_1)\\ 2(\gamma_1\gamma_3-\gamma_2) & 2(\gamma_2\gamma_3+\gamma_1) & 1-(\gamma_1)^2-(\gamma_2)^2+(\gamma_3)^2\end{bmatrix}^i \tag{3.207}$$

式中：

$$(\gamma)^2=\sum_{k=1}^{3}(\gamma_k^i)^2$$

若采用欧拉角 ϕ、θ 和 ψ，则矩阵 $\boldsymbol{A}^i$ 为

$$\boldsymbol{A}^i=\begin{bmatrix}\cos\psi\cos\phi-\cos\theta\sin\phi\sin\psi & -\sin\psi\cos\phi-\cos\theta\sin\phi\cos\psi & \sin\theta\sin\phi\\ \cos\psi\sin\phi+\cos\theta\cos\phi\sin\psi & -\sin\psi\sin\phi+\cos\theta\cos\phi\sin\psi & -\sin\theta\cos\phi\\ \sin\theta\sin\psi & \sin\theta\cos\psi & \cos\theta\end{bmatrix}^i \tag{3.208}$$

为了统一全书形式，取第 i 个刚体的体参考系的转动坐标为 $\boldsymbol{\theta}^i$，即用欧拉参数表示为 $\boldsymbol{\theta}^i=[\theta_0\quad\theta_1\quad\theta_2\quad\theta_3]^i$，用罗德里格斯参数表示为 $\boldsymbol{\theta}^i=[\gamma_1\quad\gamma_2\quad\gamma_3]^i$，类似地，用欧拉角表示为 $\boldsymbol{\theta}^i=[\phi\quad\theta\quad\psi]^i$。

式(3.202)对时间求导可得速度矢量：

$$\dot{\boldsymbol{r}}^i=\dot{\boldsymbol{R}}^i+\dot{\boldsymbol{A}}^i\bar{\boldsymbol{u}}^i \tag{3.209}$$

式中：($\dot{}$)表示对时间求导。之前已经给出矢量 $\dot{\boldsymbol{A}}^i\bar{\boldsymbol{u}}^i$ 为

$$\dot{\boldsymbol{A}}^i\bar{\boldsymbol{u}}^i=\boldsymbol{A}^i(\bar{\boldsymbol{\omega}}^i\times\bar{\boldsymbol{u}}^i) \tag{3.210}$$

式中：$\bar{\boldsymbol{\omega}}$ 为相对于第 i 个刚体的体坐标系的角速度矢量。注意到 $\bar{\boldsymbol{\omega}}^i\times\bar{\boldsymbol{u}}^i=\tilde{\bar{\boldsymbol{\omega}}}^i\bar{\boldsymbol{u}}^i=-\tilde{\bar{\boldsymbol{u}}}^i\bar{\boldsymbol{\omega}}^i$，其中 $\tilde{\bar{\boldsymbol{\omega}}}^i$ 和 $\tilde{\bar{\boldsymbol{u}}}^i$ 是反对称矩阵，即

$$\tilde{\bar{\boldsymbol{\omega}}}^i=\begin{bmatrix}0 & -\bar{\omega}_3^i & \bar{\omega}_2^i\\ \bar{\omega}_3^i & 0 & -\bar{\omega}_1^i\\ -\bar{\omega}_2^i & \bar{\omega}_1^i & 0\end{bmatrix},\quad \tilde{\bar{\boldsymbol{u}}}^i=\begin{bmatrix}0 & -x_3^i & x_2^i\\ x_3^i & 0 & -x_1^i\\ -x_2^i & x_1^i & 0\end{bmatrix} \tag{3.211}$$

式中：$\bar{\omega}_1^i$、$\bar{\omega}_2^i$ 和 $\bar{\omega}_3^i$ 以及 x_1^i、x_2^i 和 x_3^i 分别为矢量 $\bar{\boldsymbol{\omega}}^i$ 和 $\bar{\boldsymbol{u}}^i$ 的分量。将式(3.210)改写为

$$\dot{\boldsymbol{A}}^i\bar{\boldsymbol{u}}^i=-\boldsymbol{A}^i\tilde{\bar{\boldsymbol{u}}}^i\bar{\boldsymbol{\omega}}^i \tag{3.212}$$

将式(3.212)代入到式(3.209)中，可得

$$\dot{\boldsymbol{r}}^i=\dot{\boldsymbol{R}}^i-\boldsymbol{A}^i\tilde{\bar{\boldsymbol{u}}}^i\bar{\boldsymbol{\omega}}^i \tag{3.213}$$

前面已经指出，角速度矢量 $\bar{\boldsymbol{\omega}}^i$ 可以由体参考系的转动坐标对时间求导来表示，即

$$\bar{\boldsymbol{\omega}}^i=\bar{\boldsymbol{G}}^i\dot{\boldsymbol{\theta}}^i \tag{3.214}$$

式中：$\bar{\boldsymbol{G}}^i$ 为取决于刚体 i 所选转动坐标的矩阵。矩阵 $\bar{\boldsymbol{G}}^i$ 的维数取决于是二维分析还是三维分析，也取决于空间分析时选择的转动坐标。例如，在平面分析中，矩阵 $\bar{\boldsymbol{G}}^i$ 为单位矢量，即 $\bar{\boldsymbol{\omega}}^i=\dot{\boldsymbol{\theta}}^i[0\quad 0\quad 1]^{\mathrm{T}}$。当使用欧拉参数描述刚体在空间内的方位时，矩阵 $\bar{\boldsymbol{G}}^i$ 是一个 3×4 的矩阵(参考第 2 章)，即

$$\bar{\boldsymbol{G}}^i=2\begin{bmatrix}-\theta_1^i & \theta_0^i & \theta_3^i & -\theta_2^i\\ -\theta_2^i & -\theta_3^i & \theta_0^i & \theta_1^i\\ -\theta_3^i & \theta_2^i & -\theta_1^i & \theta_0^i\end{bmatrix} \tag{3.215}$$

当使用罗德里格斯参数 γ_1^i、γ_2^i 和 γ_3^i 时，$\bar{\boldsymbol{G}}^i$ 是一个 3×3 的矩阵，即

$$\bar{\boldsymbol{G}}^i=\frac{2}{1+(\gamma)^2}\begin{bmatrix}1 & \gamma_3^i & -\gamma_2^i\\ -\gamma_3^i & 1 & \gamma_1^i\\ \gamma_2^i & -\gamma_1^i & 1\end{bmatrix} \tag{3.216}$$

类似地，当使用欧拉角 ϕ^i、θ^i 和 ψ^i 时，$\bar{\boldsymbol{G}}^i$ 是一个 3×3 的矩阵，即

$$\bar{\boldsymbol{G}}^i=\begin{bmatrix}\sin\theta^i\sin\psi^i & \cos\psi^i & 0\\ \sin\theta^i\cos\psi^i & -\sin\psi^i & 0\\ \cos\theta^i & 0 & 1\end{bmatrix} \tag{3.217}$$

因此，使用式(3.214)不会使建立的动力学方程失去一般性。

3.8.2 刚体的质量矩阵

将式(3.214)代入式(3.213)中，可得 $\dot{\boldsymbol{r}}^i=\dot{\boldsymbol{R}}^i-\boldsymbol{A}^i\tilde{\bar{\boldsymbol{u}}}^i\bar{\boldsymbol{G}}^i\dot{\boldsymbol{\theta}}^i$，也可以写成分块形式：

$$\dot{\boldsymbol{r}}^i=\begin{bmatrix}\boldsymbol{I} & -\boldsymbol{A}^i\tilde{\bar{\boldsymbol{u}}}^i\bar{\boldsymbol{G}}^i\end{bmatrix}\begin{bmatrix}\dot{\boldsymbol{R}}^i\\ \dot{\boldsymbol{\theta}}^i\end{bmatrix} \tag{3.218}$$

式中：$\boldsymbol{I}$ 为 3×3 的单位矩阵。刚体 i 的动能为

$$T^i=\frac{1}{2}\int_{V^i}\rho^i\dot{\boldsymbol{r}}^{i\mathrm{T}}\dot{\boldsymbol{r}}^i\mathrm{d}V^i \tag{3.219}$$

式中：ρ^i、V^i 分别为刚体 i 的质量和体积。将式(3.218)代入式(3.219)可得

$$T^i=\frac{1}{2}\int_{V^i}\rho^i\begin{bmatrix}\dot{\boldsymbol{R}}^{i\mathrm{T}} & \dot{\boldsymbol{\theta}}^{i\mathrm{T}}\end{bmatrix}\begin{bmatrix}\boldsymbol{I}\\ -\bar{\boldsymbol{G}}^{i\mathrm{T}}\tilde{\bar{\boldsymbol{u}}}^{i\mathrm{T}}\boldsymbol{A}^{i\mathrm{T}}\end{bmatrix}\begin{bmatrix}\boldsymbol{I} & -\boldsymbol{A}^i\tilde{\bar{\boldsymbol{u}}}^i\bar{\boldsymbol{G}}^i\end{bmatrix}\begin{bmatrix}\dot{\boldsymbol{R}}^i\\ \dot{\boldsymbol{\theta}}^i\end{bmatrix}\mathrm{d}V^i \tag{3.220}$$

根据矩阵乘法和变换矩阵的正交性，刚体 i 的动能 T^i 可写为

$$T^i=\frac{1}{2}\begin{bmatrix}\dot{\boldsymbol{R}}^{i\mathrm{T}} & \dot{\boldsymbol{\theta}}^{i\mathrm{T}}\end{bmatrix}\left\{\int_{V^i}\rho^i\begin{bmatrix}\boldsymbol{I} & -\boldsymbol{A}^i\tilde{\bar{\boldsymbol{u}}}^i\bar{\boldsymbol{G}}^i\\ (-\boldsymbol{A}^i\tilde{\bar{\boldsymbol{u}}}^i\bar{\boldsymbol{G}}^i)^\mathrm{T} & \bar{\boldsymbol{G}}^{i\mathrm{T}}\tilde{\bar{\boldsymbol{u}}}^{i\mathrm{T}}\tilde{\bar{\boldsymbol{u}}}^i\bar{\boldsymbol{G}}^i\end{bmatrix}\mathrm{d}V^i\right\}\begin{bmatrix}\dot{\boldsymbol{R}}^i\\ \dot{\boldsymbol{\theta}}^i\end{bmatrix} \tag{3.221}$$

也可以写为

$$T^i=\frac{1}{2}\dot{\boldsymbol{q}}_r^{i\mathrm{T}}\boldsymbol{M}^i\dot{\boldsymbol{q}}_r^i \tag{3.222}$$

式中：$\dot{\boldsymbol{q}}_r^i=[\dot{\boldsymbol{R}}^{i\mathrm{T}}\quad \dot{\boldsymbol{\theta}}^{i\mathrm{T}}]^\mathrm{T}$ 为刚体 i 的广义坐标矢量；$\boldsymbol{M}^i$ 为刚体的质量矩阵，即

$$\boldsymbol{M}^i=\int_{V^i}\rho^i\begin{bmatrix}\boldsymbol{I} & -\boldsymbol{A}^i\tilde{\bar{\boldsymbol{u}}}^i\bar{\boldsymbol{G}}^i\\ (-\boldsymbol{A}^i\tilde{\bar{\boldsymbol{u}}}^i\bar{\boldsymbol{G}}^i)^\mathrm{T} & \bar{\boldsymbol{G}}^{i\mathrm{T}}\tilde{\bar{\boldsymbol{u}}}^{i\mathrm{T}}\tilde{\bar{\boldsymbol{u}}}^i\bar{\boldsymbol{G}}^i\end{bmatrix}\mathrm{d}V^i \tag{3.223}$$

可将式(3.223)写成更简洁的形式，即

$$\boldsymbol{M}^i=\begin{bmatrix}\boldsymbol{m}_{RR}^i & \boldsymbol{m}_{R\theta}^i\\ (\boldsymbol{m}_{R\theta}^i)^\mathrm{T} & \boldsymbol{m}_{\theta\theta}^i\end{bmatrix} \tag{3.224}$$

其中，

$$\begin{cases} \boldsymbol{m}_{RR}^{i}=\int_{V^{i}}\rho^{i}\boldsymbol{I}\,\mathrm{d}V^{i} \\ \boldsymbol{m}_{R\theta}^{i}=-\int_{V^{i}}\rho^{i}\boldsymbol{A}^{i}\tilde{\bar{\boldsymbol{u}}}^{i}\bar{\boldsymbol{G}}^{i}\,\mathrm{d}V^{i} \\ \boldsymbol{m}_{\theta\theta}^{i}=\int_{V^{i}}\rho^{i}\bar{\boldsymbol{G}}^{i\mathrm{T}}\tilde{\bar{\boldsymbol{u}}}^{i\mathrm{T}}\tilde{\bar{\boldsymbol{u}}}^{i}\bar{\boldsymbol{G}}^{i}\,\mathrm{d}V^{i} \end{cases} \tag{3.225}$$

可以证明式(3.225)中的 $\boldsymbol{m}_{RR}^{i}$ 还可以写为

$$\boldsymbol{m}_{RR}^{i}=\int_{V^{i}}\rho^{i}\boldsymbol{I}\,\mathrm{d}V^{i}=\begin{bmatrix} m^{i} & 0 & 0 \\ 0 & m^{i} & 0 \\ 0 & 0 & m^{i} \end{bmatrix} \tag{3.226}$$

式中:m^{i} 为刚体总质量。因此,与体坐标系的平动有关的矩阵 $\boldsymbol{m}_{RR}^{i}$ 是一个常值对角矩阵。矩阵 $\boldsymbol{m}_{R\theta}^{i}$ 表示的是体坐标系的平动与转动之间的耦合,可以写为

$$\boldsymbol{m}_{R\theta}^{i}=-\int_{V^{i}}\rho^{i}\boldsymbol{A}^{i}\tilde{\bar{\boldsymbol{u}}}^{i}\bar{\boldsymbol{G}}^{i}\,\mathrm{d}V^{i}=-\boldsymbol{A}^{i}\left(\int_{V^{i}}\rho^{i}\tilde{\bar{\boldsymbol{u}}}^{i}\,\mathrm{d}V^{i}\right)\bar{\boldsymbol{G}}^{i} \tag{3.227}$$

由于 $\boldsymbol{A}^{i}$ 和 $\bar{\boldsymbol{G}}^{i}$ 在空间上并不相关,因此 $\boldsymbol{m}_{R\theta}^{i}$ 也可以缩写成

$$\boldsymbol{m}_{R\theta}^{i}=-\boldsymbol{A}^{i}\tilde{\bar{\boldsymbol{U}}}^{i}\bar{\boldsymbol{G}}^{i} \tag{3.228}$$

式中:$\tilde{\bar{\boldsymbol{U}}}^{i}$ 为反对称矩阵,$\tilde{\bar{\boldsymbol{U}}}^{i}=\int_{V^{i}}\rho^{i}\tilde{\bar{\boldsymbol{u}}}^{i}\,\mathrm{d}V^{i}$。由式(3.211)中对反对称矩阵 $\tilde{\bar{\boldsymbol{u}}}^{i}$ 的定义可知,如果坐标轴原点在刚体质心上,则矩阵 $\tilde{\bar{\boldsymbol{u}}}^{i}$ 是零矩阵。这是因为在这种特殊情况下,有

$$\int_{V^{i}}\rho^{i}\bar{u}_{k}^{i}\,\mathrm{d}V^{i}=\int_{V^{i}}\rho^{i}x_{k}^{i}\,\mathrm{d}V^{i}=0,\quad k=1,2,3 \tag{3.229}$$

此时,体坐标系的平动和转动之间是解耦的。然而,这种情况并不适用于体坐标系原点与刚体质心不同的情况。也可以将与体坐标系的转动坐标有关的矩阵写为

$$\boldsymbol{m}_{\theta\theta}^{i}=\int_{V^{i}}\rho^{i}\bar{\boldsymbol{G}}^{i\mathrm{T}}\tilde{\bar{\boldsymbol{u}}}^{i\mathrm{T}}\tilde{\bar{\boldsymbol{u}}}^{i}\bar{\boldsymbol{G}}^{i}\,\mathrm{d}V^{i}=\bar{\boldsymbol{G}}^{i\mathrm{T}}\int_{V^{i}}\rho^{i}\tilde{\bar{\boldsymbol{u}}}^{i\mathrm{T}}\tilde{\bar{\boldsymbol{u}}}^{i}\,\mathrm{d}V^{i}\bar{\boldsymbol{G}}^{i}=\bar{\boldsymbol{G}}^{i\mathrm{T}}\bar{\boldsymbol{I}}_{\theta\theta}^{i}\bar{\boldsymbol{G}}^{i} \tag{3.230}$$

式中:$\bar{\boldsymbol{I}}_{\theta\theta}^{i}$ 为刚体 i 的惯性张量,定义为

$$\bar{\boldsymbol{I}}_{\theta\theta}^{i}=\int_{V^{i}}\rho^{i}\tilde{\bar{\boldsymbol{u}}}^{i\mathrm{T}}\tilde{\bar{\boldsymbol{u}}}^{i}\,\mathrm{d}V^{i} \tag{3.231}$$

将式(3.211)中的 $\tilde{\bar{\boldsymbol{u}}}^{i}$ 代入式(3.231)中,得

$$\bar{\boldsymbol{I}}_{\theta\theta}^{i}=\begin{bmatrix} i_{11} & i_{12} & i_{13} \\ i_{12} & i_{22} & i_{23} \\ i_{13} & i_{23} & i_{33} \end{bmatrix} \tag{3.232}$$

其中,

$$\begin{cases} i_{11}=\int_{V^{i}}\rho^{i}[(x_{2}^{i})^{2}+(x_{3}^{i})^{2}]\mathrm{d}V^{i}, \quad i_{22}=\int_{V^{i}}\rho^{i}[(x_{1}^{i})^{2}+(x_{3}^{i})^{2}]\mathrm{d}V^{i} \\ i_{33}=\int_{V^{i}}\rho^{i}[(x_{1}^{i})^{2}+(x_{2}^{i})^{2}]\mathrm{d}V^{i}, \quad i_{12}=-\int_{V^{i}}\rho^{i}x_{1}^{i}x_{2}^{i}\,\mathrm{d}V^{i} \\ i_{13}=-\int_{V^{i}}\rho^{i}x_{1}^{i}x_{3}^{i}\,\mathrm{d}V^{i}, \quad i_{23}=-\int_{V^{i}}\rho^{i}x_{2}^{i}x_{3}^{i}\,\mathrm{d}V^{i} \end{cases} \tag{3.233}$$

元素 i_{ij} 是质量惯性矩,当 $i\neq j$ 时,元素 i_{ij} 是惯性积。对刚体而言,这些元素是常值。然而,在

变形体系统中，这些元素是关于变形体的弹性广义坐标的显函数，所以它们的表达式与时间相关。

根据刚体 i 的广义坐标的分块，该体的动能可以写为

$$T^i = T^i_{RR} + T^i_{R\theta} + T^i_{\theta\theta} \tag{3.234}$$

其中，

$$T^i_{RR} = \frac{1}{2}\dot{\boldsymbol{R}}^{i^{\mathrm{T}}} \boldsymbol{m}^i_{RR}\dot{\boldsymbol{R}}^i, \quad T^i_{R\theta} = \frac{1}{2}\dot{\boldsymbol{R}}^{i^{\mathrm{T}}} \boldsymbol{m}^i_{R\theta}\dot{\boldsymbol{\theta}}^i, \quad T^i_{\theta\theta} = \frac{1}{2}\dot{\boldsymbol{\theta}}^{i^{\mathrm{T}}} \boldsymbol{m}^i_{\theta\theta}\dot{\boldsymbol{\theta}}^i \tag{3.235}$$

式中：当体坐标系的原点在其质心上时，$T^i_{R\theta}=0$；T^i_{RR} 为平动动能；$T^i_{\theta\theta}$ 为转动动能。利用式(3.214)，将转动动能 $T^i_{\theta\theta}$ 用角速度矢量和惯性张量表示出来，即

$$T^i_{\theta\theta} = \frac{1}{2}\bar{\boldsymbol{\omega}}^{i^{\mathrm{T}}} \bar{\boldsymbol{I}}^i_{\theta\theta}\bar{\boldsymbol{\omega}}^i \tag{3.236}$$

更进一步，因为 $\boldsymbol{\omega}^i = \boldsymbol{A}^i\bar{\boldsymbol{\omega}}^i$，所以有 $\bar{\boldsymbol{\omega}}^i = \boldsymbol{A}^{i^{\mathrm{T}}}\boldsymbol{\omega}^i$，由式(3.236)可得

$$T^i_{\theta\theta} = \frac{1}{2}\boldsymbol{\omega}^{i^{\mathrm{T}}} \boldsymbol{A}^i\bar{\boldsymbol{I}}^i_{\theta\theta}\boldsymbol{A}^{i^{\mathrm{T}}}\boldsymbol{\omega}^i = \frac{1}{2}\boldsymbol{\omega}^{i^{\mathrm{T}}}\boldsymbol{I}^i_{\theta\theta}\boldsymbol{\omega}^i \tag{3.237}$$

式中：$\boldsymbol{I}^i_{\theta\theta} = \boldsymbol{A}^i\bar{\boldsymbol{I}}^i_{\theta\theta}\boldsymbol{A}^{i^{\mathrm{T}}}$。

3.8.3 动力学方程

当体坐标系的原点在刚体的质心上时，质量矩阵的形式可以简化。因此，为了简化并消除体坐标系的平动和转动之间的耦合，体坐标系的原点通常固连在该刚体的质心上。在这种情况下，刚体 i 的质量矩阵写为

$$\boldsymbol{M}^i = \begin{bmatrix} \boldsymbol{m}^i_{RR} & 0 \\ 0 & \boldsymbol{m}^i_{\theta\theta} \end{bmatrix} \tag{3.238}$$

动能 T^i 为

$$T^i = \frac{1}{2}\dot{\boldsymbol{R}}^{i^{\mathrm{T}}} \boldsymbol{m}^i_{RR}\dot{\boldsymbol{R}}^i + \frac{1}{2}\dot{\boldsymbol{\theta}}^{i^{\mathrm{T}}} \boldsymbol{m}^i_{\theta\theta}\dot{\boldsymbol{\theta}}^i = \frac{1}{2}\begin{bmatrix} \dot{\boldsymbol{R}}^{i^{\mathrm{T}}} & \dot{\boldsymbol{\theta}}^{i^{\mathrm{T}}} \end{bmatrix}\begin{bmatrix} \boldsymbol{m}^i_{RR} & 0 \\ 0 & \boldsymbol{m}^i_{\theta\theta} \end{bmatrix}\begin{bmatrix} \dot{\boldsymbol{R}}^i \\ \dot{\boldsymbol{\theta}}^i \end{bmatrix} \tag{3.239}$$

作用在物体上的所有外力的虚功为

$$\delta W^i = \boldsymbol{Q}^{i^{\mathrm{T}}}_{\theta}\delta\boldsymbol{q}^i \tag{3.240}$$

式中：$\boldsymbol{Q}^i_{\mathrm{e}}$ 为广义力矢量；$\delta\boldsymbol{q}^i$ 为广义坐标的虚位移。将式(3.240)中的虚功写为分块形式，即

$$\delta W^i = \begin{bmatrix} (\boldsymbol{Q}^i_R)^{\mathrm{T}}_{\mathrm{e}} & (\boldsymbol{Q}^i_{\theta})^{\mathrm{T}}_{\mathrm{e}} \end{bmatrix}\begin{bmatrix} \delta\boldsymbol{R}^i \\ \delta\boldsymbol{\theta}^i \end{bmatrix} \tag{3.241}$$

式中：$(\boldsymbol{Q}^i_R)_{\mathrm{e}}$、$(\boldsymbol{Q}^i_{\theta})_{\mathrm{e}}$ 分别为与体坐标系平动和转动有关的广义力矢量。多体系统中不同分量之间的运动学约束可写成矢量形式，即

$$\boldsymbol{C}(\boldsymbol{q},t) = \boldsymbol{0} \tag{3.242}$$

式中：$\boldsymbol{C}$ 为线性无关的约束方程矢量；t 为时间；$\boldsymbol{q}$ 为多体系统广义坐标的总矢量，即

$$\boldsymbol{q} = \begin{bmatrix} \boldsymbol{q}^{1^{\mathrm{T}}}_r & \boldsymbol{q}^{2^{\mathrm{T}}}_r & \cdots & \boldsymbol{q}^{n_{\mathrm{b}}^{\mathrm{T}}}_r \end{bmatrix}^{\mathrm{T}} \tag{3.243}$$

式中：n_{b} 为多体系统包含的单体数目的总和。在已经定义了动能、虚功、描述系统机械连接的

非线性约束方程和特定运动轨迹后，可以运用拉格朗日方程或哈密顿原理写出多体系统内刚体 i 的运动方程

$$\boldsymbol{M}^i\ddot{\boldsymbol{q}}_r^i+\boldsymbol{C}_{q_r^i}^{\mathrm{T}}\boldsymbol{\lambda}=\boldsymbol{Q}_{\mathrm{e}}^i+\boldsymbol{Q}_{\mathrm{v}}^i \tag{3.244}$$

式中：$\boldsymbol{M}^i$ 为质量矩阵；$\boldsymbol{C}_{q_r^i}$ 为约束雅可比矩阵；$\boldsymbol{\lambda}$ 为拉格朗日乘子矢量，$\boldsymbol{Q}_{\mathrm{e}}^i$ 为外力矢量；$\boldsymbol{Q}_{\mathrm{v}}^i$ 为动能对时间求微分、对刚体 i 的广义坐标求微分得到的二次速度矢量。二次速度矢量为

$$\boldsymbol{Q}_{\mathrm{v}}^i=-\dot{\boldsymbol{M}}^i\dot{\boldsymbol{q}}_r^i+\left(\frac{\partial T^i}{\partial \boldsymbol{q}_r^i}\right)^{\mathrm{T}}=[(\boldsymbol{Q}_R^i)_{\mathrm{v}}^{\mathrm{T}}\quad(\boldsymbol{Q}_\theta^i)_{\mathrm{v}}^{\mathrm{T}}]^{\mathrm{T}}=[\boldsymbol{0}^{\mathrm{T}}\quad -2\bar{\boldsymbol{\omega}}^{i^{\mathrm{T}}}\bar{\boldsymbol{I}}_{\theta\theta}^i\dot{\bar{\boldsymbol{G}}}^i]^{\mathrm{T}} \tag{3.245}$$

多体系统的微分运动方程可写为

$$\boldsymbol{M}^i\ddot{\boldsymbol{q}}_r^i+\boldsymbol{C}_{q_r^i}^{\mathrm{T}}\boldsymbol{\lambda}=\boldsymbol{Q}_{\mathrm{e}}^i+\boldsymbol{Q}_{\mathrm{v}}^i,\quad i=1,2,\cdots,n_{\mathrm{b}} \tag{3.246}$$

该方程也可以写成矩阵的形式，即

$$\boldsymbol{M}\ddot{\boldsymbol{q}}+\boldsymbol{C}_q^{\mathrm{T}}\boldsymbol{\lambda}=\boldsymbol{Q}_{\mathrm{e}}+\boldsymbol{Q}_{\mathrm{v}} \tag{3.247}$$

式中：$\boldsymbol{q}$ 为由式(3.243)定义的多体系统广义坐标总矢量，且有

$$\boldsymbol{M}=\begin{bmatrix}\boldsymbol{M}^1 & & & 0\\ & \boldsymbol{M}^2 & & \\ & & \ddots & \\ 0 & & & \boldsymbol{M}^{n_{\mathrm{b}}}\end{bmatrix},\quad \boldsymbol{C}_q^{\mathrm{T}}=\begin{bmatrix}\boldsymbol{C}_{q_r^1}^{\mathrm{T}}\\ \boldsymbol{C}_{q_r^2}^{\mathrm{T}}\\ \vdots\\ \boldsymbol{C}_{q_r^{n_{\mathrm{b}}}}^{\mathrm{T}}\end{bmatrix},\quad \boldsymbol{Q}_{\mathrm{e}}=\begin{bmatrix}\boldsymbol{Q}_{\mathrm{e}}^1\\ \boldsymbol{Q}_{\mathrm{e}}^2\\ \vdots\\ \boldsymbol{Q}_{\mathrm{e}}^{n_{\mathrm{b}}}\end{bmatrix},\quad \boldsymbol{Q}_{\mathrm{v}}=\begin{bmatrix}\boldsymbol{Q}_{\mathrm{v}}^1\\ \boldsymbol{Q}_{\mathrm{v}}^2\\ \vdots\\ \boldsymbol{Q}_{\mathrm{v}}^{n_{\mathrm{b}}}\end{bmatrix} \tag{3.248}$$

式(3.247)的微分运动方程和式(3.242)的运动学约束矢量表示约束多体系统的微分方程和代数方程。总体说来，这些动力学方程是非线性的，很难得到它们的解析解。这些动力学方程的求解过程如下。首先，将式(3.242)对时间求二次微分，有 $\boldsymbol{C}_q\dot{\boldsymbol{q}}=-\boldsymbol{C}_t$，且有

$$\boldsymbol{C}_q\ddot{\boldsymbol{q}}=-\boldsymbol{C}_{tt}-(\boldsymbol{C}_q\dot{\boldsymbol{q}})_q\dot{\boldsymbol{q}}-2\boldsymbol{C}_{qt}\dot{\boldsymbol{q}} \tag{3.249}$$

式中：$\boldsymbol{C}_t$ 为系统约束方程对时间的偏导数；$\boldsymbol{C}_{tt}$ 为系统约束方程对时间的二阶偏导数；$\boldsymbol{C}_{qt}$ 为系统约束方程对系统构型变量和时间的偏导数。令

$$\boldsymbol{Q}_{\mathrm{c}}=-\boldsymbol{C}_{tt}-(\boldsymbol{C}_q\dot{\boldsymbol{q}})_q\dot{\boldsymbol{q}}-2\boldsymbol{C}_{qt}\dot{\boldsymbol{q}} \tag{3.250}$$

则有

$$\boldsymbol{C}_q\ddot{\boldsymbol{q}}=\boldsymbol{Q}_{\mathrm{c}} \tag{3.251}$$

式(3.247)和式(3.251)可以合起来写成一个矩阵，即

$$\begin{bmatrix}\boldsymbol{M} & \boldsymbol{C}_q^{\mathrm{T}}\\ \boldsymbol{C}_q & 0\end{bmatrix}\begin{bmatrix}\ddot{\boldsymbol{q}}\\ \boldsymbol{\lambda}\end{bmatrix}=\begin{bmatrix}\boldsymbol{Q}_{\mathrm{e}}+\boldsymbol{Q}_{\mathrm{v}}\\ \boldsymbol{Q}_{\mathrm{c}}\end{bmatrix} \tag{3.252}$$

该方程是一组代数微分方程，可用于求解加速度矢量 $\ddot{\boldsymbol{q}}$ 的拉格朗日乘子。给定初始条件，对加速度矢量求积分就可以得到速度和广义坐标。

3.9　牛顿-欧拉方程

本节会用到前面章节的一些知识来推导多体系统中单个刚体运动的牛顿-欧拉方程，会用到很多在第 2 章中介绍的性质，特别是角速度矢量和姿态坐标对时间的导数之间的关系。

考虑到很多性质都是基于欧拉参数来推导的，为了方便和不失一般性，在描述姿态坐标时仍然使用欧拉参数。牛顿-欧拉方程是用角速度和角加速度矢量表示的普遍形式。

3.9.1 动力学方程的总结

3.8 节表明，多体系统中刚体 i 的动能是 $T^i=\frac{1}{2}\dot{\boldsymbol{q}}_r^{i\mathrm{T}}\boldsymbol{M}^i\dot{\boldsymbol{q}}_r^i$，其中质量矩阵 $\boldsymbol{M}^i$ 由式(3.224)给出。$\boldsymbol{M}^i$ 的子阵 $\boldsymbol{m}_{RR}^i$、$\boldsymbol{m}_{R\theta}^i$ 和 $\boldsymbol{m}_{\theta\theta}^i$ 也在 3.8 节中给出。需要指出的是，当出现刚体坐标系原点和其质心重合这种特殊情况时，子阵 $\boldsymbol{m}_{R\theta}^i$ 是零矩阵，刚体 i 的质量矩阵可简化为

$$\boldsymbol{M}^i=\begin{bmatrix}\boldsymbol{m}_{RR}^i & 0\\ 0 & \boldsymbol{m}_{\theta\theta}^i\end{bmatrix}\tag{3.253}$$

式中：$\boldsymbol{m}_{RR}^i$ 由式(3.226)定义；$\boldsymbol{m}_{\theta\theta}^i$ 由式(3.230)定义。此时，刚体的动能可写为

$$T^i=\frac{1}{2}\dot{\boldsymbol{R}}^{i\mathrm{T}}\boldsymbol{m}_{RR}^i\dot{\boldsymbol{R}}^i+\frac{1}{2}\dot{\boldsymbol{\theta}}^{i\mathrm{T}}\boldsymbol{m}_{\theta\theta}^i\dot{\boldsymbol{\theta}}^i\tag{3.254}$$

如果铰链反作用力被视为外力，则拉格朗日运动方程可写为

$$\frac{\mathrm{d}}{\mathrm{d}t}\left(\frac{\partial T^i}{\partial\dot{\boldsymbol{q}}_r^i}\right)-\frac{\partial T^i}{\partial\boldsymbol{q}_r^i}=\overline{\boldsymbol{Q}}^{i\mathrm{T}}\tag{3.255}$$

式中：$\overline{\boldsymbol{Q}}^i=\boldsymbol{Q}_e^i+F_c^i$；$\boldsymbol{Q}_e^i$ 为广义外力矢量；$\boldsymbol{F}_c^i$ 为广义铰链反作用力矢量。

3.9.2 二次速度矢量

由式(3.254)可得

$$\begin{cases}\dfrac{\partial T^i}{\partial\dot{\boldsymbol{q}}_r^i}=[\dot{\boldsymbol{R}}^{i\mathrm{T}}\boldsymbol{m}_{RR}^i\quad \dot{\boldsymbol{\theta}}^{i\mathrm{T}}\boldsymbol{m}_{\theta\theta}^i]\\ \dfrac{\mathrm{d}}{\mathrm{d}t}\left(\dfrac{\partial T^i}{\partial\dot{\boldsymbol{q}}_r^i}\right)=[\ddot{\boldsymbol{R}}^{i\mathrm{T}}\boldsymbol{m}_{RR}^i\quad (\ddot{\boldsymbol{\theta}}^{i\mathrm{T}}\boldsymbol{m}_{\theta\theta}^i+\dot{\boldsymbol{\theta}}^{i\mathrm{T}}\dot{\boldsymbol{m}}_{\theta\theta}^i)]\end{cases}\tag{3.256}$$

其中，

$$\dot{\boldsymbol{\theta}}^{i\mathrm{T}}\dot{\boldsymbol{m}}_{\theta\theta}^i=\dot{\boldsymbol{\theta}}^{i\mathrm{T}}\dot{\overline{\boldsymbol{G}}}^{i\mathrm{T}}\overline{\boldsymbol{I}}_{\theta\theta}^i\overline{\boldsymbol{G}}^i+\dot{\boldsymbol{\theta}}^{i\mathrm{T}}\overline{\boldsymbol{G}}^{i\mathrm{T}}\overline{\boldsymbol{I}}_{\theta\theta}^i\dot{\overline{\boldsymbol{G}}}^i\tag{3.257}$$

由第 2 章可知，选择欧拉参数时，有 $\dot{\overline{\boldsymbol{G}}}^i\dot{\boldsymbol{\theta}}^i=\boldsymbol{0}$，$\overline{\boldsymbol{\omega}}^i=\overline{\boldsymbol{G}}^i\dot{\boldsymbol{\theta}}^i$，$\overline{\boldsymbol{\omega}}^i$ 是定义在体坐标系内的角速度矢量，$\overline{\boldsymbol{G}}^i$ 是将角速度矢量和姿态坐标对时间的导数联系起来的矩阵。

式(3.257)可写为

$$\dot{\boldsymbol{\theta}}^{i\mathrm{T}}\dot{\boldsymbol{m}}_{\theta\theta}^i=\overline{\boldsymbol{\omega}}^{i\mathrm{T}}\overline{\boldsymbol{I}}_{\theta\theta}^i\dot{\overline{\boldsymbol{G}}}^i\tag{3.258}$$

将上述方程代入式(3.256)的第二式中，得

$$\frac{\mathrm{d}}{\mathrm{d}t}\left(\frac{\partial T^i}{\partial\dot{\boldsymbol{q}}_r^i}\right)=[\ddot{\boldsymbol{R}}^{i\mathrm{T}}\boldsymbol{m}_{RR}^i\quad (\ddot{\boldsymbol{\theta}}^{i\mathrm{T}}\boldsymbol{m}_{\theta\theta}^i+\overline{\boldsymbol{\omega}}^{i\mathrm{T}}\overline{\boldsymbol{I}}_{\theta\theta}^i\dot{\overline{\boldsymbol{G}}}^i)]\tag{3.259}$$

将动能对广义坐标 $\boldsymbol{q}_r^i$ 求导可得

$$\frac{\partial T^i}{\partial\boldsymbol{q}_r^i}=\frac{1}{2}\frac{\partial}{\partial\boldsymbol{q}_r^i}[\dot{\boldsymbol{\theta}}^{i\mathrm{T}}\quad \boldsymbol{m}_{\theta\theta}^i\dot{\boldsymbol{\theta}}^i]=\left[\boldsymbol{0}_3^{\mathrm{T}}\quad \frac{1}{2}\frac{\partial}{\partial\boldsymbol{\theta}^i}(\dot{\boldsymbol{\theta}}^{i\mathrm{T}}\boldsymbol{m}_{\theta\theta}^i\dot{\boldsymbol{\theta}}^i)\right]\tag{3.260}$$

式中：$\mathbf{0}_3$ 为三维零矢量。利用式(3.230)和式(3.214)，可得

$$\frac{\partial T^i}{\partial \boldsymbol{q}_r^i}=\left[\mathbf{0}_3^{\mathrm{T}}\quad \frac{1}{2}\frac{\partial}{\partial \boldsymbol{\theta}^i}(\dot{\boldsymbol{\theta}}^{i^{\mathrm{T}}}\overline{\boldsymbol{G}}^{i^{\mathrm{T}}}\overline{\boldsymbol{I}}_{\theta\theta}^i\overline{\boldsymbol{G}}^i\dot{\boldsymbol{\theta}}^i)\right]=[\mathbf{0}_3^{\mathrm{T}}\quad -\overline{\boldsymbol{\omega}}^{i^{\mathrm{T}}}\overline{\boldsymbol{I}}_{\theta\theta}^i\dot{\overline{\boldsymbol{G}}}^i] \tag{3.261}$$

将式(3.259)和式(3.261)代入拉格朗日方程式(3.255)中，可得

$$[\ddot{\boldsymbol{R}}^{i^{\mathrm{T}}}\boldsymbol{m}_{RR}^i\quad (\ddot{\boldsymbol{\theta}}^{i^{\mathrm{T}}}\boldsymbol{m}_{\theta\theta}^i+2\overline{\boldsymbol{\omega}}^{i^{\mathrm{T}}}\overline{\boldsymbol{I}}_{\theta\theta}^i\dot{\overline{\boldsymbol{G}}}^i)]=[\overline{\boldsymbol{Q}}_R^{i^{\mathrm{T}}}\quad \overline{\boldsymbol{Q}}_\theta^{i^{\mathrm{T}}}] \tag{3.262}$$

式中：下标 R 和 θ 分别表示物体的平动和转动。

有

$$\overline{\boldsymbol{Q}}^i=[\overline{\boldsymbol{Q}}_R^{i^{\mathrm{T}}}\quad \overline{\boldsymbol{Q}}_\theta^{i^{\mathrm{T}}}]^{\mathrm{T}} \tag{3.263}$$

式(3.263)可以写成两个解耦的矩阵方程。第一个矩阵方程与刚体 i 质心的平动有关，第二个方程与刚体的转动有关，这两个方程分别为

$$\begin{cases}\boldsymbol{m}_{RR}^i\ddot{\boldsymbol{R}}^i=\overline{\boldsymbol{Q}}_R^i\\ \boldsymbol{m}_{\theta\theta}^i\ddot{\boldsymbol{\theta}}^i=\overline{\boldsymbol{Q}}_\theta^i-2\dot{\overline{\boldsymbol{G}}}^{i^{\mathrm{T}}}\overline{\boldsymbol{I}}_{\theta\theta}^i\overline{\boldsymbol{\omega}}^i\end{cases} \tag{3.264}$$

3.9.3　广义力和主动力

由式(3.230)和式(3.264)的第二式可得

$$\overline{\boldsymbol{G}}^{i^{\mathrm{T}}}\overline{\boldsymbol{I}}_{\theta\theta}^i\overline{\boldsymbol{G}}^i\ddot{\boldsymbol{\theta}}^i=\overline{\boldsymbol{Q}}_\theta^i-2\dot{\overline{\boldsymbol{G}}}^{i^{\mathrm{T}}}\overline{\boldsymbol{I}}_{\theta\theta}^i\overline{\boldsymbol{\omega}}^i$$

上式两边各乘 $\overline{\boldsymbol{G}}^i$，利用第2章关于欧拉参数的定义，以及在使用欧拉参数时有 $\overline{\boldsymbol{G}}^i=2\overline{\boldsymbol{E}}^i$，可得

$$4\overline{\boldsymbol{I}}_{\theta\theta}^i\overline{\boldsymbol{G}}^i\ddot{\boldsymbol{\theta}}^i=\overline{\boldsymbol{G}}^i\overline{\boldsymbol{Q}}_\theta^i-2\overline{\boldsymbol{G}}^i\dot{\overline{\boldsymbol{G}}}^{i^{\mathrm{T}}}\overline{\boldsymbol{I}}_{\theta\theta}^i\overline{\boldsymbol{\omega}}^i \tag{3.265}$$

将式(3.214)对时间微分可知，在使用欧拉参数的情况下，定义在刚体 i 坐标系内的角加速度矢量 $\overline{\boldsymbol{\alpha}}^i$ 可表示为

$$\overline{\boldsymbol{\alpha}}^i=\overline{\boldsymbol{G}}^i\ddot{\boldsymbol{\theta}}^i \tag{3.266}$$

进而，利用2.5节欧拉参数性质，可得

$$2\overline{\boldsymbol{G}}^i\dot{\overline{\boldsymbol{G}}}^{i^{\mathrm{T}}}\overline{\boldsymbol{I}}_{\theta\theta}^i\overline{\boldsymbol{\omega}}^i=4\tilde{\overline{\boldsymbol{\omega}}}^i\overline{\boldsymbol{I}}_{\theta\theta}^i\overline{\boldsymbol{\omega}}^i=4\overline{\boldsymbol{\omega}}^i\times(\overline{\boldsymbol{I}}_{\theta\theta}^i\overline{\boldsymbol{\omega}}^i) \tag{3.267}$$

将式(3.266)和式(3.267)代入式(3.265)中，可得

$$\overline{\boldsymbol{I}}_{\theta\theta}^i\overline{\boldsymbol{\alpha}}^i=\overline{\boldsymbol{F}}_\theta^i-\overline{\boldsymbol{\omega}}^i\times(\overline{\boldsymbol{I}}_{\theta\theta}^i\overline{\boldsymbol{\omega}}^i) \tag{3.268}$$

显然，矢量 $\overline{\boldsymbol{F}}_\theta^i$ 是作用在刚体 i 上力矩的矢量和。这个矢量定义在刚体 i 的坐标系内，给定值为

$$\overline{\boldsymbol{F}}_\theta^i=\frac{1}{4}\overline{\boldsymbol{G}}^i\overline{\boldsymbol{Q}}_\theta^i \tag{3.269}$$

这就是刚体笛卡儿坐标系下的力矩矢量和与刚体 i 的广义姿态坐标相关的广义力 $\overline{\boldsymbol{Q}}_\theta^i$ 之间的关系。

3.9.4　牛顿-欧拉矩阵方程

综上所述，多体系统中刚体 i 的运动由六个微分方程控制，式(3.264)的第一式和式

(3.268)可以写成下列两个矩阵方程：

$$\begin{cases}\boldsymbol{m}_{RR}^{i}\ddot{\boldsymbol{R}}^{i}=\overline{\boldsymbol{Q}}_{R}^{i}\\ \overline{\boldsymbol{I}}_{\theta\theta}^{i}\overline{\boldsymbol{\alpha}}^{i}=\overline{\boldsymbol{F}}_{\theta}^{i}-\overline{\boldsymbol{\omega}}^{i}\times(\overline{\boldsymbol{I}}_{\theta\theta}^{i}\overline{\boldsymbol{\omega}}^{i})\end{cases} \tag{3.270}$$

方程的第一式称为牛顿方程，它是一个包含三个标量方程的矩阵方程，与刚体质心所受的力和加速度有关。另外，方程的第二式定义了一组由给定力矩 $\overline{\boldsymbol{F}}_{\theta}^{i}$ 确定的物体姿态。该矩阵方程同样包含三个标量方程，称为欧拉方程。由两个方程组成的式(3.270)称为牛顿-欧拉矩阵方程，可以统一写成一个矩阵方程的形式：

$$\begin{bmatrix}\boldsymbol{m}_{RR}^{i} & 0\\ 0 & \overline{\boldsymbol{I}}_{\theta\theta}^{i}\end{bmatrix}\begin{bmatrix}\ddot{\boldsymbol{R}}^{i}\\ \overline{\boldsymbol{\alpha}}^{i}\end{bmatrix}=\begin{bmatrix}\overline{\boldsymbol{Q}}_{R}^{i}\\ \overline{\boldsymbol{F}}_{\theta}^{i}-\overline{\boldsymbol{\omega}}^{i}\times(\overline{\boldsymbol{I}}_{\theta\theta}^{i}\overline{\boldsymbol{\omega}}^{i})\end{bmatrix} \tag{3.271}$$

式中：$\overline{\boldsymbol{\alpha}}^{i}$ 为由式(3.266)定义的刚体 i 的角加速度矢量。

牛顿-欧拉方程也能够用于系统地推导约束多体系统的递归公式。此时，在递归运动学方程中首先可以采用独立铰坐标的形式定义物体的绝对坐标。运用这些递归运动学方程，可以系统地得到以铰变量的形式表示的约束多体系统的微分方程的最小集合。最终，在动力学方程中可以自动消去约束力。递归公式既适用于开链式运动，也适用于闭链式运动。

3.10　基于多体动力学的五连杆运动学及动力学仿真

本节综合前文介绍的运动学与动力学方程推导方法，以平面五连杆机构为例，系统性介绍多体系统的运动学及动力学方程的建立及推导过程，并编写程序进行多体系统运动学及动力学数值仿真。

3.10.1　运动学及动力学建模

图 3.22 所示为 2 自由度五连杆机构简图。设 2 个独立自由度分别置于转动副 a 和 e 上。

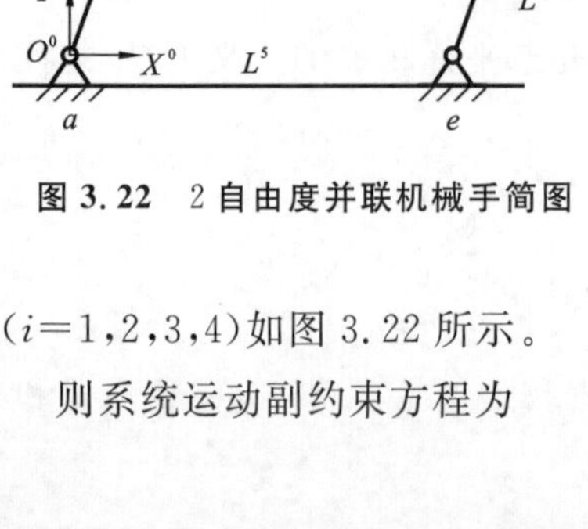

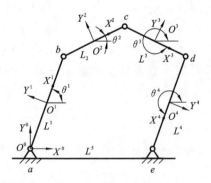

图 3.22　2 自由度并联机械手简图

建立图 3.22 所示的坐标系，其中 $O^0X^0Y^0$ 为欠驱动五连杆的全局坐标系，$O^iX^iY^i$ 为构件 i(=1,2,…,5)的体坐标系，构件 i 上任意一点的位置矢量 $\boldsymbol{r}^i$ 为

$$\boldsymbol{r}^{i}=\boldsymbol{R}^{i}+\boldsymbol{A}^{i}\overline{\boldsymbol{u}}^{i} \tag{3.272}$$

式中：$\boldsymbol{R}^i$ 为构件 i 体坐标系 $O^iX^iY^i$ 原点相对全局坐标系原点的位置矢量(度量于全局坐标系)；$\overline{\boldsymbol{u}}^i$ 为构件 i 上任意一点度量于其体坐标系 $O^iX^iY^i$ 的位置矢量；$\boldsymbol{A}^i$ 为 $O^iX^iY^i$ 相对全局坐标系的姿态变换矩阵，即

$$\boldsymbol{A}^{i}=\begin{bmatrix}\cos\theta^{i} & -\sin\theta^{i}\\ \sin\theta^{i} & \cos\theta^{i}\end{bmatrix} \tag{3.273}$$

θ^i(i=1,2,3,4)如图 3.22 所示。

则系统运动副约束方程为

$$\begin{cases}\boldsymbol{R}^1+\boldsymbol{A}^1\bar{\boldsymbol{u}}_a^1=\boldsymbol{0}\\ \boldsymbol{R}^2+\boldsymbol{A}^2\bar{\boldsymbol{u}}_b^2-\boldsymbol{R}^1-\boldsymbol{A}^1\bar{\boldsymbol{u}}_b^1=\boldsymbol{0}\\ \boldsymbol{R}^3+\boldsymbol{A}^3\bar{\boldsymbol{u}}_c^3-\boldsymbol{R}^2-\boldsymbol{A}^2\bar{\boldsymbol{u}}_c^2=\boldsymbol{0}\\ \boldsymbol{R}^4+\boldsymbol{A}^4\bar{\boldsymbol{u}}_d^4-\boldsymbol{R}^3-\boldsymbol{A}^3\bar{\boldsymbol{u}}_d^3=\boldsymbol{0}\\ \boldsymbol{R}^4+\boldsymbol{A}^4\bar{\boldsymbol{u}}_e^4-\bar{\boldsymbol{u}}_e^0=\boldsymbol{0}\end{cases}\tag{3.274}$$

式中：

$$\begin{cases}\bar{\boldsymbol{u}}_a^1=[0\quad -0.5L^1]^{\mathrm{T}}\\ \bar{\boldsymbol{u}}_b^1=[0\quad 0.5L^1]^{\mathrm{T}}\\ \bar{\boldsymbol{u}}_b^2=[0\quad -0.5L^2]^{\mathrm{T}}\\ \bar{\boldsymbol{u}}_c^2=[0\quad 0.5L^2]^{\mathrm{T}}\\ \bar{\boldsymbol{u}}_c^3=[0\quad -0.5L^3]^{\mathrm{T}}\\ \bar{\boldsymbol{u}}_d^3=[0\quad 0.5L^3]^{\mathrm{T}}\\ \bar{\boldsymbol{u}}_d^4=[0\quad -0.5L^4]^{\mathrm{T}}\\ \bar{\boldsymbol{u}}_e^4=[0\quad 0.5L^4]^{\mathrm{T}}\\ \bar{\boldsymbol{u}}_e^0=[0\quad L^5]^{\mathrm{T}}\end{cases}\tag{3.275}$$

将式(3.274)进行简化处理，得

$$\boldsymbol{C}(\boldsymbol{q}^1,\boldsymbol{q}^2,\boldsymbol{q}^3,\boldsymbol{q}^4,\boldsymbol{q}^5)=\boldsymbol{0}_{10\times 1}\tag{3.276}$$

对式(3.276)求导，可以得到系统独立坐标与关联坐标的速度关系：

$$\begin{cases}\boldsymbol{C}_q\dot{\boldsymbol{q}}+\boldsymbol{C}_t=\sum_{i=1}^{4}\boldsymbol{C}_{q^i}\dot{\boldsymbol{q}}^i+\boldsymbol{C}_t=[\boldsymbol{C}_{q^1}\quad \boldsymbol{C}_{q^2}\quad \boldsymbol{C}_{q^3}\quad \boldsymbol{C}_{q^4}\quad \boldsymbol{C}_{q^5}]\dot{\boldsymbol{q}}+\boldsymbol{C}_t=\boldsymbol{0}_{10\times 1}\\ \boldsymbol{C}_{q_n}\dot{\boldsymbol{q}}_n+\boldsymbol{C}_t=[\boldsymbol{C}_{q_\mathrm{i}}\quad \boldsymbol{C}_{q_\mathrm{d}}]\dot{\boldsymbol{q}}_n+\boldsymbol{C}_t=\boldsymbol{0}_{10\times 1}\end{cases}\tag{3.277}$$

对式(3.277)求导，可以得到系统独立坐标与关联坐标的加速度关系：

$$\frac{\partial(\boldsymbol{C}_{q_n}\dot{\boldsymbol{q}}_n)}{\partial\boldsymbol{q}_n}\dot{\boldsymbol{q}}_n+\boldsymbol{C}_q\dot{\boldsymbol{q}}_n+\boldsymbol{C}_q\dot{\boldsymbol{q}}_n+\boldsymbol{C}_q\ddot{\boldsymbol{q}}_n+\boldsymbol{C}_{tt}=\boldsymbol{0}_{10\times 1}\tag{3.278}$$

令

$$\boldsymbol{Q}_\mathrm{c}=-\left(\frac{\partial(\boldsymbol{C}_{q_n}\dot{\boldsymbol{q}}_n)}{\partial\boldsymbol{q}_n}\dot{\boldsymbol{q}}_n+2\boldsymbol{C}_q\dot{\boldsymbol{q}}_n+\boldsymbol{C}_{tt}\right)\tag{3.279}$$

则式(3.278)可简化为

$$\boldsymbol{C}_{q_\mathrm{i}}\ddot{\boldsymbol{q}}_\mathrm{i}+\boldsymbol{C}_{q_\mathrm{d}}\ddot{\boldsymbol{q}}_\mathrm{d}=\boldsymbol{Q}_c\tag{3.280}$$

由式(3.279)和式(3.280)可得

$$\begin{cases}\dot{\boldsymbol{q}}_\mathrm{d}=-(\boldsymbol{C}_{q_\mathrm{d}})^{-1}\boldsymbol{C}_{q_\mathrm{i}}\dot{\boldsymbol{q}}_\mathrm{i}-(\boldsymbol{C}_{q_\mathrm{d}})^{-1}\boldsymbol{C}_t\\ \ddot{\boldsymbol{q}}_\mathrm{d}=-(\boldsymbol{C}_{q_\mathrm{d}})^{-1}\boldsymbol{C}_{q_\mathrm{i}}\ddot{\boldsymbol{q}}_\mathrm{i}-(\boldsymbol{C}_{q_\mathrm{d}})^{-1}\boldsymbol{Q}_c\end{cases}\tag{3.281}$$

且有

$$\dot{\boldsymbol{q}}_n=[\dot{\boldsymbol{q}}_\mathrm{i}^{\mathrm{T}}\quad \dot{\boldsymbol{q}}_\mathrm{d}^{\mathrm{T}}]^{\mathrm{T}},\quad \ddot{\boldsymbol{q}}_n=[\ddot{\boldsymbol{q}}_\mathrm{i}^{\mathrm{T}}\quad \ddot{\boldsymbol{q}}_\mathrm{d}^{\mathrm{T}}]^{\mathrm{T}}\tag{3.282}$$

将式(3.281)代入式(3.282)可得

$$\begin{cases}\dot{\boldsymbol{q}}_n=\boldsymbol{B}_\mathrm{di}\dot{\boldsymbol{q}}_\mathrm{i}+\boldsymbol{Q}_t\\ \ddot{\boldsymbol{q}}_n=\boldsymbol{B}_\mathrm{di}\ddot{\boldsymbol{q}}_\mathrm{i}+\bar{\boldsymbol{Q}}_c\end{cases}\tag{3.283}$$

其中，

$$\boldsymbol{B}_{\mathrm{di}}=\begin{bmatrix}\boldsymbol{I}\\-(\boldsymbol{C}_{\boldsymbol{q}_{\mathrm{d}}})^{-1}\boldsymbol{C}_{\boldsymbol{q}_{\mathrm{i}}}\end{bmatrix}\tag{3.284}$$

$$\begin{cases}\boldsymbol{Q}_t=[0\quad 0\quad -(\boldsymbol{C}_{\boldsymbol{q}_{\mathrm{d}}})^{-1}\boldsymbol{C}_t]^{\mathrm{T}}\\ \bar{\boldsymbol{Q}}_c=[0\quad 0\quad -(\boldsymbol{C}_{\boldsymbol{q}_{\mathrm{d}}})^{-1}\boldsymbol{Q}_{\mathrm{c}}]^{\mathrm{T}}\end{cases}\tag{3.285}$$

至此，2 自由度并联机械手运动学建模完成。

$$\begin{cases}\dfrac{\mathrm{d}}{\mathrm{d}t}\left(\dfrac{\partial T}{\partial\dot{\boldsymbol{q}}}\right)^{\mathrm{T}}-\left(\dfrac{\partial T}{\partial\boldsymbol{q}}\right)^{\mathrm{T}}+\boldsymbol{C}_{\boldsymbol{q}}^{\mathrm{T}}\boldsymbol{\lambda}+\boldsymbol{C}\dot{\boldsymbol{q}}+\boldsymbol{K}\boldsymbol{q}=\boldsymbol{Q}_{\mathrm{e}}\\ \boldsymbol{C}(\boldsymbol{q},\dot{\boldsymbol{q}},t)=0\end{cases}\tag{3.286}$$

式中：

$$T=\frac{1}{2}\dot{\boldsymbol{q}}_n^{\mathrm{T}}\boldsymbol{M}_n\dot{\boldsymbol{q}}_n,\quad \boldsymbol{M}_n=\begin{bmatrix}\boldsymbol{M}^1&&&\\&\boldsymbol{M}^2&&\\&&\boldsymbol{M}^3&\\&&&\boldsymbol{M}^4\end{bmatrix}\tag{3.287}$$

$\boldsymbol{M}^i(i=1,2,3,4)$为构件 i 的质量矩阵。将式(3.287)代入式(3.286)可得

$$\frac{\mathrm{d}}{\mathrm{d}t}\left(\frac{\partial T}{\partial\dot{\boldsymbol{q}}_n}\right)^{\mathrm{T}}-\left(\frac{\partial T}{\partial\boldsymbol{q}_n}\right)^{\mathrm{T}}=\boldsymbol{M}_n\ddot{\boldsymbol{q}}_n-\boldsymbol{Q}_{\mathrm{v}},\quad \boldsymbol{Q}_{\mathrm{v}}=-\boldsymbol{M}_n\dot{\boldsymbol{q}}_n+\left(\frac{\partial T}{\partial\boldsymbol{q}_n}\right)^{\mathrm{T}}\tag{3.288}$$

式(3.282)至式(3.288)化简可得

$$\boldsymbol{M}_{n\mathrm{i}}\ddot{\boldsymbol{q}}_{\mathrm{i}}+\boldsymbol{B}_{\mathrm{di}}^{\mathrm{T}}\boldsymbol{C}_{\boldsymbol{q}_n}^{\mathrm{T}}\boldsymbol{\lambda}=\boldsymbol{B}_{\mathrm{di}}^{\mathrm{T}}[\boldsymbol{Q}_{\mathrm{e}}+\boldsymbol{Q}_{\mathrm{v}}-\boldsymbol{M}_n\bar{\boldsymbol{Q}}_c-(\boldsymbol{C}\dot{\boldsymbol{q}}+\boldsymbol{K}\boldsymbol{q})]\tag{3.289}$$

用独立坐标表示系统多体动力学模型：

$$\boldsymbol{M}_{n\mathrm{i}}\ddot{\boldsymbol{q}}_{\mathrm{i}}=\boldsymbol{Q}_{\mathrm{i}}\tag{3.290}$$

其中，

$$\begin{cases}\boldsymbol{M}_{n\mathrm{i}}=\boldsymbol{B}_{\mathrm{di}}^{\mathrm{T}}\boldsymbol{M}_{\mathrm{T}}^{\mathrm{T}}\boldsymbol{M}\boldsymbol{M}_{\mathrm{T}}\boldsymbol{B}_{\mathrm{di}}\\ \boldsymbol{Q}_{\mathrm{i}}=\boldsymbol{B}_{\mathrm{di}}^{\mathrm{T}}[\boldsymbol{Q}_{\mathrm{e}}+\boldsymbol{Q}_{\mathrm{v}}-\boldsymbol{M}_n\bar{\boldsymbol{Q}}_c-(\boldsymbol{C}\dot{\boldsymbol{q}}+\boldsymbol{K}\boldsymbol{q})]\end{cases}\tag{3.291}$$

综上：

$$\ddot{\boldsymbol{q}}_{\mathrm{i}}=\boldsymbol{M}_{n\mathrm{i}}^{-1}\boldsymbol{Q}_{\mathrm{i}}\tag{3.292}$$

至此，2 自由度并联机械手动力学建模完成。

按表 3.1 所示设定不同尺度参数。

表 3.1 三组不同的尺度参数

构件名称	L^1	L^2	L^3	L^4	L^5
尺寸/m	1	3	3	1	1

3.10.2 数值仿真

令

$$\boldsymbol{q}_{\mathrm{i}}=[\theta^1\quad\theta^4]^{\mathrm{T}}\tag{3.293}$$

$$\theta^1=\theta^4=\mathrm{e}^{-t}\cos(\omega t)\tag{3.294}$$

其中，$t\in[0,10]$，$\omega=10$，对式(3.293)和式(3.294)求导得

$$\dot{\boldsymbol{q}}_{\mathrm{i}}=[\dot{\theta}^1 \quad \dot{\theta}^4]^{\mathrm{T}} \tag{3.295}$$

$$\dot{\theta}^1=\dot{\theta}^4=-\mathrm{e}^{-t}\cos(\omega t)-\mathrm{e}^{-t}\omega\sin(\omega t) \tag{3.296}$$

对式(3.295)和式(3.296)求导得

$$\ddot{\boldsymbol{q}}_{\mathrm{i}}=[\ddot{\theta}^1 \quad \ddot{\theta}^4]^{\mathrm{T}} \tag{3.297}$$

$$\ddot{\theta}^1=\ddot{\theta}^4=\mathrm{e}^{-t}\cos(\omega t)-\mathrm{e}^{-t}\omega^2\cos(\omega t)+2\mathrm{e}^{-t}\omega\sin(\omega t) \tag{3.298}$$

利用 MATLAB 编写相关程序，其仿真结果如图 3.23 至图 3.26 所示。

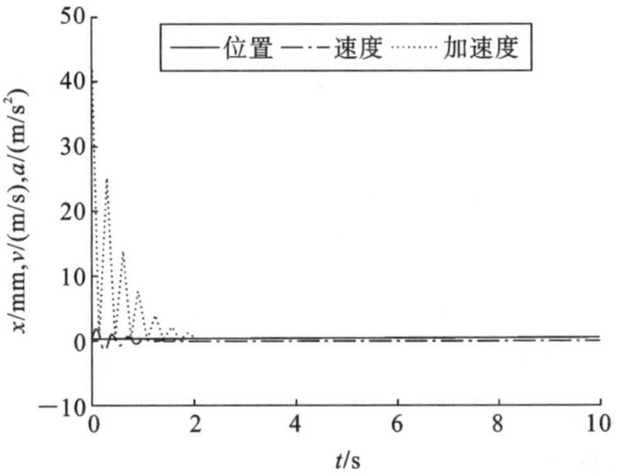

图 3.23　构件 1 质心 x 向位置、速度、加速度与时间的关系

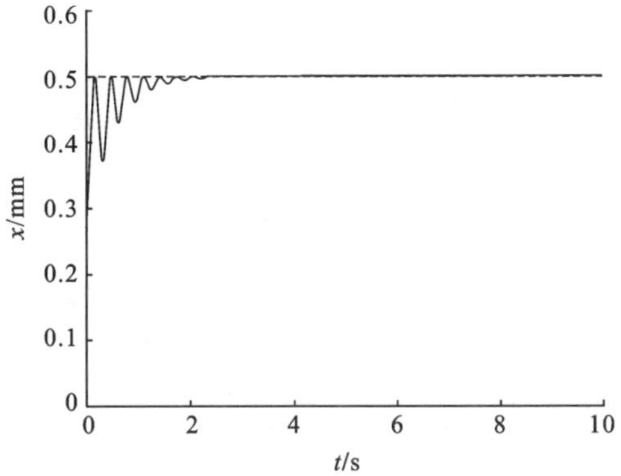

图 3.24　构件 1 质心 x 向位置与时间的关系

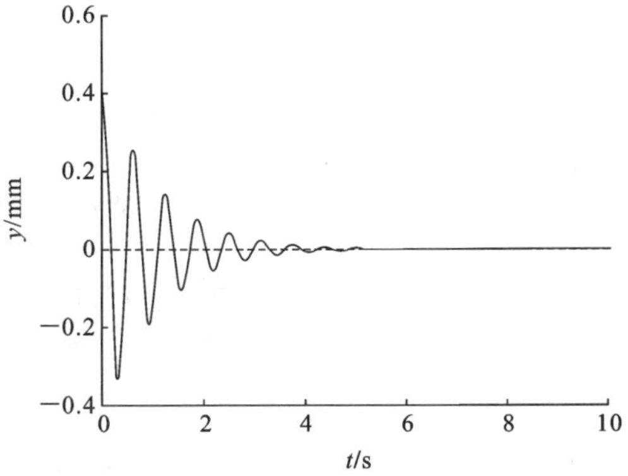

图 3.25　构件 1 质心 y 向位置与时间的关系

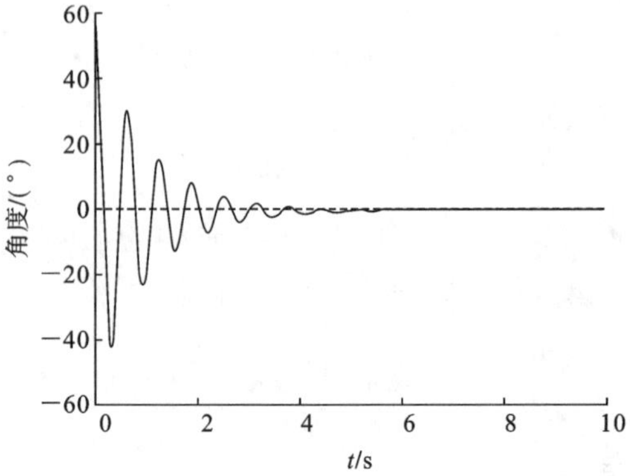

图 3.26 构件 1 角位移与时间的关系

运动学程序运行后会生成“Constrain_position_rhh. txt”“Constrain_velocity _rhh. txt”“Constrain_accelerate_rhh. txt”三个文件，分别存放机构因变量的位置、速度、加速度公式。

动力学程序运行后命令行窗口会输出 $\ddot{\boldsymbol{q}}_{\mathrm{i}}$、$\boldsymbol{M}_{n\mathrm{i}}$、$\boldsymbol{Q}_{\mathrm{i}}$ 的解析式。

3.10.3 运动学程序

运动学程序如下。

```
%% 1.程序初始化
clear all
clc
%% --2.1 定义变量------------------------

syms a1 r11 r12 da1 dr11 dr12
dda1 ddr11 ddr12   L1
syms a2 r21 r22 da2 dr21 dr22
dda2 ddr21 ddr22   L2
syms a3 r31 r32 da3 dr31 dr32
dda3 ddr31 ddr32   L3
syms a4 r41 r42 da4 dr41 dr42
dda4 ddr41 ddr42   L4
syms a5 r51 r52 da5 dr51 dr52
dda5 ddr51 ddr52   L5
syms t

%% --2.2 定义杆长-------------------------

L1=1;L2=3;L3=3;L4=1;L5=1;

%% --2.3 定义各点约束方程-------------
%% ----2.3.1 A 点约束方程

A1=[cos(a1) -sin(a1);sin(a1) cos(a1)];
% 姿态变换矩阵
R1=[r11 r12].';
% 杆 1 体坐标系原点坐标
u_1a=[-0.5*L1 0].';
% A 点在体坐标系 1 下的坐标
r1a=R1+A1*u_1a;
% A 点在全局坐标系下的坐标
fun1=R1+A1*u_1a;
% A 点约束方程

%% ----2.3.2 B 点约束方程

A2=[cos(a2) -sin(a2);sin(a2) cos(a2)];
% 姿态变换矩阵
R2=[r21 r22].';
% 杆 2 体坐标系原点坐标
u_2b=[-0.5*L2 0].';
% B 点在体坐标系 2 下的坐标
u_1b=[ 0.5*L1 0].';
% B 点在体坐标系 1 下的坐标
r2b=R2+A2*u_2b;
% B 点在全局坐标系下的坐标
r1b=R1+A1*u_1b;
```

```
% B点在全局坐标系下的坐标
fun2=r2b-r1b;
% B点约束方程

%% ----2.3.3 C点约束方程

A3=[cos(a3) -sin(a3);sin(a3) cos(a3)];
% 姿态变换矩阵
R3=[r31 r32].';
% 杆 3 体坐标系原点坐标
u_3c=[-0.5*L3 0].';
% C点在体坐标系 3 下的坐标
u_2c=[ 0.5*L2 0].';
% C点在体坐标系 2 下的坐标
r3c=R3+A3*u_3c;
% C点在全局坐标系下的坐标
r2c=R2+A2*u_2c;
% C点在全局坐标系下的坐标
fun3=r3c-r2c;
% C点约束方程

%% ----2.3.4 D点约束方程

A4=[cos(a4) -sin(a4);sin(a4) cos(a4)];
% 姿态变换矩阵
R4=[r41 r42].';
% 杆 4 体坐标系原点坐标
u_4d=[-0.5*L4 0].';
% D点在体坐标系 4 下的坐标
u_3d=[ 0.5*L3 0].';
% D点在体坐标系 3 下的坐标
r4d=R4+A4*u_4d;
% D点在全局坐标系下的坐标
r3d=R3+A3*u_3d;
% D点在全局坐标系下的坐标
fun4=r4d-r3d;
% D点约束方程

%% ----2.3.4 E点约束方程

u_4e=[0.5*L4,0].';
% E点在体坐标系 4 下的坐标
u_0e=[L5,0].';
% E点在体坐标系 5 下的坐标
r4e=R4+A4*u_4e;
% E点在全局坐标系下的坐标
fun5=r4e-u_0e;
% E点约束方程

%% --2.4 总约束方程建立

func=[fun1;fun2;fun3;fun4;fun5];

%% --2.5 解约束方程组解析解

resu=solve (func(1:10),r11,r12,r21,
            r22,a2,r31,r32,a3,r41,r42);
class(resu)
S=struct2cell(resu);
%% --2.6 筛选后写入 txt 文件
S3={'r11=','r12=','r21=','r22=','a2=',
  'r31=','r32=','a3=','r41=','r42='};
for i=1:length(S(:,1))
    S1(i,:)=simplify((S{i}(1)));
    S4{i,:}=[S3{i},char(S1(i,:))];
end

file=fopen('Constrain_position_hh.txt','wt');
% 方便计算机读
fprintf(file,'% s\n',S1);
fclose(file);

file=fopen('Constrain_position_rhh.txt','wt');
% 方便人读
for i=1:length(S4)
    fprintf(file,'% s\n',S4{i});
end
fclose(file);

%% 3.速度剥离 2021/11/2
%% --3.1 独立变量定义

q_i=[a1;  a4];
dq_i=[da1; da4];
ddq_i=[dda1;dda4];

%% --3.2 因变量定义

q_d=[ r11, r12, r21, r22, a2,
      r31, r32, a3, r41, r42].';
```

```
dq_d=[ dr11, dr12, dr21, dr22, da2,
      dr31, dr32, da3, dr41, dr42].';
ddq_d=[ddr11,ddr12, ddr21, ddr22, dda2,
      ddr31, ddr32, dda3, ddr41, ddr42].';

%% --3.3求各变量雅可比矩阵
Cq_d=jacobian(func,q_d);
% 因变量的雅可比矩阵
Cq_i=jacobian(func,q_i);
% Cq_i=diff(func,q_i);
% 自变量的雅可比矩阵
C_t=zeros(10,1);
% 时间的雅可比矩阵
%% --3.4因变量解析解
dq_d=simplify(-Cq_d^-1*Cq_i*dq_i
                -Cq_d^-1*C_t);
% 因变量解析解
%% --3.5写入 txt 文件
file=fopen('Constrain_velocity_hh.txt','wt');
% 方便计算机读
fprintf(file,'% s\n',dq_d);
fclose(file);

S 3={'dr11=','dr12=','dr21=','dr22=','da2 =',
    'dr31=','dr32=','da3=','dr41=','dr42='};
for i=1:length(dq_d)
    S4{i,:}=[S3{i},char(dq_d(i,:))];
end
file=fopen('Constrain_velocity_rhh.txt','wt');
% 方便人读
for i=1:length(S4)
    fprintf(file,'% s\n',S4{i});
end
fclose(file);

%% 4.加速度剥离 2021/11/4
%% 4.1将独立变量与因变量进行合并
q_n=[ q_i; q_d];
dq_n=[ dq_i; dq_d];
ddq_n=[ddq_i;ddq_d];

M_C=[zeros(1,2)   1   zeros(1,9);
     zeros(1,3)   1   zeros(1,8);
                  1   zeros(1,11);
     zeros(1,4)   1   zeros(1,7);
     zeros(1,5)   1   zeros(1,6);
     zeros(1,6)   1   zeros(1,5);
     zeros(1,7)   1   zeros(1,4);
     zeros(1,8)   1   zeros(1,3);
     zeros(1,9)   1   zeros(1,2);
     zeros(1,10)  1       0;
     zeros(1,11)          1;
         0           1   zeros(1,10)];
% q==M_C*q_n;


C_di=-Cq_d^-1*Cq_i;
B_di=[eye(2);C_di];
C_tt=diff(C_t,t);
Cq_n=jacobian(func,q_n);
Cq_nt=diff(jacobian(func,q_n),t);

Qc=-(jacobian(Cq_n*dq_n,q_n)*
     dq_n+2*Cq_nt*dq_n+C_tt);
Q_c=[zeros(2,1);((Cq_d)^-1)*Qc];

%% --4.2因变量加速度求解
ddq_d=simplify(C_di*ddq_i+Cq_d^-1*Qc);
% 因变量加速度求解

%% --4.3各变量速度及加速度求解
dq_n=simplify(B_di*dq_i+[zeros(2,1);
                -(Cq_d^-1)*C_t]);
% 各变量速度求解

ddq_n=simplify(B_di*ddq_i+Q_c);
% 各变量加速度求解

%% --4.3写入 txt 文件
file= fopen ('Constrain_accelerate_hh.txt
            ','wt');
% 方便计算机读
fprintf(file,'% s\n',ddq_d);
fclose(file);

S3={'ddr11=','ddr12=','ddr21=','ddr22=',
    'dda2=','ddr31=','ddr32=','dda3=','
    ddr41=','ddr42='};
for i=1:length(ddq_d)
S4{i,:}=[S3{i},char(ddq_d(i,:))];
```

```
end
file=fopen('Constrain_accelerate_rhh.
          txt','wt');
% 方便人读
for i=1:length(S4)
    fprintf(file,'% s\n',S4{i});
end
fclose(file);

t_m=0:0.01:10;
nn=length(t_m);
mm=0;
w=10;
% syms t w
% a1=exp(-t)*cos(t*w)^1
% 角度变化表达式
% da1=diff(a1,t) % 一次求导求角速度
% da1=-exp(-t)*cos(t*w)-w*exp(-t)*sin(t*w);
% dda1=diff(a1,t,2); % 二次求导求角加速度
% dda1=exp(-t)*cos(t*w)-w^2*exp(-t)*cos(t*w)+
       2*w*exp(-t)*sin(t*w);

for ii=1:nn
    mm=mm+1;
    t=t_m(ii);
    a1=exp(-t)*cos(t*w)^1;
    %a01=1;a02=1;a03=1;a04=1;
%a1=a01*t^3+a02*t^2+a03*t+a04;
%a01 为加加速度或急动度
    a1=exp(-t)*cos(t*w)^1;
    da1=-exp(-t)*cos(t*w) -w*exp(-t)*sin(t*w);
    dda1=exp(-t)*cos(t*w)-w^2*exp(-t)*
          cos(t*w)+2*w*exp(-t)*sin(t*w);

    a4=exp(-t)*cos(t*w)^1;
    da4=-exp(-t)*cos(t*w)-w*exp(-t)*sin(t*w);
    dda4=exp(-t)*cos(t*w)-w^2*exp(-t)*
          cos(t*w)+2*w*exp(-t)*sin(t*w);

    r11=cos(a1)/2;
    r12=sin(a1)/2;

  % 由于各变量速度表达式较长可读性差解析式在
此省略不予表达
    r11_m(ii)=r11;
    r12_m(ii)=r12;
    a1_m(ii)=a1;
    r21_m(ii)=r21;
    r22_m(ii)=r22;
    a2_m(ii)=a2;
    r31_m(ii)=r31;
    r32_m(ii)=r32;
    a3_m(ii)=a3;
    r41_m(ii)=r31;
    r42_m(ii)=r32;
    a4_m(ii)=a3;

    dr11_m(ii)=dr11;
    dr12_m(ii)=dr12;
    da1_m(ii)=da1;
    dr21_m(ii)=dr21;
    dr22_m(ii)=dr22;
    da2_m(ii)=da2;
    dr31_m(ii)=dr31;
    dr32_m(ii)=dr32;
    da3_m(ii)=da3;
    dr41_m(ii)=dr31;
    dr42_m(ii)=dr32;
    da4_m(ii)=da3;

    ddr11_m(ii)=ddr11;
    ddr12_m(ii)=ddr12;
    dda1_m(ii)=dda1;
    ddr21_m(ii)=ddr21;
    ddr22_m(ii)=ddr22;
    dda2_m(ii)=dda2;
    ddr31_m(ii)=ddr31;
    ddr32_m(ii)=ddr32;
    dda3_m(ii)=dda3;
    ddr41_m(ii)=ddr31;
    ddr42_m(ii)=ddr32;
    dd43_m(ii)=dda3;

end

figure(1)

set(gca,'FontSize',18)
set(gca,'Fontname','Times new roman')
plot(t_m,r11_m,'k',t_m,dr11_m,'r',
```

```
t_m,ddr11_m,'b','linewidth',0.8);
xlabel('\itt\rm/s');
legend('\fontname{宋体}位置','\fontname
{宋体}速度','\fontname{宋体}加速度','location',
'north','Orientation','horizon');
set(gca,'FontSize',18)
set(gca,'Box','off');
%%set(gca,'XLim',[-50,400]);
%%set(gca,'YLim',[-400,70]);
%axis equal


figure(2)
plot(t_m,r11_m,'k')
hold on
plot ([0 t_m(end)],[r11_m(end) r11_m
    (end)],'--k')
xlabel('\itt\rm/s');
set(gca,'FontSize',18)
set(gca,'YLim',[0,0.6])
set(gca,'Box','off')


figure(3)
plot(t_m,r12_m,'k')
hold on
plot([0 t_m(end)],[r12_m(end) r12_m(end)],'--k')
xlabel('\itt\rm/s');
set(gca,'FontSize',18)
set(gca,'Box','off');


figure(4)
plot(t_m,a1_m*180/pi,'k')
hold on
plot([0 t_m(end)],[a1_m(end) a1_m(end)],'--k')
xlabel('\itt\rm/s');
set(gca,'FontSize',18)
set(gca,'Box','off');


figure(5)
subplot(3,1,3),plot(t_m,a1_m*180/pi)
xlabel('{\it{t}}/s','interpreter','tex','
FontSize',14)
ylabel('\theta^{1}/^0','interpreter',
'tex','FontSize',14)
subplot(3,1,2),plot(t_m,da1_m*180/pi)
subplot(3,1,1),plot(t_m,dda1_m*180/pi)
```

3.10.4 动力学程序

动力学程序如下。

```
clear all
clc

syms a1 r11 r12 da1 dr11 dr12
dda1 ddr11 ddr12  L1 m1
syms a2 r21 r22 da2 dr21 dr22
dda2 ddr21 ddr22  L2 m2
syms a3 r31 r32 da3 dr31 dr32
dda3 ddr31 ddr32  L3 m3
syms a4 r41 r42 da4 dr41 dr42
dda4 ddr41 ddr42  L4 m4
syms a5 r51 r52 da5 dr51 dr52
dda5 ddr51 ddr52  L5 m5
syms Tw1 Tw2 Tw3 Tw4 t g

L1=1;L2=3;L3=3;L4=1;L5=1;

A1=[cos(a1) -sin(a1);sin(a1) cos(a1)];
% 姿态变换矩阵
A2=[cos(a2) -sin(a2);sin(a2) cos(a2)];
% 姿态变换矩阵
A3=[cos(a3) -sin(a3);sin(a3) cos(a3)];
% 姿态变换矩阵
A4=[cos(a4) -sin(a4);sin(a4) cos(a4)];
% 姿态变换矩阵

dA1=diff(A1);
dA2=diff(A2);
dA3=diff(A3);
```

```
dA4=diff(A4);

% 构件 1
G1=[0 -m1*g].';
u1_0=[0 0]';
Q1g=(G1.'*[eye(2) dA1*u1_0]).';
Q1t=[0 0 Tw1].';
% 系统 1 驱动广义力
Q1=Q1g+Q1t;
% 系统 1 广义力

% 构件 2
G2=[0 -m2*g].';
u2_0=[0 0]';
Q2g=(G2.'*[eye(2) dA2*u2_0]).';
% 系统 2 重力广义力
Q2t=[0 0 0].';
% 系统 2 驱动广义力
Q2=Q2g+Q2t;
% 系统 2 广义力

% 构件 3
G3=[0 -m3*g].';
u3_0=[0 0]';
Q3g=(G3.'*[eye(2) dA3*u3_0]).';
% 系统 3 广义力
Q3t=[0 0 0].';
% 系统 3 驱动广义力
Q3=Q3g+Q3t;
% 系统 3 广义力

% 构件 4
G4=[0 -m4*g].';
u4_0=[0 0]';
Q4g=(G4.'*[eye(2) dA4*u4_0]).';
% 系统 4 广义力
Q4t=[0 0 Tw4].';
% 系统 4 驱动广义力
Q4=Q4g+Q4t;
% 系统 4 广义力

Q=[Q1;Q2;Q3;Q4];
% 系统广义力,与 q 对应
M_T=[ zeros(1,2)  1  zeros(1,9);
      zeros(1,3)  1  zeros(1,8);
                  1  zeros(1,11);
      zeros(1,4)  1  zeros(1,7);
      zeros(1,5)  1  zeros(1,6);
      zeros(1,6)  1  zeros(1,5);
      zeros(1,7)  1  zeros(1,4);
      zeros(1,8)  1  zeros(1,3);
      zeros(1,9)  1  zeros(1,2);
      zeros(1,10) 1      0;
      zeros(1,11)        1;
          0       1  zeros(1,10) ];
Q_n=M_T.'*Q;
% 系统广义力,与 q_n 对应
%% 广义质量矩阵
M1=[m1, 0, 0;0, m1, 0;0,0, (L1^2*m1)/12];
M2=[m2, 0,0;0, m2,0;0,0, (L2^2*m2)/12];
M3=[m3, 0,0;0, m3,0;0, 0, (L3^2*m3)/12];
M4=[m4,0, 0;0, m4,0;0, 0, (L4^2*m4)/12];
M=[M1,zeros(3,9);zeros(3,3), M2,zeros(3,6);
   zeros(3,6),M3,zeros(3,3);zeros(3,9), M4,];
M_n=M_T.'*M*M_T;
% 与 q_n 对应的系统质量矩阵


func=[ 11 - cos(a1)/2;r12 - sin(a1)/2;
r21-r11-cos(a1)/2 - (3*cos(a2))/2;
r22-r12-sin(a1)/2 - (3*sin(a2))/2;
r31-r21-(3*cos(a2))/2-(3*cos(a3))/2;
r32-r22-(3*sin(a2))/2-(3*sin(a3))/2;
  r41-r31-(3*cos(a3))/2-cos(a4)/2;
  r42-r32-(3*sin(a3))/2-sin(a4)/2;
  r41+cos(a4)/2-1;r42+sin(a4)/2];
q_i=[  a1;  a4];
dq_i=[ da1; da4];
ddq_i=[dda1;dda4];

q_d=[r11,r12,r21,r22,a2,r31,r32,a3,r41,
    r42].';
dq_d=[dr11,dr12,dr21,dr22,da2,
dr31,dr32,da3,dr41,dr42].';
ddq_d=[ddr11,ddr12,ddr21, ddr22,dda2,
ddr31, ddr32, dda3, ddr41,ddr42].';

q_n=[ q_i; q_d];
dq_n=[ dq_i; dq_d];
ddq_n=[ddq_i;ddq_d];
```

```
Cq_d=jacobian(func,q_d);
% 因变量的雅可比矩阵
Cq_i=jacobian(func,q_i);
% 自变量的雅可比矩阵
C_t=zeros(10,1);
% 时间的雅可比矩阵

C_di=-Cq_d^-1*Cq_i;
B_di=[eye(2);C_di];
C_tt=diff(C_t,t);
Cq_n=jacobian(func,q_n);
Cq_nt=diff(jacobian(func,q_n),t);

Qc=-(jacobian(Cq_n*dq_n,q_n)
*dq_n+2*Cq_nt*dq_n+C_tt);
Q_c=[zeros(2,1);((Cq_d)^-1)*Qc];
Q11=-M_n*Q_c;
Q_v=zeros(12,1);

Q_i=simplify(B_di.'*(Q_n+Q11+Q_v));
% size(Q_i)维数为 3,与系统自由度对应
symvar(Q_i)
% 读取 Q_i 中包含的变量;[ Tw1, Tw2, Tw3,
a1, a2, a3, da1, da2, da3, g, m1, m2, m3]
M_ni=simplify(B_di.'*M_n*B_di);

dyn_fun=M_ni*ddq_i-Q_i;
symvar(dyn_fun)
% [ Tw1, Tw2, Tw3, a1, a2, a3, da1, da2, da3,
dda1, dda2,dda3, g, m1, m2, m3]
[Tw1_s,Tw4_s]=solve(dyn_fun,Tw1,Tw4);
Tw=[Tw1_s,Tw4_s].';
symvar(Tw) % [ a1, a2, a3, da1, da2,
da3,dda1, g, m1, m2, m3]

fprintf(' M_ni=% s\n',M_ni);
fprintf('  Q_i=% s\n',Q_i);
fprintf('ddq_i=% s\n',ddq_i);
fprintf('  Tw1=% s\n',Tw1_s);
fprintf('  Tw4=% s\n',Tw4_s);
```

3.11 本章小结

本章主要介绍了由相互连接的刚体组成的多体系统动力学微分方程的推导方法;首次引入了广义坐标、自由度、虚功和广义力的概念,随后又利用达朗贝尔原理推导了拉格朗日方程;考虑了完整系统和非完整系统;还讨论了哈密顿原理,演示了哈密顿原理和拉格朗日方程之间的等价性。并且,本章还应用拉格朗日方程推导多体系统中单个刚体的运动微分方程,这些方程被写成矩阵的形式。本章还讨论了平面运动这种特殊情况。在本章给出的拉格朗日方程中,广义坐标、速度和力的概念被用于计算标量函数,如动能、势能或拉格朗日量,并推导了由刚体组成的多体系统的动力学方程。但是,该方法等价于牛顿-欧拉法,使用拉格朗日方程来推导牛顿-欧拉方程的过程验证了该等价性。最后,出于演示的目的,综合使用前文所述的运动学及动力学方程建立方法,对平面五连杆机构进行动力学模型的构建及数值仿真,仿真结果验证了本书所介绍的运动学及动力学建模方法的合理有效性。

受限于篇幅,有一些推导刚体系统动力学方程的重要方法没有介绍,如 Apell 方程(Neimark 和 Fufaev,1972;Shabana,2010)。该方法能够用来推导完整系统和非完整系统的动力学方程。在 Apell 方程中,函数 S 称为加速度函数或加速度能,与拉格朗日方程中的动能类似。该函数完整地描述了完整系统和非完整系统的动力学特性,就像拉格朗日方程中的动能那样。然而,需要强调的是,尽管 Apell 方程的形式非常简单,但求解加速度函数要比求解动能表达式困难得多。

1. 绝对坐标和递推法

由多个刚体组成的多体系统的自动动力学分析的计算机方法总体来说可以分为两类。在第一类方法中，系统的位形是由一系列描述多体系统内物体位置和姿态的笛卡儿坐标确定的。这种方法的优点是推导运动方程的动力学方法直接、明确。此外，该方法允许附加复杂的力函数和约束方程。系统中每一个空间刚体采用六个坐标描述物体位形。应用一组非线性代数约束方程，可将系统中不同刚体之间的连接关系引入动力学方程。这组约束方程可以使用拉格朗日乘子与系统运动方程联立起来，也可以使用约束雅可比矩阵的广义坐标分块来确定一组独立坐标。但是，在这种方法中，并不能具体获得相对铰坐标以及它们对时间的导数。

在第二种方法中，相对铰变量被用来构成最小个数的运动微分方程。在这种方法中，动力学微分方程由系统自由度表示，这决定了它是递推公式。与基于笛卡儿坐标的方法不同，广义力函数和约束方程的合并在递推法中很难实现。牛顿-欧拉方程通常用来推导机械臂的递推方程。连杆速度和加速度由始端关节向末端关节传递，因此，铰力矩也可以由末端关节向始端关节递推求解。运用拉格朗日公式还可以得到另一种类似的递推法(Hollerbach，1980)。

在称为速度传递(Jerkovsky，1978；Kim 和 Vanderploeg，1986)的混合公式中，动量(牛顿-欧拉方程)和速度(拉格朗日方程)公式被用来推导由刚体组成的树状多体系统的运动微分方程。多体系统中刚体的运动方程首先由笛卡儿坐标表示，再由速度传递矩阵将铰坐标和笛卡儿坐标联系起来。这个速度传递用于减少微分方程的数量，并将这些方程由相对铰变量表示。

2. 惯性形状积分

从本章的推导可以看出，由相互连接的刚体组成的多体系统的动力学方程是高度非线性的二阶常微分方程。这主要是因为刚体做有限转动。但是，大型多刚体系统的动力学公式可用数值计算求解，并采用较通用的方式实现自动化。事实上，目前存在许多通用的计算机程序，可以对大型多刚体系统的运动微分方程进行自动生成和数值计算。尽管这些方程高度非线性，但方程的结构还是很容易确定的。由前面章节的推导可知，在刚体 i 的质量和如下公式给出的惯性形状积分确定后，这些方程能够以系统化的方式来生成。

惯性形状积分为

$$\begin{cases} \boldsymbol{I}_1^i = \int_{V^i} \rho^i \bar{\boldsymbol{u}}^i \mathrm{d}V^i = \int_{V^i} \rho^i [x_1^i \quad x_2^i \quad x_3^i]^{\mathrm{T}} \mathrm{d}V^i \\ I_{kl}^i = \int_{V^i} \rho^i x_k^i x_l^i \mathrm{d}V^i \quad k,l = 1,2,3 \end{cases} \tag{3.299}$$

式中：$\bar{\boldsymbol{u}}^i = [x_1^i \quad x_2^i \quad x_3^i]^{\mathrm{T}}$；$\rho^i$、$V^i$ 分别为刚体 i 的质量密度和体积。积分 $\boldsymbol{I}_1^i$ 表示刚体的质量矩，如果体坐标系的原点固连于刚体的质心，则 $\boldsymbol{I}_1^i$ 可确定为零矢量。为了计算式(3.231)中的惯性张量 $\bar{\boldsymbol{I}}_{\theta\theta}^i$，需要计算积分 I_{kl}^i。如果刚体 i 有着复杂的几何外形，则式(3.299)中的积分可以在动力学分析的预处理阶段事先由计算机计算或者手动计算。也可以假设刚体 i 含有 n_P 个质点，使用集中质量方法来处理。此时，式(3.299)中的积分为

$$\begin{cases} \boldsymbol{I}_1^i = \sum_{j=1}^{n_P} m^{ij}\bar{\boldsymbol{u}}^{ij} = \sum_{j=1}^{n_P} m^{ij}[x_1^{ij} \quad x_2^{ij} \quad x_3^{ij}]^{\mathrm{T}} \\ I_{kl}^i = \sum_{j=1}^{n_P} m^{ij}x_k^{ij}x_l^{ij} \quad k,l=1,2,3 \end{cases} \tag{3.300}$$

式中:m^{ij}为刚体 i 上的第 j 个点的质量;$\bar{\boldsymbol{u}}^{ij}=[x_1^{ij} \quad x_2^{ij} \quad x_3^{ij}]^{\mathrm{T}}$,为该点在体坐标系内的位置矢量。

第 5 章将会指出,多体系统中变形体的非线性运动方程也可根据一组取决于假设位移场的惯性形状积分确定。这些积分可以使用一致质量或集中质量来计算。一旦这些积分确定下来,变形体的动力学方程就可以系统的方式推导出来,并且由数值计算求解,以相当通用的方式实现自动化。

第4章　2杆轮式线弹性-阻尼悬架移动刚性机械手运动学、动力学、静力学研究与仿真

4.1　引　　言

移动机械手在移动载体和机械手间存在动力学耦合问题。如果忽略移动基座或假定移动基座固定，则对机械手进行运动学、动力学分析时，将导致末端执行器错误定位。移动机械手是一个复杂的综合系统，它需要驱动、感知和控制等系统协同完成不同载荷工况下的既定任务。为了提高产品品质，有必要考虑那些在过去分析中忽略的因素。同时随着移动机械手的发展，不同应用领域对移动机械手的工作速度提出了不同的要求。对高速、需精确执行任务的移动机械手来说，如果忽略悬架的影响，则所建立的数学模型不能准确地描述物理模型，甚至会产生很大的误差。

选择合适的悬架系统，可以缓解或降低不规则路面对机械手在力与位移等方面的影响，同时由于悬架系统的引入，移动机械手末端执行器运动学和动力学特性将受到很大的影响，如：① 缓和由地面不平引起的系统振动与冲击；② 提高移动机械手运动的平顺性；③ 加速衰减系统的部分振动；④ 传递悬架与移动载体间的力与力矩；等等。但是悬架的引入导致描述具有悬架系统的移动机械手系统动力学方程具有高度非线性、高耦合性，使得推导和求解其运动学方程、动力学方程变得相当复杂。过去，研究者对移动机械手动力学模型的建立与控制显示出极大的兴趣。然而通常情况下，在动力学模型中没有考虑悬架的影响，因此，移动载体的自由度被加到机械手上。这样，移动机械手被视为冗余度机械手。Dubowsky 等提出了一种编程法，用于保障在一定外界动力扰动下，机械手执行速度任务时能保持稳定。Paradopoulos 等提出了针对移动机械手的稳定性裕度，该裕度易于计算。Yamamoto 等研究了移动机械手在执行任务时，机械手与移动载体间的动力学相互作用。Carrikar 等研究了移动机械手在执行既定任务时的运动规划（一系列末端执行器位姿、力（矩））问题。Lakota 等研究了具有弹性元素的移动机械手问题，他们应用拉格朗日方程和有限元的方法推导了其动力学方程。Wang 等研究了移动机械手的速度控制问题。Hootsmans 应用牛顿-欧拉公式推导了平面 3 连杆移动机械手的动力学方程。Akpan 和 Kujath 研究了平面移动机械手性能对系统参数（如刚度、阻尼、路面表面粗糙度等）的敏感性问题。Yu 和 Chen 介绍了一个用于推导移动机械手动力学方程的通用方法，介绍了定义移动平台

与机械手之间的耦合状态的术语。Korayem 和 Ghariblu 采用拉格朗日方法和关节坐标构造了移动机械手的动力学模型。该模型考虑了机械手的平面弹性小变形和轮子的非完整约束。Korayem、Ghariblu 和 Basu 针对具有弹性关节的移动机械手，考虑倾覆稳定性约束，推导了该机器人的最大承受载荷。以上的研究工作得出的动力学模型皆没有考虑悬架系统。轮式移动机械手的动力学问题属于多体系统动力学研究的范畴。文献［12］至［15］对刚体、柔体、刚柔混合多体系统动力学模型的构建都有所描述。

Oelen 等研究了具有弹簧悬架系统的移动机械手，然而在他们的论文中并未涉及运动学与动力学问题。Tohboub 研究了具有悬架系统的移动机械手，然而他未能对移动载体的运动（幅度与模式）进行准确建模，并将移动载体视为外界扰动。Meghdari 等利用牛顿-欧拉方程，采用关节坐标，研究了具有 1 个自由度的机械手和 2 个自由度的悬架移动载体的移动机械手。Naderi 等利用牛顿-欧拉方程，研究了具有 2 个自由度的机械手和 2 个自由度的悬架移动载体的移动机械手。他们皆假设机械手构件质量为集中质量，忽略了其惯性矩的影响，该动力学研究基于质点动力学，没有考虑刚体转动变量与移动变量的耦合现象，所建立的动力学模型只能近似描述系统动力学行为。近年来，对移动机械手的运行速度提出了更高的要求，这种基于质点动力学的动力学模型的弊端就更为突出了。也有文献（例如文献［18］、［19］）给出了动力学正解模型，没有给出系统动力学模型，而只采用数值的方法，近似得到其逆解。

本章在笛卡儿坐标系下，构建移动机械手系统的完整运动学正、反解模型和动力学正、反解模型（包含静力学模型，用于微分方程初值分析和系统参数优化）；建立系统动力学模型并给定轨迹及相关边界条件，进行系统相关参数优化与确定；通过比较给定轨迹与计算轨迹（来自动力学模型的数值解）来验证动力学模型的正确性。

4.2 2 杆轮式悬架移动机械手运动学、动力学、静力学分析

轮式悬架移动机械手是综合系统，它由轮式悬架移动载体（平台）和机械手组成，如图 4.1 所示。该机械手具有 3 个转动关节，针对具体的任务，θ^2 用于调整其构型以确保系统的稳定性（主要用于非精确实时轨迹跟踪工况）。在推导该移动机械手运动学模型时，假定 θ^2 不变（即构件 1 和构件 2 相对位置锁定），则构件 1、2 和移动载体组成等效构件 1，简称构件 1（如无特殊说明，构件 1 即等效构件 1）。本章中做如下假设：该车轮为刚体，且无质量；移动载体以恒线速度 v 运行在可用正弦函数描述的地面上。这里仅考虑移动机械手平面工况的相关问题。

所需坐标系：全局笛卡儿坐标系 OX^0Y^0、体坐标 $O^iX^iY^i$（与构件 i 质心刚性连接，这样可以避免构件移动与转动变量间的动力学耦合，随后将具体分析），其中 $i=1,3,4$。如图 4.1、图 4.2 所示，构件 3 上任一点相对全局坐标系 OX^0Y^0 原点的位置矢量为

$$\boldsymbol{r}^3=\boldsymbol{R}^3+\boldsymbol{A}^3\overline{\boldsymbol{u}}^3 \tag{4.1}$$

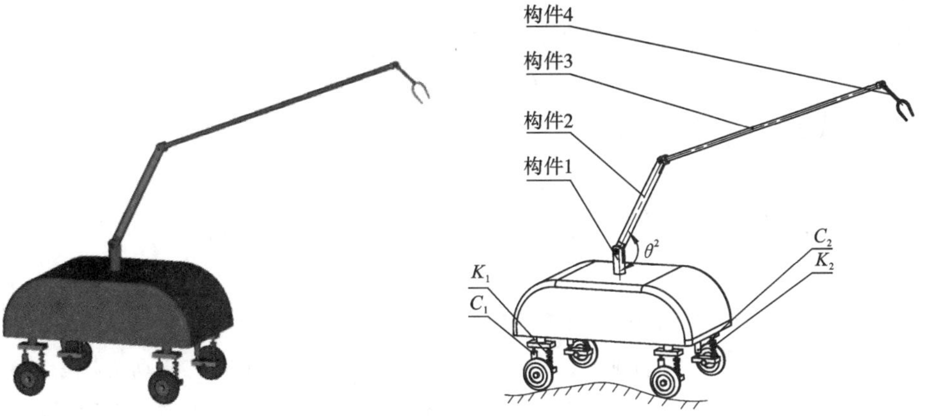

图 4.1　轮式悬架移动机械手

K_i、C_i 分别为该轮式悬架移动机械手系统的弹簧刚度系数和阻尼系数，其中 $i=1,2$

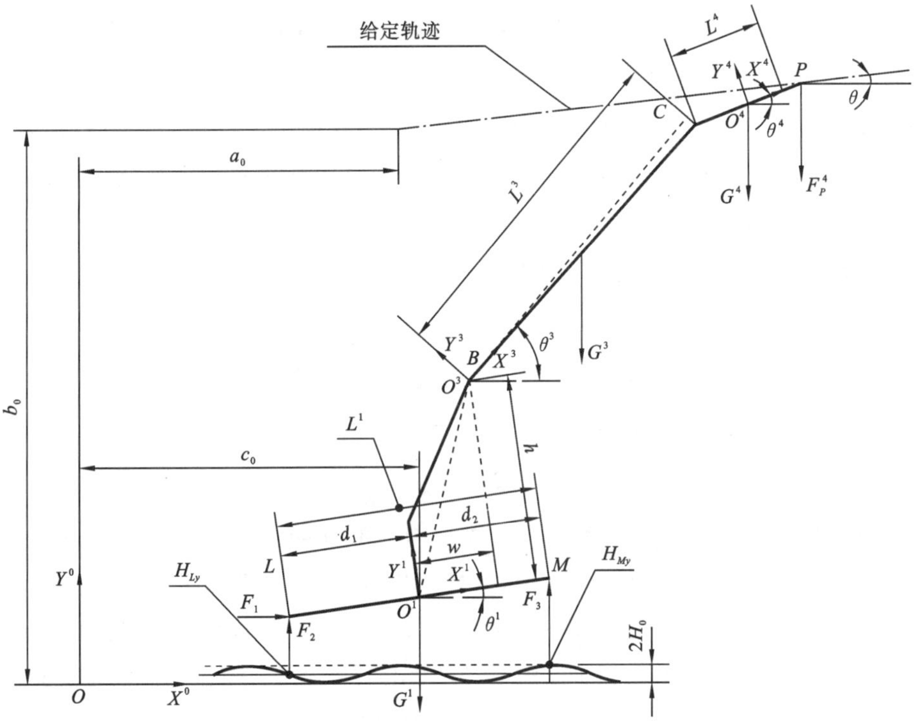

图 4.2　轮式悬架移动机械手工况

式中：$\boldsymbol{R}^3=[r_1^3 \quad r_2^3]_{1\times 2}^{\mathrm{T}}$，为构件 3 体坐标系 $O^3X^3Y^3$ 原点相对全局坐标系 OX^0Y^0 原点的位置矢量，上标“T”表示矩阵的转置，下标“1×2”表示矢量的维数；$\boldsymbol{A}^3=\begin{bmatrix}\cos\theta^3 & -\sin\theta^3 \\ \sin\theta^3 & \cos\theta^3\end{bmatrix}$，为构件 3 体坐标系相对全局坐标系的变换矩阵；$\bar{\boldsymbol{u}}^3=[x^3 \quad 0]_{1\times 2}^{\mathrm{T}}$，为构件 3 上任一点相对其体坐标系的位置矢量。其中带上横线(—)的量表示其相对于其体坐标系，无上横线的量表示其相对于全

局坐标系。

同理，其他构件上任一点的位置矢量可表示为

$$\boldsymbol{r}^i=\boldsymbol{R}^i+\boldsymbol{A}^i\bar{\boldsymbol{u}}^i,\quad i=1,4$$

式中：上标“i”代表构件标号。

4.2.1　系统运动学分析

轮式悬架移动机械手约束包括完整约束和非完整约束。完整约束来自机械手构件间的转动副，这里假设该运动副为转动副，如图 4.2 所示。假设本章所研究的移动机械手的轮子始终与路面接触（需评定路面对移动载体的支反力及摩擦力，以评定移动机械手在跟踪给定轨迹时的稳定性指标），则来自移动机械手关节转动副与移动载体水平恒速的约束方程为 $\boldsymbol{C}_1(\boldsymbol{q}_n,t)=\boldsymbol{0}_{5\times1}$：

$$\begin{bmatrix}\boldsymbol{C}^{34}(\boldsymbol{q}^3,\boldsymbol{q}^4)_{2\times1}\\ \boldsymbol{C}^{31}(\boldsymbol{q}^1,\boldsymbol{q}^3)_{2\times1}\\ \boldsymbol{C}^{1}(\boldsymbol{q}^1,t)_{1\times1}\end{bmatrix}=\begin{bmatrix}\boldsymbol{R}^3+\boldsymbol{A}^3\bar{\boldsymbol{u}}_C^3-\boldsymbol{R}^4-\boldsymbol{A}^4\bar{\boldsymbol{u}}_C^4\\ \boldsymbol{R}^3+\boldsymbol{A}^3\bar{\boldsymbol{u}}_B^3-\boldsymbol{R}^1-\boldsymbol{A}^1\bar{\boldsymbol{u}}_B^1\\ r_1^1-vt-c_0\end{bmatrix}=\boldsymbol{0}_{5\times1}\tag{4.2}$$

其中，$\boldsymbol{q}_n=[\boldsymbol{q}^{1^{\mathrm{T}}}\quad \boldsymbol{q}^{3^{\mathrm{T}}}\quad \boldsymbol{q}^{4^{\mathrm{T}}}]_{1\times9}^{\mathrm{T}}$，为系统构型变量（随后有具体描述）；$\boldsymbol{C}^{34}$、$\boldsymbol{C}^{31}$分别是来自构件 3 与构件 4、构件 1 与构件 3 关节转动副的约束；$\boldsymbol{C}^1$为移动载体水平恒速的约束；$\bar{\boldsymbol{u}}_C^3$、$\bar{\boldsymbol{u}}_C^4$ 为构件 3、构件 4 间转动铰接点 C 的位置矢量；$\bar{\boldsymbol{u}}_B^3$、$\bar{\boldsymbol{u}}_B^1$ 为构件 3 与构件 1 间转动铰接点 B 的位置矢量；v 为移动载体水平速度；$\boldsymbol{q}^1$、$\boldsymbol{q}^3$、$\boldsymbol{q}^4$ 分别为描述移动机械手构件 1、构件 3、构件 4 的构型矢量，即

$$\begin{cases}\boldsymbol{q}^1=[\boldsymbol{R}^{1^{\mathrm{T}}}\quad\theta^1]^{\mathrm{T}}=[r_1^1\quad r_2^1\quad\theta^1]^{\mathrm{T}}\\ \boldsymbol{q}^3=[\boldsymbol{R}^{3^{\mathrm{T}}}\quad\theta^3]^{\mathrm{T}}=[r_1^3\quad r_2^3\quad\theta^3]^{\mathrm{T}}\\ \boldsymbol{q}^4=[\boldsymbol{R}^{4^{\mathrm{T}}}\quad\theta^4]^{\mathrm{T}}=[r_1^4\quad r_2^4\quad\theta^4]^{\mathrm{T}}\end{cases}\tag{4.3}$$

来自移动机械手末端执行器跟踪的给定轨迹的约束为 $\boldsymbol{C}_2(\boldsymbol{q}_n,t)=\boldsymbol{0}_{2\times1}$：

$$\boldsymbol{r}_P^4-[vt\cos(\theta)+a_0\quad\tan(\theta)r_{PX}^4+b_0]^{\mathrm{T}}=\boldsymbol{0}_{2\times1}\tag{4.4}$$

式中：$\boldsymbol{r}_P^4=[r_{PX}^4\quad r_{PY}^4]^{\mathrm{T}}$，为机械手末端执行器位置矢量，即图 4.2 所示的“给定轨迹”。

本章所研究的轮式悬架移动机械手属于开环多体系统，其末端执行器没有受到支反力的作用。在进行轮式悬架移动机械手正运动学、正动力学分析时，仅考虑约束方程$\boldsymbol{C}_1(\boldsymbol{q}_n,t)=\boldsymbol{0}_{5\times1}$即可。由于移动载体弹性悬架的引入，轮式悬架移动机械手运动学与动力学相互耦合，当进行系统逆运动学、逆动力学分析时，应该注意约束方程 $\boldsymbol{C}_1(\boldsymbol{q}_n,t)=\boldsymbol{0}_{5\times1}$ 与$\boldsymbol{C}_2(\boldsymbol{q}_n,t)=\boldsymbol{0}_{2\times1}$ 的组合应用关系。如果直接将 $\boldsymbol{C}_1(\boldsymbol{q}_n,t)=\boldsymbol{0}_{5\times1}$ 与 $\boldsymbol{C}_2(\boldsymbol{q}_n,t)=\boldsymbol{0}_{2\times1}$ 组合，则所构建的逆运动学、逆动力学模型与闭环多体系统动力学模型一致，不能正确表达移动机械手的动力学特性，所以必须注意此二者的组合应用问题。在构建系统正、逆运动学模型时，可以直接将 $\boldsymbol{C}_1(\boldsymbol{q}_n,t)=\boldsymbol{0}_{5\times1}$ 与 $\boldsymbol{C}_2(\boldsymbol{q}_n,t)=\boldsymbol{0}_{2\times1}$ 进行组合，即

$$\begin{bmatrix}\boldsymbol{C}_1(\boldsymbol{q}^1,\boldsymbol{q}^3,\boldsymbol{q}^4,v,t)\\\boldsymbol{C}_2(\boldsymbol{q}^4,t)\end{bmatrix}=\boldsymbol{0}_{7\times1} \tag{4.5}$$

式中：t 为时间。根据约束方程式(4.5)，可以评定系统独立变量。系统独立变量的选取不是唯一的，为了便于分析，这里选取独立坐标变量、关联坐标变量 $\boldsymbol{q}_{1\mathrm{i}}$、$\boldsymbol{q}_{1\mathrm{d}}$ 分别为

$$\boldsymbol{q}_{1\mathrm{i}}=[\theta^3\quad\theta^4] \tag{4.6}$$

$$\boldsymbol{q}_{1\mathrm{d}}=[\boldsymbol{q}^{1^{\mathrm{T}}}\quad\boldsymbol{R}^{3^{\mathrm{T}}}\quad\boldsymbol{R}^{4^{\mathrm{T}}}]^{\mathrm{T}} \tag{4.7}$$

求解式(4.5)，可以得到轮式悬架移动机械手位置逆解的表达式：

$$\begin{cases}r_2^1=f_1(\theta^3,\theta^4)\\\theta^1=f_2(\theta^3,\theta^4)\\r_1^1=vt+c_0\\r_1^3=0.5\cos(\theta^3)L^3+vt+c_0+\cos(\theta^1)w-\sin(\theta^1)h\\r_2^3=0.5\sin(\theta^3)L^3+r_2^1+\sin(\theta^1)w+\cos(\theta^1)h\\r_1^4=\cos(\theta^3)L^3+vt+c_0+\cos(\theta^1)w-\sin(\theta^1)h+0.5\cos(\theta^4)L^4\\r_2^4=\sin(\theta^3)L^3+r_2^1+\sin(\theta^1)w+\cos(\theta^1)h+0.5\sin(\theta^4)L^4\end{cases} \tag{4.8}$$

式中：c_0、w、h 等参数请参看图 4.2。

式(4.8)中 r_2^1、θ^1 的具体表达式相当复杂，为了精简篇幅，这里采用简化表示方法：

$$r_2^1=f_1(\theta^3,\theta^4),\quad \theta^1=f_2(\theta^3,\theta^4)$$

式中：系统独立变量 θ^3、θ^4 取决于系统动力学模型的求解结果。这点充分说明了轮式悬架移动机械手与工业机械手(有固定底座)和无悬架移动机械手的区别。工业机械手(有固定底座)和无悬架移动机械手(非冗余结构)在末端执行器的跟踪轨迹给定时，其构型变量(位置、速度、加速度)通过约束方程可完全确定，运动学与动力学不存在耦合问题，而轮式悬架移动机械手存在耦合问题，这也说明了轮式悬架移动机械手系统运动学与动力学方面的复杂性。

接下来进行速度、加速度系统分析。

由于轮式悬架移动机械手的运动学与动力学耦合性，这里采用式(4.2)作为系统约束方程进行运动学分析，在构建逆动力学模型时，式(4.4)所表达的运动学关系将作为式(4.2)所表达运动学关系的补充，下面将进行具体介绍。

对式(4.2)进行偏微分，可以得到系统独立坐标与关联坐标的速度、加速度关系：

$$\begin{cases}\dot{\boldsymbol{q}}_{\mathrm{d}}=-(\boldsymbol{C}_{\boldsymbol{q}_{\mathrm{d}}})^{-1}\boldsymbol{C}_{\boldsymbol{q}_{\mathrm{i}}}\dot{\boldsymbol{q}}_{\mathrm{i}}-(\boldsymbol{C}_{\boldsymbol{q}_{\mathrm{d}}})^{-1}\boldsymbol{C}_t\\\ddot{\boldsymbol{q}}_{\mathrm{d}}=-(\boldsymbol{C}_{\boldsymbol{q}_{\mathrm{d}}})^{-1}\boldsymbol{C}_{\boldsymbol{q}_{\mathrm{i}}}\ddot{\boldsymbol{q}}_{\mathrm{i}}+(\boldsymbol{C}_{\boldsymbol{q}_{\mathrm{d}}})^{-1}\boldsymbol{Q}_c\\\boldsymbol{Q}_c=-(\boldsymbol{C}_{\boldsymbol{q}}\dot{\boldsymbol{q}})_{\boldsymbol{q}}\dot{\boldsymbol{q}}\end{cases} \tag{4.9}$$

式中：$\boldsymbol{C}_{\boldsymbol{q}_{\mathrm{d}}}=\dfrac{\partial\boldsymbol{C}_1(\boldsymbol{q},t)}{\partial\boldsymbol{q}_{\mathrm{d}}}$；$\boldsymbol{C}_{\boldsymbol{q}_{\mathrm{i}}}=\dfrac{\partial\boldsymbol{C}_1(\boldsymbol{q},t)}{\partial\boldsymbol{q}_{\mathrm{i}}}$；$\boldsymbol{C}_t=\dfrac{\partial\boldsymbol{C}_1(\boldsymbol{q},t)}{\partial t}$；$(\boldsymbol{C}_{\boldsymbol{q}}\dot{\boldsymbol{q}})_{\boldsymbol{q}}=\dfrac{\partial\boldsymbol{C}_{1\boldsymbol{q}}\dot{\boldsymbol{q}}}{\partial\boldsymbol{q}}$，$\boldsymbol{C}_{1\boldsymbol{q}}$ 为来自移动机械手关节转动副与移动载体水平恒速的约束方程对系统构型矢量的导数。$\boldsymbol{q}$、$\dot{\boldsymbol{q}}_{\mathrm{i}}$、$\dot{\boldsymbol{q}}_{\mathrm{d}}$ 具体表达式如下：

$$
\begin{cases}
\boldsymbol{C}_{\boldsymbol{q}_{\mathrm{d}}}=\begin{bmatrix} 0 & 1 & 0 & -1 & 0 \\ 0 & 0 & 1 & 0 & -1 \\ -1 & 1 & 0 & 0 & 0 \\ 0 & 0 & 1 & 0 & 0 \\ 1 & 0 & 0 & 0 & 0 \end{bmatrix} \\
\boldsymbol{q}=[\boldsymbol{q}_{\mathrm{i}}^{\mathrm{T}} \quad \boldsymbol{q}_{\mathrm{d}}^{\mathrm{T}}]^{\mathrm{T}} \\
\boldsymbol{q}_{\mathrm{d}}=[\boldsymbol{r}_1^1 \quad \boldsymbol{R}^{3^{\mathrm{T}}} \quad \boldsymbol{R}^{4^{\mathrm{T}}}]^{\mathrm{T}} \\
\boldsymbol{C}_{\boldsymbol{q}_{\mathrm{i}}}=\begin{bmatrix} \boldsymbol{0}_{2\times 1} & \boldsymbol{0}_{2\times 1} & \boldsymbol{A}_\theta^3\bar{\boldsymbol{u}}_C^3 & -\boldsymbol{A}_\theta^4\bar{\boldsymbol{u}}_C^4 \\ \begin{matrix} 0 \\ -1 \end{matrix} & -\boldsymbol{A}_\theta^1\bar{\boldsymbol{u}}_B^1 & \boldsymbol{A}_\theta^3\bar{\boldsymbol{u}}_B^3 & \boldsymbol{0}_{2\times 1} \\ 0 & 0 & 0 & 0 \end{bmatrix} \\
\boldsymbol{q}_{\mathrm{i}}=[r_2^1 \quad \theta^1 \quad \theta^3 \quad \theta^4]^{\mathrm{T}} \\
\boldsymbol{C}_t=\begin{bmatrix} \boldsymbol{0}_{4\times 1} \\ -v \end{bmatrix}
\end{cases}
\tag{4.10}
$$

$$
\begin{cases}
\boldsymbol{C}_{\boldsymbol{q}}=[\boldsymbol{C}_{\boldsymbol{q}_{\mathrm{i}}} \quad \boldsymbol{C}_{\boldsymbol{q}_{\mathrm{d}}}]_{5\times 9} \\
\dot{\boldsymbol{q}}=\begin{bmatrix} \dot{\boldsymbol{q}}_{\mathrm{i}} \\ \dot{\boldsymbol{q}}_{\mathrm{d}} \end{bmatrix}_{9\times 1}
\end{cases}
\tag{4.11}
$$

可用独立变量表示该轮式悬架移动机械手系统速度和加速度：

$$
\begin{cases}
\dot{\boldsymbol{q}}=\begin{bmatrix} \dot{\boldsymbol{q}}_{\mathrm{i}} \\ \dot{\boldsymbol{q}}_{\mathrm{d}} \end{bmatrix}=\begin{bmatrix} \boldsymbol{I} \\ -(\boldsymbol{C}_{\boldsymbol{q}_{\mathrm{d}}})^{-1}\boldsymbol{C}_{\boldsymbol{q}_{\mathrm{i}}} \end{bmatrix}\dot{\boldsymbol{q}}_{\mathrm{i}}+\begin{bmatrix} 0 \\ -(\boldsymbol{C}_{\boldsymbol{q}_{\mathrm{d}}})^{-1}\boldsymbol{C}_t \end{bmatrix} \\
\dot{\boldsymbol{q}}=\boldsymbol{B}_{\mathrm{di}}\dot{\boldsymbol{q}}_{\mathrm{i}}+\bar{\boldsymbol{Q}}_{ct}
\end{cases}
\tag{4.12}
$$

$$
\begin{cases}
\ddot{\boldsymbol{q}}=\begin{bmatrix} \ddot{\boldsymbol{q}}_{\mathrm{i}} \\ \ddot{\boldsymbol{q}}_{\mathrm{d}} \end{bmatrix}=\begin{bmatrix} \boldsymbol{I} \\ -(\boldsymbol{C}_{\boldsymbol{q}_{\mathrm{d}}})^{-1}\boldsymbol{C}_{\boldsymbol{q}_{\mathrm{i}}} \end{bmatrix}\ddot{\boldsymbol{q}}_{\mathrm{i}}+\begin{bmatrix} 0 \\ (\boldsymbol{C}_{\boldsymbol{q}_{\mathrm{d}}})^{-1}\boldsymbol{Q}_c \end{bmatrix} \\
\ddot{\boldsymbol{q}}=\boldsymbol{B}_{\mathrm{di}}\ddot{\boldsymbol{q}}_{\mathrm{i}}+\bar{\boldsymbol{Q}}_c
\end{cases}
\tag{4.13}
$$

至此，该移动机械手位置、速度和加速度都采用独立变量 $\boldsymbol{q}_{\mathrm{i}}$、$\dot{\boldsymbol{q}}_{\mathrm{i}}$ 和 $\ddot{\boldsymbol{q}}_{\mathrm{i}}$ 表示出来，系统运动学正、逆解推导分析完毕。

4.2.2 系统动力学分析

本小节将对轮式悬架移动机械手系统完整动力学模型（包括正解、逆解）进行分析与推导。由于该系统的动力学与运动学耦合性，在本小节的动力学分析中将引入 4.2.1 节的运动学分析的部分内容。本章研究多体系统动力学，充分考虑了刚体惯性张量在动力学中的作用，而并不是将刚体简化为具有质量和转动惯量的质心（质点动力学）。这种简化仅适用于截面一致的匀质刚体，且其体坐标系与其质心（几何形心）刚性连接的工况。此时刚体转动变量与移动变量没有耦合现象。

1. 系统惯性张量推导

在刚体动力学分析中，刚体构件的惯性张量是重要的几何参数，为此本小节将以矩阵、矢量的形式系统地构建刚体构件的惯性张量。

构件 3 上任一点速度矢量可表示为

$$\dot{\boldsymbol{r}}^3=\dot{\boldsymbol{R}}^3+\boldsymbol{A}_\theta^3\bar{\boldsymbol{u}}^3\dot{\theta}^3=[\boldsymbol{I}_3\quad \boldsymbol{A}_\theta^3\bar{\boldsymbol{u}}^3]\begin{bmatrix}\dot{\boldsymbol{R}}^3\\ \dot{\theta}^3\end{bmatrix}=\boldsymbol{L}^3\dot{\boldsymbol{q}}^3 \tag{4.14}$$

式中：$\boldsymbol{A}_\theta^3$ 为 $\boldsymbol{A}^3$ 相对 θ^3 的导数。

则构件 3 动能为

$$\begin{aligned}T^3&=\frac{1}{2}\int_{V^3}\dot{\boldsymbol{r}}^{3\mathrm{T}}\dot{\boldsymbol{r}}^3\rho^3\mathrm{d}V^3=\frac{1}{2}\dot{\boldsymbol{q}}^{3\mathrm{T}}\int_{V^3}\begin{bmatrix}\boldsymbol{I}_2 & \boldsymbol{A}_\theta^3\bar{\boldsymbol{u}}^3\\ (\boldsymbol{A}_\theta^3\bar{\boldsymbol{u}}^3)^\mathrm{T} & \bar{\boldsymbol{u}}^{3\mathrm{T}}\bar{\boldsymbol{u}}^3\end{bmatrix}\rho^3\mathrm{d}V^3\dot{\boldsymbol{q}}^3\\ &=\frac{1}{2}\dot{\boldsymbol{q}}^{3\mathrm{T}}\begin{bmatrix}\boldsymbol{m}_{RR}^3 & m_{R\theta}^3\\ m_{R\theta}^3 & m_{\theta\theta}^3\end{bmatrix}\dot{\boldsymbol{q}}^3=\frac{1}{2}\dot{\boldsymbol{q}}^{3\mathrm{T}}\boldsymbol{M}^3\dot{\boldsymbol{q}}^3\end{aligned} \tag{4.15}$$

构件 3 体坐标系刚性连接在构件质心上。为了简化分析，假设构件为截面相同的匀质构件，所以 $m_{R\theta}^3=0$（在下面的章节中进行轮式移动柔性机械手动力学分析时，将体坐标系设置在转动关节处，此时对于构件 i，$m_{R\theta}^i\neq 0$）。$\boldsymbol{M}^3$ 为构件 3 的惯性张量，其构成元素如下：

$$\begin{cases}\boldsymbol{m}_{RR}^3=\displaystyle\int_{V^3}\rho^3\boldsymbol{I}_2\mathrm{d}V^3=\begin{bmatrix}m^3 & 0\\ 0 & m^3\end{bmatrix}\\ m_{\theta\theta}^3=\displaystyle\int_{V^3}\rho^3[(x_1^3)^2]\mathrm{d}V^3=\dfrac{(L^3)^2}{12}m^3\end{cases} \tag{4.16}$$

式中：$\boldsymbol{I}_2$ 为单位矩阵；L^3 为机械手构件 3 的长度；m^3 为机械手构件 3 的质量。同理可得到其他构件惯性张量：

$$\begin{cases}T^i=\dfrac{1}{2}\dot{\boldsymbol{r}}^{i\mathrm{T}}\boldsymbol{m}_{RR}^i\dot{\boldsymbol{r}}^i+\dfrac{1}{2}m_{\theta\theta}^i(\dot{\theta}^i)^2\\ \boldsymbol{m}_{RR}^i=\begin{bmatrix}m^i & 0\\ 0 & m^i\end{bmatrix}\\ m_{\theta\theta}^i=\dfrac{(L^i)^2m^i}{12}\end{cases} \tag{4.17}$$

式中：$i=1,4$；m^i、L^i 分别为构件 i 的质量和长度。如图 4.1、图 4.2 所示，构件 1 为等效构件，由于移动载体质量（假设均匀分布）远大于机械手构件 1、构件 2 的质量，因此该等效构件中忽略了机械手构件 1、构件 2 的质量。则构件 1、构件 4 惯性张量为

$$\boldsymbol{M}^i=\begin{bmatrix}\boldsymbol{m}_{RR}^i & 0\\ 0 & m_{\theta\theta}^i\end{bmatrix}_{3\times 3} \tag{4.18}$$

式中：$i=1,4$。

则该轮式悬架移动机械手系统惯性张量为

$$\boldsymbol{M}=\begin{bmatrix}\boldsymbol{M}^1 & & \\ & \boldsymbol{M}^3 & \\ & & \boldsymbol{M}^4\end{bmatrix}_{9\times 9} \tag{4.19}$$

从式(4.19)中可以看出，由于采用笛卡儿坐标系作为体坐标系，同时该体坐标系与刚体质心刚性连接，从而用于描述刚体运动的移动变量与转动变量实现了动力学解耦(耦合现象消失)。

2. 系统广义力分析推导

移动机械手广义力是系统动力学模型的又一重要组成部分，本小节将以矩阵、矢量的形式系统地分析广义力，并为后续章节建立在系统动力学模型基础之上的轮式悬架参数的选取提供理论基础。

如图 4.2 所示，路面可用正弦函数描述为

$$\begin{cases} H_{Ly}=H_0\sin\left(\dfrac{2\pi vt}{\lambda}+\pi\right)+H_0 \\ H_{My}=H_0\sin\left(\dfrac{2\pi vt}{\lambda}+\dfrac{2\pi d}{\lambda}+\pi\right)+H_0 \\ d=d_1+d_2 \end{cases} \tag{4.20}$$

等效构件 1 上作用的外力有：F_1、F_2、F_3 和 G^1。其中 F_1 为电动机提供的驱动力(来自轮胎与路面的摩擦力)，F_2、F_3 为弹性悬架作用到移动载体上的力，G^1 为移动载体自重。移动载体上 L、M 点位置矢量的数学描述为

$$\begin{cases} \begin{cases} \boldsymbol{r}_L^1=\boldsymbol{R}^1+\boldsymbol{A}^1\bar{\boldsymbol{u}}_L^1 \\ \begin{bmatrix} r_{Lx}^1 \\ r_{Ly}^1 \end{bmatrix}=\begin{bmatrix} r_1^1 \\ r_2^1 \end{bmatrix}+\boldsymbol{A}^1\begin{bmatrix} -d_1 \\ 0 \end{bmatrix} \end{cases} \\ \begin{cases} \boldsymbol{r}_M^1=\boldsymbol{R}^1+\boldsymbol{A}^1\bar{\boldsymbol{u}}_M^1 \\ \begin{bmatrix} r_{Mx}^1 \\ r_{My}^1 \end{bmatrix}=\begin{bmatrix} r_1^1 \\ r_2^1 \end{bmatrix}+\boldsymbol{A}^1\begin{bmatrix} d_2 \\ 0 \end{bmatrix} \end{cases} \end{cases} \tag{4.21}$$

当 θ^1 比较小时，有

$$\begin{cases} r_{Ly}^1=r_2^1-d_1\theta^1 \\ r_{My}^1=r_2^1+d_2\theta^1 \end{cases} \tag{4.22}$$

则有

$$\begin{cases} F_2=K_1(L_{10}-(r_{Ly}^1-H_{Ly}))-C_1(\dot{r}_{Ly}^1-\dot{H}_{Ly}) \\ F_3=K_2(L_{20}-(r_{My}^1-H_{My}))-C_2(\dot{r}_{My}^1-\dot{H}_{My}) \end{cases} \tag{4.23}$$

式中：L_{i0}、K_i、C_i 分别为移动悬架的弹簧原长、弹簧刚度系数和阻尼器阻尼系数(针对具体的给定末端执行器轨迹与其他边界条件，建立在系统动力学模型的基础上，在后面的章节中将对这些参数加以分析推导)；$i=1,2$。

下面针对构件 4，推导其广义力。F_P^4 作用于点 P 上，点 P 的位置矢量为

$$\boldsymbol{r}_P^4=\boldsymbol{R}^4+\boldsymbol{A}^4\bar{\boldsymbol{u}}_P^4$$

依据变分原理有

$$\delta\boldsymbol{r}_P^4=[\boldsymbol{I}_4 \quad \boldsymbol{A}_\theta^4\bar{\boldsymbol{u}}_P^4]\delta\boldsymbol{q}^4$$

则其广义力为

$$\boldsymbol{Q}_1^{4^{\mathrm{T}}}=\boldsymbol{F}_P^{4^{\mathrm{T}}}[\boldsymbol{I}_4 \quad \boldsymbol{A}_\theta^4\bar{\boldsymbol{u}}_P^4]_{1\times 3} \tag{4.24}$$

同理可得

$$\boldsymbol{Q}_2^{4^{\mathrm{T}}}=[\boldsymbol{G}^{4^{\mathrm{T}}}\boldsymbol{I}_4 \quad \boldsymbol{G}^{4^{\mathrm{T}}}\boldsymbol{A}_\theta^4\bar{\boldsymbol{u}}_{O^4}^4+\boldsymbol{T}^{43}]=[\boldsymbol{G}^{4^{\mathrm{T}}}\boldsymbol{I}_4 \quad \boldsymbol{T}^{43}]_{1\times 3} \tag{4.25}$$

式中：$\boldsymbol{I}_4$ 为单位矩阵；$\boldsymbol{T}^{43}$ 为构件 3 对构件 4 的驱动力矩；$\bar{\boldsymbol{u}}_{O^4}^4$ 为构件 4 质心位置矢量，$\bar{\boldsymbol{u}}_{O^4}^4=\begin{bmatrix}0\\0\end{bmatrix}$；$\boldsymbol{G}^4$ 为构件 4 所受重力矢量，$\boldsymbol{G}^4=[0 \quad G^4]$，$G^4$ 为构件 4 自重。

由式(4.24)、式(4.25)可推出作用于构件 4 上的广义外力为

$$\boldsymbol{Q}_{\mathrm{e}}^4=\boldsymbol{Q}_1^4+\boldsymbol{Q}_2^4 \tag{4.26}$$

同理可得作用在构件 3 的广义外力为

$$\boldsymbol{Q}_{\mathrm{e}}^{3^{\mathrm{T}}}=[\boldsymbol{G}^{3^{\mathrm{T}}}\boldsymbol{I}_3 \quad \boldsymbol{G}^{3^{\mathrm{T}}}\boldsymbol{A}_\theta^3\bar{\boldsymbol{u}}_{O^3}^3+\boldsymbol{T}^{31}-\boldsymbol{T}^{43}]=[\boldsymbol{G}^{3^{\mathrm{T}}}\boldsymbol{I}_3 \quad \boldsymbol{T}^{31}-\boldsymbol{T}^{43}]_{1\times 3} \tag{4.27}$$

式中：$\bar{\boldsymbol{u}}_{O^3}^3$ 为构件 3 质心位置矢量，$\bar{\boldsymbol{u}}_{O^3}^3=\begin{bmatrix}0\\0\end{bmatrix}$；$\boldsymbol{G}^3$ 为构件 3 所受重力矢量，$\boldsymbol{G}^3=[0 \quad G^3]$，$G^3$ 为构件 3 自重；$\boldsymbol{I}_3$ 为单位矩阵；$\boldsymbol{T}^{31}$ 为构件 1 对构件 3 的驱动力矩。

同理可得作用在构件 1 的广义力为

$$\begin{cases}\begin{cases}\boldsymbol{Q}_1^{1^{\mathrm{T}}}=[\boldsymbol{G}^{1^{\mathrm{T}}}\boldsymbol{I}_1 \quad -\boldsymbol{T}^{31}]\\ \boldsymbol{Q}_2^{1^{\mathrm{T}}}=[(\boldsymbol{F}_2^{\mathrm{T}}+\boldsymbol{F}_1^{\mathrm{T}})\boldsymbol{I}_1 \quad (\boldsymbol{F}_2^{\mathrm{T}}+\boldsymbol{F}_1^{\mathrm{T}})\boldsymbol{A}_\theta^1\bar{\boldsymbol{u}}_L^1]\\ \boldsymbol{Q}_3^{1^{\mathrm{T}}}=[\boldsymbol{F}_3^{\mathrm{T}}\boldsymbol{I}_1 \quad \boldsymbol{F}_3^{\mathrm{T}}\boldsymbol{A}_\theta^1\bar{\boldsymbol{u}}_M^1]\end{cases}\\ \boldsymbol{Q}_{\mathrm{e}}^1=\boldsymbol{Q}_1^1+\boldsymbol{Q}_2^1+\boldsymbol{Q}_3^1\end{cases} \tag{4.28}$$

式中：$\boldsymbol{I}_1$ 为单位矩阵；$\boldsymbol{F}_2=[0 \quad F_2]$；$\boldsymbol{F}_3=[0 \quad F_3]$；$F_2$、$F_3$ 见式(4.23)。

3. 轮式悬架移动载体驱动力分析与推导

本章利用牛顿-欧拉方程，迭代推导驱动力 F_1。如图 4.3 所示，分别对移动机械手等效构件 1、构件 3、构件 4 进行受力分析。B、C 处关节作用力为

$$\boldsymbol{F}_B^1=\begin{bmatrix}-F_{BX}^3\\-F_{BY}^3\end{bmatrix},\quad \boldsymbol{F}_B^3=\begin{bmatrix}F_{BX}^3\\F_{BY}^3\end{bmatrix},\quad \boldsymbol{F}_C^3=\begin{bmatrix}-F_{CX}^4\\-F_{CY}^4\end{bmatrix},\quad \boldsymbol{F}_C^4=\begin{bmatrix}F_{CX}^4\\F_{CY}^4\end{bmatrix}$$

针对构件 1、构件 3 和构件 4，其牛顿-欧拉方程为

$$\begin{cases}\boldsymbol{M}^i\ddot{\boldsymbol{q}}^i=\boldsymbol{Q}_m^i\\ \begin{bmatrix}\boldsymbol{m}_{RR}^i & \\ & m_{\theta\theta}^i\end{bmatrix}\begin{bmatrix}\ddot{\boldsymbol{R}}^i\\ \ddot{\theta}^i\end{bmatrix}=\begin{bmatrix}\boldsymbol{Q}_{Rn}^i\\ \boldsymbol{Q}_{\theta n}^i\end{bmatrix}\end{cases} \tag{4.29}$$

式中：$i=1,3,4$。

$$\begin{cases}\boldsymbol{Q}_4^{1^{\mathrm{T}}}=\boldsymbol{F}_B^{1^{\mathrm{T}}}[\boldsymbol{I}_1 \quad \boldsymbol{A}_\theta^1\bar{\boldsymbol{u}}_B^1]\\ \boldsymbol{Q}_m^1=\boldsymbol{Q}_{\mathrm{e}}^1+\boldsymbol{Q}_4^1\end{cases}$$

$$\begin{cases}\boldsymbol{Q}_2^{3^{\mathrm{T}}}=\boldsymbol{F}_C^{3^{\mathrm{T}}}[\boldsymbol{I}_3 \quad \boldsymbol{A}_\theta^3\bar{\boldsymbol{u}}_C^3]\\ \boldsymbol{Q}_3^{3^{\mathrm{T}}}=\boldsymbol{F}_B^{3^{\mathrm{T}}}[\boldsymbol{I}_3 \quad \boldsymbol{A}_\theta^3\bar{\boldsymbol{u}}_B^3]\\ \boldsymbol{Q}_m^3=\boldsymbol{Q}_{\mathrm{e}}^3+\boldsymbol{Q}_2^3+\boldsymbol{Q}_3^3\end{cases}$$

$$\begin{cases}\boldsymbol{Q}_3^{4^{\mathrm{T}}}=\boldsymbol{F}_C^{4^{\mathrm{T}}}[\boldsymbol{I}_4 \quad \boldsymbol{A}_\theta^4\bar{\boldsymbol{u}}_C^4]\\ \boldsymbol{Q}_m^4=\boldsymbol{Q}_{\mathrm{e}}^4+\boldsymbol{Q}_3^4\end{cases}$$

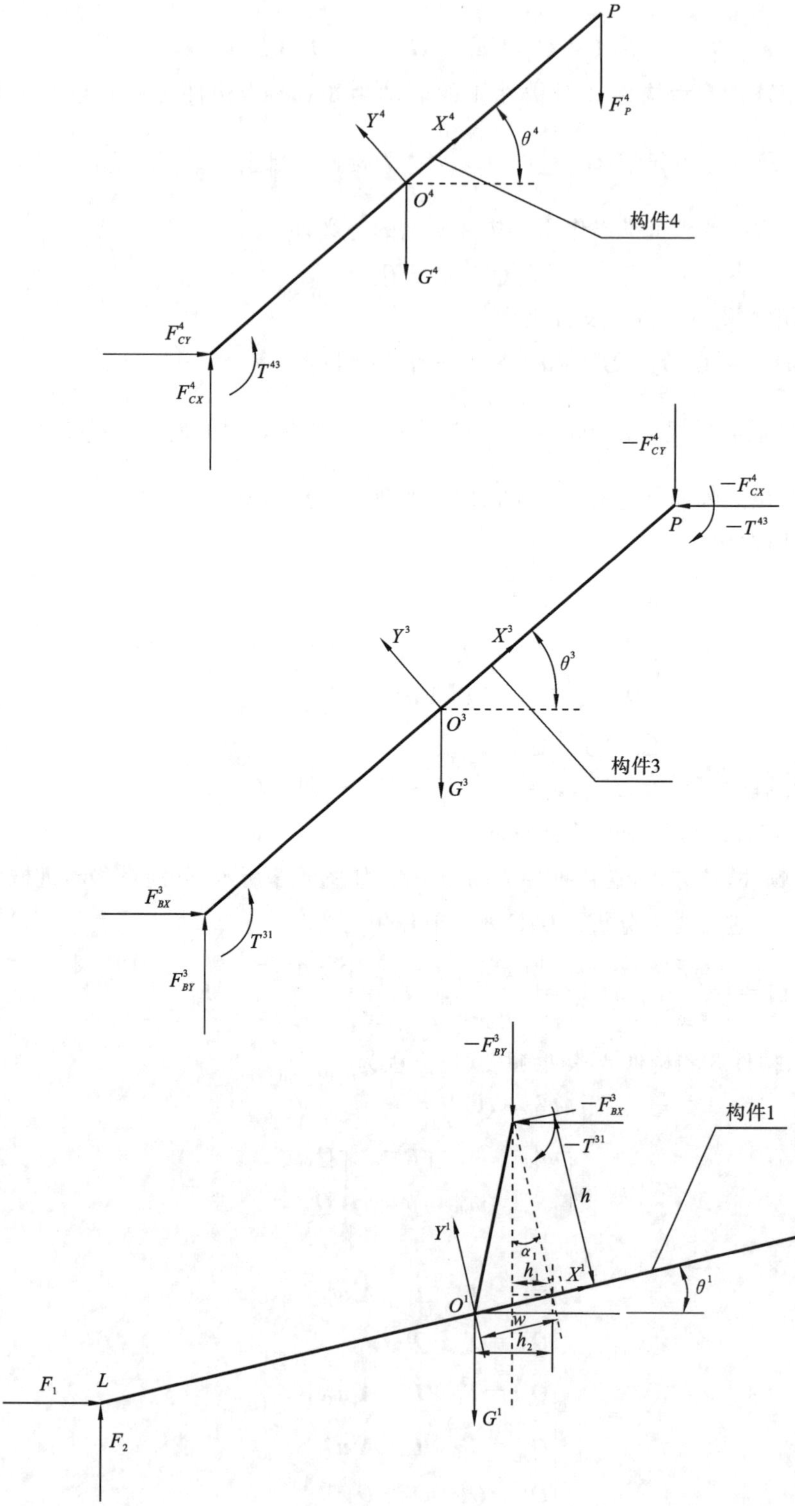

图 4.3　轮式悬架移动机械手各构件受力分析

式中：$\boldsymbol{Q}_{\mathrm{e}}^{4}$、$\boldsymbol{Q}_{\mathrm{e}}^{3}$、$\boldsymbol{Q}_{\mathrm{e}}^{1}$ 见式(4.26)、式(4.27)、式(4.28)。

综上所述可以得到：

$$F_1=F_1(\theta^3,\theta^4,\dot{\theta}^3,\dot{\theta}^4,\ddot{\theta}^3,\ddot{\theta}^4) \tag{4.30}$$

具体表达式为

$$\begin{aligned} F_1 =&0.5m^3\sin(\theta^3)L^3\ddot{\theta}^3+m^3\sin(\theta^4)L^4\ddot{\theta}^4+0.5m^3\cos(\theta^3)L^3(\dot{\theta}^3)^2\\ &+m^3\cos(\theta^4)L^4(\dot{\theta}^4)^2+0.5m^4L^4\sin(\theta^4)\ddot{\theta}^4+0.5m^4L^4\cos(\theta^4)(\dot{\theta}^4)^2 \end{aligned}$$

限于篇幅，其他关节力不具体描述。

4. 系统动力学模型分析推导

依据拉格朗日方程，可以得到该轮式悬架移动机械手系统各构件动力学方程：

$$\begin{cases} \dfrac{\mathrm{d}}{\mathrm{d}t}\left(\dfrac{\partial T^i}{\partial \dot{\boldsymbol{q}}^i}\right)^{\mathrm{T}}-\left(\dfrac{\partial T^i}{\partial \boldsymbol{q}^i}\right)^{\mathrm{T}}+\boldsymbol{C}_{q^i}^{\mathrm{T}}\boldsymbol{\lambda}=\boldsymbol{Q}_{\mathrm{e}}^{i}\\ \boldsymbol{C}_1(\boldsymbol{q}_n,t)=\boldsymbol{0}_{5\times 1}\\ \boldsymbol{C}_2(\boldsymbol{q}_n,t)=\boldsymbol{0}_{2\times 1} \end{cases} \tag{4.31}$$

式中：$\boldsymbol{\lambda}=[\lambda_1\quad\lambda_2\quad\lambda_3\quad\lambda_4\quad\lambda_5]^{\mathrm{T}}$，为拉格朗日乘子；$i=1,3,4$；$\boldsymbol{C}_1(\boldsymbol{q}_n,t)$ 见式(4.2)。式(4.31)写成矩阵形式为

$$\begin{cases} \boldsymbol{M}\ddot{\boldsymbol{q}}_n+\boldsymbol{C}_{1\boldsymbol{q}_n}^{\mathrm{T}}\lambda=\boldsymbol{Q}_{\mathrm{e}}\\ \boldsymbol{C}(\boldsymbol{q}_n,t)=\boldsymbol{0}_{7\times 1} \end{cases} \tag{4.32}$$

式中：$\boldsymbol{Q}_{\mathrm{e}}=[\boldsymbol{Q}_{\mathrm{e}}^{1^{\mathrm{T}}}\quad\boldsymbol{Q}_{\mathrm{e}}^{3^{\mathrm{T}}}\quad\boldsymbol{Q}_{\mathrm{e}}^{4^{\mathrm{T}}}]^{\mathrm{T}}$。

式(4.31)同时包含了常微分方程和代数方程，必须同时求解，这增大了求解难度，同时也增大了数值求解时的累积误差等。本章应用独立变量来表示系统动力学方程。由式(4.9)、式(4.12)、式(4.13)，可以得到：

$$\begin{cases} \boldsymbol{M}_{\mathrm{ii}}\ddot{\boldsymbol{q}}_{\mathrm{i}}=\boldsymbol{Q}_{\mathrm{i}}\\ \boldsymbol{M}_{\mathrm{ii}}=\boldsymbol{B}_{\mathrm{di}}^{\mathrm{T}}(\boldsymbol{M\_C})^{\mathrm{T}}\boldsymbol{M}(\boldsymbol{M\_C})\boldsymbol{B}_{\mathrm{di}}\\ \boldsymbol{Q}_{\mathrm{i}}=\boldsymbol{B}_{\mathrm{di}}^{\mathrm{T}}\boldsymbol{Q}_{\mathrm{e}}\\ \boldsymbol{B}_{\mathrm{di}}^{\mathrm{T}}\boldsymbol{C}_{\boldsymbol{q}}^{\mathrm{T}}=0 \end{cases} \tag{4.33}$$

式中：$\boldsymbol{M\_C}$ 为布尔矩阵，$\boldsymbol{q}_n=(\boldsymbol{M\_C})\boldsymbol{q}$，$\boldsymbol{M\_C}$ 布尔矩阵元素由 0、1 构成，即

$$\boldsymbol{M\_C}=\begin{bmatrix} 0&0&0&0&1&0&0&0&0\\ 1&0&0&0&0&0&0&0&0\\ 0&1&0&0&0&0&0&0&0\\ 0&0&0&0&0&1&0&0&0\\ 0&0&0&0&0&0&1&0&0\\ 0&0&1&0&0&0&0&0&0\\ 0&0&0&0&0&0&0&1&0\\ 0&0&0&0&0&0&0&0&1\\ 0&0&0&1&0&0&0&0&0 \end{bmatrix} \tag{4.34}$$

式(4.33)为该移动机械手系统动力学方程。在式(4.32)中，当不考虑式(4.4)的机械手末

端轨迹约束时，式(4.33)为该移动机械手系统正动力学模型，否则为系统逆动力学模型。将轮式悬架移动机械手正动力学模型、逆动力学模型统一到式(4.33)中，得到系统完整动力学模型。

4.2.3　系统静力学研究与移动载体参数的确定

微分方程的求解问题可分为初值问题(initial value problem，IVP)和边值问题(boundary value problem)。式(4.33)的求解属于初值常微分方程组的求解，因此需要初值。初值的准确性关系到系统方程的求解精度。而初值一般来自系统的静力学分析结果。当有以下假设：

$$\begin{cases}\dot{\boldsymbol{q}}=\mathbf{0}_{9\times 1}\\ \ddot{\boldsymbol{q}}=\mathbf{0}_{9\times 1}\end{cases} \tag{4.35}$$

时，式(4.33)就退化为系统静力学模型。在给定跟踪轨迹、路面参数、移动载体的位姿(位置与姿态)和移动载体运动速度时，可以确定 2 个弹簧的刚度系数、原长和 2 个阻尼器的阻尼系数。总结算法如下：

(1) 令$\begin{cases}\dot{\boldsymbol{q}}=\mathbf{0}_{9\times 1}\\ \ddot{\boldsymbol{q}}=\mathbf{0}_{9\times 1}\end{cases}$，由式(4.33)的系统动力学方程可以得到系统静力学方程。

(2) 根据初始边界条件(如给定跟踪轨迹、路面参数、移动载体初始位姿)，确定机械手初始位置构型变量 $\boldsymbol{q}_{i0}=[r_{20}^1\quad \theta_0^1\quad \theta_0^3\quad \theta_0^4]_{1\times 4}^{\mathrm{T}}$。

(3) 将 $\boldsymbol{q}_{i0}=[r_{20}^1\quad \theta_0^1\quad \theta_0^3\quad \theta_0^4]_{1\times 4}^{\mathrm{T}}$ 代入(1)中的静力学方程，以确定移动载体的弹簧刚度系数、原长和阻尼器阻尼系数。

4.2.4　2 杆轮式移动刚性机械手动力学数值仿真

本章采用状态空间法描述上述动力学模型(式(4.33))。定义状态矢量为

$$\boldsymbol{Y}=\begin{bmatrix}\boldsymbol{q}_i\\ \dot{\boldsymbol{q}}_i\end{bmatrix},\quad \dot{\boldsymbol{Y}}=\begin{bmatrix}\dot{\boldsymbol{q}}_i\\ \ddot{\boldsymbol{q}}_i\end{bmatrix}$$

将其代入动力学方程(式(4.33))，经过适当变换，可以得到

$$\dot{\boldsymbol{Y}}=f(\boldsymbol{Y},t) \tag{4.36}$$

式(4.36)为一阶(显式)常微分方程组(ordinary differential equations，ODE)，则对该轮式悬架移动机械手动力学方程(式(4.33))的求解可转换为带初值的一阶 ODE 的求解问题。采用吉尔法(Gear method)(高阶线性多步法)对其求解，并利用软件 MATLAB2006，计算精度设置为 e^{-7}。

为了显示弹性阻尼悬架刚度等对系统动力学的影响，采用 2 组弹簧刚度、阻尼器系数进行数值仿真，参数如表 4.1、表 4.2 所示。

表 4.1　模型优化参数

参数	值	参数	值	参数	值	参数	值	参数	值	参数	值
m^1	20 kg	d_1	0.35 m	λ	0.4 m	c_0	0 m	v	0.9 m/s	θ	5°
m^3	4 kg	d_2	0.35 m	μ	0.4	a_0	−0.354 m	L^1	0.7 m		
m^4	2 kg	t	10 s	H_0	0.03 m	b_0	1.45 m	L^2	1.2 m		
F_P^4	50 N	g	9.8 m/s²	h	0.539 m	w	0.212 m	L^3	0.5 m		

表 4.2　弹簧阻尼参数

	参数	值		参数	值
第一组	K_L_{01}	0.24 m	第二组	K_L_{01}	0.204 m
	K_L_{02}	0.188 m		K_L_{02}	0.154 m
	K_1	3590 N/m		K_1	8973 N/m
	C_1	359 N·s/m		C_1	897 N·s/m
	K_2	1650 N/m		K_2	4115 N/m
	C_2	165 N·s/m		C_2	412 N·s/m

数据仿真结果如图 4.4 至图 4.15 所示。

图 4.4 至图 4.6 为轮式悬架移动机械手末端执行器轨迹，该轨迹建立在系统动力学模型的基础上，与给定轨迹完全一致（$a_0=-0.354$ m，$b_0=1.45$ m，$\theta=5°$）。通过比较可以看出，所构建的移动机械手逆动力学模型具有很好的正确性与有效性。

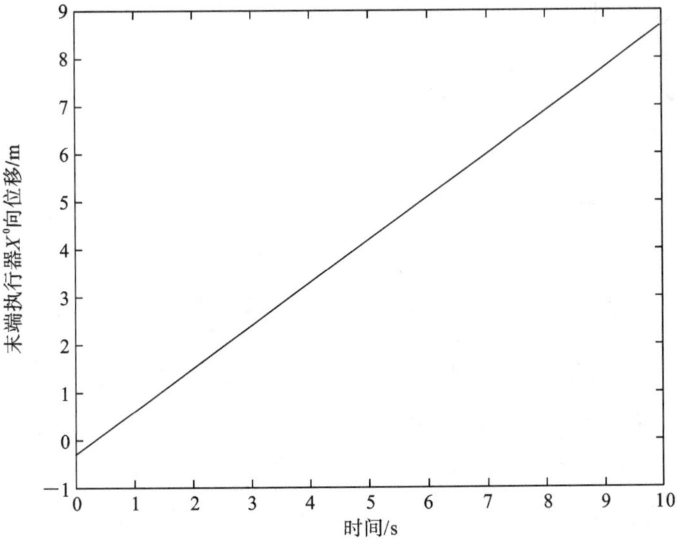

图 4.4　末端执行器 X^0 向位移数据仿真

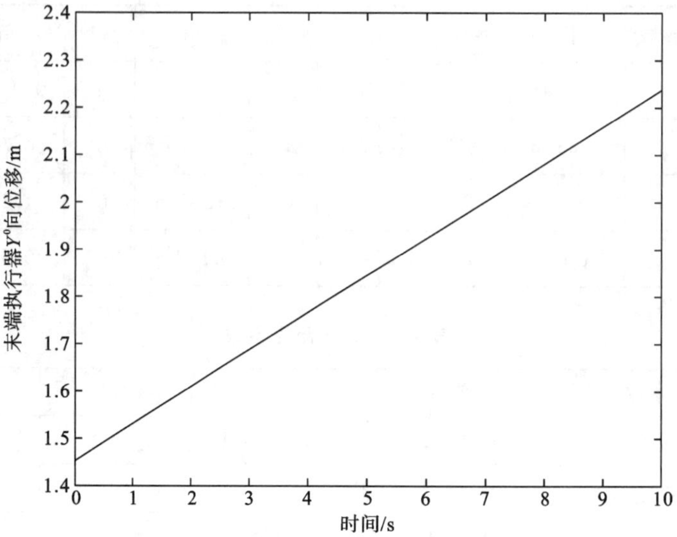

图 4.5　末端执行器 Y^0 向位移数据仿真

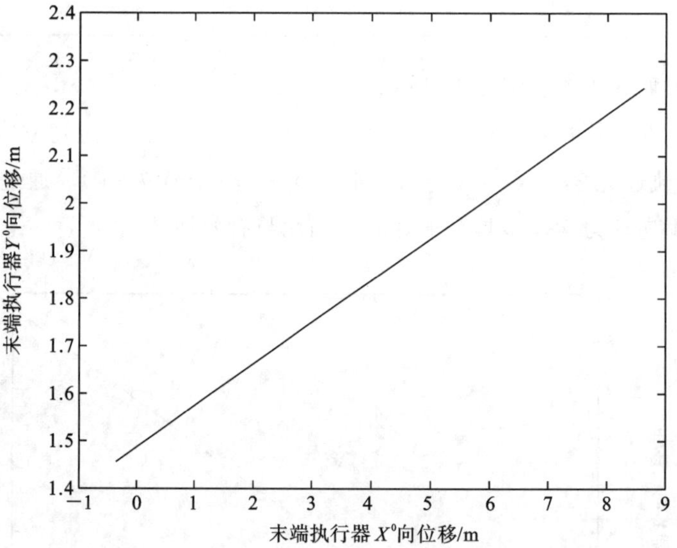

图 4.6　末端执行器位移数据仿真

图 4.7、图 4.8 显示了该轮式悬架移动机械手独立系统变量 $\theta^i(i=3,4)$及其速度和加速度的变化趋势、规律。可以看出它们的变化规律符合变量对时间求导的规则，如图 4.7 所示，在 $\dot{\theta}^3=0$ 时刻，θ^3 对应处于局部波峰或波谷；在 $\dot{\theta}^3>0$ 时间内，θ^3 为增函数，否则为减函数；等等。

由图 4.9 可以看出随着弹簧刚度的增加，移动载体的摆角减小。

由图 4.10 可以看出随着弹簧刚度的增加，移动载体的 Y^0 向位移减小，当其刚度无限大时，Y^0 向位移的变化仅由路况决定。

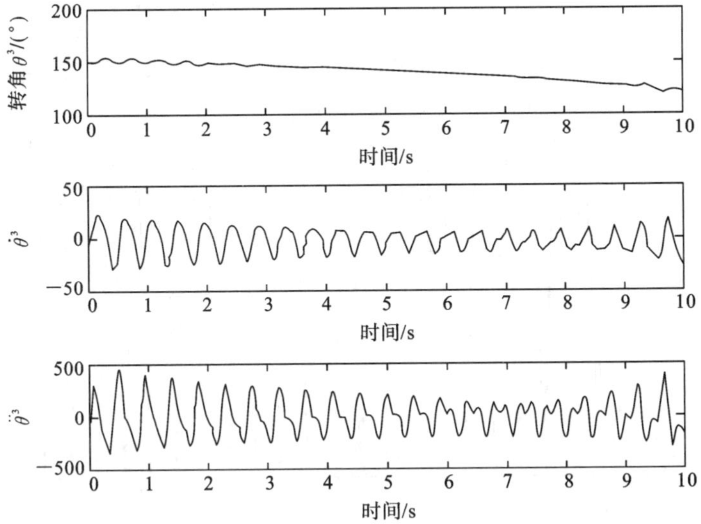

图 4.7　θ^3、$\dot{\theta}^3$、$\ddot{\theta}^3$ 数据仿真

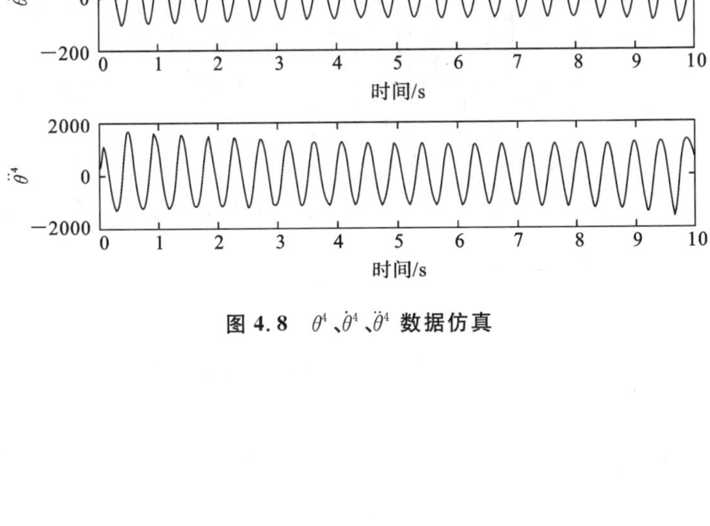

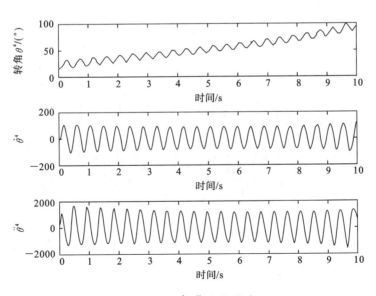

图 4.8　θ^4、$\dot{\theta}^4$、$\ddot{\theta}^4$ 数据仿真

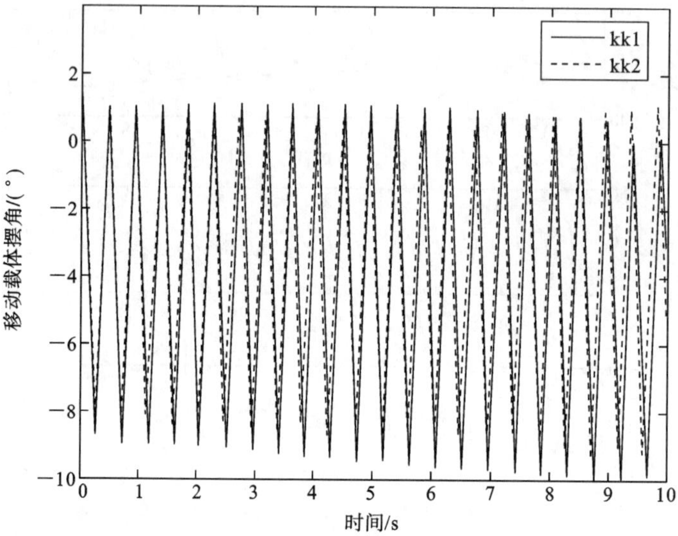

图 4.9　θ^1 数据仿真(不同弹簧刚度、阻尼系数)

kk1 悬架参数取自表 4.2 中第一组;kk2 悬架参数取自表 4.2 中第二组

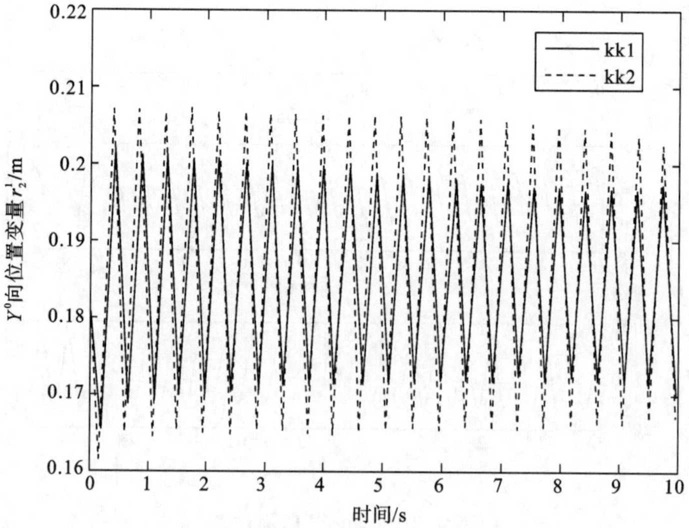

图 4.10　r_2^1 数据仿真(不同弹簧刚度、阻尼系数)

图 4.11 至图 4.13 所示为系统驱动力和驱动力矩。可以看出随着弹簧刚度的增加：构件 1 的驱动力减小；构件 3 驱动力矩在仿真的前半段时间内减小，在后半段时间增大；构件 4 的驱动力矩增加。总的来说弹簧刚度的变化对驱动力(矩)的影响不大。

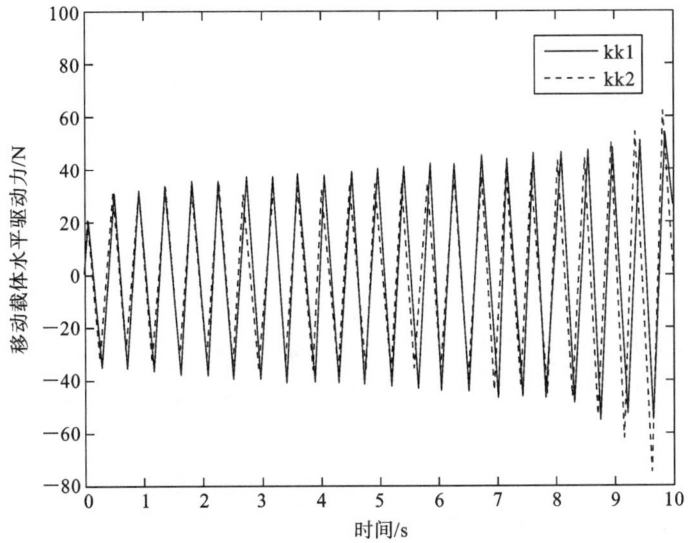

图 4.11　驱动力 F_1 数据仿真(不同弹簧刚度、阻尼系数)

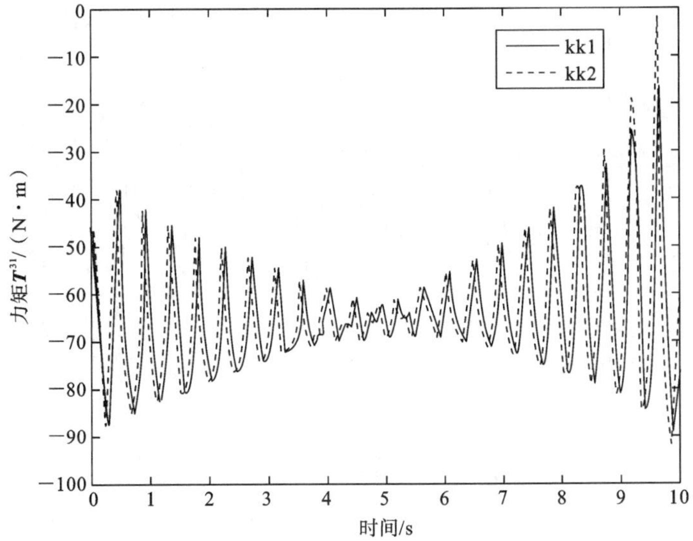

图 4.12　力矩 T^{31} 数据仿真(不同弹簧刚度、阻尼系数)

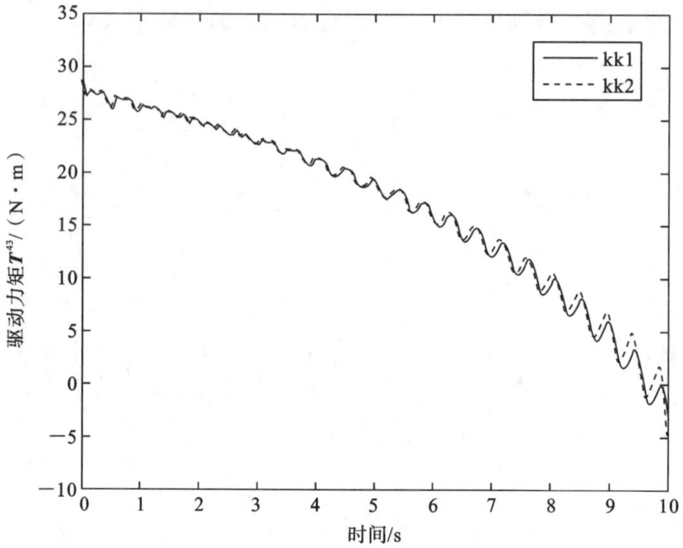

图 4.13　驱动力矩 T^{43} 数据仿真(不同弹簧刚度、阻尼系数)

图 4.14 显示,后轮支反力变化幅度在前半段时间,随弹簧刚度的增加而增加;图 4.15 显示,前轮支反力变化幅度在后半段时间,随弹簧刚度的增加而增加。这也验证了轮式悬架的功用。

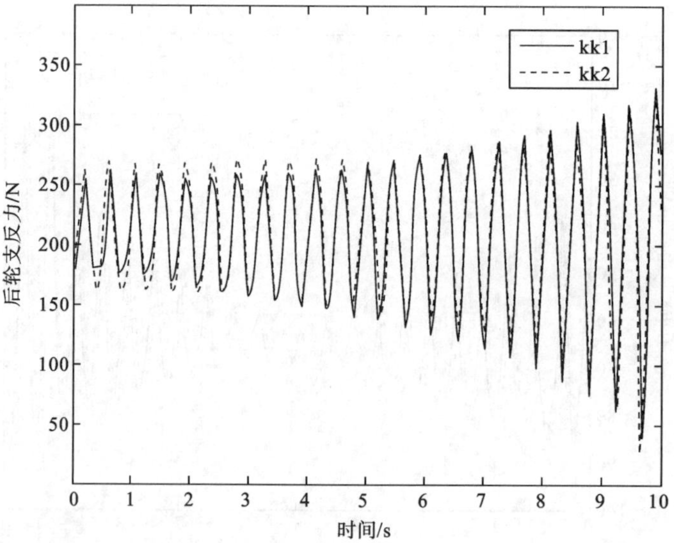

图 4.14　后轮支反力 F_2 数据仿真(不同弹簧刚度、阻尼系数)

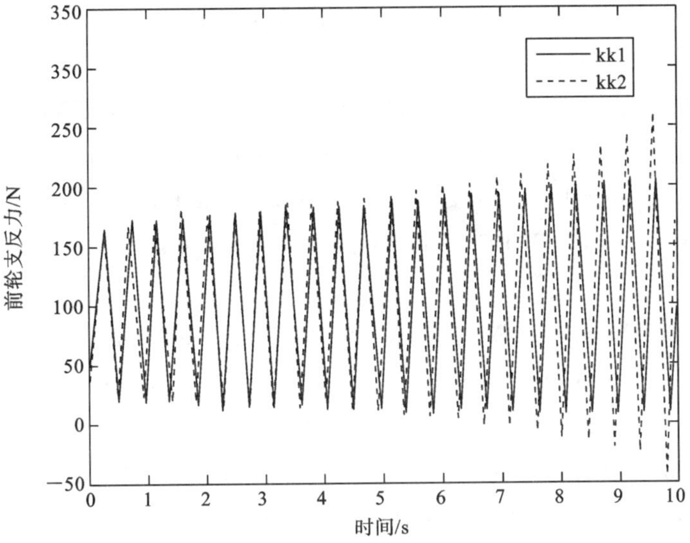

图 4.15　前轮支反力 F_3 数据仿真(不同弹簧刚度、阻尼系数)

4.3 本章小结

本章对 2 杆轮式移动刚性机械手运动学、动力学、静力学进行了系统的研究，采用广义笛卡儿坐标，并以矩阵、矢量的形式，构建了系统完整的运动学模型、动力学模型、静力学模型。所构建的动力学、静力学模型有效地统一于系统完整动力学模型(式(4.33))中。最后，本章进行了数值仿真，比较了给定轨迹与计算轨迹(来自动力学模型的数值解)，验证了动力学模型的正确性;通过比较不同悬架弹簧刚度下的动力学模型数值仿真结果，验证了轮式悬架的功用。

该运动学、动力学模型将为后续的系统控制策略的选取、参数优化等提供相应的理论依据。本章研究工作基于笛卡儿坐标，使运动学、动力学模型的研究和分析具有通用性。

4.4 参考文献

[1] Hootsmans N A M. The control of manipulators on mobile vehicles[D]. Cambridge, MA:MIT, 1992.

[2] Dubowsky S, Vance E E. Planning mobile manipulator motion considering vehicle dynamic stability constraints[C]//Proceedings of the IEEE Conference on Robotics and Automation, 1989, 3:1271-1276.

[3] Paradopoulos E G, Rey D A. New measure of tip-over stability margin for mobile manipulators[C]//Proceedings of the IEEE Conference on Robotics and Automation, 1996,4:3111-3116.

[4] Yamamoto Y, Yun X. Effect of the dynamic interaction on coordinated control of mobile manipulators[J]. IEEE Transitions on Robotics and Automation, 1996,12(5):816-824 .

[5] Carrikar W F, Khosla P K, Krogh B H. Path planning for mobile manipulators for multiple task execution[J]. IEEE Transitions on Robotics and Automation, 1991, 7(3): 403-408.

[6] Lakota N A, Rakhmanov E V, Shvedov A N, et al. Modeling of an elastic manipulator on moving base[J]. Scripta Technica, Inc. , 1986:150-154 .

[7] Wang C C, Kumar V. Velocity control of mobile manipulator[C]//Proceedings of the IEEE Conference on Robotics and Automation, 1996, 2:713-718.

[8] Akpan U O, Kujath M R. Sensitivity of a mobile manipulator response to system parameters[J]. ASME Journal of Vibration and Acoustics, 1998, 120:156-163.

[9] Yu Q, Chen I. A general approach to the dynamics of nonholonomic mobile manipulator systems[J]. ASME Journal of Dynamic systems Measurements and Control, 2002,124: 512-521.

[10] Korayem M H, Ghariblu H. Analysis of wheel mobile flexibility manipulator dynamic motions with maximum load carrying capacities[J]. Robotics and Autonomous System, 2004,48:63-76.

[11] Korayem M H, Ghariblu H, Basu A. Optimal load of elastic joint mobile manipulators imposing an overturning stability constraint[J]. International Journal of Advanced Manufacturing Technology, 2005,26:638-644.

[12] Shabana Ahmed A. Dynamics of multi-body systems[M]. 3rd ed. Cambridge: Cambridge University Press, 2005.

[13] 洪嘉振. 计算多体系统动力学[M]. 北京:高等教育出版社,1999.

[14] 刘延柱. 高等动力学[M]. 北京:高等教育出版社,2003.

[15] Braccesi C, Cianetti F. Development of selection methodologies and procedures of the modal set for the generation of flexible body models for multi-body simulation[J]. IMecheJ, Multi-body Dynamics, 2004,218:19-30.

[16] Oelen W, Berghuits H, Nijmeijer H, et al. Implementation of a hybrid stabilizing controller on a mobile robot with two degrees of freedom[C]//Proceedings of the IEEE Conference on Robotics and Automation, 1994(1): 196-1201.

[17] Tohboub K A. On the control of mobile manipulators[C]//Proceedings of the World Automation Congress, 1998, 7:307-312.

[18] Meghdari A, Durali M, Naderi D. Dynamic interaction between the manipulator and

vehicle of a mobile manipulator[C]//Proceedings of 1999 ASME International Mechanical Engineering Congress, 1999: 61-67.

[19] Naderi D, Meghdari A, Durali M. Dynamic modeling and analysis of a two d. o. f. mobile manipulator[J]. Robotica, 2001,19:177-185.

第5章 基于浮动坐标法的轮式悬架移动柔性机械手运动学、动力学及静力学研究与仿真

5.1 引 言

近些年来，高速、轻质和高精度的移动机械手的研究备受瞩目。高速、轻质的机械手构件的应用，使得我们在进行系统动力学分析时，必须考虑其构件弹性变形问题。对柔性轮式移动机械手而言，机械手的弹性变形、轮式移动载体和机械手之间的动力学耦合，以及机械手与移动载体悬架间的动力学耦合，对系统的性能有较大的影响，在对系统进行动力学分析时，必须综合考虑系统柔性与动力学耦合的特性，否则所建立的数学模型不能准确地描述物理模型，甚至会产生很大的误差。

弹性构件属于连续系统，连续系统的精确解仅针对简单的构件形状和边界条件。对于大多数工程实际问题，必须用近似的方法去考虑构件的弹性变形问题。从整体上看，弹性构件的离散方法大体上可以分为集中质量法和假设模态法。集中质量法是将弹性构件的质量集中到有限个点截面上。假设模态法则采用空间特征方程和由时变的模态幅度组成的有限个模态级数来描述构件的弹性变形。这种方法应用比较广泛。Ravichandran 等、Yoshikawa 和 Hosoda、Ankarali 和 Diken、Jnifene 和 Fahim、Karray 等、Diken、Wedding 和 Eltimsahy、Zhang 和 Zhi、Karkoub 和 Tamma、Nagaraj 等、Martins 等和 Tso 等应用拉格朗日方程和假设模态法研究了单杆柔性机械手动力学问题。Rakhsha 和 Goldenberg 应用牛顿-欧拉法研究了单杆柔性机械手动力学问题。

由于用于描述由柔性机械手与具有悬架系统的轮式移动载体组成的移动机械手系统的动力学方程的非线性、高耦合性以及非完整约束的引入，推导和求解其运动学方程、动力学方程是相当复杂的。过去，研究者对移动机械手动力学模型的建立与控制显示出了极大的兴趣。然而通常情况下，所建立的动力学模型没有考虑悬架的影响，因此，移动载体的自由度被悉数加到机械手上，移动机械手被视为冗余度机械手。文献[1]至文献[12]所涉及的动力学模型皆没有包括悬架系统。轮式移动机械手的动力学研究属于多体系统动力学研究的范畴。在文献[28]至文献[31]中对刚体、柔体、柔性多体系统动力学模型的构建有所描述。基于质点力学，文献[34]、文献[35]构建了带线弹性-阻尼悬架的移动机械手的动力学模型（将机械手视为刚体），该动力学模型没有考虑机械手的弹性变形问题。

本章综合考虑机械手组件的弹性变形、移动载体的线弹性-阻尼悬架和不平路面等工况，利用笛卡儿坐标（参考坐标）和瑞利-里茨近似法以及弹性坐标建立 2 杆轮式线弹性-阻尼悬架移动刚-柔性机械手的系统动力学模型，并以矩阵、矢量的形式表达，最后进行数值仿真。

5.2　2 杆轮式线弹性-阻尼悬架移动刚-柔性机械手运动学、动力学及静力学研究

5.2.1　系统运动学分析

柔性轮式移动机械手是综合系统，它由轮式悬架移动载体（平台）和机械手组成，如图 5.1 所示。由于图 5.1 中构件 2 质量相对构件 1（包括移动平台并假设其质量均匀分布）相差很大，因此在以后的分析中，将构件 1、构件 2 合称为等效构件 1，简称构件 1，并忽略构件 2 的质量。在第 4 章的刚性移动机械手动力学分析中，刚体在全局坐标系下的运动与其体坐标系在全局坐标系下的运动是等价的。用于定义刚体体坐标系位姿（位置与姿态）的构型变量可以用于定义刚体上任一点的位置。这主要是由于刚体上任意两点的距离保持恒定。然而在弹性体动力学分析中，弹性体上任意两点有相对运动（系统运动），因此，用于描述参考坐标系位姿的构型变量不足以描述弹性体运动学问题，必须引入弹性坐标变量作为补充，以描述弹性体任一点的变形问题。本章采用浮动坐标法，同时应用参考坐标变量（描述体坐标系相对全局坐标系的位姿）和弹性坐标变量（描述构件相对其体坐标系的弹性位移）来描述柔性轮式移动机械手运动学问题。

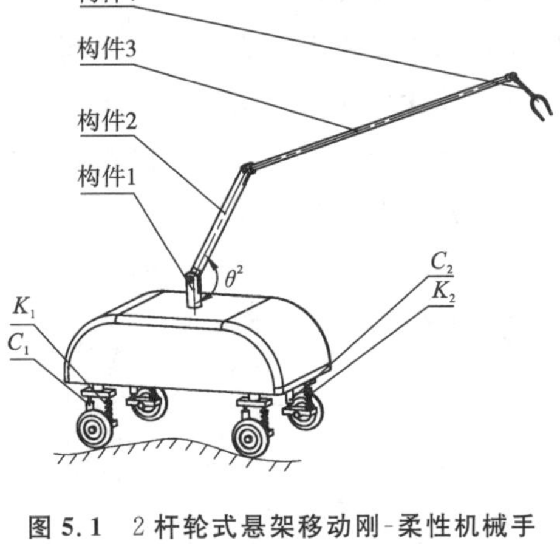

图 5.1　2 杆轮式悬架移动刚-柔性机械手

K_i、C_i 分别为该移动机械手系统的弹簧刚度系数和阻尼系数，其中 $i=1,2$

限于篇幅，本章仅考虑该移动机械手的平面工况，并仅考虑图 5.1 中构件 3 的弹性变形。

图 5.2 为图 5.1 平面化后的分析简图，其中 OX^0Y^0、$O^iX^iY^i$ 分别为柔性轮式悬架移动机械手的全局坐标系与构件 i 的体坐标系，其中 $i=1,3,4$。

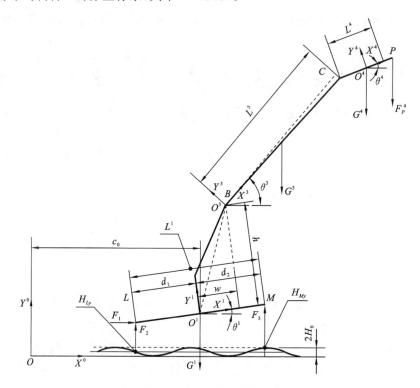

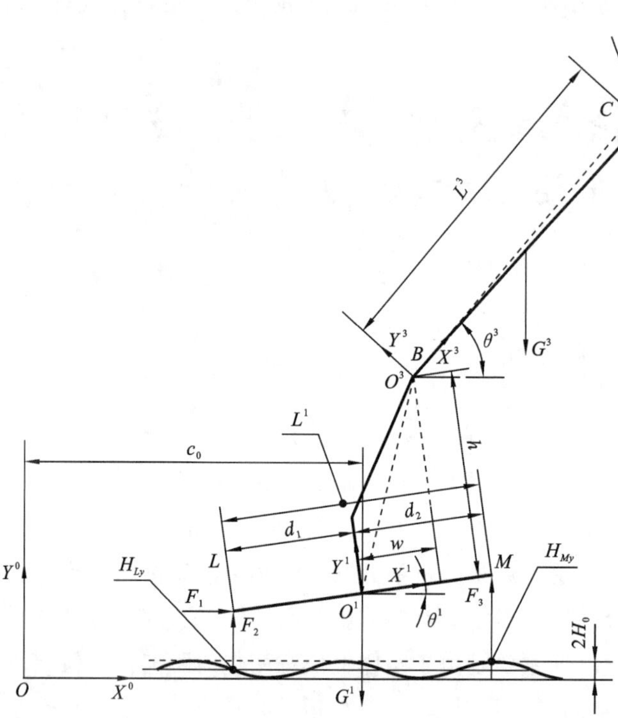

图 5.2　2 杆轮式悬架移动刚-柔性机械手分析简图

G^1、G^3、G^4—构件 1、3、4 重力；F_P^4—外载荷；F_1—移动载体水平驱动力；F_2、F_3—(悬架)作用于移动载体上的力

该移动机械手具有 3 个转动关节，针对具体的任务，在移动机械手工作过程中，θ^2(见图 5.1)用于调整其构型，以确保系统的稳定性。在推导该移动机械手动力学模型时，假定 θ^2 不变。基于平面假设(见图 5.2)，该移动机械手具有 7 个广义自由度，其中 2 个自由度来自移动载体；2 个自由度分别来自构件 3、构件 4 体坐标系 X 坐标轴相对全局坐标系 X 坐标轴的夹角 θ^3、θ^4；3 个自由度来自机械手的弹性变形。该机械手通过一个转动关节连接到其轮式移动载体上。这里假设该轮子为刚体，且无质量。该移动载体恒速运行在可用正弦函数描述的路面上。如图 5.2 所示，构件 3 上任一点相对 OX^0Y^0 原点的位置矢量为

$$
\begin{aligned}
\boldsymbol{r}^3 &= \boldsymbol{R}^3 + \boldsymbol{A}^3\bar{\boldsymbol{u}}^3 = \boldsymbol{R}^3 + \boldsymbol{A}^3(\bar{\boldsymbol{u}}_0^3 + \bar{\boldsymbol{u}}_f^3) \\
&= \boldsymbol{R}^3 + \boldsymbol{A}^3(\bar{\boldsymbol{u}}_0^3 + \boldsymbol{S}^3\bar{\boldsymbol{q}}_f^3) \\
&= \begin{bmatrix} r_1^3 \\ r_2^3 \end{bmatrix} + \boldsymbol{A}^3\left(\begin{bmatrix} \bar{x}^3 \\ 0 \end{bmatrix} + \boldsymbol{S}^3\begin{bmatrix} \bar{q}_{f4}^3 \\ \bar{q}_{f5}^3 \\ \bar{q}_{f6}^3 \end{bmatrix}\right)
\end{aligned} \tag{5.1}
$$

式中：$\boldsymbol{R}^3$ 为 $O^3X^3Y^3$ 原点相对 OX^0Y^0 原点的位置矢量，并度量于全局坐标系；$\boldsymbol{A}^3=\begin{bmatrix} \cos\theta^3 & -\sin\theta^3 \\ \sin\theta^3 & \cos\theta^3 \end{bmatrix}$，为构件 3 体坐标系变换矩阵；$\bar{\boldsymbol{u}}_0^3=[\bar{u}_{01}^3 \quad \bar{u}_{02}^3]^{\mathrm{T}}$，$\bar{\boldsymbol{u}}_f^3=[\bar{u}_{f1}^3 \quad \bar{u}_{f2}^3]^{\mathrm{T}}$，分别为构

件 3 变形前后任一点相对其体坐标系原点的位置矢量，有上横线(一)的量表示该变量度量于相应体坐标系，无上横线的量表示该变量度量于全局坐标系；$\bar{\boldsymbol{q}}_{\mathrm{f}}^{3}$ 为构件 3 的 C 端弹性变形位移矢量；$\boldsymbol{S}^{3}$ 为构件 3 的形函数(将在后面章节具体介绍)。$[\boldsymbol{R}^{3^{\mathrm{T}}}\quad \theta^{3}]^{\mathrm{T}}$、$\bar{\boldsymbol{q}}_{\mathrm{f}}^{3}$ 为用于描述构件 3 构型的参考坐标与弹性坐标，可利用类似方法描述其余构件上任一点的位置矢量。该移动机械手在笛卡儿坐标系下的构型变量为

$$\boldsymbol{q}_{n}=[\boldsymbol{q}^{1^{\mathrm{T}}}\quad \boldsymbol{q}^{3^{\mathrm{T}}}\quad \boldsymbol{q}^{4^{\mathrm{T}}}]$$

式中：$\boldsymbol{q}^{i}$、$\boldsymbol{q}^{3}$ 分别为描述移动机械手构件 i、构件 3 的构型矢量，$i=1,4$，定义为

$$\begin{cases}\boldsymbol{q}^{i}=[\boldsymbol{R}^{i^{\mathrm{T}}}\quad \theta^{i}]^{\mathrm{T}}=[r_{1}^{i}\quad r_{2}^{i}\quad \theta^{i}]^{\mathrm{T}}\\ \boldsymbol{q}^{3}=[\boldsymbol{R}^{3^{\mathrm{T}}}\quad \theta^{3}\quad \bar{\boldsymbol{q}}_{\mathrm{f}i}^{3}]^{\mathrm{T}}=[r_{1}^{3}\quad r_{2}^{3}\quad \theta^{3}\quad \bar{q}_{\mathrm{f4}}^{3}\quad \bar{q}_{\mathrm{f5}}^{3}\quad \bar{q}_{\mathrm{f6}}^{3}]^{\mathrm{T}}\end{cases}\tag{5.2}$$

本节只考虑构件 3 的弹性变形。柔性轮式移动机械手约束包括完整约束及非完整约束。完整约束来自机械手构件间的转动副，如图 5.2 所示。假设本章所研究的移动机械手的轮子始终与路面接触(数值仿真也证实了这个假设)，则移动机械手约束方程为

$$\begin{cases}\boldsymbol{C}(\boldsymbol{q}_{n},t)=0\\ \begin{bmatrix}\boldsymbol{R}^{3}+\boldsymbol{A}^{3}\bar{\boldsymbol{u}}_{C}^{3}-\boldsymbol{R}^{4}-\boldsymbol{A}^{4}\bar{\boldsymbol{u}}_{C}^{4}\\ \boldsymbol{R}^{3}+\boldsymbol{A}^{3}\bar{\boldsymbol{u}}_{B}^{3}-\boldsymbol{R}^{1}-\boldsymbol{A}^{1}\bar{\boldsymbol{u}}_{B}^{1}\\ r_{1}^{1}-vt-c_{0}\end{bmatrix}=\boldsymbol{0}_{5\times 1}\end{cases}\tag{5.3}$$

式中：$\bar{\boldsymbol{u}}_{C}^{3}$、$\bar{\boldsymbol{u}}_{C}^{4}$ 为构件 3、构件 4 间转动铰接点 C 分别相对其体坐标系原点的位置矢量；$\bar{\boldsymbol{u}}_{B}^{3}$、$\bar{\boldsymbol{u}}_{B}^{1}$ 为构件 3 与构件 1 间转动铰接点 B 相对其体坐标系原点的位置矢量。根据约束方程(5.3)进行独立坐标与关联坐标的分离：$\boldsymbol{q}_{\mathrm{d}}=f(\boldsymbol{q}_{\mathrm{i}})$。其中 $\boldsymbol{q}_{\mathrm{d}}=[r_{1}^{1}\quad \boldsymbol{R}^{3^{\mathrm{T}}}\quad \boldsymbol{R}^{4^{\mathrm{T}}}]^{\mathrm{T}}$，为系统关联坐标，$\boldsymbol{q}_{\mathrm{i}}=[r_{2}^{1}\quad \theta^{1}\quad \theta^{3}\quad \bar{q}_{\mathrm{f4}}^{3}\quad \bar{q}_{\mathrm{f5}}^{3}\quad \bar{q}_{\mathrm{f6}}^{3}\quad \theta^{4}]^{\mathrm{T}}$，为系统独立坐标。

有

$$\begin{cases}r_{1}^{1}=vt+c_{0}\\ r_{1}^{3}=vt+c_{0}+\cos(\theta^{1})w-\sin(\theta^{1})h\\ r_{2}^{3}=r_{2}^{1}+\sin(\theta^{1})w+\cos(\theta^{1})h\\ r_{1}^{4}=vt+c_{0}+\cos(\theta^{1})w-\sin(\theta^{1})h+\cos(\theta^{3})L^{3}+\cos(\theta^{3})\bar{q}_{\mathrm{f4}}^{3}-\sin(\theta^{3})\bar{q}_{\mathrm{f5}}^{3}+0.5\cos(\theta^{4})L^{4}\\ r_{2}^{4}=r_{2}^{1}+\sin(\theta^{1})w+\cos(\theta^{1})h+\sin(\theta^{3})L^{3}+\sin(\theta^{3})\bar{q}_{\mathrm{f4}}^{3}+\cos(\theta^{3})\bar{q}_{\mathrm{f5}}^{3}+0.5\sin(\theta^{4})L^{4}\end{cases}\tag{5.4}$$

独立坐标与关联坐标的速度、加速度关系如下：

$$\begin{cases}\dot{\boldsymbol{q}}_{\mathrm{d}}=-(\boldsymbol{C}_{\boldsymbol{q}_{\mathrm{d}}})^{-1}\boldsymbol{C}_{\boldsymbol{q}_{\mathrm{i}}}\dot{\boldsymbol{q}}_{\mathrm{i}}-(\boldsymbol{C}_{\boldsymbol{q}_{\mathrm{d}}})^{-1}\boldsymbol{C}_{t}\\ \ddot{\boldsymbol{q}}_{\mathrm{d}}=-(\boldsymbol{C}_{\boldsymbol{q}_{\mathrm{d}}})^{-1}\boldsymbol{C}_{\boldsymbol{q}_{\mathrm{i}}}\ddot{\boldsymbol{q}}_{\mathrm{i}}+(\boldsymbol{C}_{\boldsymbol{q}_{\mathrm{d}}})^{-1}\boldsymbol{Q}_{c}\\ \boldsymbol{Q}_{c}=-(\boldsymbol{C}_{\boldsymbol{q}}\dot{\boldsymbol{q}})_{\boldsymbol{q}}\dot{\boldsymbol{q}}\end{cases}\tag{5.5}$$

式中：$\boldsymbol{C}_{\boldsymbol{q}_{\mathrm{d}}}$、$\boldsymbol{C}_{\boldsymbol{q}_{\mathrm{i}}}$、$\boldsymbol{C}_{t}$ 为方程(5.3)分别对 $\boldsymbol{q}_{\mathrm{d}}$、$\boldsymbol{q}_{\mathrm{i}}$、$t$ 的偏导数；$\boldsymbol{q}$、$\boldsymbol{C}_{\boldsymbol{q}}$ 的定义为

$$\boldsymbol{q}=[\boldsymbol{q}_{\mathrm{i}}^{\mathrm{T}}\quad \boldsymbol{q}_{\mathrm{d}}^{\mathrm{T}}]\tag{5.6}$$

$$\boldsymbol{C}_{\boldsymbol{q}}=[\boldsymbol{C}_{\boldsymbol{q}_{\mathrm{i}}}\quad \boldsymbol{C}_{\boldsymbol{q}_{\mathrm{d}}}]_{5\times 12}\tag{5.7}$$

可用系统独立变量表示该移动机械手速度和加速度：

$$
\begin{cases}
\dot{\boldsymbol{q}}=\begin{bmatrix}\dot{\boldsymbol{q}}_{\mathrm{i}}\\ \dot{\boldsymbol{q}}_{\mathrm{d}}\end{bmatrix}=\begin{bmatrix}\boldsymbol{I}\\ -(\boldsymbol{C}_{\boldsymbol{q}_{\mathrm{d}}})^{-1}\boldsymbol{C}_{\boldsymbol{q}_{\mathrm{i}}}\end{bmatrix}\dot{\boldsymbol{q}}_{\mathrm{i}}+\begin{bmatrix}0\\ -(\boldsymbol{C}_{\boldsymbol{q}_{\mathrm{d}}})^{-1}\boldsymbol{C}_{t}\end{bmatrix}\\
\dot{\boldsymbol{q}}=\boldsymbol{B}_{\mathrm{di}}\dot{\boldsymbol{q}}_{\mathrm{i}}+\overline{\boldsymbol{Q}}_{ct}
\end{cases}
\tag{5.8}
$$

其中：$\boldsymbol{I}$ 为单位矩阵。

$$
\begin{cases}
\ddot{\boldsymbol{q}}=\begin{bmatrix}\ddot{\boldsymbol{q}}_{\mathrm{i}}\\ \ddot{\boldsymbol{q}}_{\mathrm{d}}\end{bmatrix}=\begin{bmatrix}\boldsymbol{I}\\ -(\boldsymbol{C}_{\boldsymbol{q}_{\mathrm{d}}})^{-1}\boldsymbol{C}_{\boldsymbol{q}_{\mathrm{i}}}\end{bmatrix}\ddot{\boldsymbol{q}}_{\mathrm{i}}+\begin{bmatrix}0\\ -(\boldsymbol{C}_{\boldsymbol{q}_{\mathrm{d}}})^{-1}\boldsymbol{Q}_{c}\end{bmatrix}\\
\ddot{\boldsymbol{q}}=\boldsymbol{B}_{\mathrm{di}}\ddot{\boldsymbol{q}}_{\mathrm{i}}+\overline{\boldsymbol{Q}}_{c}
\end{cases}
\tag{5.9}
$$

至此，该移动机械手构型（包括位置、速度和加速度）都采用独立变量 $\boldsymbol{q}_{\mathrm{i}}$、$\dot{\boldsymbol{q}}_{\mathrm{i}}$ 和 $\ddot{\boldsymbol{q}}_{\mathrm{i}}$ 表示出来。该移动机械手系统运动学正解模型建立完毕。

5.2.2 系统动力学分析

1. 构件 3 形函数

采用经典瑞利-里茨近似法描述机械手构件 3 的弹性变形问题。如图 5.2 所示，由于点 B 是弹性构件与刚性构件的转动铰接点，因此将构件 3 的体坐标系设置在点 B 处，并与点 B 刚性连接，则构件 3 形函数为

$$
\boldsymbol{S}^{3}=\begin{bmatrix}\xi & 0 & 0\\ 0 & 3\xi^{2}-2\xi^{3} & L(\xi^{3}-\xi^{2})\end{bmatrix}
\tag{5.10}
$$

式中：$\xi^{3}=\dfrac{\bar{x}^{3}}{L^{3}}$，$\bar{x}^{3}$ 为构件 3 上任一点相对其体坐标系的 X 向坐标变量。

2. 构件 3 刚度矩阵获取

应用应变能和欧拉-伯努利原理（不考虑该构件剪切变形的影响）来定义构件 3 刚度矩阵，则构件 3 变形能可表述为

$$
\begin{aligned}
U &= \frac{1}{2}\int_{0}^{L^{3}}\begin{bmatrix}\bar{u}'_{\mathrm{f1}} & \bar{u}''_{\mathrm{f2}}\end{bmatrix}\begin{bmatrix}Ea & 0\\ 0 & EI\end{bmatrix}\begin{bmatrix}\bar{u}'_{\mathrm{f1}}\\ \bar{u}''_{\mathrm{f2}}\end{bmatrix}\mathrm{d}x\\
&= \frac{1}{2}\bar{\boldsymbol{q}}_{\mathrm{f}i}^{3^{\mathrm{T}}}\boldsymbol{K}_{\mathrm{ff}}^{3}\bar{\boldsymbol{q}}_{\mathrm{f}i}^{3}
\end{aligned}
\tag{5.11}
$$

式中：E、I、a 分别为构件 3 的弹性模量、惯性矩、截面面积；$\bar{u}'_{\mathrm{f1}}=\dfrac{\partial\bar{u}_{\mathrm{f1}}}{\partial(\bar{x}^{3})}$，$\bar{u}''_{\mathrm{f2}}=\dfrac{\partial^{2}\bar{u}_{\mathrm{f1}}}{\partial(\bar{x}^{3})^{2}}$；$\boldsymbol{K}_{\mathrm{ff}}^{3}$ 为构件 3 刚度矩阵。

3. 系统惯性张量推导

首先对构件 3 惯性张量进行分析推导。构件 3 上任一点速度矢量可表示为

$$
\dot{\boldsymbol{r}}^{3}=\dot{\boldsymbol{R}}^{3}+\boldsymbol{A}_{\theta}^{3}\bar{\boldsymbol{u}}^{3}\dot{\theta}^{3}+\boldsymbol{A}^{3}\boldsymbol{S}^{3}\dot{\bar{\boldsymbol{q}}}_{\mathrm{f}}^{3}
\tag{5.12}
$$

式中：$\boldsymbol{A}_{\theta}^{3}$ 为 $\boldsymbol{A}^{3}$ 对 θ^{3} 的导数；$\bar{\boldsymbol{u}}^{3}$ 见式（5.1）。则构件 3 动能为

$$
T^{3}=\frac{1}{2}\int_{V^{3}}\dot{\boldsymbol{r}}^{3^{\mathrm{T}}}\dot{\boldsymbol{r}}^{3}\rho^{3}\,\mathrm{d}V^{3}=\frac{1}{2}\dot{\boldsymbol{q}}^{3^{\mathrm{T}}}\begin{bmatrix}m_{RR}^{3} & m_{R\theta}^{3} & m_{R\mathrm{f}}^{3}\\ (m_{R\theta}^{3})^{\mathrm{T}} & m_{\theta\theta}^{3} & m_{\theta\mathrm{f}}^{3}\\ (m_{R\mathrm{f}}^{3})^{\mathrm{T}} & (m_{\theta\mathrm{f}}^{3})^{\mathrm{T}} & m_{\mathrm{ff}}^{3}\end{bmatrix}\dot{\boldsymbol{q}}^{3}=\frac{1}{2}\dot{\boldsymbol{q}}^{3^{\mathrm{T}}}\boldsymbol{M}^{3}\dot{\boldsymbol{q}}^{3}
\tag{5.13}
$$

式中：ρ^3 为构件 3 的密度；$\dot{\boldsymbol{q}}^3=[\dot{\boldsymbol{R}}^{3^{\mathrm{T}}} \quad \dot{\theta}^3 \quad \dot{\boldsymbol{q}}_{\mathrm{f}i}^{3^{\mathrm{T}}}]^{\mathrm{T}}$；$\boldsymbol{M}^3$ 为构件 3 的惯性张量，其元素从式(5.13)中可得到。同理可得到构件 4、构件 1 的惯性张量。则柔性轮式移动机械手系统惯性张量为

$$\boldsymbol{M}=\begin{bmatrix}\boldsymbol{M}^1 & & \\ & \boldsymbol{M}^3 & \\ & & \boldsymbol{M}^4\end{bmatrix}_{12\times 12} \tag{5.14}$$

4. 系统移动机械手广义力推导

如图 5.2 所示，路面用正弦函数来描述，具体描述方式参看第 4 章。下面针对构件 4，推导其广义力。

F_P^4 作用于点 P，点 P 的位置矢量为

$$\boldsymbol{r}_P^4=\boldsymbol{R}^4+\boldsymbol{A}^4\bar{\boldsymbol{u}}_P^4$$

依据变分原理有

$$\delta\boldsymbol{r}_P^4=[\boldsymbol{I}_4 \quad \boldsymbol{A}_\theta^4\bar{\boldsymbol{u}}_P^4]\delta\boldsymbol{q}^4$$

则其广义力为

$$\boldsymbol{Q}_1^{4^{\mathrm{T}}}=[\boldsymbol{F}_P^{4^{\mathrm{T}}} \quad \boldsymbol{F}_P^{4^{\mathrm{T}}}\boldsymbol{A}_\theta^4\bar{\boldsymbol{u}}_P^4] \tag{5.15}$$

同理可得

$$\boldsymbol{Q}_2^{4^{\mathrm{T}}}=[\boldsymbol{G}^{4^{\mathrm{T}}} \quad \boldsymbol{G}^{4^{\mathrm{T}}}\boldsymbol{A}_\theta^4\bar{\boldsymbol{u}}_{O^4}^4] \tag{5.16}$$

$$\boldsymbol{Q}_3^{4^{\mathrm{T}}}=[\boldsymbol{0}_{1\times 2} \quad \boldsymbol{T}^{43}]$$

式中：$\bar{\boldsymbol{u}}_{O_4}^4$ 为构件 4 重心位置矢量；$\boldsymbol{T}^{43}$ 为与变量 θ^4 对应的广义力矩。由式(5.15)、式(5.16)可推出作用在构件 4 上的广义外力为

$$\boldsymbol{Q}_{\mathrm{e}}^4=\boldsymbol{Q}_1^4+\boldsymbol{Q}_2^4+\boldsymbol{Q}_3^4 \tag{5.17}$$

同理可得作用在构件 3 上的广义外力为

$$\boldsymbol{Q}_{\mathrm{e}}^{3^{\mathrm{T}}}=[\boldsymbol{G}^{3^{\mathrm{T}}} \quad \boldsymbol{G}^{3^{\mathrm{T}}}\boldsymbol{A}_\theta^3\bar{\boldsymbol{u}}_{O^3}^3-\boldsymbol{T}^{43}+\boldsymbol{T}^{31} \quad \boldsymbol{G}^{3^{\mathrm{T}}}\boldsymbol{A}^3\boldsymbol{S}_{O^3}^3-[0 \quad 0 \quad \boldsymbol{T}^{43}]]_{1\times 6} \tag{5.18}$$

式中：$\bar{\boldsymbol{u}}_{O^3}^3$ 为构件 3 重心位置矢量；$\boldsymbol{S}_{O^3}^3=\boldsymbol{S}^3|_{x=0.5L^3}$，为构件 3 重心形函数；$\boldsymbol{T}^{31}$ 为与变量 θ^3 相应的广义力矩。

同理可得作用在构件 1 上的广义外力 $\boldsymbol{Q}_{\mathrm{e}}^1$(具体描述请参看第 4 章，这里不具体描述)。

5. 移动载体驱动力 F_1 分析与推导

本小节利用牛顿-欧拉方程，迭代推导驱动力 F_1。移动机械手各构件受力如图 5.3 所示。具体推导方法请参看第 4 章，移动载体水平驱动力为

$$F_1=F_1(\theta^1,\theta^3,\theta^4,q_{\mathrm{f4}}^3,q_{\mathrm{f5}}^3,q_{\mathrm{f6}}^3,\dot{\theta}^1,\dot{\theta}^3,\dot{\theta}^4,\dot{q}_{\mathrm{f4}}^3,\dot{q}_{\mathrm{f5}}^3,\dot{q}_{\mathrm{f6}}^3,\ddot{\theta}^1,\ddot{\theta}^3,\ddot{\theta}^4,\ddot{q}_{\mathrm{f4}}^3,\ddot{q}_{\mathrm{f5}}^3,\ddot{q}_{\mathrm{f6}}^3) \tag{5.19}$$

6. 系统动力学分析与推导

根据拉格朗日方程，可以得到柔性轮式移动机械手系统各构件动力学方程：

$$\begin{cases}\begin{bmatrix}\boldsymbol{M}^1 & & \\ & \boldsymbol{M}^3 & \\ & & \boldsymbol{M}^4\end{bmatrix}\begin{bmatrix}\ddot{\boldsymbol{q}}^1\\ \ddot{\boldsymbol{q}}^3\\ \ddot{\boldsymbol{q}}^4\end{bmatrix}+\begin{bmatrix}\boldsymbol{0}_{6\times 6} & \boldsymbol{0}_{6\times 3} & \boldsymbol{0}_{6\times 3}\\ \boldsymbol{0}_{3\times 6} & \boldsymbol{K}_{\mathrm{ff}} & \boldsymbol{0}_{3\times 3}\\ \boldsymbol{0}_{3\times 6} & \boldsymbol{0}_{3\times 3} & \boldsymbol{0}_{3\times 3}\end{bmatrix}\begin{bmatrix}\boldsymbol{q}^1\\ \boldsymbol{q}^3\\ \boldsymbol{q}^4\end{bmatrix}+\begin{bmatrix}\boldsymbol{C}_{\boldsymbol{q}^1}^{\mathrm{T}}\boldsymbol{\lambda}\\ \boldsymbol{C}_{\boldsymbol{q}^3}^{\mathrm{T}}\boldsymbol{\lambda}\\ \boldsymbol{C}_{\boldsymbol{q}^4}^{\mathrm{T}}\boldsymbol{\lambda}\end{bmatrix}=\begin{bmatrix}\boldsymbol{Q}_{\mathrm{e}}^1\\ \boldsymbol{Q}_{\mathrm{e}}^3\\ \boldsymbol{Q}_{\mathrm{e}}^4\end{bmatrix}+\begin{bmatrix}\boldsymbol{Q}_{\mathrm{v}}^1\\ \boldsymbol{Q}_{\mathrm{v}}^3\\ \boldsymbol{Q}_{\mathrm{v}}^4\end{bmatrix}\\ \boldsymbol{C}(\boldsymbol{q},t)=\boldsymbol{0}_{5\times 1}\end{cases} \tag{5.20}$$

式中：$\boldsymbol{\lambda}=[\lambda_1 \quad \lambda_2 \quad \lambda_3 \quad \lambda_4 \quad \lambda_5]^{\mathrm{T}}$，为拉格朗日乘子。式(5.20)同时包含了常微分方程和代数

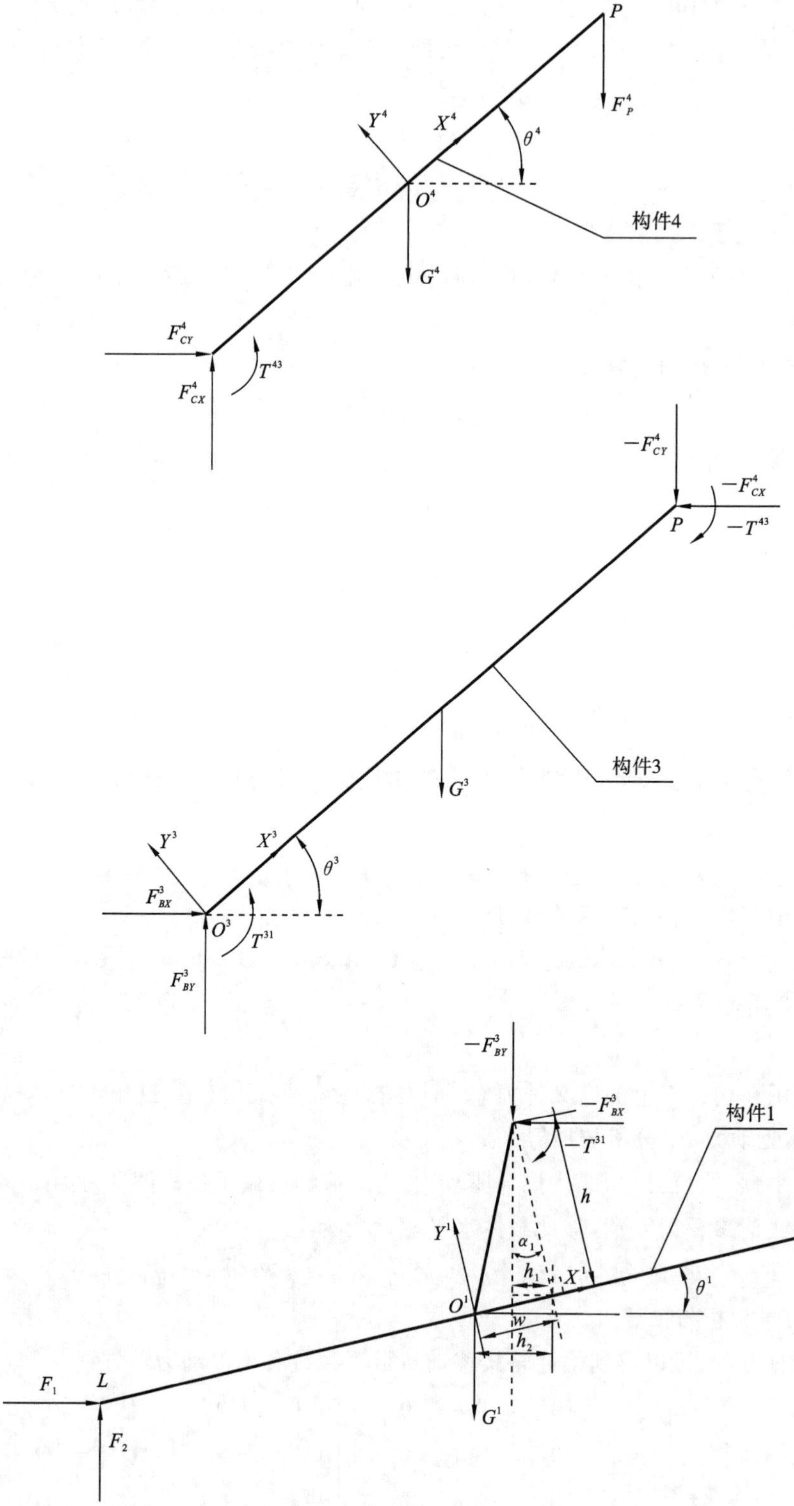

图 5.3　2 杆轮式悬架移动刚-柔性机械手各构件受力分析

方程，必须同时求解，这增大了求解难度，同时也增大了数值法求解时的累积误差等。本章应用独立变量来表示系统动力学方程。将式(5.5)、式(5.8)、式(5.9)代入式(5.20)中，通过简化可以得到：

$$\begin{cases} \boldsymbol{M}_{\mathrm{ii}}\ddot{\boldsymbol{q}}_{\mathrm{i}}=\boldsymbol{Q}_{\mathrm{i}} \\ \boldsymbol{M}_{\mathrm{ii}}=\boldsymbol{B}_{\mathrm{di}}^{\mathrm{T}}\boldsymbol{MMB}_{\mathrm{di}} \\ \boldsymbol{MM}=(\boldsymbol{M\_C})^{\mathrm{T}}\boldsymbol{M}(\boldsymbol{M\_C}) \\ \boldsymbol{Q}_{\mathrm{i}}=\boldsymbol{B}_{\mathrm{di}}^{\mathrm{T}}(\boldsymbol{Q}_{\mathrm{e}}+\boldsymbol{Q}_{\mathrm{v}}-(\boldsymbol{M\_C})^{\mathrm{T}}\boldsymbol{K}(\boldsymbol{M\_C})\boldsymbol{q})-\boldsymbol{B}_{\mathrm{di}}^{\mathrm{T}}\boldsymbol{MM}\bar{\boldsymbol{Q}}_{c} \\ \boldsymbol{B}_{\mathrm{di}}^{\mathrm{T}}\boldsymbol{C}_{\boldsymbol{q}}^{\mathrm{T}}=0 \end{cases} \tag{5.21}$$

式中：$\boldsymbol{M_C}(\boldsymbol{q}_n=(\boldsymbol{M_C})\boldsymbol{q})$为布尔变换矩阵，其元素由 1、0 组成，即

$$\boldsymbol{M\_C}=\begin{bmatrix} 0&0&0&0&0&0&0&1&0&0&0&0 \\ 1&0&0&0&0&0&0&0&0&0&0&0 \\ 0&1&0&0&0&0&0&0&0&0&0&0 \\ 0&0&0&0&0&0&0&0&1&0&0&0 \\ 0&0&0&0&0&0&0&0&0&1&0&0 \\ 0&0&1&0&0&0&0&0&0&0&0&0 \\ 0&0&0&1&0&0&0&0&0&0&0&0 \\ 0&0&0&0&1&0&0&0&0&0&0&0 \\ 0&0&0&0&0&1&0&0&0&0&0&0 \\ 0&0&0&0&0&0&0&0&0&0&1&0 \\ 0&0&0&0&0&0&0&0&0&0&0&1 \\ 0&0&0&0&0&0&1&0&0&0&0&0 \end{bmatrix}_{12\times 12} \tag{5.22}$$

5.2.3　系统静力学研究与移动载体参数的确定

式(5.21)的求解属于初值常微分方程组的求解，因此需要初值。初值的准确性关系到系统方程的求解精度。而初值一般来自系统的静力学分析结果。当有以下假设：

$$\begin{cases} \dot{\boldsymbol{q}}_{\mathrm{i}}=\boldsymbol{0}_{7\times 1} \\ \ddot{\boldsymbol{q}}_{\mathrm{i}}=\boldsymbol{0}_{7\times 1} \end{cases} \tag{5.23}$$

时，式(5.21)就退化为系统静力学模型。在给定路面参数、移动载体初始位姿(位置与姿态)和机械手初始位置构型位姿及移动载体运动速度时，可以确定 2 个弹簧的刚度系数、原长和 2 个阻尼器的阻尼系数。总结算法如下：

(1) 令$\begin{cases} \dot{\boldsymbol{q}}=\boldsymbol{0}_{12\times 1} \\ \ddot{\boldsymbol{q}}=\boldsymbol{0}_{12\times 1} \end{cases}$，由式(5.21)的系统动力学方程可以得到系统静力学方程。

(2) 根据初始边界条件(路面参数、移动载体初始位姿等)，确定机械手初始位置构型变量 $\boldsymbol{q}_{i0}=[r_{10}^{1}\quad r_{20}^{1}\quad \theta_0^1\quad \theta_0^3\quad \theta_0^4]_{1\times 5}^{\mathrm{T}}$。

(3) 将 $\boldsymbol{q}_{i0}=[r_{10}^{1}\quad r_{20}^{1}\quad \theta_0^1\quad \theta_0^3\quad \theta_0^4]_{1\times 5}^{\mathrm{T}}$ 代入(1)中的静力学方程，以确定移动载体的弹簧刚度系数、原长和阻尼器阻尼系数，以及弹性构件的弹性变形 $\bar{\boldsymbol{q}}_{\mathrm{fi0}}^{3}$。

5.3　系统静力学、动力学数值仿真

5.3.1　系统静力学研究与移动载体参数的确定

移动机械手初始构型参数为

$$\boldsymbol{q}_{i0}=\begin{bmatrix} 0\ \mathrm{m} \\ 0.18\ \mathrm{m} \\ 2^\circ \\ 150^\circ \\ 15^\circ \end{bmatrix} \tag{5.24}$$

系统静力学分析采用的参数如表 5.1 所示。综合利用式(5.21)、式(5.23)、式(5.24)和表 5.1,可以得到移动载体参数(见表 5.2)和构件 3 初始弹性变形 $\bar{q}^3_{fi0}$(见表 5.3)。

表 5.1　数值仿真模型参数

参数	值	参数	值	参数	值	参数	值	参数	值
m^1	20 kg	r_3	0.0075 m	L^3	0.9 m	H_0	0.03 m	T^{31}	−33 N·m
m^3	1 kg	w	0.212 m	L^4	0.4 m	v	0.3 m/s	t	0.9 s
m^4	1.3 kg	h	0.539 m	d_1	0.35 m	g	9.8 m/s²	c_0	0 m
E	210 GPa	L^1	0.7 m	d_2	0.35 m	T^{43}	15 N·m	λ	0.4 s

表 5.2　移动载体参数

参数	值	参数	值	参数	值
K_1	1470 N/m	K_2	215 N/m	K_L_{01}	0.26 m
C_1	147 N·s/m	C_2	215 N·s/m	K_L_{02}	0.184 m

表 5.2 中,K_L_{01}、K_L_{02} 分别为弹簧 1、弹簧 2 的原长。

表 5.3　构件 3 初始弹性变形

参　数	瑞利-里茨近似法(式(5.21)、式(5.23)、式(5.24))结果	有限元法(ANSYS 11.0)结果
$\bar{q}^3_{f40}$/m	-8.2021×10^{-7}	-8.2021×10^{-7}(图 5.4)
$\bar{q}^3_{f50}$/m	9.6328×10^{-3}	9.6328×10^{-3}(图 5.5)
$\bar{q}^3_{f60}$/rad	6.2527×10^{-3}	6.2527×10^{-3}(图 5.6)

比较表 5.3 中的两组数据可以得出:采用瑞利-里茨近似法得出的结果与由有限元软件 ANSYS 11.0(采用单元 Beam3,基于欧拉-伯努利梁理论,忽略构件剪切变形的影响,采用 2

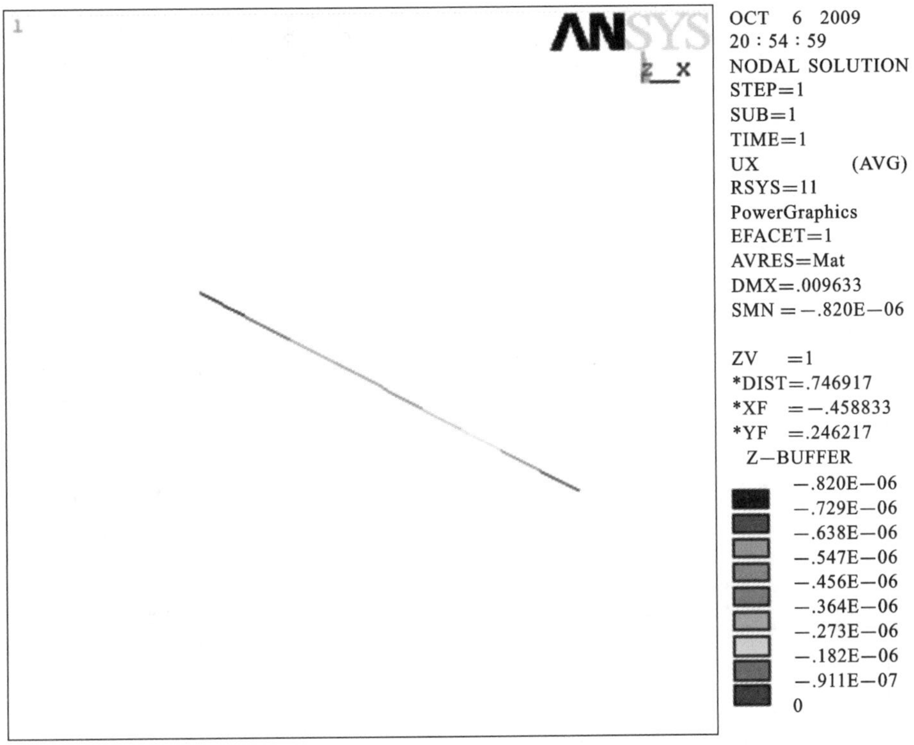

图 5.4　构件 3 X^3 向弹性位移

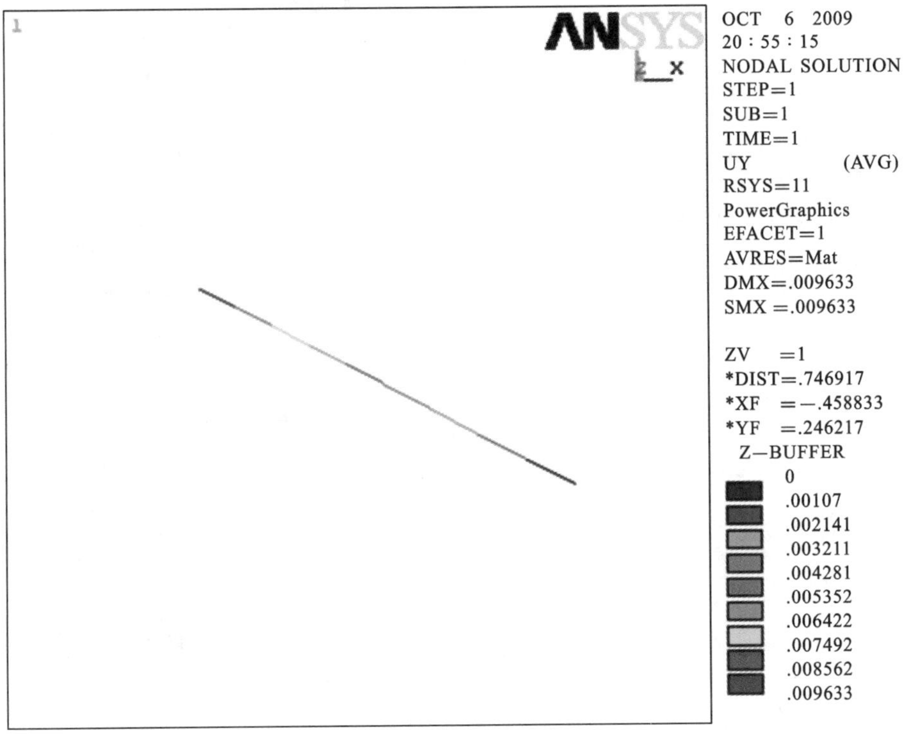

图 5.5　构件 3 Y^3 向弹性位移

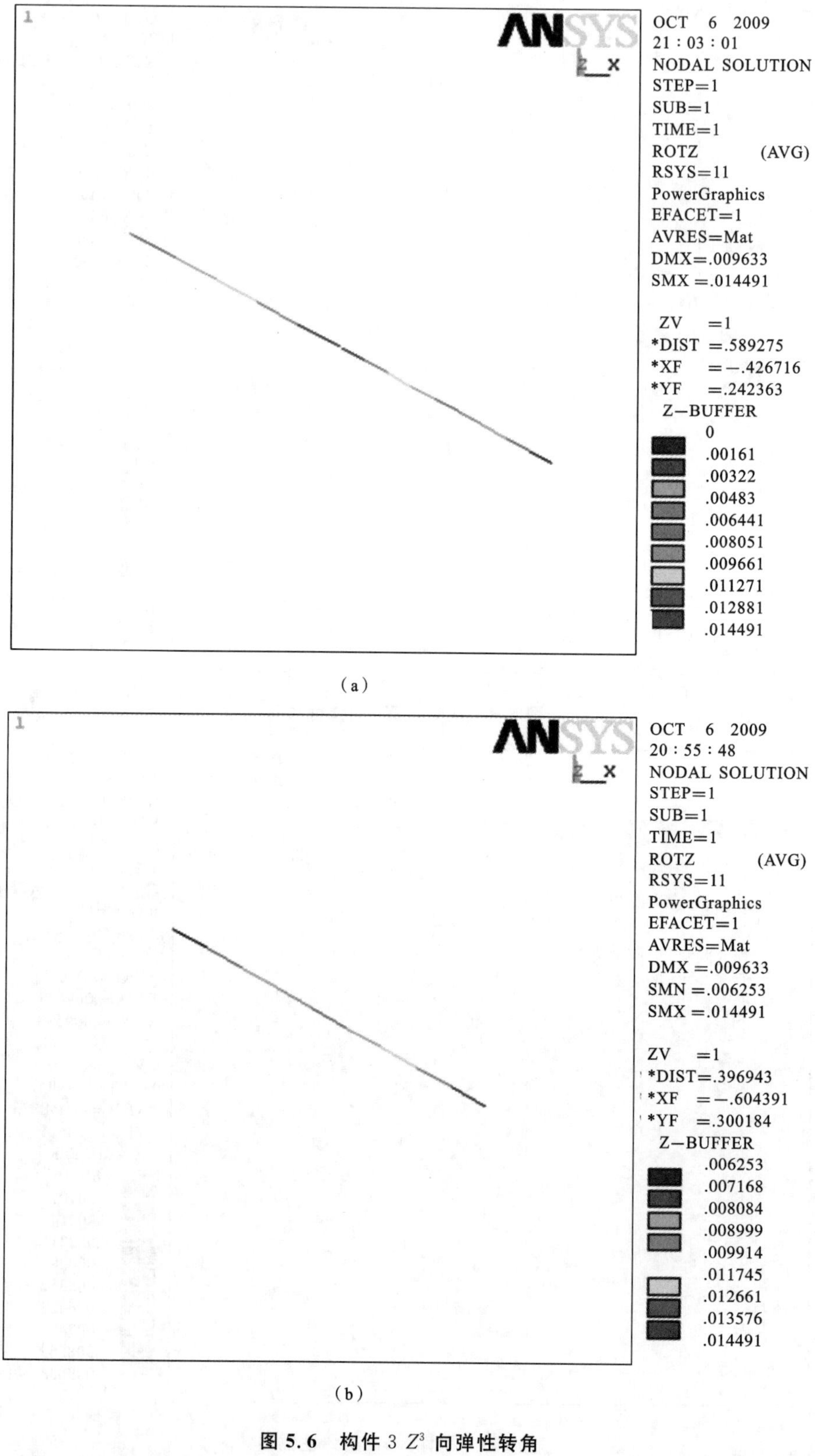

图 5.6　构件 3 Z^3 向弹性转角

个离散单元)得出的结果完全一致,从而验证了本章采用瑞利-里茨近似法构建的力学模型的正确性和有效性。如图 5.6 所示,构件 3 的 Z^3 向最大弹性转角出现在构件中间区域,而本章仅对构件 3 端点处弹性转角进行比较,故取端点相关单元云图作为补充。

5.3.2　系统动力学数值仿真

采用状态空间法描述上述动力学模型(式(5.21))。定义状态矢量为

$$\boldsymbol{Y}=\begin{bmatrix}\boldsymbol{q}_i\\ \dot{\boldsymbol{q}}_i\end{bmatrix},\quad \dot{\boldsymbol{Y}}=\begin{bmatrix}\dot{\boldsymbol{q}}_i\\ \ddot{\boldsymbol{q}}_i\end{bmatrix}$$

将其代入动力学方程(式(5.21)),经过适当变换,可以得到

$$\dot{\boldsymbol{Y}}=f(\boldsymbol{Y},t) \tag{5.25}$$

式(5.25)为一阶常微分方程组(ODE),则对柔性轮式移动机械手动力学方程(式(5.21))的求解转换为带初值的一阶 ODE 的求解问题。由于本章所考虑的柔性轮式移动机械手构件的弹性变形为小变形,因此柔性轮式移动机械手独立变量间存在较大差异。因此式(5.25)为刚性常微分方程组。基于吉尔法(高阶线性多步法),并采用软件 MATLAB2006 进行数值法求解。柔性轮式移动机械手数值仿真所用参数取自表 5.1、表 5.2、表 5.3。

数值仿真结果如图 5.7 至图 5.22 所示。

在同一参数(见表 5.1)下,比较柔体动力学模型的数值解与刚体动力学模型的数值解,从图 5.7 至图 5.15 中可以看到构件 3 弹性变形对系统动力学耦合的作用是非常大的,对移动机械手末端执行器有较高的定位要求时,应该避免构件发生弹性振动。在后面的章节中将介绍

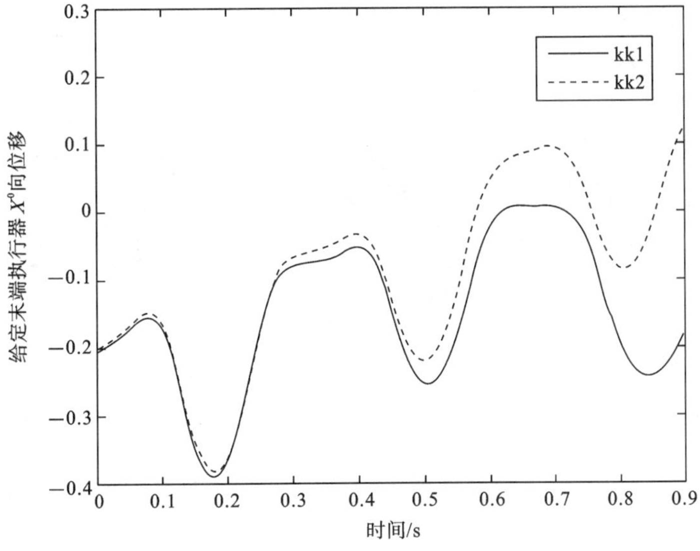

图 5.7　移动机械手末端执行器 X^0 向位移数据仿真

kk1 代表 2 杆移动刚-柔性机械手;kk2 代表 2 杆移动刚性机械手

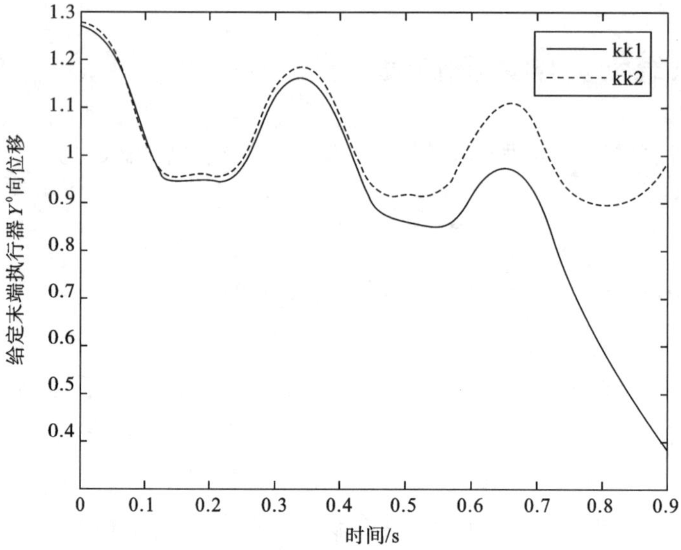

图 5.8　移动机械手末端执行器 Y^0 向位移数据仿真

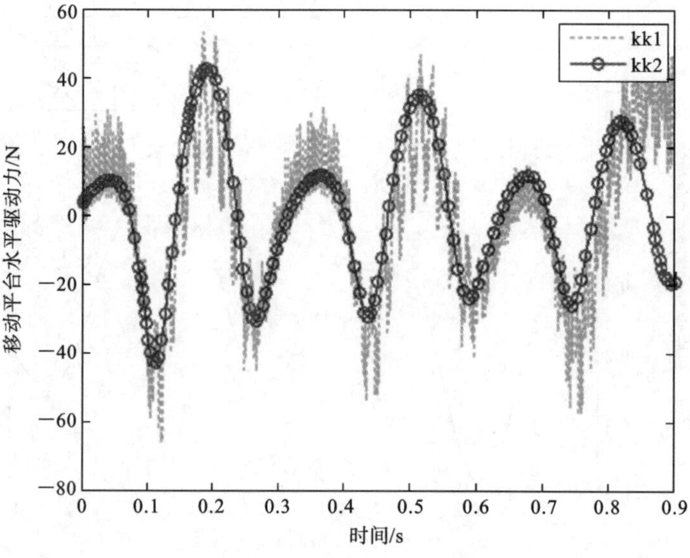

图 5.9　移动平台水平驱动力

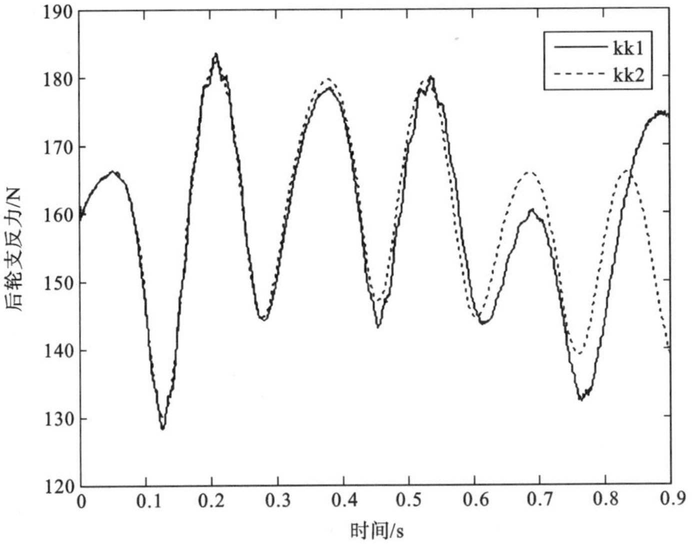

图 5.10　后轮支反力 F_2 数据仿真

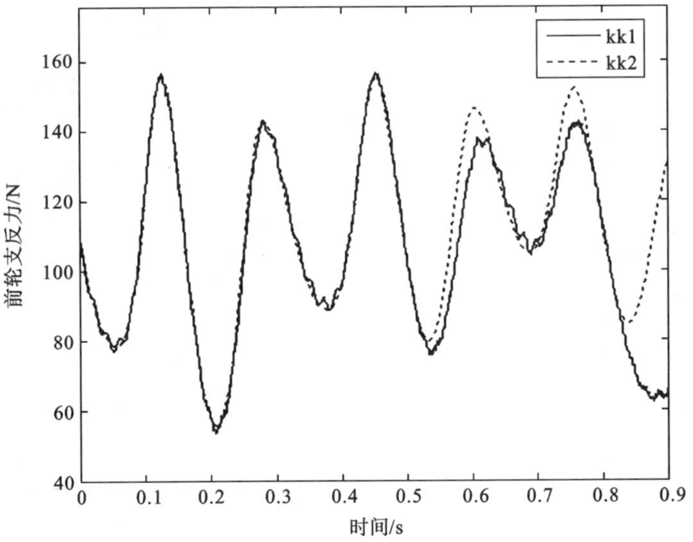

图 5.11　前轮支反力 F_3 数据仿真

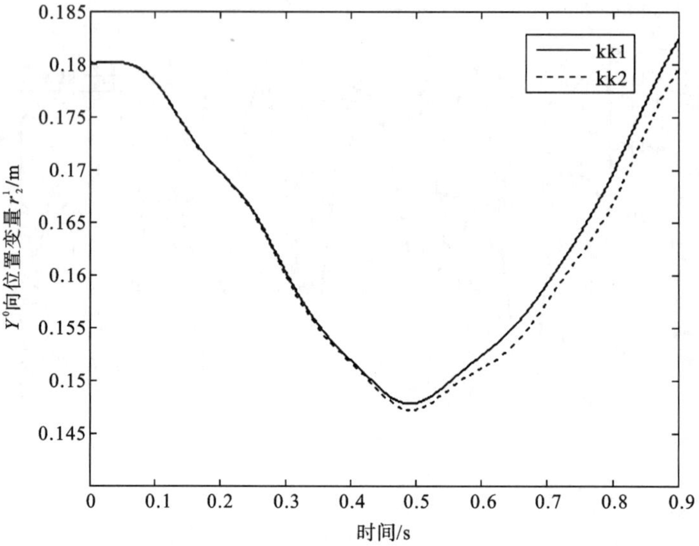

图 5.12　r_2^1 数据仿真

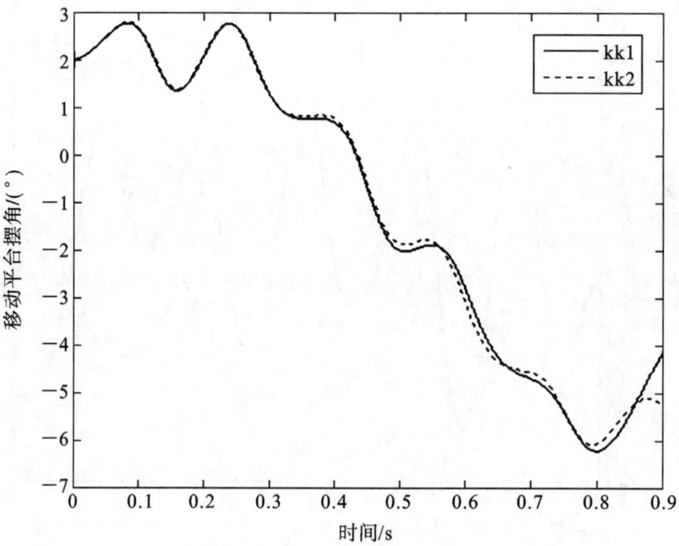

图 5.13　θ^1 数据仿真

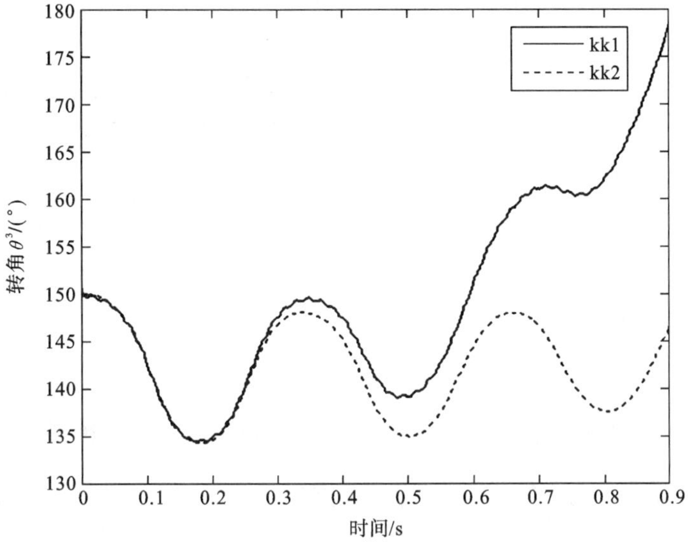

图 5.14　θ^3 数据仿真

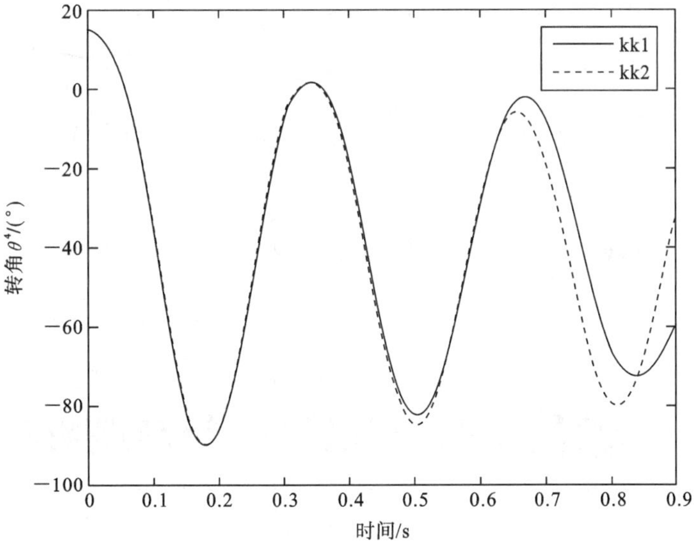

图 5.15　θ^4 数据仿真

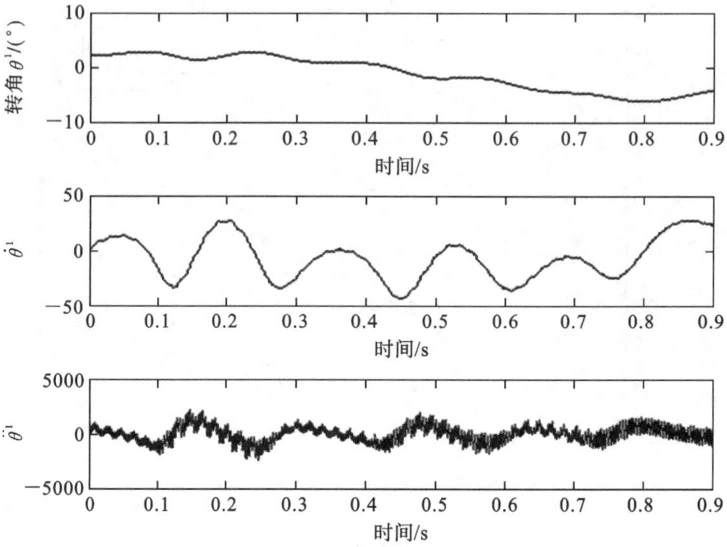

图 5.16　θ^1、$\dot{\theta}^1$、$\ddot{\theta}^1$ **数据仿真**

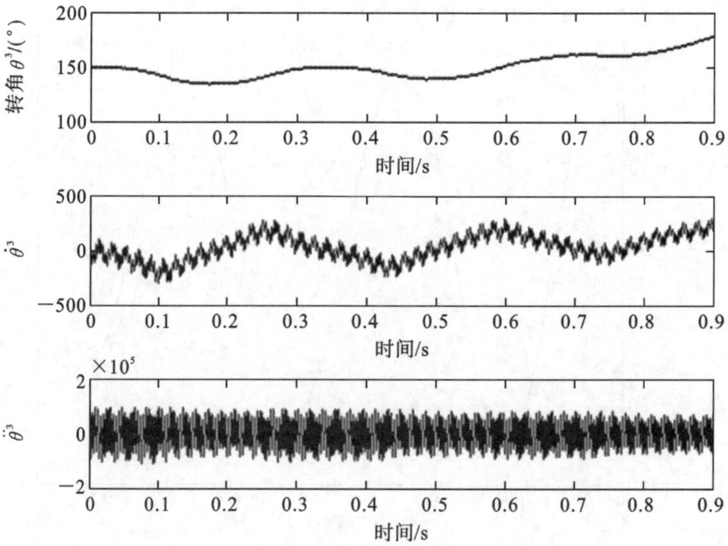

图 5.17　θ^3、$\dot{\theta}^3$、$\ddot{\theta}^3$ **数据仿真**

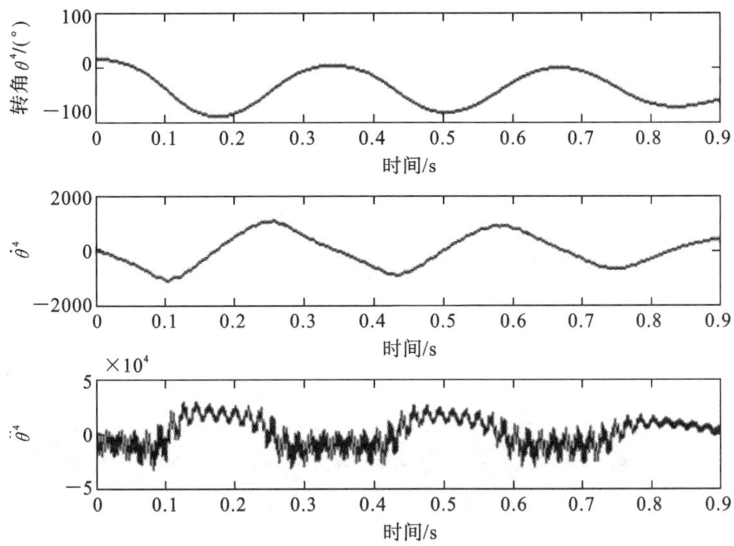

图 5.18　θ^4、$\dot{\theta}^4$、$\ddot{\theta}^4$ **数据仿真**

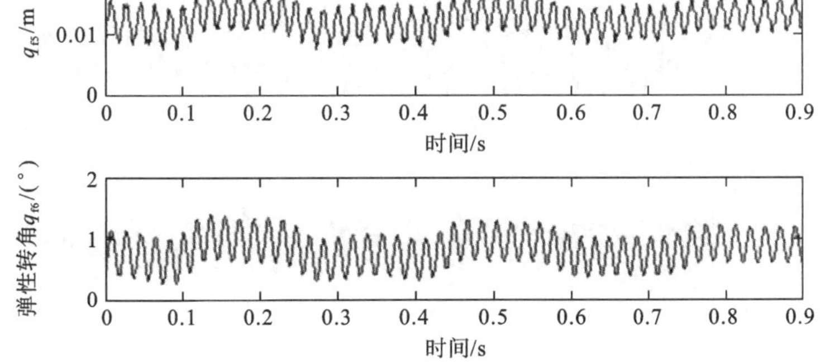

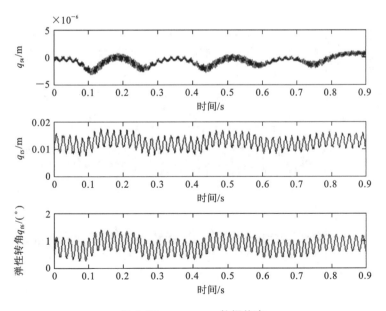

图 5.19　q_{f4}、q_{f5}、q_{f6} **数据仿真**

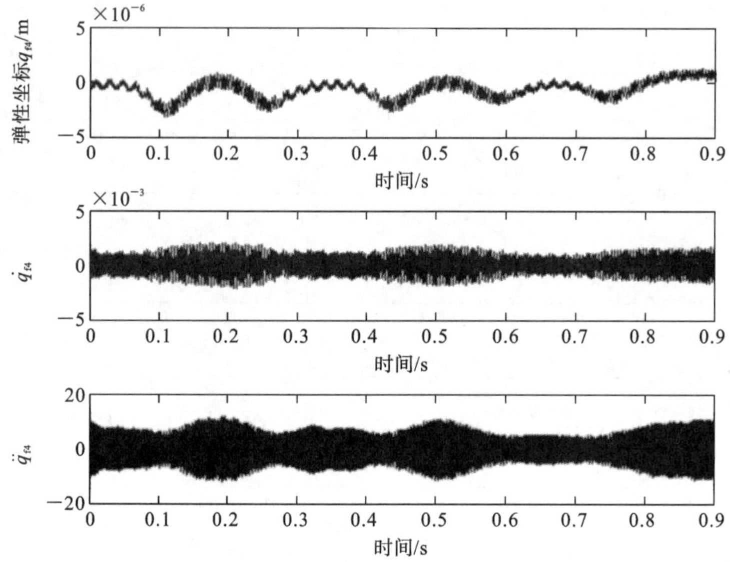

图 5.20　q_{f4}、$\dot{q}_{f4}$、$\ddot{q}_{f4}$ 数据仿真

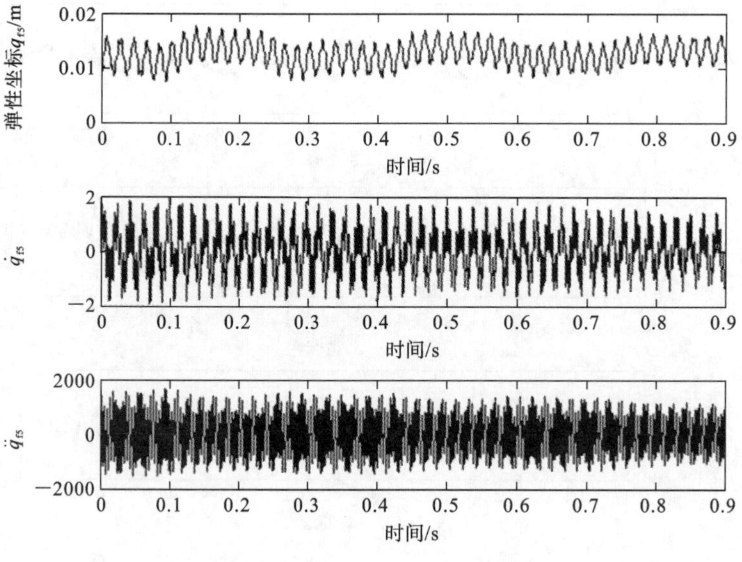

图 5.21　q_{f5}、$\dot{q}_{f5}$、$\ddot{q}_{f5}$ 数据仿真

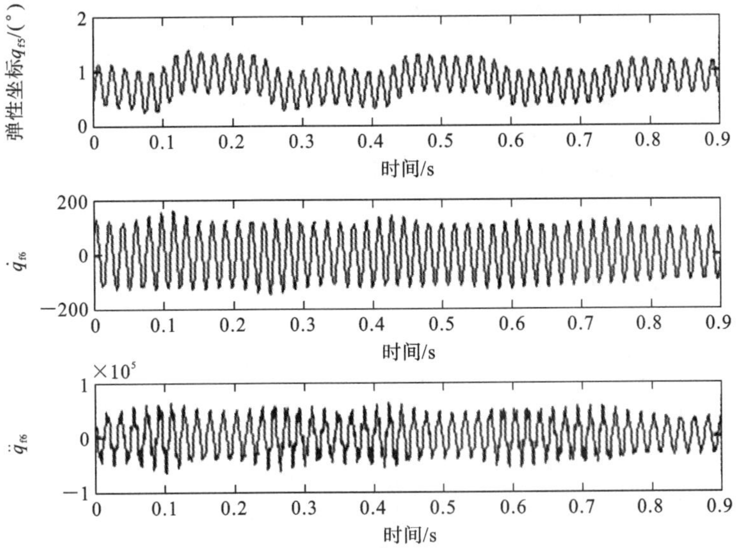

图 5.22　q_{f6}、$\dot{q}_{f6}$、$\ddot{q}_{f6}$ 数据仿真

移动柔性机械手逆动力学研究，以避免构件弹性振动现象的出现。如图 5.9 所示，由于考虑了构件 3 的弹性变形，移动载体水平驱动力变化幅度急剧增加 1 倍以上，变化频率剧增；图 5.13 显示移动载体摆角在 6°之内，符合小角度摆动的前提假设；如图 5.14、图 5.15 所示，在考虑构件 3 弹性变形的情况下，随着时间的推移，θ^3、θ^4 相对刚体动力学模型的数值仿真结果有较大的差别，所以动力学耦合问题应该引起足够的重视，否则所建立的运动学、动力学模型不足以精确描述系统的运动，甚至导致误差、错误。图 5.16 至图 5.22 显示了该柔性轮式移动机械手独立系统变量及其速度和加速度的变化趋势、规律，可以看出它们的变化规律符合变量对时间求导的规则。如图 5.16 所示，在 $\dot{\theta}^1=0$ 时刻，θ^1 对应处于局部波峰或波谷；在 $\dot{\theta}^1>0$ 时间内，θ^1 为增函数，否则为减函数等等；图 5.19、图 5.20 显示，q_{f4} 远远小于其他变量，说明构件 3 轴向刚度足够大，可以不考虑该方向的弹性变形问题；图 5.19 显示构件 3 侧向弹性位移在 20 mm 以内，弹性转角在 2°之内，这些与构件线弹性小变形前提相符。

5.4　本章小结

本章对 2 杆轮式线弹性-阻尼悬架移动刚-柔性移动机械手运动学、动力学及静力学进行了系统研究。基于瑞利-里茨近似法、拉格朗日法和牛顿-欧拉法，采用参考坐标变量和弹性坐标变量建立了系统动力学模型，并以矩阵、矢量的形式表达。相对关节变量而言，该方法更具通用性，对大规模多体系统动力学分析有重要的指导作用，同时该动力学模型便于利用计算机进行数值求解。该动力学模型综合考虑了机械手的弹性变形(率)和悬架系统对整体动力学的影响。通过与 ANSYS 11.0 的计算结果相比较，验证了系统静力学模型的正确性与有效性。最后采用数值法给出了该动力学模型的正解仿真结果。该静力学模型、动力学模型和数值仿真结果可为柔性轮式移动机械手参数设计提供参考,并可为相应控制策略选择提供指导等。

5.5 参考文献

[1] Hootsmans N A M. The control of manipulators on mobile vehicles[D]. Cambridge, MA:MIT, 1992.

[2] Dubowsky S, Vance E E. Planning mobile manipulator motion considering vehicle dynamic stability constraints[C]//Proceedings of the IEEE Conference on Robotics and Automation, 1989, 3:1271-1276.

[3] Paradopoulos E G, Rey D A. New measure of tip-over stability margin for mobile manipulators[C]//Proceedings of the IEEE Conference on Robotics and Automation, 1996,4:3111-3116.

[4] Yamamoto Y,Yun X. Effect of the dynamic interaction on coordinated control of mobile manipulators[J]. IEEE Transitions on Robotics and Automation, 1996,12(5):816-824.

[5] Carrikar W F, Khosla P K, Krogh B H. Path planning for mobile manipulators for multiple task execution[J]. IEEE Transitions on Robotics and Automation, 1991, 7(3): 403-408.

[6] Lakota N A, Rakhmanov E V, Shvedov A N,et al. Modeling of an elastic manipulator on moving base[J]. Scripta Technica, Inc. , 1986:150-154 .

[7] Wang C C, Kumar V. Velocity control of mobile manipulator[C]//Proceedings of the IEEE Conference on Robotics and Automation, 1996, 2:713-718.

[8] Akpan U O, Kujath M R. Sensitivity of a mobile manipulator response to system parameters[J]. ASME Journal of Vibration and Acoustics, 1998, 120:156-163.

[9] Yu Q, Chen I. A general approach to the dynamics of nonholonomic mobile manipulator Systems[J]. ASME Journal of Dynamic Systems Measurements and Control, 2002,124: 512-521.

[10] Korayem M H, Ghariblu H. Analysis of wheel mobile flexibility manipulator dynamic motions with maximum load carrying capacities[J]. Robotics and Autonomous System, 2004,48:63-76.

[11] Korayem M H, Ghariblu H, Basu A. Optimal load of elastic joint mobile manipulators imposing an overturning stability constraint[J]. International Journal of Advanced Manufacturing Technology, 2005,26:638-644.

[12] Shabana Ahmed A. Dynamics of multi-body systems[M]. 3rd ed. Cambridge: Cam-

bridge University Press, 2005.

[13] 洪嘉振. 计算多体系统动力学[M]. 北京:高等教育出版社,1999.

[14] 刘延柱. 高等动力学[M]. 北京:高等教育出版社,2003.

[15] Braccesi C, Cianetti F. Development of selection methodologies and procedures of the modal set for the generation of flexible body models for multi-body simulation[J]. IMecheJ, Multi-body Dynamics, 2004,218:19-30.

[16] Oelen W, Berghuits H, Nijmeijer H, et al. Implementation of a hybrid stabilizing controller on a mobile robot with two degrees of freedom[C]//Proceedings of the IEEE Conference on Robotics and Automation,1994(1): 196-1201.

[17] Tohboub K A. On the control of mobile manipulators[C]//Proceedings of the World Automation Congress, 1998, 7:307-312.

[18] Meghdari A, Durali M, Naderi D. Dynamic interaction between the manipulator and vehicle of a mobile manipulator[C]//Proceedings of 1999 ASME International Mechanical Engineering Congress, 1999: 61-67.

[19] Naderi D, Meghdari A, Durali M. Dynamic modeling and analysis of a two d. o. f. mobile manipulator[J]. Robotica, 2001,19:177-185.

[20] Ravichandran T, Pang G, Wang D. Robust h∞ optimal control of a single flexible link [J]. Control Theory and Advanced Technology, 1993, 9(4): 887-908.

[21] Yoshikawa T, Hosoda K. Modeling of flexible manipulators using virtual rigid links and passive joints[J]. The International Journal of Robotics Research, 1996,15(3):290-299.

[22] Ankarali A, Diken H. Vibration control of an elastic manipulator link[J]. Journal of Sound and Vibration, 1997,204: 162-170.

[23] Jnifene A, Fahim A. A computed torque/time delay approach to the end-point control of a one-link flexible manipulator[J]. Dynamics and Control, 1997, 7(2):171-189.

[24] Karray F, Tafazolli S, Guealeb W. Robust tracking of lightweight manipulator systems [J]. Nonlinear Dynamics, 1999,20(2):169-179.

[25] Diken H. Frequency-response characteristics of a single-link flexible joint manipulator and possible trajectory tracking[J]. Journal of Sound and Vibration, 2000, 223: 179-194.

[26] Wedding D K, Eltimsahy A. Flexible link control using multiple forward paths, multiple rbf neural networks in a direct control application[C]//IEEE International Conference on Systems, Man, and Cybernetics, 2000,4: 2619-2624.

[27] Zhang T, Zhi G. Model reduction of flexible manipulators[C]//Proceedings of the 3rd World Congress on Intelligent Control and Automation, 2000,1: 95-98.

[28] Karkoub M, Tamma K. Modelling and μ-synthesis control of flexible manipulators[J].

Computers and Structures, 2001,79:543-551.

[29] Nagaraj B P, Nataraju B S, Chandrasekhar D N. Nondimensional parameters for the dynamics of a single flexible link [C]//International Conference on Theoretical, Applied, Computational and Experimental Mechanics (ICTACEM), 2001.

[30] Martins J, Botto M A, Costa J S D. Modeling of flexible beams for robotic manipulators [J]. Multibody System Dynamics, 2002,7(1):79-100.

[31] Martins J M, Mohamed Z, Tokhi M O, et al. Approaches for dynamic modelling of flexible manipulator systems[C]//IEEE Proceedings on Control Theory and Applications, 2003,150(4):401-411.

[32] Tso S K, Yang T W, Xu W L, et al. Vibration control for a flexible link robot arm with deflection feedback[J]. International Journal of Non-Linear Mechanics, 2003,38:51-62.

[33] Rakhsha F, Goldenberg A A. Dynamic modeling of a single link flexible robot[C]//Proceedings of the IEEE International Conference on Robotics and Automation, 1985, 984-989.

[34] 卢韶芳,刘大维. 自主式移动机械手导航研究现状及其相关技术[J]. 农业机械学报, 2002,33(2):112-116.

第6章　基于有限元法2杆轮式悬架移动柔性机械手运动学、动力学及静力学研究与仿真

6.1　引　　言

工业柔性机械手的动力学研究对移动柔性机械手的动力学研究有很大的参考意义。国内外有很多学者对柔性机械手进行了大量研究。Nagarajan 和 Turcic 推导了包含刚-柔杆件的系统动力学方程；Bricout 等用有限元法研究了柔性机械手的力学性能；Moulin 和 Bayo 应用有限元法研究了柔性机械手逆动力学问题，在频域内求得了关节驱动力，在该驱动力作用下，机械手可以准确地跟踪给定轨迹；Tokhi 等应用有限元法构建了单杆柔性机械手动力模型，并将结果与由实验模态构建的动力学模型进行比较，验证了有限元模型的正确性。Ge Chung 和 Yoo 采用拉格朗日法，构建了单杆机械手的非线性动力学模型。Fukuda 和 Arakawa 研究了 2 杆柔性机械手动力学模型的构建和动力学特性问题，并对构件弹性振动问题进行了部分研究。Rosado、Yuhara 应用牛顿-欧拉方程和有限元法，综合考虑了构件和关节的弹性变形，构建了 2 杆平面机械手动力学模型。Milford 和 Ashokanathan 采用模态法以偏微分方程的形式构建了 2 杆柔性机械手动力学模型，研究显示，在机械手运动时，特征频率变化幅度在 30%内，并通过实验验证了动力学模型的有效性。Meghdari 和 Fahimi 采用多体系统的凯恩方法解耦了 2 杆柔性机械手动力学问题。Cheong 等将 2 杆机械手简化为弹簧质量系统，以研究控制器问题。Singh 采用哈密顿原理和假设模态法研究了 2 杆柔性机械手运动方程。Zhang 等应用哈密顿原理，推导了 2 杆柔性机械手的运动偏微分方程，并转化为适用于控制器研究的形式。Low 和 Vidyasagar 应用拉格朗日法研究了 2 杆刚-柔性机械手动力学问题。

本章综合考虑机械手构件的弹性变形、移动平台的线弹性-阻尼悬架和不平路面等工况，基于有限元法和浮动坐标法，并在笛卡儿坐标系下分析和构建 2 杆柔性移动机械手运动学、动力学、静力学模型，并进行数值仿真。

6.2　2 杆轮式线弹性-阻尼悬架移动柔性机械手运动学、动力学及静力学研究

6.2.1　系统运动学分析

图 6.1 中构件 1、构件 2 质量相对移动载体(假设其质量均匀分布)相差很大,在以后分析中,将构件 1、构件 2 和移动载体合称为等效构件 1,简称构件 1,并忽略构件 1、构件 2 的质量。本章综合应用浮动坐标法和有限元法来描述轮式悬架移动柔性机械手构型问题。限于篇幅,本章仅考虑该移动机械手的平面工况和图 6.1 中构件 3、构件 4 的弹性小变形。图 6.2 为图 6.1 平面化后的分析简图,其中 OX^0Y^0、$O^iX^iY^i$ 分别为柔性轮式移动机械手的全局坐标系与构件 $i(i=1,3,4)$的体坐标系。2 杆柔性机械手具有 3 个转动关节,针对具体的任务,在移动机械手工作过程中,θ^2(见图 6.1)用于调整其构型,以确保系统的稳定性。在推导该移动机械手动力学模型时,假定 θ^2 不变。这里假设该轮子为刚体,且无质量。该移动载体以恒线速运行在不规则(可用正弦函数来描述)的路面上。如图 6.2、图 6.3 所示,构件 3 上任一点相对 OX^0Y^0 原点的位置矢量为

$$
\begin{aligned}
\boldsymbol{r}^3 &= \boldsymbol{R}^3 + \boldsymbol{A}^3\bar{\boldsymbol{u}}^3 = \boldsymbol{R}^3 + \boldsymbol{A}^3(\bar{\boldsymbol{u}}_0^3 + \bar{\boldsymbol{u}}_{\mathrm{f}}^3) \\
&= \boldsymbol{R}^3 + \boldsymbol{A}^3\boldsymbol{S}^{3j}(\bar{\boldsymbol{q}}_0^{3j} + \bar{\boldsymbol{q}}_{\mathrm{f}}^{3j}) = \boldsymbol{R}^3 + \boldsymbol{A}^3\boldsymbol{S}^{3j}\boldsymbol{B}^{3j}(\bar{\boldsymbol{q}}_0^3 + \bar{\boldsymbol{q}}_{\mathrm{f}}^3)
\end{aligned} \tag{6.1}
$$

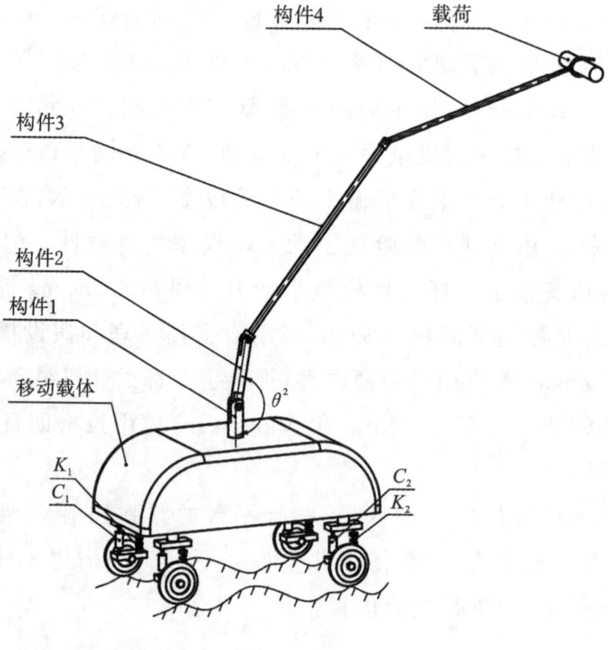

图 6.1　2 杆轮式悬架移动柔性机械手

K_i、C_i 分别为该移动机械手悬架系统的弹簧刚度和阻尼系数,其中 $i=1,2$

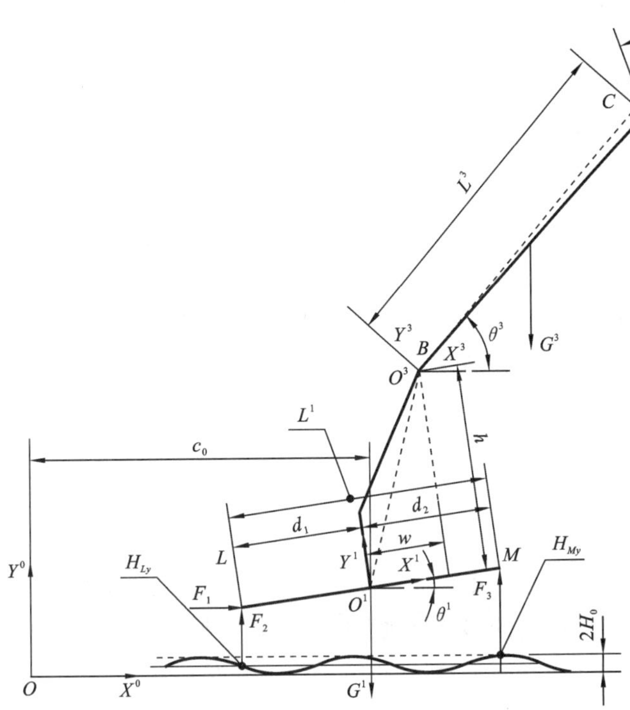

图 6.2　2 杆轮式悬架移动柔性机械手工况

G^1、G^3、G^4—构件 1、3、4 重力；F_P^4—外载荷；F_1—移动载体水平驱动力；F_2、F_3—(悬架)作用于移动载体上的力

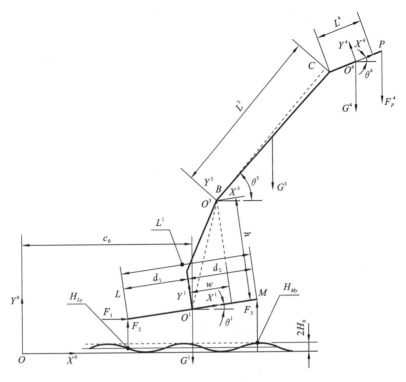

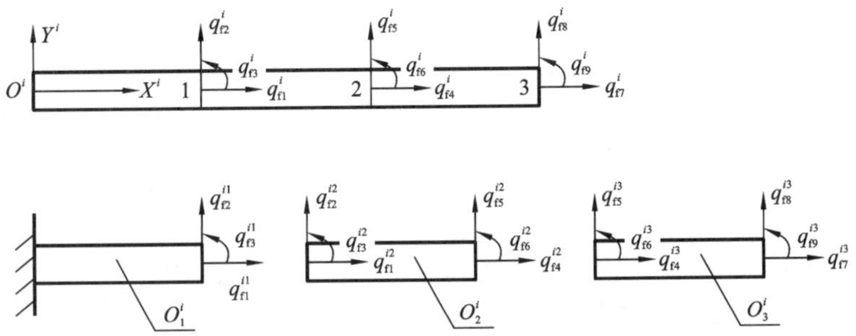

图 6.3　杆件 i 有限元离散($i=3,4$)

式中：$\boldsymbol{R}^3$ 为 $O^3X^3Y^3$ 原点相对 OX^0Y^0 原点的位置矢量；$\boldsymbol{A}^3=\begin{bmatrix}\cos\theta^3 & -\sin\theta^3\\ \sin\theta^3 & \cos\theta^3\end{bmatrix}$，为构件 3 体坐标系变换矩阵；$\bar{\boldsymbol{u}}_0^3$、$\bar{\boldsymbol{u}}_f^3$ 分别为构件 3 任一点弹性变形前在体坐标系下的位置矢量和弹性位移矢量；$\bar{\boldsymbol{q}}_0^{31}=[q_{01}^{31}\quad q_{02}^{31}\quad q_{03}^{31}]^{\mathrm{T}}$，$\bar{\boldsymbol{q}}_f^{31}=[q_{f1}^{31}\quad q_{f2}^{31}\quad q_{f3}^{31}]^{\mathrm{T}}$，分别为构件 3 弹性变形前后单元 1 节点坐标；$\bar{\boldsymbol{q}}_0^{3j}=[q_{01}^{3j}\quad\cdots\quad q_{06}^{3j}]_{1\times6}^{\mathrm{T}}$，$\bar{\boldsymbol{q}}_f^{3j}=[q_{f1}^{3j}\quad\cdots\quad q_{f6}^{3j}]_{1\times6}^{\mathrm{T}}$，分别为构件 3 弹性变形前后单元 j ($j=2$，3)节点位置矢量；$\bar{\boldsymbol{q}}_0^{3}=[q_{01}^{3}\quad\cdots\quad q_{09}^{3}]_{1\times9}^{\mathrm{T}}$，$\bar{\boldsymbol{q}}_f^{3}=[q_{f1}^{3j}\quad\cdots\quad q_{f9}^{3j}]_{1\times9}^{\mathrm{T}}$，分别为构件 3 弹性变形前后构件节点位置矢量；有上横线(—)的量表示该矢量度量于相应体坐标系，无上横线的量表示该变量度量于全局坐标系；$\boldsymbol{B}^{3j}$ 为 $\bar{\boldsymbol{q}}_f^3$ 与 $\bar{\boldsymbol{q}}_f^{3j}$ 间的线性变换矩阵(其元素由 0、1 构成)；$\boldsymbol{S}^{3j}$ 为构件 3 单元 j 的形函数。$[\boldsymbol{R}^{3^{\mathrm{T}}}\quad\theta^3]^{\mathrm{T}}$、$\bar{\boldsymbol{q}}_f^3$ 为用于描述构件 3 构型的参考坐标与弹性坐标。可用类似

方法描述其他构件上任一点的位置矢量。可得该移动机械手在笛卡儿坐标系下的构型变量为

$$\boldsymbol{q}_n=[\boldsymbol{q}^{1^{\mathrm{T}}}\quad \boldsymbol{q}^{3^{\mathrm{T}}}\quad \boldsymbol{q}^{4^{\mathrm{T}}}]^{\mathrm{T}}_{1\times 29}$$

式中：$\boldsymbol{q}^1$、$\boldsymbol{q}^3$、$\boldsymbol{q}^4$ 分别为描述移动机械手构件 1、构件 3、构件 4 的构型矢量，定义为

$$\begin{cases}\boldsymbol{q}^1=[\boldsymbol{R}^{1^{\mathrm{T}}}\quad \theta^1]^{\mathrm{T}}=[r_1^1\quad r_2^1\quad \theta^1]^{\mathrm{T}}_{1\times 3}\\ \boldsymbol{q}^3=[\boldsymbol{R}^{3^{\mathrm{T}}}\quad \theta^3\quad \bar{\boldsymbol{q}}_{\mathrm{f}}^{3^{\mathrm{T}}}]^{\mathrm{T}}=[r_1^3\quad r_2^3\quad \theta^3\quad \bar{\boldsymbol{q}}_{\mathrm{f}}^{3^{\mathrm{T}}}]^{\mathrm{T}}_{1\times 12}\\ \boldsymbol{q}^4=[\boldsymbol{R}^{4^{\mathrm{T}}}\quad \theta^4\quad \theta_{\mathrm{i}}^4\quad \theta_{\mathrm{d}}^4\quad \bar{\boldsymbol{q}}_{\mathrm{f}}^{4^{\mathrm{T}}}]^{\mathrm{T}}=[r_1^4\quad r_2^4\quad \theta^4\quad \theta_{\mathrm{i}}^4\quad \theta_{\mathrm{d}}^4\quad \bar{\boldsymbol{q}}_{\mathrm{f}}^{4^{\mathrm{T}}}]^{\mathrm{T}}_{1\times 14}\end{cases} \tag{6.2}$$

其中 θ^4、θ_{i}^4、θ_{d}^4 间的关系见式(6.4)。

图 6.4 中虚线表示机械手弹性变形前的构型；实线表示机械手弹性变形后的构型。这里只考虑构件 3 为弹性构件的情况(同样适用于构件 3、构件 4 皆为弹性构件的情况)。从图 6.4 可知，当弹性构件发生弹性变形时，有如下约束关系：

$$q_{\mathrm{f}9}^3=\theta_1^4-\theta_2^4 \tag{6.3}$$

即构件 4 的转动运动包括两部分：一个是在驱动力矩下的转动，一个是构件 3 的弹性变形引起的构件 4 的运动。所以在构建系统动力学模型时，必须加以考虑，这直接关系到关节驱动力的准确性。移动机械手约束包括完整约束及非完整约束。完整约束来自机械手构件间的转动副，如图 6.2 所示。假设本章所研究的移动机械手的轮子始终与路面接触(这也是后续判断该移动机械手失稳与否的依据之一)。综上，移动机械手约束方程 $\boldsymbol{C}(\boldsymbol{q}_n,t)$ 为

$$\begin{bmatrix}\boldsymbol{R}^3+\boldsymbol{A}^3\bar{\boldsymbol{u}}_C^3-\boldsymbol{R}^4-\boldsymbol{A}^4\bar{\boldsymbol{u}}_C^4\\ \boldsymbol{R}^3+\boldsymbol{A}^3\bar{\boldsymbol{u}}_B^3-\boldsymbol{R}^1-\boldsymbol{A}^1\bar{\boldsymbol{u}}_B^1\\ r_1^1-vt-c_0\\ \theta^4-(\theta_{\mathrm{i}}^4+\theta_{\mathrm{d}}^4)\\ q_{\mathrm{f}9}^3-\theta_{\mathrm{d}}^4\end{bmatrix}=\boldsymbol{0}_{7\times 1} \tag{6.4}$$

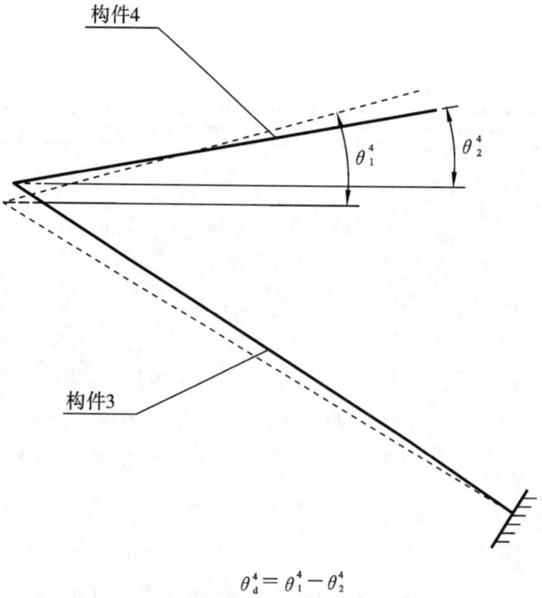

图 6.4　机械手弹性变形

式中：θ^4 表示构件 4 的整体转动角度；θ^4_{i} 来自电动机的驱动；θ^4_{d} 来自构件 3 的弹性变形；$\bar{\boldsymbol{u}}^3_C$、$\bar{\boldsymbol{u}}^4_C$ 为构件 3、构件 4 间转动铰接点 C 分别相对其体坐标系原点的位置矢量；$\bar{\boldsymbol{u}}^3_B$、$\bar{\boldsymbol{u}}^1_B$ 为构件 3 与构件 1 间转动铰接点 B 相对其体坐标系原点的位置矢量。根据约束方程(6.4)进行独立坐标与关联坐标的分离：$\boldsymbol{q}_{\mathrm{d}}=f(\boldsymbol{q}_{\mathrm{i}})$。其中 $\boldsymbol{q}_{\mathrm{d}}=[r^1_1\quad \boldsymbol{R}^{3^{\mathrm{T}}}\quad \boldsymbol{R}^{4^{\mathrm{T}}}\quad \theta^4\quad \theta^4_{\mathrm{d}}]^{\mathrm{T}}_{1\times 7}$，为系统关联坐标；$\boldsymbol{q}_{\mathrm{i}}=[r^1_2\quad \theta^1\quad \theta^3\quad \bar{\boldsymbol{q}}^{3^{\mathrm{T}}}_{\mathrm{f}}\quad \theta^4_{\mathrm{i}}\quad \bar{\boldsymbol{q}}^{4^{\mathrm{T}}}_{\mathrm{f}}]^{\mathrm{T}}_{1\times 22}$，为系统独立坐标。

则可用系统独立变量表示该移动机械手构型：

$$
\begin{cases}
r^1_1=vt+c_0\\
r^3_1=vt+c_0+\cos(\theta^1)w-\sin(\theta^1)h\\
r^3_2=r^1_2+\sin(\theta^1)w+\cos(\theta^1)h\\
r^4_1=vt+c_0+\cos(\theta^1)w-\sin(\theta^1)h+\cos(\theta^3)L^3+\cos(\theta^3)q^3_{\mathrm{f7}}-\sin(\theta^3)q^3_{\mathrm{f8}}\\
r^4_2=r^1_2+\sin(\theta^1)w+\cos(\theta^1)h+\sin(\theta^3)L^3+\sin(\theta^3)q^3_{\mathrm{f7}}+\cos(\theta^3)q^3_{\mathrm{f8}}\\
\theta^4=\theta^4_{\mathrm{i}}+q^3_{\mathrm{f9}}\\
\theta^4_{\mathrm{d}}=q^3_{\mathrm{f9}}
\end{cases}
\tag{6.5}
$$

独立坐标与关联坐标的速度、加速度关系如下：

$$
\begin{cases}
\dot{\boldsymbol{q}}_{\mathrm{d}}=-(\boldsymbol{C}_{\boldsymbol{q}_{\mathrm{d}}})^{-1}\boldsymbol{C}_{\boldsymbol{q}_{\mathrm{i}}}\dot{\boldsymbol{q}}_{\mathrm{i}}-(\boldsymbol{C}_{\boldsymbol{q}_{\mathrm{d}}})^{-1}\boldsymbol{C}_t\\
\ddot{\boldsymbol{q}}_{\mathrm{d}}=-(\boldsymbol{C}_{\boldsymbol{q}_{\mathrm{d}}})^{-1}\boldsymbol{C}_{\boldsymbol{q}_{\mathrm{i}}}\ddot{\boldsymbol{q}}_{\mathrm{i}}+(\boldsymbol{C}_{\boldsymbol{q}_{\mathrm{d}}})^{-1}\boldsymbol{Q}_c\\
\boldsymbol{Q}_c=-(\boldsymbol{C}_{\boldsymbol{q}}\dot{\boldsymbol{q}})_{\boldsymbol{q}}\dot{\boldsymbol{q}}
\end{cases}
\tag{6.6}
$$

式中：$\boldsymbol{C}_{\boldsymbol{q}_{\mathrm{d}}}$、$\boldsymbol{C}_{\boldsymbol{q}_{\mathrm{i}}}$、$\boldsymbol{C}_t$ 为方程(6.4)分别对 $\boldsymbol{q}_{\mathrm{d}}$、$\boldsymbol{q}_{\mathrm{i}}$、$t$ 的偏导数；$\boldsymbol{q}$、$\boldsymbol{C}_{\boldsymbol{q}}$ 定义为

$$
\boldsymbol{q}=[\boldsymbol{q}^{\mathrm{T}}_{\mathrm{i}}\quad \boldsymbol{q}^{\mathrm{T}}_{\mathrm{d}}]^{\mathrm{T}}_{1\times 29}
\tag{6.7}
$$

$$
\boldsymbol{C}_{\boldsymbol{q}}=[\boldsymbol{C}_{\boldsymbol{q}_{\mathrm{i}}}\quad \boldsymbol{C}_{\boldsymbol{q}_{\mathrm{d}}}]_{7\times 29}
\tag{6.8}
$$

可用系统独立变量表示该移动机械手速度和加速度：

$$
\begin{cases}
\dot{\boldsymbol{q}}=\begin{bmatrix}\dot{\boldsymbol{q}}_{\mathrm{i}}\\ \dot{\boldsymbol{q}}_{\mathrm{d}}\end{bmatrix}=\begin{bmatrix}\boldsymbol{I}\\ -(\boldsymbol{C}_{\boldsymbol{q}_{\mathrm{d}}})^{-1}\boldsymbol{C}_{\boldsymbol{q}_{\mathrm{i}}}\end{bmatrix}\dot{\boldsymbol{q}}_{\mathrm{i}}+\begin{bmatrix}0\\ -(\boldsymbol{C}_{\boldsymbol{q}_{\mathrm{d}}})^{-1}\boldsymbol{C}_t\end{bmatrix}\\
\dot{\boldsymbol{q}}=\boldsymbol{B}_{\mathrm{di}}\dot{\boldsymbol{q}}_{\mathrm{i}}+\bar{\boldsymbol{Q}}_{ct}
\end{cases}
\tag{6.9}
$$

其中：$\boldsymbol{I}$ 为单位矩阵。

$$
\begin{cases}
\ddot{\boldsymbol{q}}=\begin{bmatrix}\ddot{\boldsymbol{q}}_{\mathrm{i}}\\ \ddot{\boldsymbol{q}}_{\mathrm{d}}\end{bmatrix}=\begin{bmatrix}\boldsymbol{I}\\ -(\boldsymbol{C}_{\boldsymbol{q}_{\mathrm{d}}})^{-1}\boldsymbol{C}_{\boldsymbol{q}_{\mathrm{i}}}\end{bmatrix}\ddot{\boldsymbol{q}}_{\mathrm{i}}+\begin{bmatrix}0\\ (\boldsymbol{C}_{\boldsymbol{q}_{\mathrm{d}}})^{-1}\boldsymbol{Q}_c\end{bmatrix}\\
\ddot{\boldsymbol{q}}=\boldsymbol{B}_{\mathrm{di}}\ddot{\boldsymbol{q}}_{\mathrm{i}}+\bar{\boldsymbol{Q}}_c
\end{cases}
\tag{6.10}
$$

至此，该移动机械手构型（包括位置、速度和加速度）都采用独立变量 $\boldsymbol{q}_{\mathrm{i}}$、$\dot{\boldsymbol{q}}_{\mathrm{i}}$ 和 $\ddot{\boldsymbol{q}}_{\mathrm{i}}$ 表示出来。该移动机械手系统运动学正解模型建立完毕。

6.2.2　系统动力学分析

1. 构件 3、构件 4 单元形函数

本章采用有限元法，基于欧拉-伯努利梁单元理论（不考虑机械手的剪切变形）构造单元

形函数：

$$\boldsymbol{S}^{3j}=\begin{bmatrix}1-\xi & 0 & 0 & \xi & 0 & 0\\ 0 & 1-3\xi^2+2\xi^3 & L(\xi-2\xi^2+\xi^3) & 0 & 3\xi^2-2\xi^3 & L(\xi^3-\xi^2)\end{bmatrix}^{3j} \tag{6.11}$$

式中：上标(3j)表示构件 3 单元 j；$\xi^{3j}=\bar{x}^{3j}/L^{3j}$，$\bar{x}^{3j}$、$L^{3j}$ 分别为构件 3 单元 j 上任一点相对其体坐标系原点的 X^3 向坐标变量和单元长度。同理可得到 $\boldsymbol{S}^{4j}$。限于篇幅，本章仅将构件 3、构件 4 分别离散为 3 个单元，如图 6.3 所示。

2. 构件 3、构件 4 刚度矩阵获取

应用应变能定义构件 3 刚度矩阵，则构件 3 变形能可表述为

$$U^{3j}=\frac{1}{2}\int_0^{L^{3j}}[\bar{u}'_{f1}\quad \bar{u}''_{f2}]^{3j}\begin{bmatrix}Ea & 0\\ 0 & EI\end{bmatrix}^{3j}\begin{bmatrix}\bar{u}'_{f1}\\ \bar{u}''_{f2}\end{bmatrix}^{3j}\mathrm{d}x=\frac{1}{2}\bar{\boldsymbol{q}}_f^{3^{\mathrm{T}}}\boldsymbol{K}_{ff}^{3j}\bar{\boldsymbol{q}}_f^3 \tag{6.12}$$

式中：$\bar{u}'_{f1}=\dfrac{\partial\bar{u}_{f1}}{\partial(\bar{x}^3)}$，$\bar{u}''_{f2}=\dfrac{\partial^2\bar{u}_{f1}}{\partial(\bar{x}^3)^2}$；$E$、$a$、$I$ 分别为构件 3 的弹性模量、截面面积和惯性矩。构件 3 刚度矩阵为

$$\boldsymbol{K}_{ff}^3=\sum_{j=1}^{3}K_{ff}^{3j} \tag{6.13}$$

$$\boldsymbol{K}^3=\begin{bmatrix}\boldsymbol{0}_{6\times 29} & & \\ \boldsymbol{0}_{9\times 6} & \boldsymbol{K}_{ff}^3 & \boldsymbol{0}_{9\times 14}\\ \boldsymbol{0}_{14\times 29} & & \end{bmatrix}_{29\times 29} \tag{6.14}$$

式(6.14)为构件 3 刚度矩阵在移动机械手系统动力学方程中的表示形式。同理可得构件 4 的刚度矩阵 $\boldsymbol{K}_{ff}^4$、$\boldsymbol{K}_{29\times 29}^4$，限于篇幅，这里不具体介绍。

3. 系统惯性张量推导

首先对构件 3 惯性张量进行分析推导。构件 3 上任一点速度矢量可表示为

$$\dot{\boldsymbol{r}}^3=\dot{\boldsymbol{R}}^3+\boldsymbol{A}_\theta^3\bar{\boldsymbol{u}}^3\dot{\theta}^3+\boldsymbol{A}^3\boldsymbol{S}^{3j}\boldsymbol{B}^{3j}\dot{\boldsymbol{q}}_f^3 \tag{6.15}$$

式中：$\boldsymbol{A}_\theta^3$ 为 $\boldsymbol{A}^3$ 对 θ^3 的导数；$\bar{\boldsymbol{u}}^3$ 见式(6.1)。则构件 3 单元 j 及构件 3 动能为

$$\begin{cases}T^{3j}=\dfrac{1}{2}\displaystyle\int_{V^{3j}}\dot{\boldsymbol{r}}^{3^{\mathrm{T}}}\dot{\boldsymbol{r}}^3\rho^3\,\mathrm{d}V^{3j}=\dfrac{1}{2}\dot{\boldsymbol{q}}^{3^{\mathrm{T}}}\boldsymbol{M}^{3j}\dot{\boldsymbol{q}}^3\\ T^3=\displaystyle\sum_{j=1}^{3}T^{3j}\\ \boldsymbol{M}^3=\displaystyle\sum_{j=1}^{3}\boldsymbol{M}^{3j}\end{cases} \tag{6.16}$$

式中：$\boldsymbol{M}^3$ 为构件 3 的惯性张量，其元素从式(6.16)中可得到。同理可得到构件 1、构件 4 的惯性张量。则该移动机械手系统惯性张量为

$$\boldsymbol{M}=\begin{bmatrix}\boldsymbol{M}^1 & \boldsymbol{0}_{3\times 12} & \boldsymbol{0}_{3\times 14}\\ \boldsymbol{0}_{12\times 3} & \boldsymbol{M}^3 & \boldsymbol{0}_{12\times 14}\\ \boldsymbol{0}_{14\times 3} & \boldsymbol{0}_{14\times 12} & \boldsymbol{M}^4\end{bmatrix}_{29\times 29} \tag{6.17}$$

4. 系统广义力分析推导

下面针对构件 4，推导其广义力。

F_P^4 作用于点 P，点 P 的位置矢量为

$$\boldsymbol{r}_P^4=\boldsymbol{R}^4+\boldsymbol{A}^4\bar{\boldsymbol{u}}_P^4$$

依据变分原理有

$$\delta\boldsymbol{r}_P^4=\boldsymbol{B}_P^{43}\delta\boldsymbol{q}^4$$

式中：

$$\boldsymbol{B}_P^{43}=[\boldsymbol{I}^4\quad \boldsymbol{A}_\theta^4\bar{\boldsymbol{u}}_P^4\quad \boldsymbol{A}_{\theta_i}^4\bar{\boldsymbol{u}}_P^4\quad \boldsymbol{A}_{\theta_d}^4\bar{\boldsymbol{u}}_P^4\quad \boldsymbol{A}^4\boldsymbol{S}_P^{43}\boldsymbol{B}^{43}]_{2\times 14}$$

则其广义力为

$$\boldsymbol{Q}_1^{4^{\mathrm{T}}}=\boldsymbol{F}_P^{4^{\mathrm{T}}}\boldsymbol{B}_P^{43} \tag{6.18}$$

同理可得

$$\begin{cases}\boldsymbol{Q}_2^{4^{\mathrm{T}}}=\displaystyle\sum_{i=1}^{i}\boldsymbol{G}^{4i^{\mathrm{T}}}\boldsymbol{B}_{O_i^4}^{4i}\\ \boldsymbol{Q}_3^{4^{\mathrm{T}}}=[\boldsymbol{0}_{1\times 2}\quad \boldsymbol{T}^{43}\quad \boldsymbol{0}_{1\times 11}]_{1\times 14}\end{cases} \tag{6.19}$$

式中：$\boldsymbol{G}^{4i^{\mathrm{T}}}$、$O_i^4$ 分别为构件 4 第 i 单元的重力矢量、重心（见图 6.3）；$\boldsymbol{T}^{43}$ 为与变量 θ_i^4 对应的广义力矩。由式(6.18)、式(6.19)可推出作用在构件 4 上的广义外力为

$$\boldsymbol{Q}_e^4=\boldsymbol{Q}_1^4+\boldsymbol{Q}_2^4+\boldsymbol{Q}_3^4 \tag{6.20}$$

同理可得作用在构件 1、构件 3 的广义外力：$\boldsymbol{Q}_e^1$、$\boldsymbol{Q}_e^3$。

5. 移动载体驱动力 F_1 分析与推导

本小节利用牛顿-欧拉方程推导驱动力 F_1。具体推导方法请参看第 4 章，最后可得移动载体水平驱动力为

$$F_1=F_1(\theta^1,\theta^3,\theta^4,\dot{\theta}^1,\dot{\theta}^3,\dot{\theta}^4,\ddot{\theta}^1,\ddot{\theta}^3,\ddot{\theta}^4,\bar{q}_{fi}^3,\bar{q}_{fi}^4,\dot{\bar{q}}_{fi}^3,\dot{\bar{q}}_{fi}^4,\ddot{\bar{q}}_{fi}^3,\ddot{\bar{q}}_{fi}^4,r_2^1,\dot{r}_2^1,\ddot{r}_2^1) \tag{6.21}$$

6. 系统动力学分析与推导

根据拉格朗日方程，可以得到该移动机械手系统动力学方程：

$$\begin{cases}\begin{bmatrix}\boldsymbol{M}^1&&\\&\boldsymbol{M}^3&\\&&\boldsymbol{M}^4\end{bmatrix}\begin{bmatrix}\ddot{\boldsymbol{q}}^1\\ \ddot{\boldsymbol{q}}^3\\ \ddot{\boldsymbol{q}}^4\end{bmatrix}+\begin{bmatrix}\boldsymbol{0}_{6\times 6}&\boldsymbol{0}_{6\times 9}&\boldsymbol{0}_{6\times 14}\\ \boldsymbol{0}_{9\times 6}&\boldsymbol{K}_{\mathrm{ff}}&\boldsymbol{0}_{9\times 14}\\ \boldsymbol{0}_{14\times 6}&\boldsymbol{0}_{14\times 9}&\boldsymbol{0}_{14\times 14}\end{bmatrix}\begin{bmatrix}\boldsymbol{q}^1\\ \boldsymbol{q}^3\\ \boldsymbol{q}^4\end{bmatrix}+\begin{bmatrix}\boldsymbol{C}_{\boldsymbol{q}^1}^{\mathrm{T}}\boldsymbol{\lambda}\\ \boldsymbol{C}_{\boldsymbol{q}^3}^{\mathrm{T}}\boldsymbol{\lambda}\\ \boldsymbol{C}_{\boldsymbol{q}^4}^{\mathrm{T}}\boldsymbol{\lambda}\end{bmatrix}=\begin{bmatrix}\boldsymbol{Q}_e^1\\ \boldsymbol{Q}_e^3\\ \boldsymbol{Q}_e^4\end{bmatrix}+\begin{bmatrix}\boldsymbol{Q}_v^1\\ \boldsymbol{Q}_v^3\\ \boldsymbol{Q}_v^4\end{bmatrix}\\ \boldsymbol{C}(\boldsymbol{q},t)=\boldsymbol{0}_{7\times 1}\end{cases} \tag{6.22}$$

式中：$\boldsymbol{\lambda}=[\lambda_1\quad\lambda_2\quad\lambda_3\quad\lambda_4\quad\lambda_5]_{1\times 5}^{\mathrm{T}}$，为拉格朗日乘子，$\boldsymbol{Q}_v^i=-\dot{\boldsymbol{M}}^i\dot{\boldsymbol{q}}^i+\left[\dfrac{\partial T^i}{\partial\boldsymbol{q}^i}\right]^{\mathrm{T}}$；$\boldsymbol{C}_{\boldsymbol{q}^i}^{\mathrm{T}}=\dfrac{\partial\boldsymbol{C}^{\mathrm{T}}(\boldsymbol{q}_n,t)}{\partial\boldsymbol{q}^i}$，其中 $i=1,3$ 和 4。式(6.22)同时包含了常微分方程和代数方程，必须同时求解，这增大了求解难度，同时也加大了数值法求解时的累积误差等。本章应用独立变量来表示系统动力学方程。将式(6.6)、式(6.9)、式(6.10)代入式(6.22)中，通过简化可以得到：

$$\begin{cases}\boldsymbol{M}_{\mathrm{ii}}\ddot{\boldsymbol{q}}_{\mathrm{i}}=\boldsymbol{Q}_{\mathrm{i}}\\ \begin{cases}\boldsymbol{M}_{\mathrm{ii}}=\boldsymbol{B}_{\mathrm{di}}^{\mathrm{T}}\boldsymbol{MMB}_{\mathrm{di}}\\ \boldsymbol{MM}=(\boldsymbol{M\_C})^{\mathrm{T}}\boldsymbol{M}(\boldsymbol{M\_C})\\ \boldsymbol{Q}_{\mathrm{i}}=\boldsymbol{B}_{\mathrm{di}}^{\mathrm{T}}(\boldsymbol{Q}_{\mathrm{e}}+\boldsymbol{Q}_{\mathrm{v}}-(\boldsymbol{M\_C})^{\mathrm{T}}\boldsymbol{K}(\boldsymbol{M\_C})\boldsymbol{q})-\boldsymbol{B}_{\mathrm{di}}^{\mathrm{T}}\boldsymbol{MM}\bar{\boldsymbol{Q}}_c\\ \boldsymbol{B}_{\mathrm{di}}^{\mathrm{T}}\boldsymbol{C}_{\boldsymbol{q}}^{\mathrm{T}}=0\end{cases}\end{cases} \tag{6.23}$$

式中：$\boldsymbol{M_C}(\boldsymbol{q}_n=(\boldsymbol{M_C})\boldsymbol{q})$为布尔变换矩阵，其元素由1、0组成，即

$$\boldsymbol{M\_C}=\begin{bmatrix} \boldsymbol{0}_{1\times 22} & 1 & \boldsymbol{0}_{1\times 6} \\ \boldsymbol{0}_{2\times 27} & & \boldsymbol{I}_2 \\ \boldsymbol{0}_{2\times 23} & \boldsymbol{I}_2 & \boldsymbol{0}_{2\times 4} \\ \boldsymbol{0}_{10\times 2} & \boldsymbol{I}_{10} & \boldsymbol{0}_{10\times 17} \\ \boldsymbol{0}_{3\times 25} & \boldsymbol{I}_3 & \boldsymbol{0}_{3\times 1} \\ \boldsymbol{0}_{1\times 12} & 1 & \boldsymbol{0}_{1\times 16} \\ \boldsymbol{0}_{1\times 28} & & 1 \\ \boldsymbol{0}_{9\times 13} & \boldsymbol{I}_9 & \boldsymbol{0}_{9\times 7} \end{bmatrix}_{29\times 29} \tag{6.24}$$

式中：$\boldsymbol{I}_i$ 为 i 维单位矩阵。

6.2.3 系统静力学研究与移动载体参数的确定

式(6.23)的求解属于初值常微分方程组的求解，因此需要初值。初值的准确性关系到系统方程的求解精度。而初值一般来自系统的静力学分析。当有以下假设：

$$\begin{cases} \dot{\boldsymbol{q}}_{\mathrm{i}}=\boldsymbol{0}_{22\times 1} \\ \ddot{\boldsymbol{q}}_{\mathrm{i}}=\boldsymbol{0}_{22\times 1} \end{cases} \tag{6.25}$$

时，式(6.23)就退化为系统静力学模型。该模型可以描述移动刚性机械手、移动刚-柔性机械手和移动柔性机械手，在后续动力学数值仿真中，将考虑此3种情况，并进行数值比较。限于篇幅，本节假定构件3为弹性体，构件4为刚性体。在给定路面参数、移动载体初始位姿(位置与姿态)和机械手初始位置构型位姿及移动载体运动速度时，可以确定2个弹簧的刚度系数、原长和2个阻尼器的阻尼系数。总结算法如下：

(1) 令$\begin{cases} \dot{\boldsymbol{q}}_{\mathrm{i}}=\boldsymbol{0}_{22\times 1} \\ \ddot{\boldsymbol{q}}_{\mathrm{i}}=\boldsymbol{0} \\ \boldsymbol{q}_{\mathrm{f}}^4=\boldsymbol{0} \end{cases}$，由式(6.23)的系统动力学方程可以得到系统静力学方程。

(2) 根据初始边界条件(路面参数、移动载体初始位姿等)，确定机械手初始位置构型变量$\boldsymbol{q}_{i0}=[r_{10}^1 \quad r_{20}^1 \quad \theta_0^1 \quad \theta_0^3 \quad \theta_0^4]_{1\times 5}^{\mathrm{T}}$。

(3) 将$\boldsymbol{q}_{i0}=[r_{10}^1 \quad r_{20}^1 \quad \theta_0^1 \quad \theta_0^3 \quad \theta_0^4]_{1\times 5}^{\mathrm{T}}$代入(1)中的静力学方程，以确定移动载体的弹簧刚度系数、原长和阻尼器阻尼系数，以及弹性构件的弹性变形 $\bar{q}_{\mathrm{fi0}}^3$、θ_0^4。

6.3 系统静力学、动力学数值仿真

6.3.1 系统静力学数值仿真与移动载体参数的确定

已知移动机械手初始构型参数为

$$\boldsymbol{q}_{i0}=\begin{bmatrix} 0\ \text{m} \\ 0.18\ \text{m} \\ 2^\circ \\ 150^\circ \\ 15^\circ \end{bmatrix} \tag{6.26}$$

系统静力学分析采用的参数如表 6.1 所示，综合利用式(6.23)、式(6.25)、式(6.26)和表 6.1，可以得到移动载体参数(见表 6.2)和构件 3 初始弹性变形 $\bar{q}^3_{fi0}$(见表 6.3，限于篇幅，本章仅给出构件 3 末端节点弹性变量数值)。

表 6.1　数值仿真模型参数

参数	值	参数	值	参数	值	参数	值	参数	值
m^1	20 kg	E	210 GPa	d_2	0.35 m	v	0.3 m/s	m_P	5 kg
m^3	0.9 kg	L^1	0.7 m	g	9.8 m/s^2	t	0.35 s	w	0.212 m
m^4	1 kg	L^3	1.1 m	T^{31}	−18 N·m	H_0	0.03 m		
r_3	0.007 m	L^4	0.8 m	T^{43}	42 N·m	h	0.539 m		
r_4	0.007 m	d_1	0.35 m	λ	0.4 m	c_0	0 m		

表 6.2　移动载体参数

参数	值	参数	值	参数	值
K_1	1136 N/m	K_2	2611 N/m	K_L_{01}	0.26 m
C_1	114 N·s/m	C_2	261 N·s/m	K_L_{02}	0.184 m

表 6.2 中，K_L_{01}、K_L_{02} 分别为弹簧 1、弹簧 2 的原长。

表 6.3　构件 3 初始弹性变形

参　　数	有限元法(离散为 3 个单元)	有限元法(ANSYS 11.0，离散为 6 个单元)
q^3_{f70}/m	-1.0754×10^{-6}	-1.0754×10^{-6}(图 6.5)
q^3_{f80}/m	-3.991×10^{-3}	-3.991×10^{-3}(图 6.6)
q^3_{f90}/rad	-3.5134×10^{-2}	-3.5134×10^{-2}(图 6.7)

比较表 6.3 中的两组数据可以得出：采用有限元法(基于欧拉-伯努利梁理论，忽略构件剪切变形的影响，采用 3 个离散单元)得出的结果与由有限元软件 ANSYS 11.0(采用单元 Beam3，基于欧拉-伯努利梁理论，忽略构件剪切变形的影响，采用 6 个离散单元)得出的结果完全一致，从而验证了本章采用有限元法构建的力学模型的正确性和有效性。

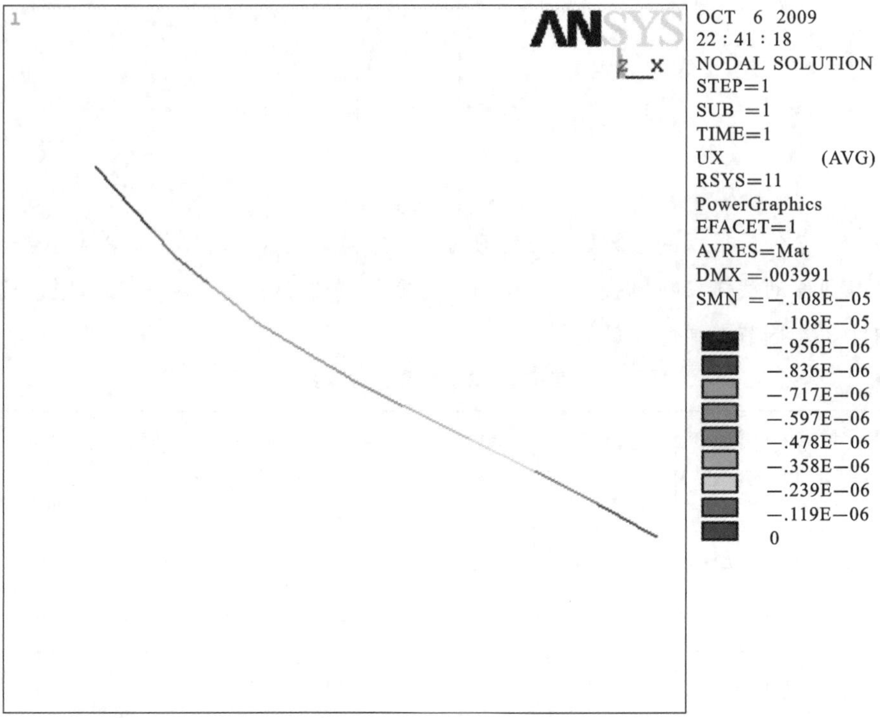

图 6.5　构件 3 X^3 向弹性位移

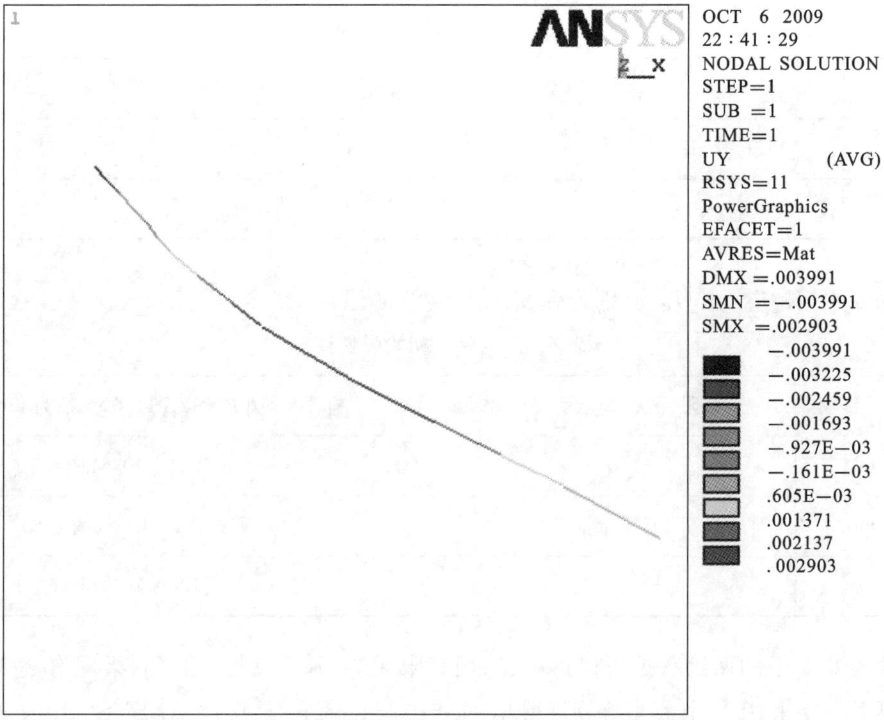

图 6.6　构件 3 Y^3 向弹性位移

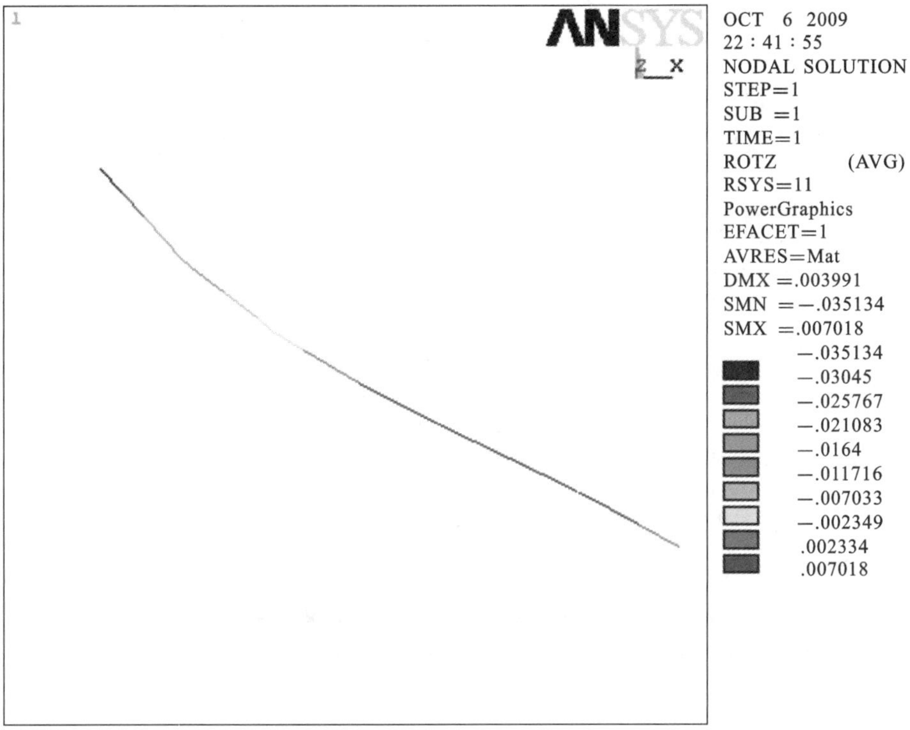

图 6.7 构件 3 Z^3 向弹性转角

6.3.2 系统动力学数值仿真

采用状态空间法描述上述动力学模型(式(6.23)),可以得到

$$\dot{\boldsymbol{Y}}=f(\boldsymbol{Y},t) \tag{6.27}$$

式(6.27)为一阶常微分方程组,则对 2 杆轮式悬架移动柔性(刚-柔性、刚性)机械手动力学方程的求解问题转换为带初值的一阶 ODE 的求解问题。由于本章所考虑构件的弹性变形为小变形,因此柔性轮式移动机械手独立变量间存在较大差异。因此式(6.27)为刚性常微分方程组。基于吉尔法(高阶线性多步法),并采用软件 MATLAB2006 进行数值法求解。数值仿真所用参数取自表 6.1、表 6.2 和表 6.3。

动力学数值仿真如图 6.8 至图 6.27 所示。

在同一参数(见表 6.1、表 6.2)下,比较柔性动力学模型的数值解与刚-柔性、刚性动力学模型的数值解,从图 6.5 至图 6.27 中可以看到构件弹性变形对系统动力学耦合的作用非常大。如图 6.10 所示,由于考虑构件 3、构件 4 的弹性变形,移动载体水平驱动力变化幅度、频率急剧增加;如图 6.15 所示,θ^3 的 3 种模型数值仿真结果随着时间的推移有较大的不同;等等。这些充分体现出构件弹性变形与构件大范围参考运动间的动力学耦合,所以动力学耦合问题应该引起足够的重视,否则所建立的运动学、动力学模型不足以精确描述系统的运动,甚至导致误差、错误。图 6.16、图 6.17 充分说明了约束方程(6.3)的作用。从图 6.18 至图 6.21

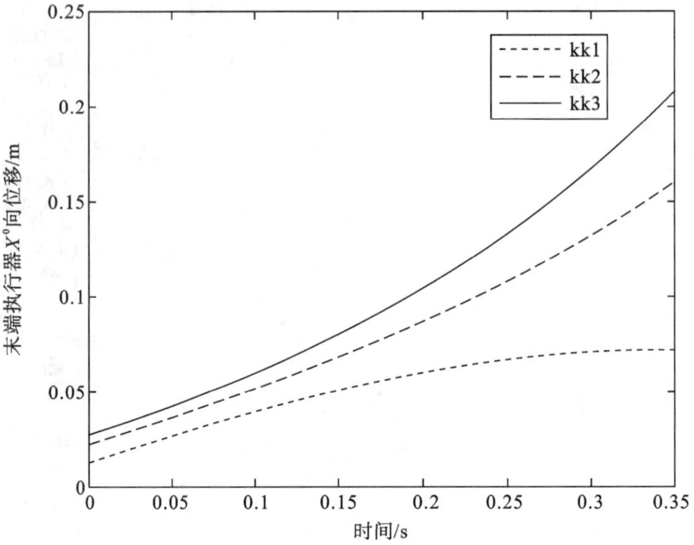

图 6.8 末端执行器 X^0 向位移数据仿真

kk1 代表 2 杆移动刚性机械手;kk2 代表 2 杆移动刚-柔性机械手;kk3 代表 2 杆移动柔性机械手

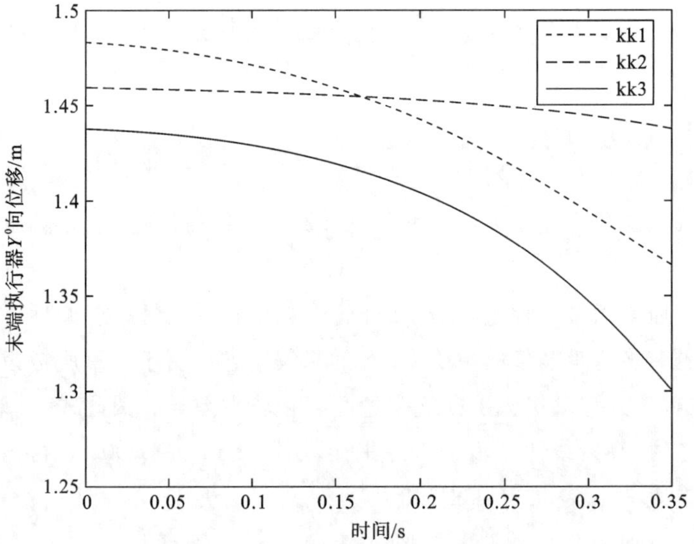

图 6.9 末端执行器 Y^0 向位移数据仿真

可以看出同一变量的位置、速度、加速度之间的关系。图 6.18、图 6.19 显示了该柔性轮式移动机械手独立系统变量 r_2^1、θ^1 及其速度和加速度的变化趋势、规律:θ^1 变化平缓,其速度、加速度在零值附近快速波动,可以看出它们的变化规律符合变量对时间求导的规则。同时图 6.22 至图 6.27 显示:构件 3、构件 4 轴向刚度足够大,可以不考虑该方向的弹性变形问题。

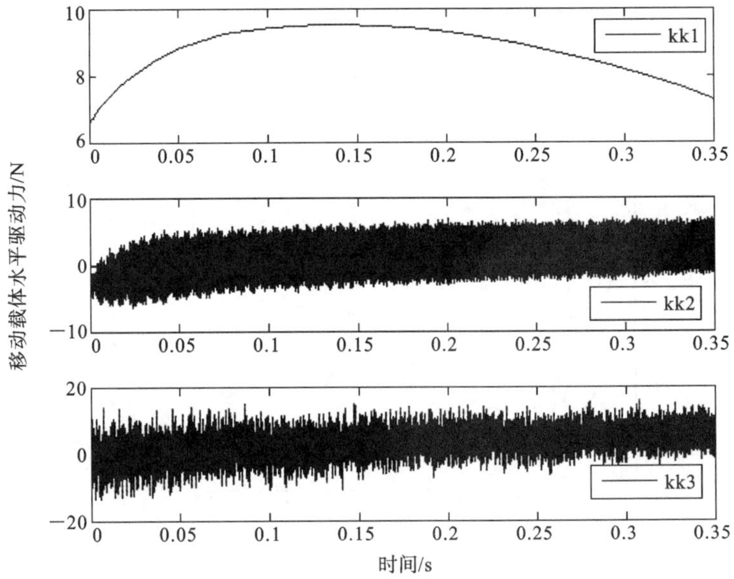

图 6.10 移动载体水平驱动力

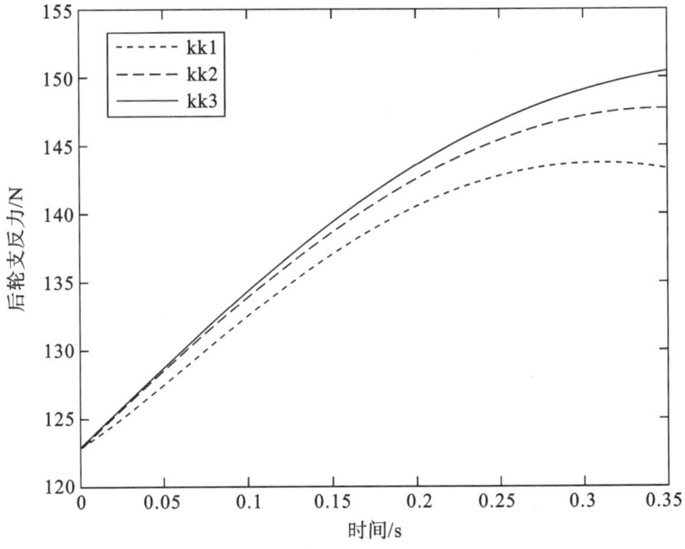

图 6.11 后轮支反力 F_2 数据仿真

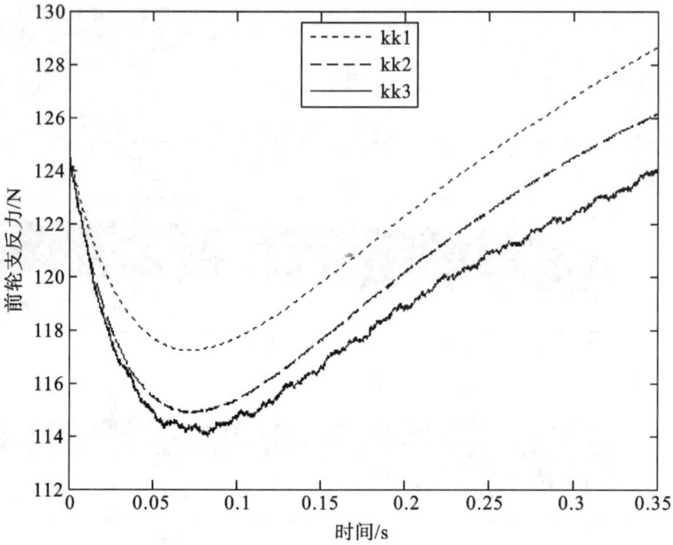

图 6.12　前轮支反力 F_3 数据仿真

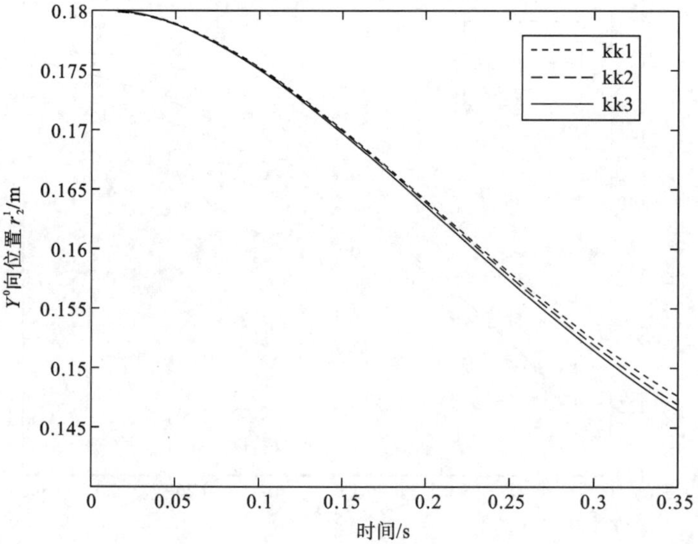

图 6.13　r_2^1 数据仿真

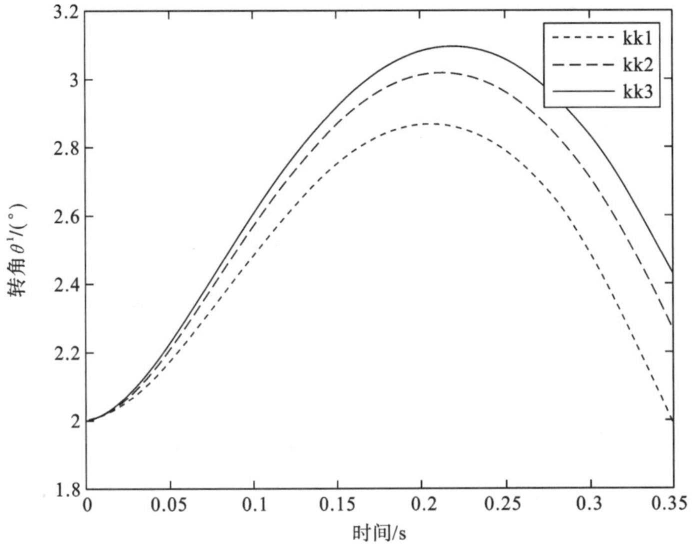

图 6.14　θ^1 数据仿真

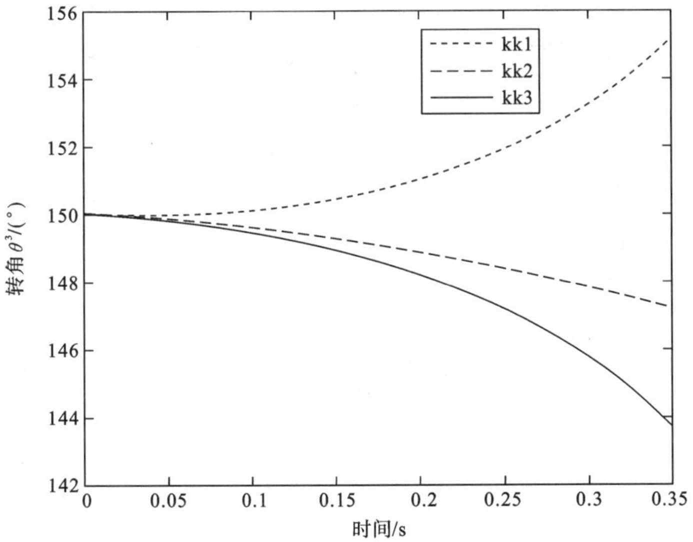

图 6.15　θ^3 数据仿真

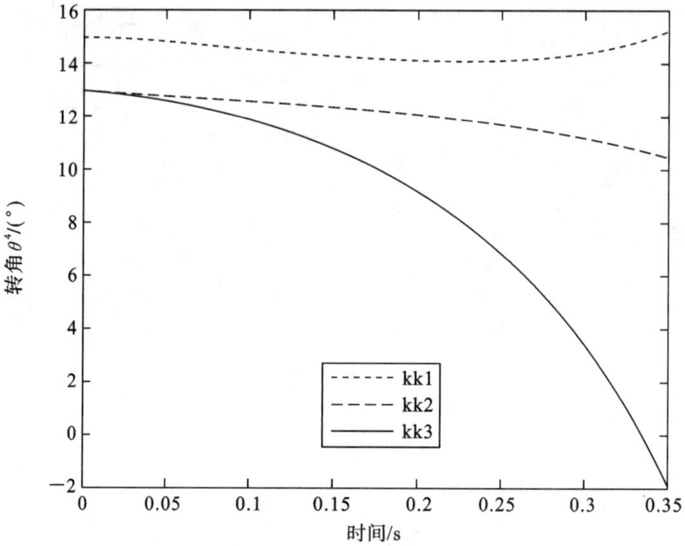

图 6.16　θ^4 数据仿真

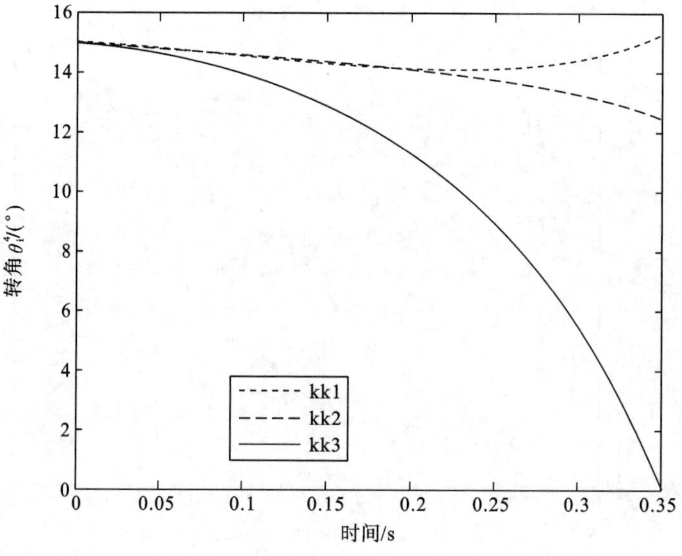

图 6.17　θ_i^4 数据仿真

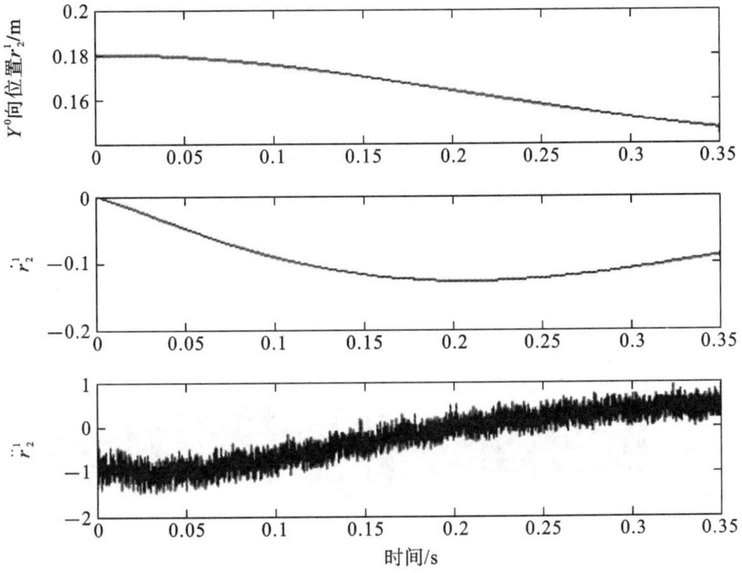

图 6.18　r_2^1、$\dot{r}_2^1$、$\ddot{r}_2^1$ 数据仿真

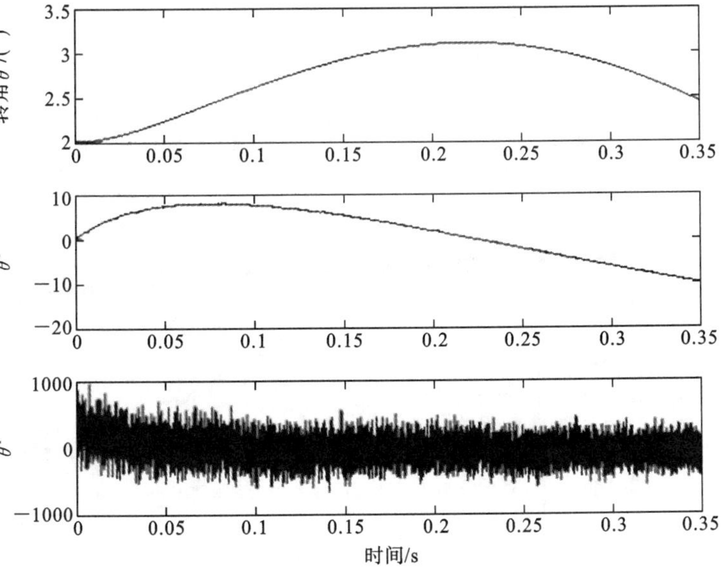

图 6.19　θ^1、$\dot{\theta}^1$、$\ddot{\theta}^1$ 数据仿真

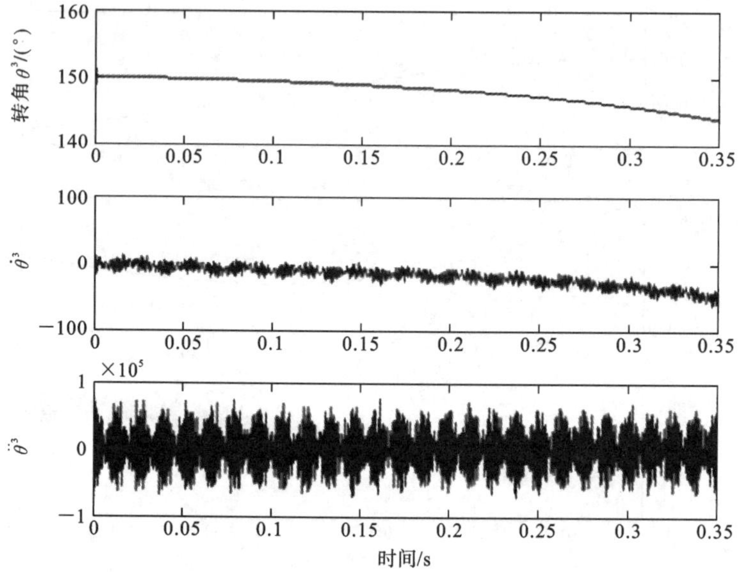

图 6.20 θ^3、$\dot{\theta}^3$、$\ddot{\theta}^3$ 数据仿真

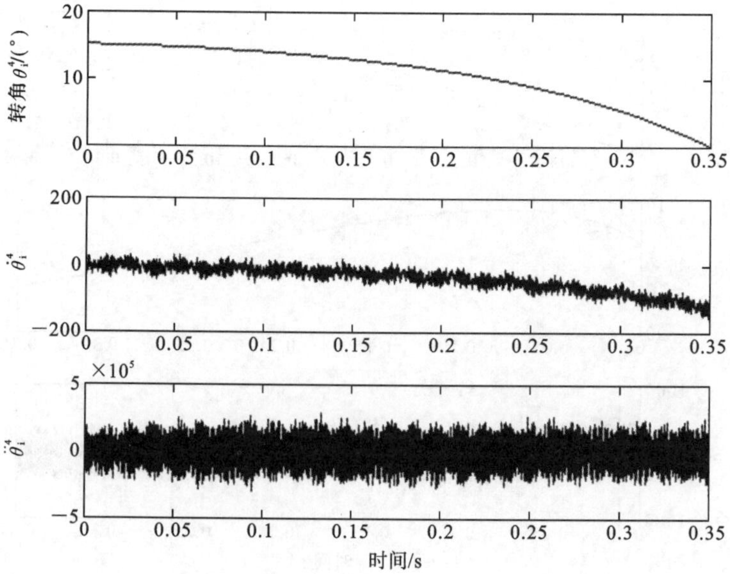

图 6.21 θ_i^4、$\dot{\theta}_i^4$、$\ddot{\theta}_i^4$ 数据仿真

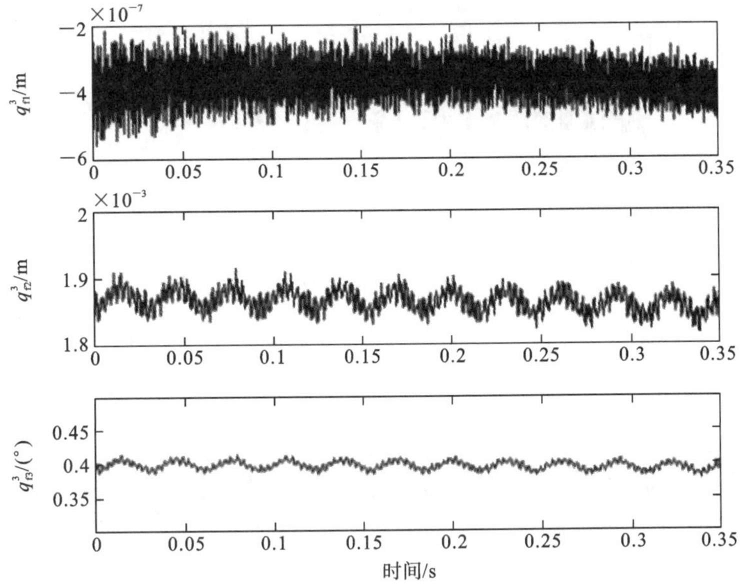

图 6.22　构件 3 节点 1 弹性变量数据仿真

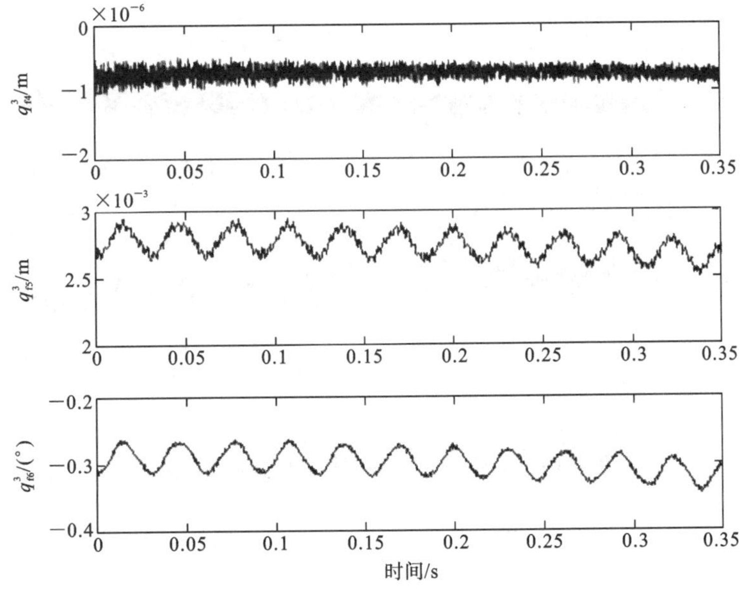

图 6.23　构件 3 节点 2 弹性变量数据仿真

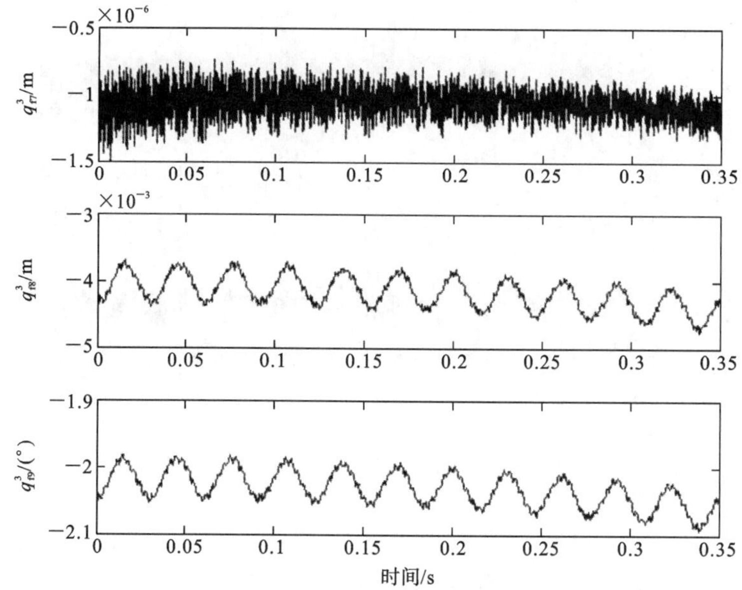

图 6.24　构件 3 节点 3 弹性变量数据仿真

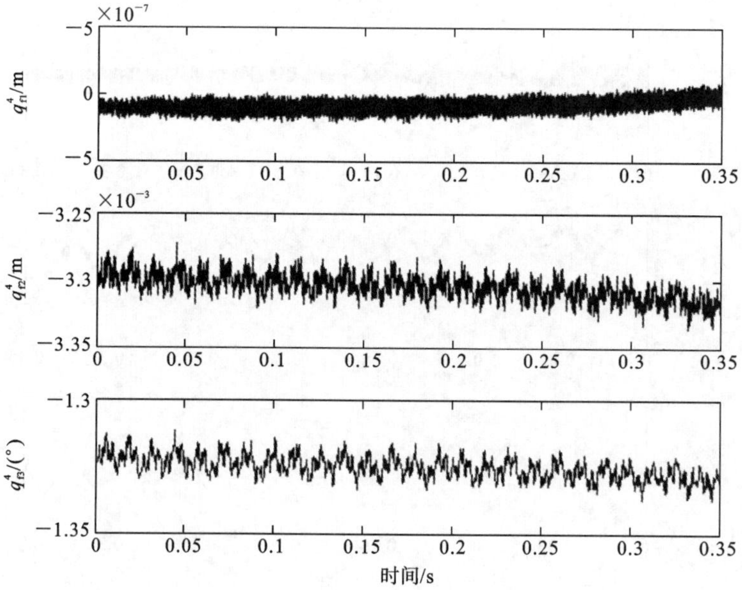

图 6.25　构件 4 节点 1 弹性变量数据仿真

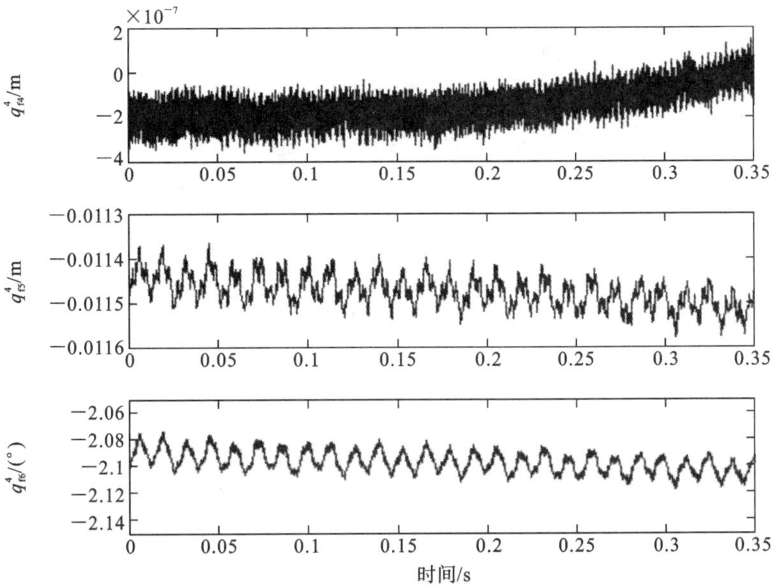

图 6.26　构件 4 节点 2 弹性变量数据仿真

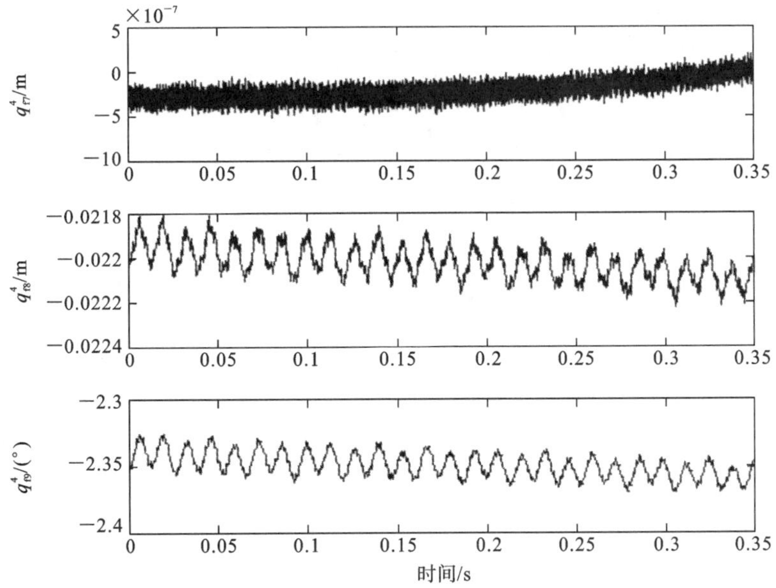

图 6.27　构件 4 节点 3 弹性变量数据仿真

6.4 本章小结

本章对2杆柔性、刚-柔性、刚性移动机械手运动学、动力学进行了研究。采用有限元法和浮动坐标法，并在笛卡儿坐标系下建立了系统动力学模型，并以矩阵、矢量的形式表达。相对关节变量而言，该方法更具有通用性，对大规模多体系统动力学分析有重要指导作用，同时该动力学模型便于应用计算机进行数值求解。该动力学模型综合考虑了机械手的弹性变形(率)和悬架系统对整体动力学的影响。通过与ANSYS 11.0的计算结果相比较，验证了系统静力学模型的正确性与有效性。最后采用数值法给出了该动力学模型(柔性、刚-柔性、刚性)的正解仿真结果。该静力学模型、动力学模型和数值仿真可为柔性轮式移动机械手参数设计提供参考，并可指导相应控制策略的选择等。

6.5 参考文献

[1] 卢韶芳，刘大维. 自主式移动机械手导航研究现状及其相关技术[J]. 农业机械学报，2002，33(2)：112-116.

[2] Shabana Ahmed A. Dynamics of multi-body systems[M]. 3rd ed. Cambridge：Cambridge University Press，2005.

第7章　轮式悬架移动机械手动力学稳定性研究与仿真

7.1　引　　言

当移动机械手处理重载或通过不平路面时，稳定性分析成为移动机械手系统性能分析的重要组成部分之一，有大量学者致力于此。早期移动机械手稳定性研究主要是关于移动速度缓慢的步行机的静态稳定性研究。McGhee 和 Frank 定义了理想腿式移动机构。根据他们的定义，静态稳定性裕度(SSM)为 $SSM=\min(S_r, S_j)$，如图 7.1 所示。

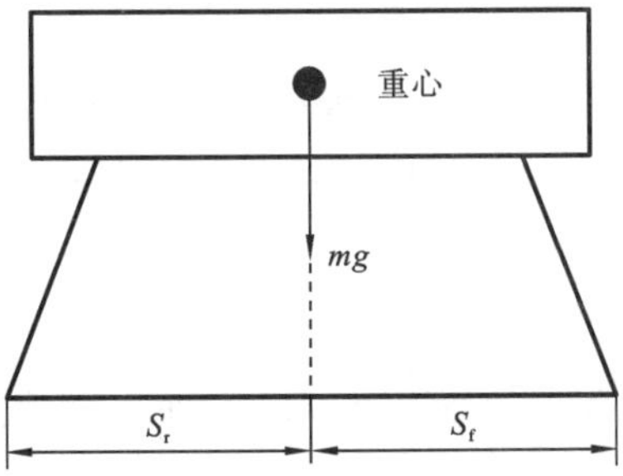

图 7.1　静态稳定性裕度(水平面上物体)

McGhee 和 Iswandhi 发展了静态稳定性裕度，考虑到地形(坡度)的影响，定义了纵向静态稳定性裕度(LSM)：$LSM=\min(S_r, S_j)$，如图 7.2 所示。

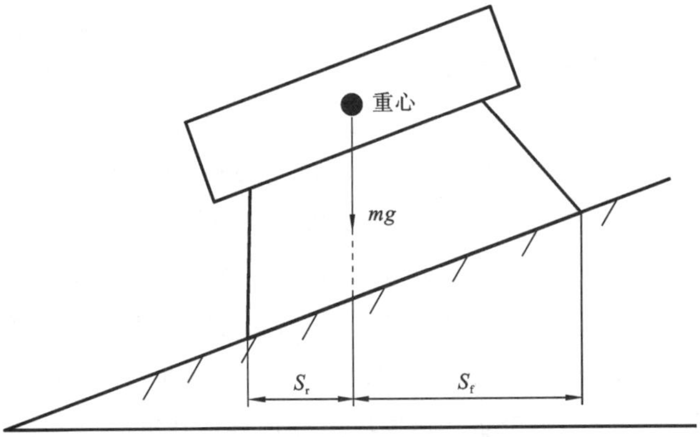

图 7.2　静态稳定性裕度(斜面上物体)

Whittaker定义了一个保守支撑多边形(CSP)区域,以考虑一条腿失去支撑能力的工况。假设该机构与地面有 N 个接触点,将其向平面投影,依次连接投影点,便形成了凸多边形区。以5个接触点为例,定义图7.3所示的保守支撑多边形区域。只要重心在CSP内,该机构就处于稳定状态。当步行机械的着力点少于5个时,CSP就成为一个点。所以CSP的应用对步行机腿的数量是有要求的。保守稳定性裕度(CSM)定义为重心投影到保守支撑多边形各边的最短距离。

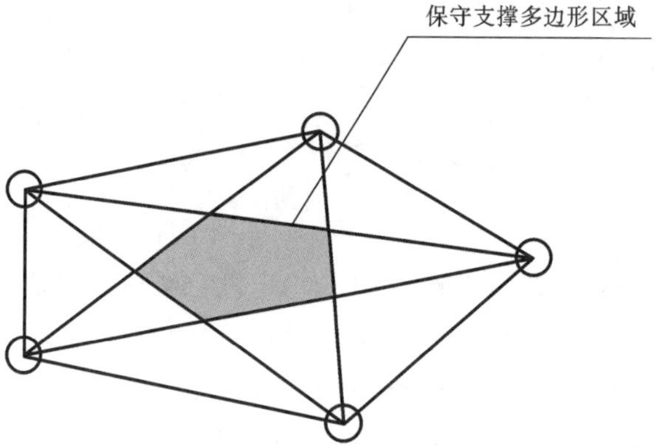

图7.3　保守支撑多边形区域

静态稳定性裕度、纵向静态稳定性裕度和保守稳定性裕度仅考虑了机构着力点和重心在水平面投影的相对位置问题。Nagy等提出重心高度和路面高度差异对机构的稳定性有着重要的影响。为了考虑不平地形对静态稳定性的影响,Messuri和Klein定义了能量稳定性裕度(ESM)。其定义如下。

定义1:连接步行机构在地面上的着力点,形成空间支撑多边形。

定义2:与此支撑多边形中任一边相联系的能量稳定度(ESL)为:沿该边旋转该机构,直到该机构的重心垂直投影落到该旋转轴上,此时重力所做的功如图7.4所示。

对于后支撑边:$\mathrm{ESL_r}=mgh_\mathrm{r}$。

对于前支撑边:$\mathrm{ESL_f}=mhg_\mathrm{f}$ 且 $\mathrm{ESL_f}>\mathrm{ESL_r}$。

定义3:某一支撑多边形能量稳定性裕度为各边能量稳定度中最小值。

能量稳定性裕度量化了移动机器人所能承受的冲击能量,同时考虑了步行高度的影响。

然而能量稳定性裕度仍然没有考虑柔软地面和腿失去支撑时的稳定性问题。Nay等引入协调姿态稳定性裕度(CSSM)作为能量稳定性裕度的补充,来考虑柔软地面上某一腿失陷的问题。研究结果表明若不考虑路面柔软性,则对机器的稳定性评价将比实际值高。但是Nay采用的方法仍然仅考虑了移动机器人仅在重力作用下的工况。Ghasempoor和Sepehri扩展了能量稳定性裕度,以考虑机械手工作时所产生的力和力矩对稳定性的影响。

定义4:如图7.5所示,构造一个相对支撑多边形某一边的平衡面,此平衡面包含该边,平衡面相对竖直面的角度为 θ_1。当设备绕该支撑边旋转直至其重心落到该平衡面内时,合力相对该边合力矩皆为0。

定义 5：相对支撑边某一边的能量稳定度定义为机构绕该边旋转，使其重心在平衡面内时所有力所做的功。这些力包括重力、外载荷、惯性力及惯性力矩。此功等于机器人所承受的瞬时最大冲击能，此时该机器人不处于失稳状态。

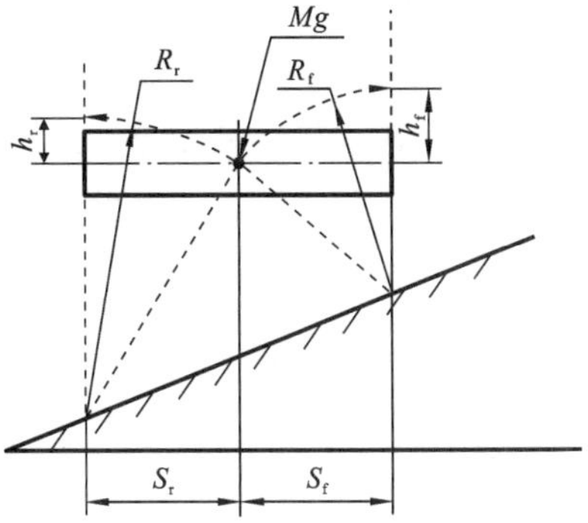

图 7.4　能量稳定度

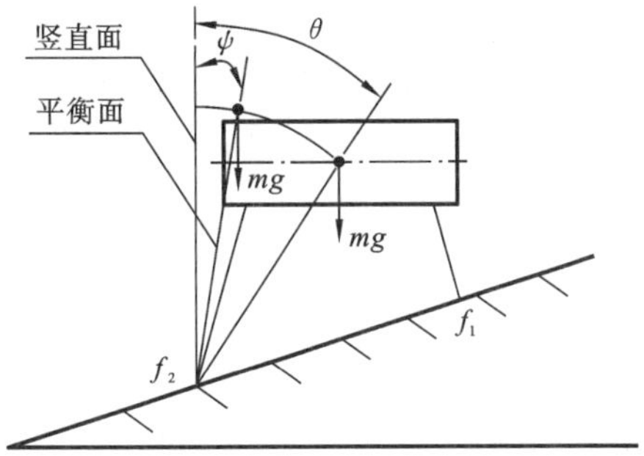

图 7.5　平衡面

Sugano 等应用零力矩点（ZMP）的概念为移动机械手构造了一个量化稳定性准则。若重力、惯性力和外力对地面某点的合力矩为零，则该点即为零力矩点。如果零力矩点在支撑多边形内，则该移动机器人处于稳定状态。零力矩点已经成功应用于双足步行机器人、移动机械手轨迹规划和移动机械手稳定性控制。文献[7]至文献[9]在零力矩点的基础上对机器人稳定性进行了分析，但该方法认为一旦移动机器人绕某一支撑边开始转动，其就不稳定。所以该方法过于保守。

文献[10]采用直接微分法研究了移动机械手运动学问题，以轮胎支反力稳定性为标准评价了系统在执行具体任务的稳定性。该方法没有考虑路面不平工况和运动刚体构件移动与转动间动力学耦合问题，不能准确预测移动机械手在执行任务时的稳定性。文献[11]、[12]研究了轮式吊机（液压挖掘机改装）吊装稳定性问题，采用虚拟构件法，考虑了轮胎与地面间的摩擦力，构建了定点（轮胎锁定转动）吊装动力学模型。该模型旨在考虑定点吊装时，由于动臂、斗杆定点吊装时的动力学效应，轮胎与地面之间的相对滑动。通过仿真显示了轮胎与地面的滑动摩擦对系统吊装的影响。该方法定位于定点吊装，不适用于移动机械手跟踪给定轨迹时瞬态动力学稳定性的评价。特别是对移动机械手末端执行器的位置有较高要求时，轮胎与路面不能相对滑动。文献[13]基于支反力，研究了移动机械手在水平路况下的稳定性问题。但该动力学模型是建立在质点动力学基础上的（质量集中于质心），没有考虑移动机械手构件移动与转动变量间的动力学耦合问题。随着移动机械手运动速度的提高，该动力学模型不能真实描述系统运动。同时该稳定性评价仅建立在支反力的基础上，没有考虑（侧）滑动情况下末端执行器跟踪给定轨迹的精度问题，同时该移动机械手允许单边着地，可以通过构件辅助运动进行稳定性补偿。在补偿运动过程中，同样会引起末端执行器跟踪给定轨迹的精度问题。综上所述，该方法不适用于对移动机械手末端执行器有较高位置精度要求的失稳分析。

文献[14]应用稳定性空间，通过调整线加速度和角速度，来预防移动机器人在不平路面上的倾覆问题。文献[15]、[10]、[17]采用力矩高度法（moment-height measure）来研究移动机械手稳定性问题，但是该方法没有考虑移动载体及机械手移动与转动间耦合所产生的惯性力，当移动载体运动速度与转动速度较大时，该模型不能精确评价移动机械手系统稳定性问题。同时在稳定性评价准则中，没有考虑移动载体轮子与路面（侧）滑动问题，在移动机械手执行既定任务时（对末端执行器位置控制有较高要求时），应该严格避免该现象。

本章在前面章节构建的系统完整动力学模型的基础上，给出移动机械手动力学稳定性评价准则，并针对轮式移动刚性机械手、轮式悬架移动刚性机械手、轮式移动刚-柔性机械手、轮式移动柔性机械手稳定性进行仿真。仿真结果显示了系统在执行任务时瞬态动力学稳定性分布情况及悬架、构件弹性变形对系统整体稳定性的影响。

7.2　轮式移动机械手稳定性分析

7.2.1　2杆轮式线弹性-阻尼悬架移动刚性机械手稳定性分析

高速运动的轮式移动机械手稳定性分析是建立在系统动力学分析基础之上的，因此，构建准确的系统动力学模型，是进行移动机械手动力学稳定性分析的基础。移动机械手失稳工况较多，如轮胎与路面接触点的纯滑动、纯转动或二者的组合等。本章所研究的移动机械手末端执行器以一定的速度跟踪给定轨迹，也就是说其位置精度要求较高。针对此工作要求，轮子不能脱离地面，同时也不能滑动。

如图7.6和图7.7所示，该机械手具有3个转动关节，针对具体的任务，θ^2 用于调整其构型以确保系统的稳定性（主要用于非精确实时轨迹跟踪工况）。在推导该移动机械手运动学模

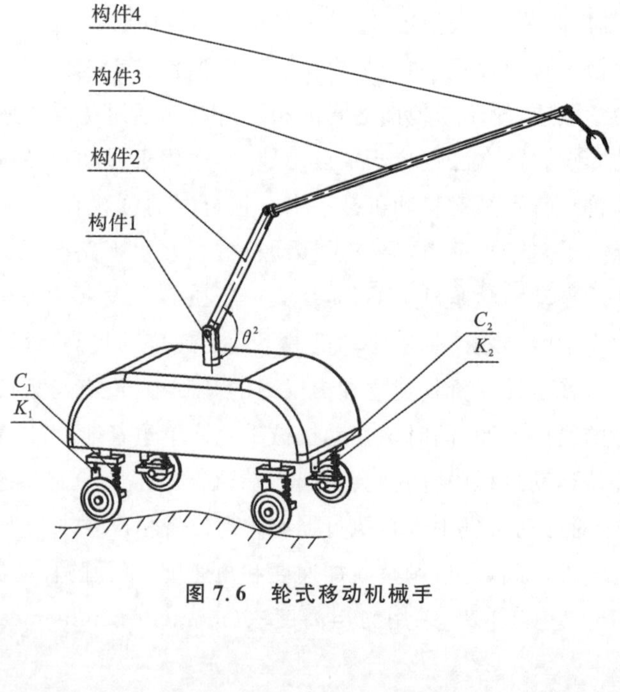

图7.6　轮式移动机械手

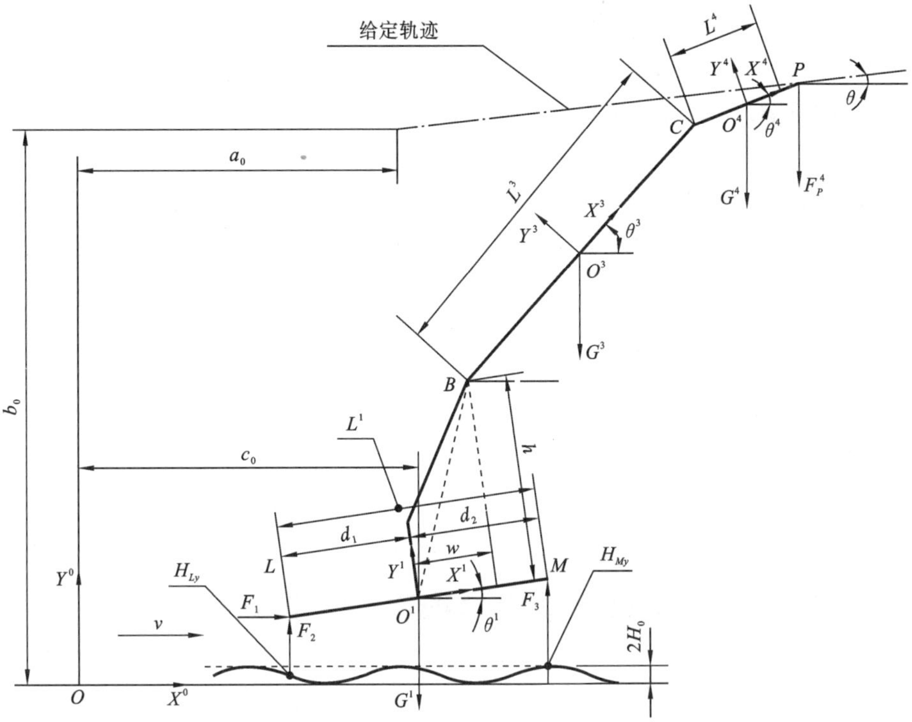

图 7.7　轮式移动机械手工况

型时，假定 θ^2 不变(即构件 1 和构件 2 相对位置锁定)，则构件 1、构件 2 和移动载体组成等效构件 1，简称构件 1(如无特殊说明，构件 1 即指等效构件 1)，具体工况描述参见第 3 章，并由第 3 章可以获得系统逆动力学模型：

$$\boldsymbol{M}_{\mathrm{ii}}\ddot{\boldsymbol{q}}_{\mathrm{i}}=\boldsymbol{Q}_{\mathrm{i}} \tag{7.1}$$

方程中参数的具体意义参看第 3 章。从方程(7.1)可以求得移动载体驱动力和前、后轮胎支反力 F_1、F_2、F_3：

$$\begin{aligned}F_1=&0.5m^3\sin(\theta^3)L^3\ddot{\theta}^3+m^3\sin(\theta^4)L^4\ddot{\theta}^4\\&+0.5m^3\cos(\theta^3)L^3(\dot{\theta}^3)^2+m^3\cos(\theta^4)L^4(\dot{\theta}^4)^2\\&+0.5m^4L^4\sin(\theta^4)\ddot{\theta}^4+0.5m^4L^4\cos(\theta^4)(\dot{\theta}^4)^2\end{aligned} \tag{7.2}$$

$$\begin{aligned}F_2=&K_1(r_2^1-d_1\theta^1-H_0(-\sin(2\pi vt/\lambda)+1)-K\_L_{01})\\&+C_1(\dot{r}_2^1-d_1\dot{\theta}^1+2H_0\pi v/\lambda\cos(2\pi vt/\lambda))\end{aligned} \tag{7.3}$$

$$\begin{aligned}F_3=&K_2(r_2^1+d_2\theta^1-H_0(-\sin(2\pi vt/\lambda+2\pi(d_1+d_2)/\lambda)+1)-K\_L_{02})\\&+C_2(\dot{r}_2^1+d_2\dot{\theta}^1+2H_0\pi v/\lambda\cos(2\pi vt/\lambda+2\pi(d_1+d_2)/\lambda))\end{aligned} \tag{7.4}$$

$$\begin{cases}\theta^1=f_1(\theta^3,\theta^4)\\\dot{\theta}^1=f_2(\theta^3,\theta^4,\dot{\theta}^3,\dot{\theta}^4)\\r_2^1=f_3(\theta^3,\theta^4)\\\dot{r}_2^1=f_4(\theta^3,\theta^4,\dot{\theta}^3,\dot{\theta}^4)\end{cases} \tag{7.5}$$

其中式(7.4)、式(7.5)来自式(2.8)、式(2.9)，由于式(7.5)相对复杂，可读性差，这里仅给出简化表达。则轮胎支反力及摩擦力需满足：

$$F_2>0,\quad F_3>0,\quad F_f>0 \tag{7.6}$$

其中，滑动稳定性指标 $F_f=|\mu F_2|-|F_1|$，μ 为轮胎与路面的摩擦系数。式(7.2)、式(7.3)、式(7.4)中的移动载体的水平驱动力 F_1 和轮胎支反力 F_2、F_3 皆来自系统动力学方程，它们可以真实地反映移动载体与路面间的力学作用。在该移动机械手执行既定任务时，可以以式(7.6)为稳定性评价标准，进行精确的瞬态动力学稳定性评价：当满足式(7.6)时，移动机械手瞬态稳定，否则该移动机械手失稳(<0)或处于失稳边界(=0)。也可以把移动机械手构件参数等作为优化参数，构建系统动力学稳定性多目标优化函数：

$$\begin{cases}\min(m^1,m^3,m^4,L^1,L^2,L^3,v)\\ F_2>0\\ F_3>0\\ F_f>0\end{cases} \tag{7.7}$$

7.2.2 轮式移动机械手动力学稳定性数值仿真

为了显示线弹性-阻尼悬架刚度等对系统动力学稳定性的影响，这里采用两组弹簧刚度系数、阻尼系数来进行数值仿真，参数如表 7.1、表 7.2 所示。

表 7.1 模型优化参数

参数	值	参数	值	参数	值	参数	值	参数	值
m^1	20 kg	d_2	0.35 m	H_0	0.03 m	w	0.212 m	θ	5°
m^3	4 kg	t	10 s	h	0.539 m	v	0.9 m/s		
m^4	2 kg	g	9.8 m/s^2	c_0	0 m	L^1	0.7 m		
F_P^4	50 N	λ	0.4 m	a_0	−0.354 m	L^2	1.2 m		
d_1	0.35 m	μ	0.4	b_0	1.45 m	L^3	0.5 m		

表 7.2 弹簧阻尼参数

	参数	值		参数	值
第一组	K_L_{01}	0.24 m	第二组	K_L_{01}	0.204 m
	K_L_{02}	0.188 m		K_L_{02}	0.154 m
	K_1	3590 N/m		K_1	8973 N/m
	C_1	359 N·s/m		C_1	897 N·s/m
	K_2	1650 N/m		K_2	4115 N/m
	C_2	165 N·s/m		C_2	412 N·s/m

方程(7.1)的数值法求解过程请参阅第 2 章相关论述。数据仿真结果如图 7.8 至图 7.14 所示。

图 7.8 至图 7.10 所示为轮式悬架移动机械手末端执行器轨迹，该轨迹建立在系统动力学模型的基础上，与给定轨迹完全一致($a_0 = -0.354$ m，$b_0 = 1.45$ m，$\theta = 5°$)。通过比较可以看出，所构建的移动机械手逆动力学模型具有正确性与有效性。

图 7.11 至图 7.14 为系统稳定性相关参数的数据仿真结果。图 7.11 显示，后轮支反力变

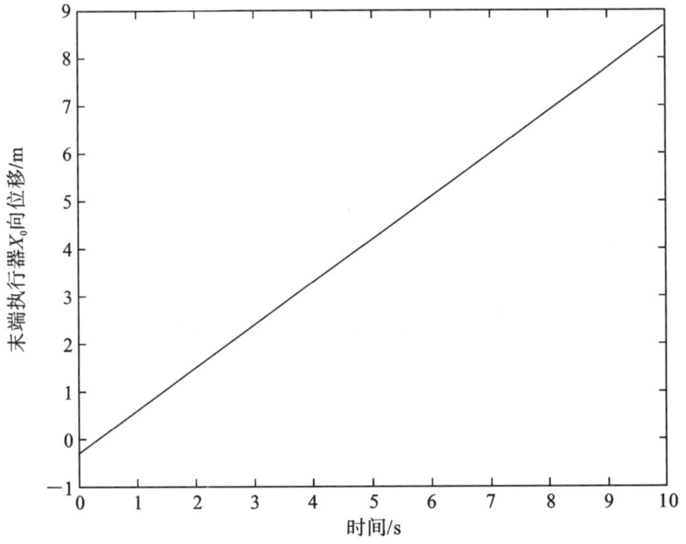

图 7.8　末端执行器 X^0 向位移数据仿真

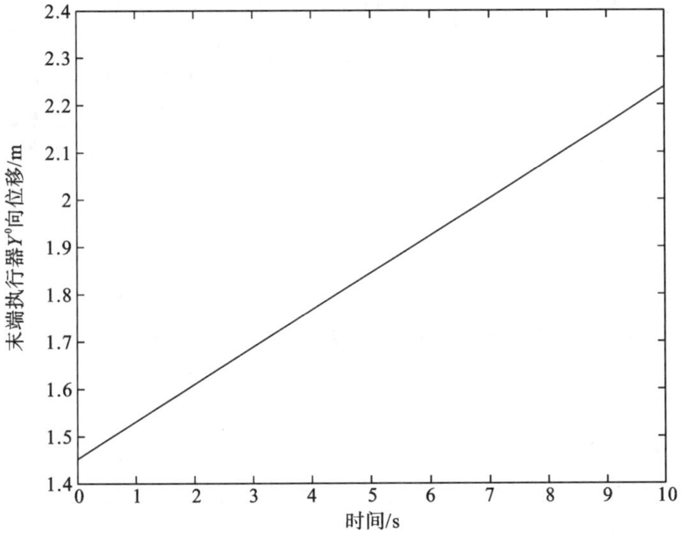

图 7.9　末端执行器 Y^0 向位移数据仿真

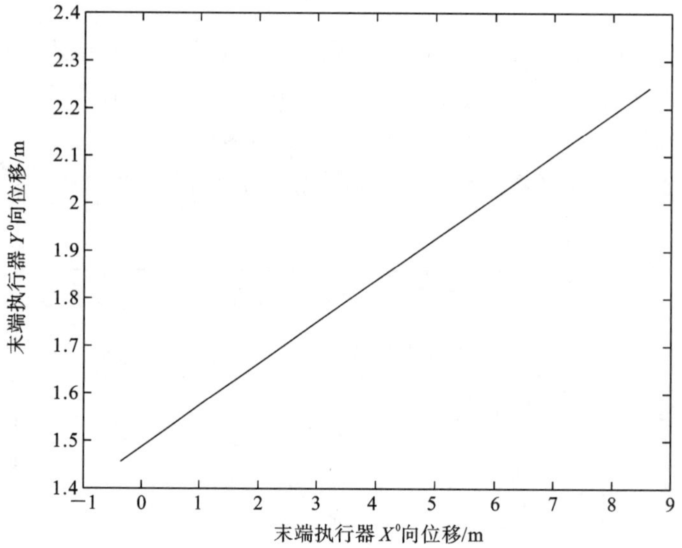

图 7.10　末端执行器位移数据仿真

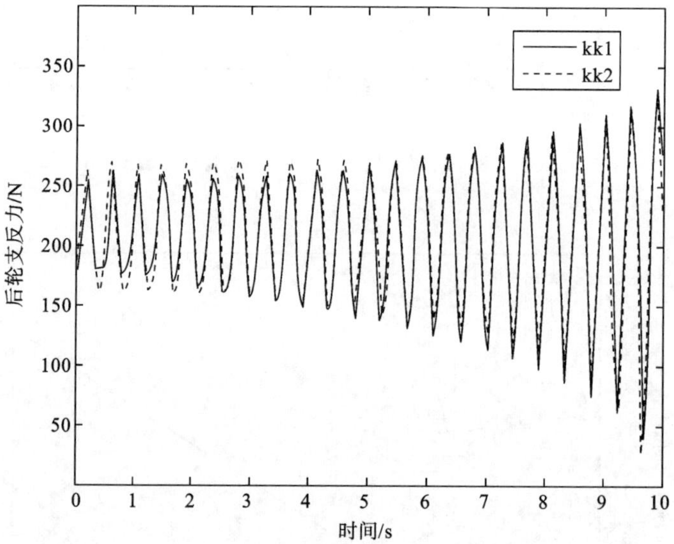

图 7.11　后轮支反力 F_2 数据仿真(不同弹簧刚度、阻尼系数)

kk1—第一组弹簧阻尼系数;kk2—第二组弹簧阻尼系数

化幅度在前半段时间内随弹簧刚度的增加而增加;图 7.12 显示,前轮支反力变化幅度在后半段时间内随弹簧刚度的增加而增加,同时支反力出现负值。这说明悬架刚度的增加使系统失稳的可能性增大,图 7.13 和图 7.14 表明,降低运行速度可以提高系统的稳定性,这也验证了轮式线弹性-阻尼悬架的功用。

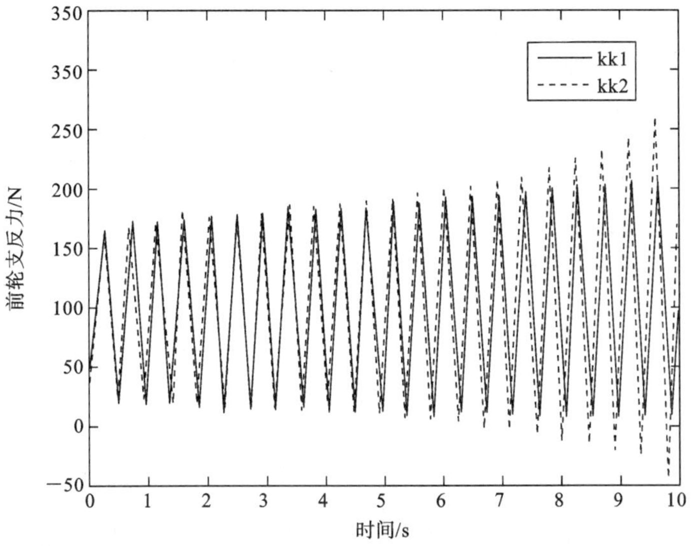

图 7.12　前轮支反力 F_3 数据仿真(不同弹簧刚度、阻尼系数)

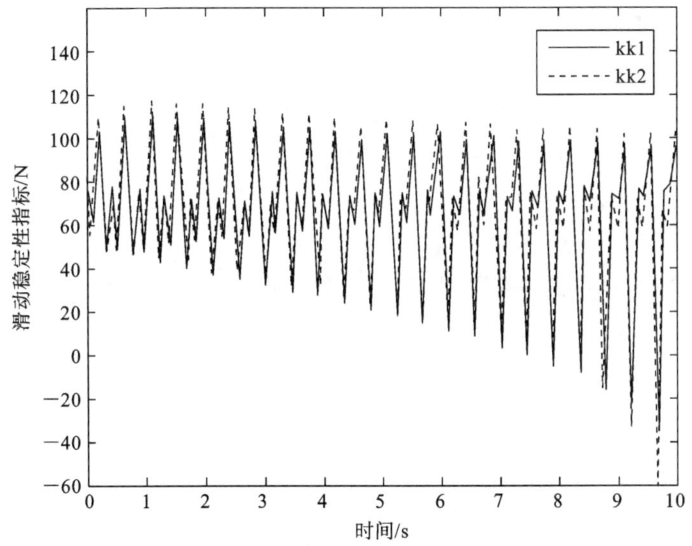

图 7.13　滑动稳定性指标(v=0.9)(不同弹簧刚度、阻尼系数)

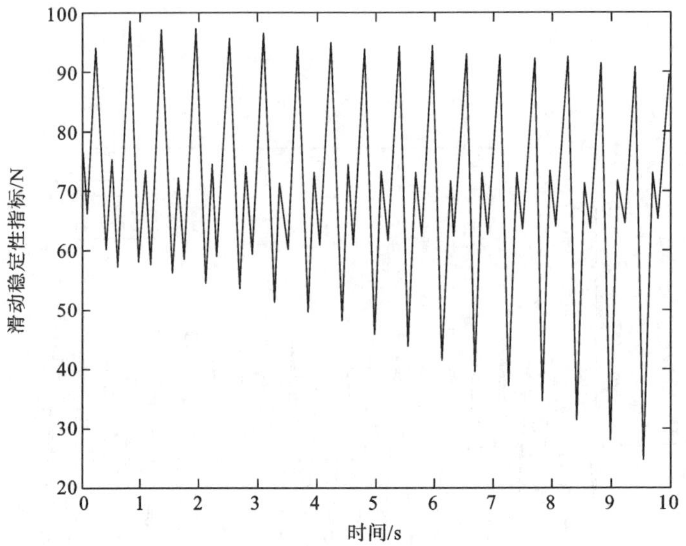

图 7.14　滑动稳定性指标($v=0.7$)

7.2.3　基于浮动坐标法的 2 杆轮式线弹性-阻尼悬架移动刚-柔性机械手稳定性分析

由式(5.19)、式(5.21)可以得到前后轮的支反力与移动载体的水平驱动力：

$$F_1=F_1(\theta^3,\theta^4,\dot{\theta}^3,\dot{\theta}^4,\ddot{\theta}^3,\ddot{\theta}^4) \tag{7.8}$$

$$\begin{aligned}F_2=&K_1(r_2^1-d_1\theta^1-H_0(-\sin(2\pi vt/\lambda)+1)-K\_L_{01})\\&+C_1(\dot{r}_2^1-d_1\dot{\theta}^1+2H_0\pi v/\lambda\cos(2\pi vt/\lambda))\end{aligned} \tag{7.9}$$

$$\begin{aligned}F_3=&K_2(r_2^1+d_2\theta^1-H_0(-\sin(2\pi vt/\lambda+2\pi(d_1+d_2)/\lambda)+1)-K\_L_{02})\\&+C_2(\dot{r}_2^1+d_2\dot{\theta}^1+2H_0\pi v/\lambda\cos(2\pi vt/\lambda+2\pi(d_1+d_2)/\lambda))\end{aligned} \tag{7.10}$$

以式(7.7)评价系统的稳定性。

7.2.4　2 杆轮式悬架移动刚-柔性机械手动力学稳定性数值仿真

为了显示构件弹性变形对系统动力学稳定性的影响，分别采用柔性构件和刚性构件来进行数值仿真，参数如表 7.3 所示，仿真结果如图 7.15 至图 7.17 所示。

表 7.3　数值仿真模型参数

参数	值	参数	值	参数	值	参数	值
m^1	20 kg	w	0.212 m	L^4	0.4 m	L_{20}	0.184 m
m^3	1 kg	h	0.539 m	d_1	0.35 m	T^{43}	15 N·m
m^4	1.3 kg	a	1.767×10^{-4} m²	d_2	0.35 m	T^{31}	−33 N·m
K_1	1470 N/m	E	2.1×10^{11} Pa	H_0	0.03 m	t	0.9 s

续表

参数	值	参数	值	参数	值	参数	值
C_1	147 N·s/m	I	2.485×10^{-9} m^4	v	0.3 m/s	c_0	0 m
K_2	2158 N/m	L^1	0.7 m	g	9.8 m/s^2	λ	0.4
C_2	215 N·s/m	L^3	0.9 m	L_{10}	0.26 m		

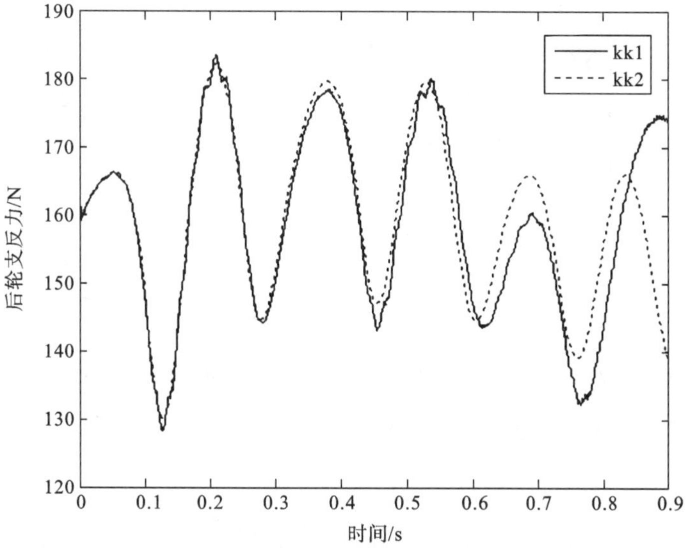

图 7.15　后轮支反力 F_2 数据仿真

kk1 代表 2 杆移动刚-柔性机械手；kk2 代表 2 杆移动刚性机械手

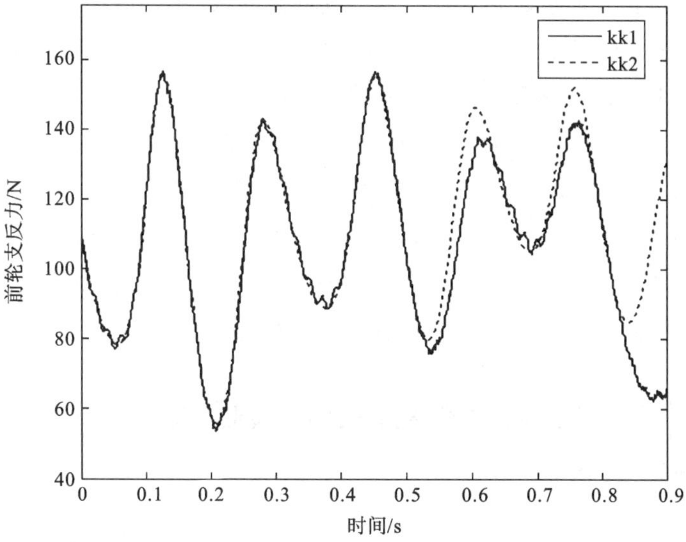

图 7.16　前轮支反力 F_3 数据仿真

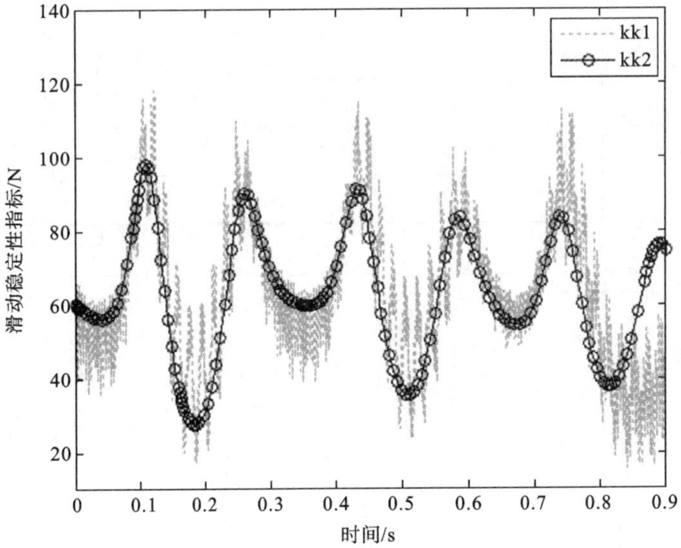

图 7.17　滑动稳定性指标

由图 7.15 至图 7.17 可以看出，相对移动刚性机械手而言，由于构件 3 的弹性振动，移动刚-柔性机械手的稳定性指标有所下降。因此对机械手弹性构件的振动现象应该给予足够的重视。后续章节将对移动柔性机械手逆动力学进行研究。

7.2.5　基于有限元法的 2 杆轮式线弹性-阻尼悬架移动柔性机械手稳定性分析

由前面章节可以得到前后轮的支反力与移动载体的水平驱动力：

$$F_1=F_1(\theta^1,\theta^3,\theta^4,\dot{\theta}^1,\dot{\theta}^3,\dot{\theta}^4,\ddot{\theta}^1,\ddot{\theta}^3,\ddot{\theta}^4,q_{fi}^3,q_{fi}^4,\dot{q}_{fi}^3,\dot{q}_{fi}^4,\ddot{q}_{fi}^3,\ddot{q}_{fi}^4,\dot{r}_2^1,\ddot{r}_2^1,r_2^1) \tag{7.11}$$

移动载体水平驱动力具体表达式请参看第 4 章。

$$\begin{aligned}F_2=&K_1(r_2^1-d_1\theta^1-H_0(-\sin(2\pi vt/\lambda)+1)-K\_L_{01})\\&+C_1(\dot{r}_2^1-d_1\dot{\theta}^1+2H_0\pi v/\lambda\cos(2\pi vt/\lambda))\end{aligned} \tag{7.12}$$

$$\begin{aligned}F_3=&K_2(r_2^1+d_2\theta^1-H_0(-\sin(2\pi vt/\lambda+2\pi(d_1+d_2)/\lambda)+1)-K\_L_{02})\\&+C_2(\dot{r}_2^1+d_2\dot{\theta}^1+2H_0\pi v/\lambda\cos(2\pi vt/\lambda+2\pi(d_1+d_2)/\lambda))\end{aligned} \tag{7.13}$$

其中 θ^1、r_2^1 来自动力学方程(6.27)的解，以式(7.7)评价系统的稳定性。

7.2.6　2 杆轮式悬架移动刚性、刚-柔性、柔性机械手动力学稳定性数值仿真

为了显示构件弹性变形对系统动力学稳定性的影响，分别对刚性机械手、刚-柔性机械手和柔性机械手进行数值仿真比较，参数如表 6.1、表 6.2 和表 6.3 所示。数据仿真结果如图 7.18 至图 7.20 所示。

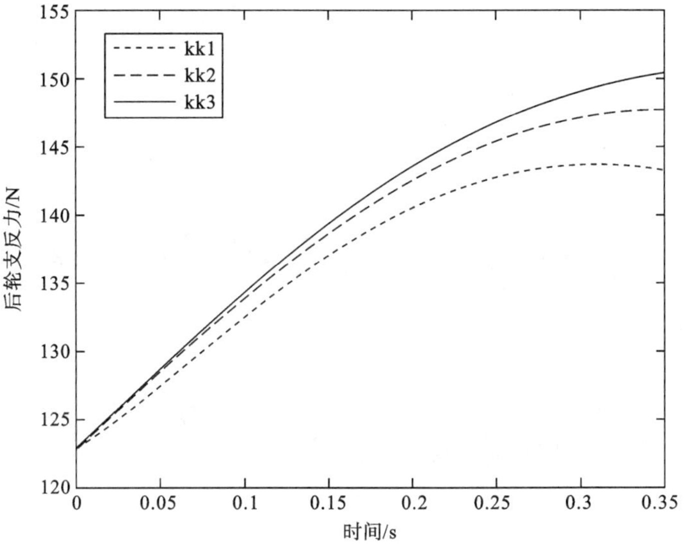

图 7.18　后轮支反力 F_2 数据仿真

kk1 代表 2 杆移动刚性机械手；kk2 代表 2 杆移动刚-柔性机械手；kk3 代表 2 杆移动柔性机械手

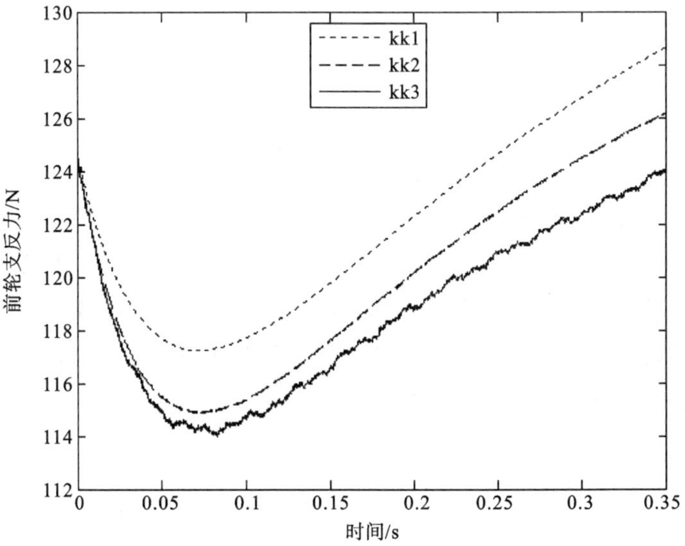

图 7.19　前轮支反力 F_3 数据仿真

由图 7.18 至图 7.20 可以看出，相对移动刚性机械手而言，由于构件 3、构件 4 的弹性振动，移动柔性机械手的稳定性指标有所下降。所以对机械手弹性构件的振动现象应该给予足够的重视。后续章节将对移动柔性机械手逆动力学进行研究。

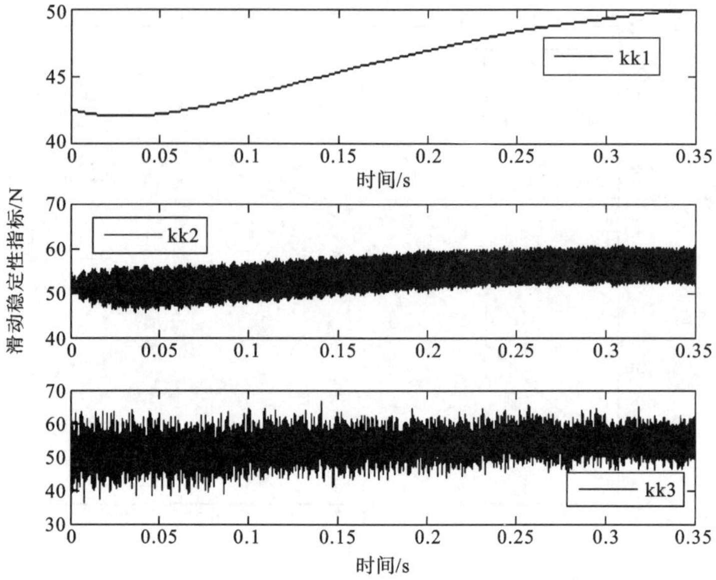

图 7.20 滑动稳定性指标

7.3 本章小结

本章在前面章节动力学研究的基础上，给出了系统瞬态动力学稳定性评价准则，并针对不同的动力学模型，进行动力学瞬态稳定性评价。在给定任务工况(路面)下，以式(7.6)为约束条件对系统参数进行优化，形成式(7.7)所示的多目标规划函数。最后在所得优化参数的基础上，对轮式悬架移动刚性机械手、轮式悬架移动刚-柔性机械手、轮式悬架移动柔性机械手稳定性进行了仿真。仿真结果显示了系统在执行任务时瞬态动力学稳定性情况及悬架、构件弹性变形对系统整体稳定性的影响。本章研究工作基于笛卡儿坐标，得出的动力学稳定性具备通用性，为移动机械手相关研究提供了参考。

7.4 参考文献

[1] Nagy P V , Desa S, Whittaker W L. Energy-based stability measure for reliable locomotion of statically stable walkers: theory and application[J]. International Journal of Robotics Research, 1994,13(9):272-287.

[2] Mahalingham S,Whittaker W, Gaithersburg M. Terrain adaptive gaits for walkers with completely overlapping workspace[J]. Robots, 1989, 13:1-14.

[3] Carcia E, Estremera J, Gonzalez de Santos P. A comparative study of stability margin

for walking machines[J]. Robotica, 2002, 20:595-606.

[4] Ghasempoor A, Sepehri N. A measure of stability for mobile manipulators with application to heavy duty hydraulic machines[J]. ASME Journal of Dynamic Systems, Measurement, and Control, 1998,120:360-370.

[5] Sugano S, Huang Q, Kato I. Stability criteria in controlling mobile robotic systems [C]//Proceedings of the IEEE/RSJ International Conference on Intelligent Robots and Systems, 1993, 3:832-838.

[6] Geradin M, Robert G, Bernardin C. Dynamic modeling of manipulators with flexible members[J]. Advanced in Robotics,1984:27-39.

[7] Huang Q, Sugano S, Kato I. Stability control for a mobile manipulator using a potential method[C]//Proceedings of IEEE/RSJ International Conference on Intelligent Robots and Systems, 1994: 839-846.

[8] Huang Q, Sugano S, Tanie K. Stability compensation of a mobile manipulator by manipulator motion: feasibility and planning Intelligent robots and systems[C]//Proceedings of the 1997 IEEE/RSJ International Conference,1997,3:1285-1292.

[9] Hollerbach J M. A recursive Lagrangian formulation of manipulator dynamics and a comparative study of dynamics formulation complexity[J]. IEEE Transitions on Systems,Man and Cybernetics, 1980,11:730-736.

[10] Abo-Shanab R F, Sepehri N. Dynamic modeling of tip-over stability of mobile manipulators considering the friction effects[J]. Robotica,2005,23:180-196.

[11] Abo-Shanab R F, Sepehri N. Effect of base compliance on the dynamic stability of mobile manipulators[J]. Robotica, 2002, 20 : 607-613.

[12] Hatano M, Obara H. Stability evaluation for mobile manipulators using criteria based on reaction[C]//SICE 2003 Annual Conference, 2003, 2: 2050- 2055.

[13] 蔡自兴. 中国的智能机器人研究[J]. 莆田学院学报，2002,9(3): 36-39.

[14] Moosavian S Ali A, Alipour K. Stability evaluation of mobile robotic systems using moment-height measure[C]//2006 IEEE Conference on Robotics, Automation and Mechatronics, 2006:1-6.

[15] Moosavian S Ali A, Alipour K. Moment-height tip-over measure for stability analysis of mobile robotic systems[C]//2006 IEEE/RSJ International Conference on Intelligent Robots and Systems, 2006:5546-5551.

[16] Moosavian S Ali A, Alipour K. Tip-over stability of suspended wheeled mobile robots [C]//Proceedings of the IEEE International Conference on Mechatronics and Automation,2007.

[17] Goswami A. Postural stability of biped robots and the Foot Rotation Indicator (FRI) point[J]. International Journal of Robotics Research, 1999, 18(6):523-533.

第8章　2杆轮式移动刚-柔性机械手逆动力学、静力学研究与仿真

8.1　引　　言

提高移动机械手末端执行器定位精度和减小(削弱)机械手弹性振动等是移动机械手研究的重要内容,对移动机械手的控制有着极其重要的作用。控制人员可以根据逆动力学模型,设计、构造稳定的鲁棒控制法则,以进行移动机械手的运动控制。移动机械手逆动力学旨在构建构件前馈驱动力(矩),使移动机械手末端执行器准确跟踪给定轨迹(机械手末端不产生过冲与剩余弹性振动)。机械手的弹性振动主要来自其横向弹性变形,由于机械手轴向刚度远远大于其横向刚度,因此其轴向弹性变形可以忽略不计。

柔性机械手逆动力学研究吸引了大量学者。文献[1]、[2]构建了柔性机械手的逆动力学模型,借助离散傅里叶变换采用数值的方法求解了关节驱动力矩,并在时域下通过直接数值积分求解了机械手的弹性构型变量。该方法将逆动力学模型中所获取的关节驱动力矩作为已知条件,对系统正动力学模型进行了通常意义上(时域内)的微分方程的求解,以获取弹性构件的弹性变形。但是在系统正动力学模型求解过程中,没有考虑驱动力矩与构件末端运动的时间不同步问题("非因果性"),所以该方法存在一定的不足。文献[3]至文献[16]研究了柔性机械手建模与控制问题。文献[17]综合考虑了机构的奇异构型,并对平面结构逆动力学问题进行了研究。文献[18]、[19]综合考虑刚性机械手与主振型间的动力学耦合,研究了2杆柔性机械手动力学问题。

以上研究对移动柔性机械手逆动力学的研究有着参考意义。相对柔性机械手而言,移动柔性机械手由于存在大量动力学耦合现象,其正动力学模型的构建更具挑战性,而其逆动力学研究比正动力学研究更难。

本章对2杆移动刚-柔性机械手正、逆动力学及静力学进行系统的研究,通过有限元法(采用Pin-free边界条件,并采用Hermit插值函数作为单元形函数对柔性构件进行离散)和浮动坐标法并引入中间坐标系分别构建系统正、逆动力学模型,并以矩阵、矢量的形式表达。为了便于频域分析,其逆动力学模型度量于中间坐标系。同时本章借鉴了柔性机械手频域内逆动力学分析的优点,在频域内求得柔性构件的驱动力矩,并在时域内对移动柔性机械手弹性构件的驱动力矩进行修正,并将修正后的力矩和移动机械手各构件的构型变量(该弹性构型变量来自频域)代入系统正动力学模型(该模型充分考虑了构件体坐标系大范围刚体运动与弹性构件

弹性变形的高度非线性动力学耦合问题)，得出系统的累积误差，最后进行数值仿真，以验证算法的正确性和有效性。

8.2　2 杆轮式移动刚-柔性机械手正动力学、逆动力学、静力学分析与推导

本章综合应用浮动坐标法和有限元法来描述 2 杆轮式移动刚-柔性机械手构型问题。如图 8.1 所示，该移动机械手由移动平台和 2 杆刚-柔性机械手组成。为了统一表述方式，图 8.1 中的移动平台、刚性构件 1、柔性构件 2 依次称为构件 1、构件 2、构件 3(见图 8.2)。限于篇幅，本章仅考虑该移动机械手的平面工况。图 8.2 所示为图 8.1 平面化后的分析简图，其中 OX^0Y^0、$O^iX^iY^i$ $(i=1,2,3)$ 分别为移动机械手的全局坐标系、构件 i 的体坐标系；为了便于后续在频域内进行动力学分析，引入中间坐标系 $O_i^3X_i^3Y_i^3$(后面构建的系统虚功定义在该坐标系内)，该坐标系与 $O^3X^3Y^3$ 始终保持姿态一致，如图 8.2 所示。由于机械手重力相对其惯性力很小，为了简化分析，这里不计重力的影响(满足构件轻质、惯性力大的假设)，同时假设该车轮为刚体，且无质量。该移动平台以恒速 v 运行在平滑路面上，如图 8.2 所示。

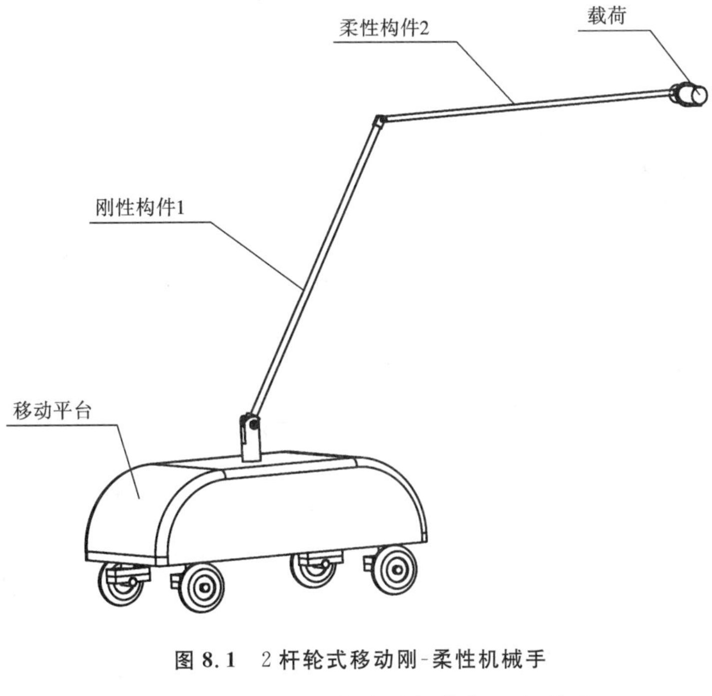

图 8.1　2 杆轮式移动刚-柔性机械手

如图 8.3 所示，杆件 3 上任一点相对 OX^0Y^0 原点的位置矢量为

$$\begin{aligned}\boldsymbol{r}^3 &= \boldsymbol{R}^3+\boldsymbol{A}^3\bar{\boldsymbol{u}}^3=\boldsymbol{R}^3+\boldsymbol{A}^3(\bar{\boldsymbol{u}}_0^3+\bar{\boldsymbol{u}}_{\mathrm{f}}^3)\\ &=\boldsymbol{R}^3+\boldsymbol{A}^3\boldsymbol{S}^{3j}(\bar{\boldsymbol{q}}_0^{3j}+\bar{\boldsymbol{q}}_{\mathrm{f}}^{3j})\\ &=\boldsymbol{R}^3+\boldsymbol{A}^3\boldsymbol{S}^{3j}\boldsymbol{B}_1^{3j}(\bar{\boldsymbol{q}}_0^3+\bar{\boldsymbol{q}}_{\mathrm{f}}^3)\\ &=\boldsymbol{R}^3+\boldsymbol{A}^3\boldsymbol{S}^{3j}\boldsymbol{B}_1^{3j}(\bar{\boldsymbol{q}}_0^3+\boldsymbol{B}_2^3\bar{\boldsymbol{q}}_{\mathrm{f}i}^3)\end{aligned}\tag{8.1}$$

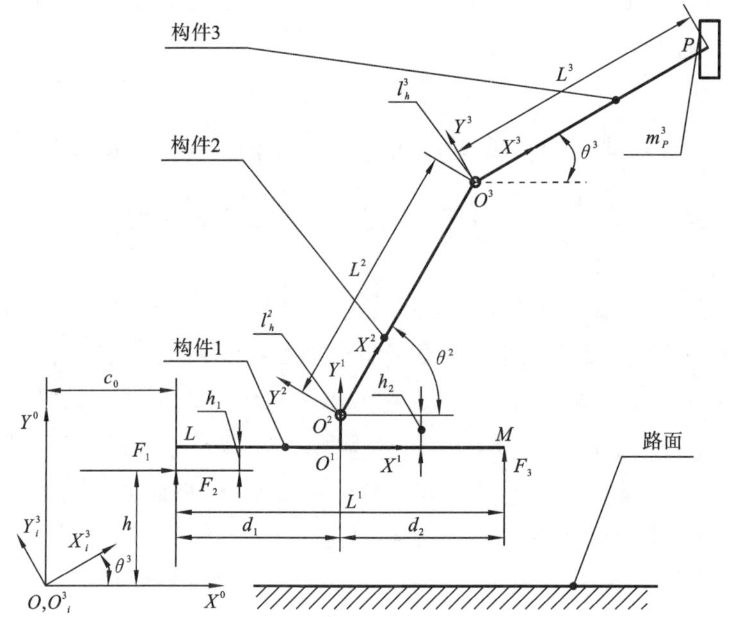

图 8.2　2 杆轮式移动刚-柔性机械手分析简图

m_P^3—外载荷质量;F_1—移动平台水平驱动力;F_2、F_3—作用于移动平台上的支反力

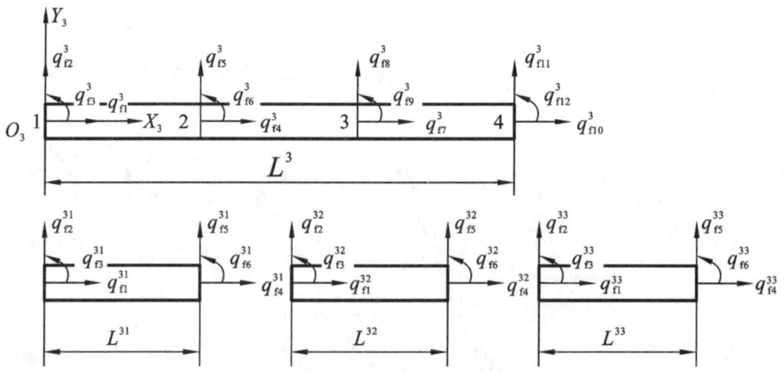

图 8.3　移动机械手构件 3 有限元离散

式中:$\boldsymbol{R}^3$ 为 $O^3X^3Y^3$ 原点相对 OX^0Y^0 原点的位置矢量;$\boldsymbol{A}^3=\begin{bmatrix}\cos\theta^3 & -\sin\theta^3\\ \sin\theta^3 & \cos\theta^3\end{bmatrix}$,为机械手体坐标系变换矩阵;$\bar{\boldsymbol{u}}_0^3$、$\bar{\boldsymbol{u}}_f^3$ 分别为机械手柔性构件上任一点弹性变形前位置矢量和弹性位移矢量,$\bar{\boldsymbol{u}}_f^3=[\bar{u}_{f1}^3\quad \bar{u}_{f2}^3]^{\mathrm{T}}$;$\bar{\boldsymbol{q}}_0^{3j}=[q_{01}^{3j}\quad \cdots\quad q_{06}^{3j}]_{1\times 6}^{\mathrm{T}}$,$\bar{\boldsymbol{q}}_f^{3j}=[q_{f1}^{3j}\quad \cdots\quad q_{f6}^{3j}]_{1\times 6}^{\mathrm{T}}$,分别为柔性构件弹性变形前后单元 $j(j=1,2,3)$ 节点位置矢量和弹性位移矢量;$\bar{\boldsymbol{q}}_0^3=[q_{01}^3\quad \cdots\quad q_{12}^3]_{1\times 12}^{\mathrm{T}}$,$\bar{\boldsymbol{q}}_f^3=[q_{f1}^3\quad \cdots\quad q_{f12}^3]_{1\times 12}^{\mathrm{T}}$ 分别为柔性构件弹性变形前后构件节点位置矢量和弹性位移矢量。由于忽略轴向弹性变形并采用 Pin-free 边界条件,有:

$$q_{01}^{3j}=0,\quad j=1,2,3;\quad q_{02}^{31}=0$$

如图 8.4 所示,机械手独立弹性坐标表示为 $\bar{\boldsymbol{q}}_{fi}^3=[q_{f3}^3\quad q_{f5}^3\quad q_{f6}^3\quad q_{f8}^3\quad q_{f9}^3\quad q_{f11}^3\quad q_{f12}^3]_{1\times 7}^{\mathrm{T}}$。有上横线(—)的量表示该变量度量于相应体坐标系,无上横线的量表示该变量度量于全局坐标系。

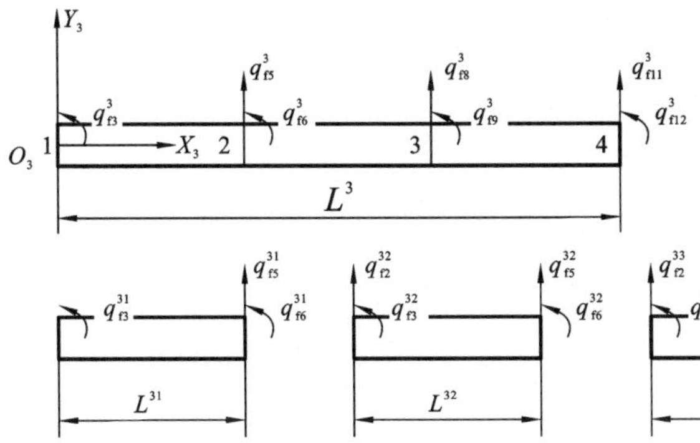

图 8.4　移动机械手构件 3 有限元离散(简化)

$\boldsymbol{B}_1^{3j}(\boldsymbol{B}_2^3)$为 $\bar{\boldsymbol{q}}_\mathrm{f}^3(\bar{\boldsymbol{q}}_{\mathrm{f}i}^3)$与 $\bar{\boldsymbol{q}}_\mathrm{f}^{3j}(\bar{\boldsymbol{q}}_\mathrm{f}^3)$间布尔(线性)变换矩阵(其元素由 0、1 构成)；$\boldsymbol{S}^{3j}$为机械手单元 j 的形函数(采用 Hermit 单元)。$[\boldsymbol{R}^{3^\mathrm{T}} \quad \theta^3]^\mathrm{T}$、$\bar{\boldsymbol{q}}_{\mathrm{f}i}^3$为用于描述机械手构型的参考坐标与弹性坐标。最后同理可得到其他构件的位置构型变量：$\boldsymbol{q}_n=[\boldsymbol{q}^{1^\mathrm{T}} \quad \boldsymbol{q}^{2^\mathrm{T}} \quad \boldsymbol{q}^{3^\mathrm{T}}]_{1\times 16}^\mathrm{T}$。

其中 $\boldsymbol{q}^1$、$\boldsymbol{q}^2$、$\boldsymbol{q}^3$ 分别为描述构件 1、2、3 的位置构型矢量，定义如下：

$$\begin{cases}\boldsymbol{q}^i=[\boldsymbol{R}^{i^\mathrm{T}} \quad \theta^i]^\mathrm{T}=[r_1^i \quad r_2^i \quad \theta^i]_{1\times 3}^\mathrm{T} \\ \boldsymbol{q}^3=[\boldsymbol{R}^{3^\mathrm{T}} \quad \theta^3 \quad \bar{\boldsymbol{q}}_{\mathrm{f}i}^{3^\mathrm{T}}]^\mathrm{T}=[r_1^3 \quad r_2^3 \quad \theta^3 \quad \bar{\boldsymbol{q}}_{\mathrm{f}i}^{3^\mathrm{T}}]_{1\times 10}^\mathrm{T}\end{cases} \tag{8.2}$$

式中：$i=1,2$。

8.2.1　系统正动力学分析

由式(8.1)可以得到构件 3 上任一点的速度矢量：

$$\dot{\boldsymbol{r}}^3=\dot{\boldsymbol{R}}^3+\boldsymbol{A}_\theta^3\bar{\boldsymbol{u}}^3\dot{\theta}^3+\boldsymbol{A}^3\boldsymbol{S}^{3j}\boldsymbol{B}^{3j}\dot{\bar{\boldsymbol{q}}}_\mathrm{f}^3 \tag{8.3}$$

式中：$\boldsymbol{A}_\theta^3$ 为 $\boldsymbol{A}^3$ 对 θ^3 的导数；$\bar{\boldsymbol{u}}^3$ 见式(6.1)。则构件 3 单元 j 及构件 3 的动能为

$$\begin{cases}T_t^{3j}=\dfrac{1}{2}\displaystyle\int_{V^{3j}}\dot{\boldsymbol{r}}^{3^\mathrm{T}}\dot{\boldsymbol{r}}^3\rho^3\mathrm{d}V^{3j} \\ \quad\;\;=\dfrac{1}{2}\dot{\boldsymbol{q}}^{3^\mathrm{T}}\boldsymbol{M}_t^{3j}\dot{\boldsymbol{q}}^3 \\ T_t^3=\displaystyle\sum_{j=1}^3\boldsymbol{T}_t^{3j} \\ \boldsymbol{M}_t^3=\displaystyle\sum_{j=1}^3\boldsymbol{M}_t^{3j}\end{cases} \tag{8.4}$$

式中：ρ^3 为构件 3 密度；$\boldsymbol{M}_t^3$ 为构件 3 的惯性张量，其元素从式(8.4)中可得到。根据牛顿-欧拉方程，可以得到该移动机械手构件 3 系统动力学方程组：

$$\boldsymbol{M}_t^3\ddot{\boldsymbol{q}}^3+\boldsymbol{C}^3\dot{\boldsymbol{q}}^3+\boldsymbol{K}_\mathrm{ff}^3\boldsymbol{q}^3-(\boldsymbol{Q}_\mathrm{e}^3+\boldsymbol{Q}_\mathrm{v}^3)=\boldsymbol{0} \tag{8.5}$$

式中：$\boldsymbol{C}^3$、$\boldsymbol{K}_\mathrm{ff}^3$分别为构件 3 材料黏滞阻尼矩阵、刚度矩阵；$\boldsymbol{Q}_\mathrm{e}^3$ 为构件 3 广义力(包括关节支反力)；$\boldsymbol{Q}_\mathrm{v}^3=-\dot{\boldsymbol{M}}_t^3\dot{\boldsymbol{q}}^3+\left[\dfrac{\partial T_t^3}{\partial \boldsymbol{q}^3}\right]^\mathrm{T}$。该正动力学方程是后续构件 3 驱动力矩时域内修正和系统误差

传播分析的基础。

8.2.2　系统相对动力学分析

由式(8.1)可以得到机械手构件 3 任一点相对全局坐标系的加速度矢量：

$$\ddot{\boldsymbol{r}}^3=\ddot{\boldsymbol{R}}^3+\boldsymbol{A}_\theta^3\bar{\boldsymbol{u}}^3\ddot{\theta}^3-\boldsymbol{A}^3\bar{\boldsymbol{u}}^3(\dot{\theta}^3)^2+2\boldsymbol{A}_\theta^3\dot{\bar{\boldsymbol{u}}}^3\dot{\theta}^3+\boldsymbol{A}^3\ddot{\bar{\boldsymbol{u}}}^3 \tag{8.6}$$

通过坐标变换，可以得到该加速度矢量在 $O_i^3X_i^3Y_i^3$ 下的表示形式：

$$\ddot{\boldsymbol{r}}_i^3=\boldsymbol{A}^{3^{\mathrm{T}}}\ddot{\boldsymbol{r}}^3 \tag{8.7}$$

根据欧拉-伯努利梁理论，针对机械手柔性构件，其虚功(相对中间坐标系 $O_i^3X_i^3Y_i^3$)为

$$\sum_{j=1}^{3}\int_0^{L^{3j}}[\bar{m}\ddot{\boldsymbol{r}}_i^{3^{\mathrm{T}}}\delta\bar{\boldsymbol{u}}_{\mathrm{f}}^3+\boldsymbol{EI}(\bar{u}_{\mathrm{f2}}^3)''\delta((\bar{u}_{\mathrm{f2}}^3)'')]\mathrm{d}x+\boldsymbol{I}_{\mathrm{h}}(\ddot{\theta}^3+\ddot{q}_{\mathrm{f3}}^3)\delta q_{\mathrm{f3}}^3+m_P^3\ddot{\boldsymbol{r}}_{iP}^{3^{\mathrm{T}}}\delta\bar{\boldsymbol{u}}_P^3=\boldsymbol{T}^3\delta q_{\mathrm{f3}}^3 \tag{8.8}$$

式中：$(\bar{u}_{\mathrm{f2}}^3)''$为 $\bar{u}_{\mathrm{f2}}^3$ 相对体坐标系 $O^3X^3Y^3$ 内 X 坐标变量的 2 次偏导数；$\boldsymbol{I}_{\mathrm{h}}$ 为构件 3 转动关节中心惯性矩；$\boldsymbol{T}^3$ 为构件 3 广义驱动力矩。将式(8.1)、式(8.7)代入式(8.8)，可以得到：

$$\boldsymbol{M}^3\ddot{\bar{\boldsymbol{q}}}_{\mathrm{f}i}^3+[\boldsymbol{C}^3+\boldsymbol{C}_{\mathrm{c}}^3(\dot{\theta}^3)]\dot{\bar{\boldsymbol{q}}}_{\mathrm{f}i}^3+[\boldsymbol{K}^3+\boldsymbol{K}_{\mathrm{c}}^3(\dot{\theta}^3)]\bar{\boldsymbol{q}}_{\mathrm{f}i}^3=[\boldsymbol{T}^3\quad \boldsymbol{0}_{1\times 6}]^{\mathrm{T}}-\boldsymbol{Q}^3(\ddot{\theta}^3,\theta^3,\ddot{\boldsymbol{R}}^3) \tag{8.9}$$

式中：$\boldsymbol{C}_{\mathrm{c}}^3\dot{\bar{\boldsymbol{q}}}_{\mathrm{f}i}^3$ 为新增项(以考虑材料粘滞阻尼的影响)。当 $\dot{\theta}^3$ 较小时，式(8.9)可以简化为

$$\boldsymbol{M}^3\ddot{\bar{\boldsymbol{q}}}_{\mathrm{f}i}^3+\boldsymbol{C}^3\dot{\bar{\boldsymbol{q}}}_{\mathrm{f}i}^3+\boldsymbol{K}^3\bar{\boldsymbol{q}}_{\mathrm{f}i}^3=\boldsymbol{Q}_{\mathrm{f}}^3 \tag{8.10}$$

式中：$\boldsymbol{Q}_{\mathrm{f}}^3=[\boldsymbol{T}^3\quad \boldsymbol{0}_{1\times 6}]^{\mathrm{T}}-\boldsymbol{Q}^3$。

8.2.3　逆动力学频域求解

由文献[1]、[2]、[3]可知，考虑力传播的速度，柔性机械手的力学响应滞后于所施加的关节驱动力(矩)，即逆动力学稳定性解具有“非因果(non-causal)”性。其动力学逆解就是求解关节驱动力(矩)，使该移动柔性机械手末端执行器精确地跟踪给定轨迹。在时域中，该驱动力矩可以表示成其与机械手响应(作用于机械手末端的某一脉冲激励的响应)的卷积的形式，最终形成一组沃尔泰拉(Volterra)积分微分方程。相比之下，采用频域法便于捕捉柔性机械手驱动力(矩)与响应之间的时间差，并且文献[4]证明了针对具体系统，该滞后时间具有唯一性。通过快速傅里叶变换(FFT)，方程(8.10)可以转化为频域内 n(离散点数量，后续仿真将用到 3 组离散点个数 n_1,n_2,n_3，以显示离散点个数对结果的影响)个独立复数方程。针对某一给定频率 ω，方程(8.10)在频域内可分别描述为

$$\left(\boldsymbol{M}^3+\frac{\boldsymbol{C}^3}{i\omega}-\frac{\boldsymbol{K}^3}{(\omega)^2}\right)\hat{\ddot{\bar{\boldsymbol{q}}}}_{\mathrm{f}i}^3=\hat{\boldsymbol{Q}}_{\mathrm{f}}^3 \tag{8.11}$$

$$\left(\boldsymbol{M}^3+\frac{\boldsymbol{C}^3}{i\omega}-\frac{\boldsymbol{K}^3}{(\omega)^2}\right)i\omega\,\hat{\dot{\bar{\boldsymbol{q}}}}_{\mathrm{f}i}^3=\hat{\boldsymbol{Q}}_{\mathrm{f}}^3 \tag{8.12}$$

$$-\left(\boldsymbol{M}^3+\frac{\boldsymbol{C}^3}{i\omega}-\frac{\boldsymbol{K}^3}{(\omega)^2}\right)(\omega)^2\,\hat{\bar{\boldsymbol{q}}}_{\mathrm{f}i}^3=\hat{\boldsymbol{Q}}_{\mathrm{f}}^3 \tag{8.13}$$

式中：$(\hat{\cdot})$表示傅里叶变换。为了实现在移动机械手末端跟踪给定轨迹时，不产生过冲与剩余

弹性振动，应满足：

$$\bar{q}_{f11}^3=0 \tag{8.14}$$

由式(8.11)、式(8.14)可以得出：

$$\hat{\boldsymbol{T}}^3=\hat{\boldsymbol{T}}^3(\ddot{\theta}^3,\omega,\ddot{\boldsymbol{R}}^3) \tag{8.15}$$

将式(8.15)代入式(8.11)至式(8.13)，可以分别求出$\hat{\ddot{\boldsymbol{q}}}_{fi}^3$、$\hat{\dot{\boldsymbol{q}}}_{fi}^3$、$\hat{\boldsymbol{q}}_{fi}^3$，应用逆离散傅里叶变换，可以分别得到构件 3 名义驱动力矩和弹性构型变量 $\boldsymbol{T}_1^3$、$\ddot{\boldsymbol{q}}_{fi}^3$、$\dot{\boldsymbol{q}}_{fi}^3$、$\bar{\boldsymbol{q}}_{fi}^3$。

8.2.4　时域内驱动力矩修正与误差分析

随着离散时间点的增加(离散点 n 数量的增加)，$\boldsymbol{T}_1^3$在 1～2 s 附近变化很小的时间内幅度剧增，而在其他区域保持不变。为了修正 $\boldsymbol{T}_1^3$在 1～2 s 附近的值，将$\ddot{\boldsymbol{q}}_{fi}^3$、$\dot{\boldsymbol{q}}_{fi}^3$、$\boldsymbol{q}_{fi}^3$、$\ddot{\theta}^3$、$\dot{\theta}^3$、$\theta^3$、$\ddot{\boldsymbol{R}}^3$、$\dot{\boldsymbol{R}}^3$、$\boldsymbol{R}^3$ 作为已知输入条件，利用方程组式(8.5)部分方程(前 3 个)推导出与 θ^3 相对应的驱动力矩 $\boldsymbol{T}_4^3$(时域修正力矩)及关节支反力。通过该方法得到的驱动力矩 $\boldsymbol{T}_4^3$剔除了 $\boldsymbol{T}_1^3$在 1～2 s 附近的阶跃性数值，如下面的数据仿真结果所示。将 $\boldsymbol{T}_4^3$和 $\ddot{\theta}^3$、$\dot{\theta}^3$、θ^3、$\ddot{\boldsymbol{R}}^3$、$\dot{\boldsymbol{R}}^3$、$\boldsymbol{R}^3$、$\ddot{\boldsymbol{q}}_{fi}^3$、$\dot{\boldsymbol{q}}_{fi}^3$、$\boldsymbol{q}_{fi}^3$代入方程组式(8.5)，可得出构件 3 的构型变量的累积误差。

算法总结如下：

(1) 构造移动刚-柔性机械手系统动力学模型。

(2) 针对给定轨迹进行移动机械手逆动力学(不考虑机械手弹性变形)研究，得出 $\ddot{\theta}^3$、$\dot{\theta}^3$、θ^3、$\ddot{\boldsymbol{R}}^3$、$\dot{\boldsymbol{R}}^3$、$\boldsymbol{R}^3$。

(3) 根据 $\ddot{\theta}^3$、$\dot{\theta}^3$、θ^3、$\ddot{\boldsymbol{R}}^3$、$\dot{\boldsymbol{R}}^3$、$\boldsymbol{R}^3$ 进行构件 3 动力学分析，根据虚功原理，得出度量于中间坐标系的构件 3 动力学模型。

(4) 利用快速傅里叶变换(FFT)，将该动力学模型转化到频域内。

(5) 根据边界条件(式(8.14))得出 $\hat{\boldsymbol{T}}^3$，进而得出$\hat{\ddot{\boldsymbol{q}}}_{fi}^3$、$\hat{\dot{\boldsymbol{q}}}_{fi}^3$、$\hat{\boldsymbol{q}}_{fi}^3$。

(6) 利用逆离散傅里叶变换，得出时域下的 $\boldsymbol{T}_1^3$、$\ddot{\boldsymbol{q}}_{fi}^3$、$\dot{\boldsymbol{q}}_{fi}^3$、$\boldsymbol{q}_{fi}^3$。

(7) 在系统正动力学模型的基础上，在时域下进行驱动力矩修正，并得出系统累积误差。

8.2.5　系统静力学研究

在进行静力学分析时，离散边界条件 Pin-free 导致构件整体刚度矩阵为奇异矩阵，不能直接用于求解静力学问题。但由于相对弹性变量 $\boldsymbol{q}_{f3}^3$的系统广义力必须为零(否则系统将运动)，因此，应以上述广义力为零为约束条件，重新定义系统独立变量：

$$\bar{\boldsymbol{q}}_{fii}^3=[q_{f5}^3\quad q_{f6}^3\quad q_{f8}^3\quad q_{f9}^3\quad q_{f11}^3\quad q_{f12}^3]_{1\times 6}^{\mathrm{T}}$$

于是可得

$$\bar{\boldsymbol{q}}_{fi}^3=\boldsymbol{M}_{fi}\bar{\boldsymbol{q}}_{fii}^3 \tag{8.16}$$

式中：$\boldsymbol{M}_{fi}$为布尔变换矩阵(其元素主要由1、0构成)。将式(8.14)代入式(8.7)(并考虑重力的影响)，便可得到等价于由离散边界条件Clamped-free推导出的静力学平衡方程的方程。由此可以看到2个离散边界条件在静力学分析中的一致性。但是该一致性不能拓展到动力学分析上，否则将产生极大的误差甚至错误。

8.3 逆动力学数值仿真

2杆轮式移动刚-柔性机械手数值仿真所用参数如表8.1所示。

表8.1 数值仿真模型参数

参数	值	参数	值	参数	值	参数	值
m^1	20 kg	d_1	0.35 m	n_3	3000	m_P^3	0.1 kg
m^2	1.2 kg	d_2	0.35 m	I_h	0.1 kg·m²	E	210 GPa
m^3	1.2 kg	t	3 s	v	0.4 m/s	L^2	1 m
h_1	0.1 m	n_1	300	I	1.5×10^{-10}	L^3	1 m
h_2	0.03 m	n_2	600	c_0	0 m		

数值仿真结果如图8.5至图8.17所示。

图8.5至图8.7为给定末端执行器加速度、速度、位移。图8.8至图8.13通过对比构件3的不同刚度，显示了移动柔性机械手动力学逆解的非因果性，即驱动力矩超前于末端执行器的运动；末端执行器停止运动时，驱动器还要持续工作一段时间，并且随着机械手刚度的降低，这

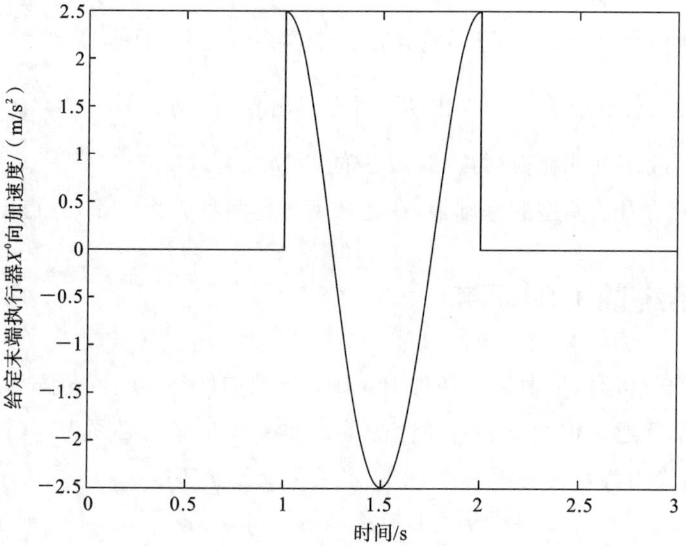

图8.5 给定末端执行器 X^0 向加速度

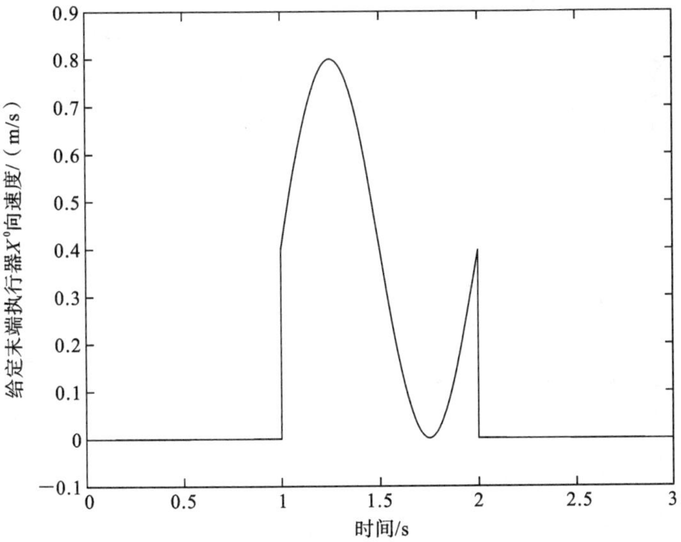

图 8.6 给定末端执行器 X^0 向速度

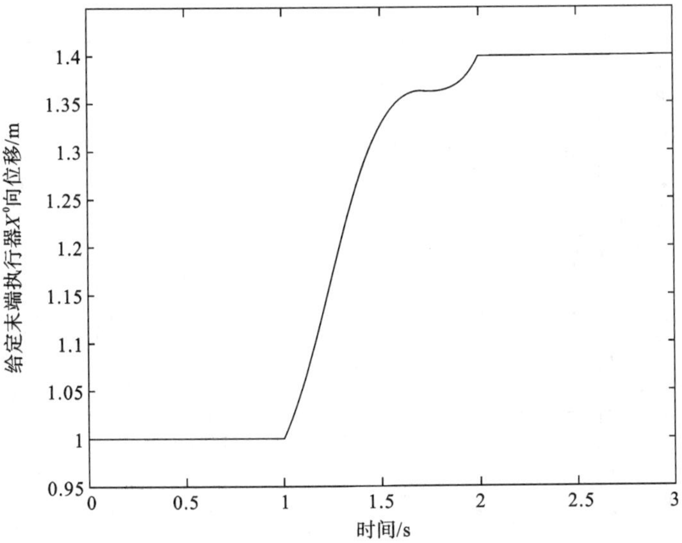

图 8.7 给定末端执行器 X^0 向位移

种不同步现象更为突出。这是由于力波在机械手构件中以有限速度传播导致的，传播时间与构件刚度和输入激励频率有关，如刚度愈大，波在构件内的传播速度就愈大。图 8.9 显示构件 3 弹性变形对构件 2 广义驱动力矩的影响：构件 3 的变形属于小变形，通过合理选取构件 3 的广义驱动力矩，可以避免或减小构件 2 的弹性振动。图 8.10 为机械手节点 1 转动坐标变量 q_{f3}^3、$\dot{q}_{f3}^3$、$\ddot{q}_{f3}^3$ 的数据仿真结果。它们之间的关系符合变量间梯度极值关系（如 $\dot{q}_{f3}^3=0$ 时，q_{f3}^3 取极值；$\ddot{q}_{f3}^3>0$ 时 $\dot{q}_{f3}^3$ 为增函数等），从而证明了所得数值仿真结果的正确性。图 8.11 显示了机械手构件离散节点的转动变量的数据仿真结果。该结果表明：在动力学分析中，采用一端铰接一端

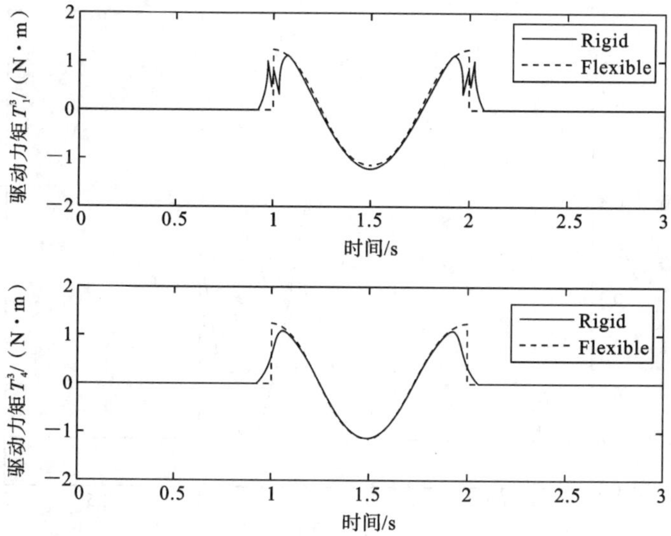

图 8.8　构件 3 驱动力矩 T^3(离散点 n_1)

Rigid—构件 3 刚性;Flexible—考虑构件 3 弹性

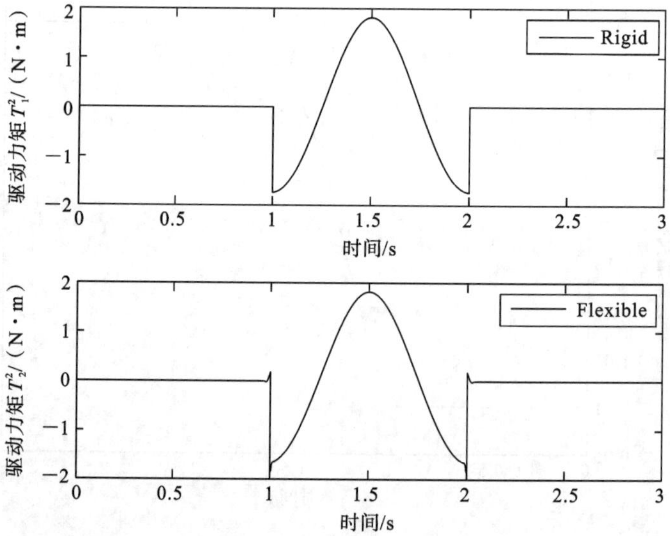

图 8.9　构件 2 驱动力矩 T^2

自由的离散边界条件(Pin-free)比采用一端固结($q_{f3}^3=0$)一端自由的离散边界条件(Clamped-free)更为合理。图 8.12 为机械手构件 3 的节点横向弹性位移,可以看出:机械手末端执行器横向弹性位移 $q_{f11}^3=0$。因此,在所求驱动力矩作用下,柔性移动机械手可以较准确地跟踪给定轨迹,同时该执行器不产生附加的弹性振动等。图 8.14 显示随着离散点数量 $n_i(i=1,2,3)$ 的增加,即离散数据点时间间隔减小,在 1～2 s 附近很小的时间内数据幅值剧增,而在其他时间内驱动力矩非常接近。这些现象可以表明,直接来自频域分析的构件 3 广义驱动力矩在时间点 1～2 s 附近很小的时间区间里,随着离散点数量的增加是不收敛的,需要对其进行修正。

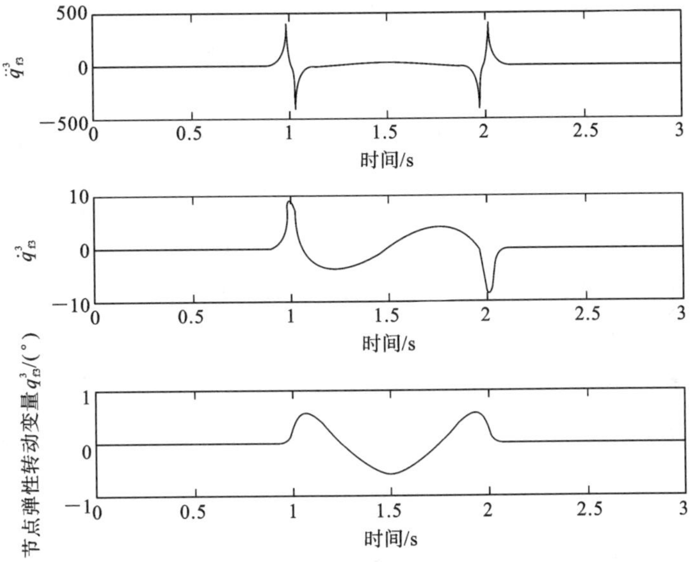

图 8.10　构件 3 节点 1 弹性转动变量、速度、加速度

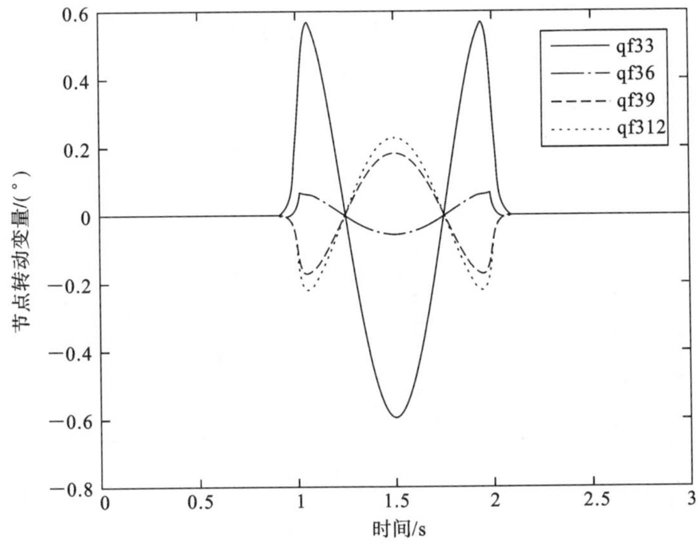

图 8.11　节点弹性转动变量

qf3j 代表 q^3_{fj}，j＝3，6，9，12

图 8.15 表明修正后的构件 3 驱动力矩受数据离散点数量影响极小（主要来自数值计算中的舍入误差），同时根据离散点数量 n_1 足以获取构件 3 的稳定修正驱动力矩。图 8.16 显示了修正前后构件 3 驱动力矩的一致性与差异性（在 1～2 s 附近）。图 8.17 显示将修正后的驱动力矩及 $\ddot{\theta}^3$、$\dot{\theta}^3$、θ^3、$\ddot{R}^3$、$\dot{R}^3$、R^3、$\ddot{q}^3_{fi}$、$\dot{\bar{q}}^3_{fi}$、$\bar{q}^3_{fi}$ 代入构件 3 的系统动力学方程中所得到的累积误差，误差精度为 10^{-5} m，这表明在修正驱动力矩及其他驱动力作用下，该移动机械手将以较高精度跟踪给定轨迹。

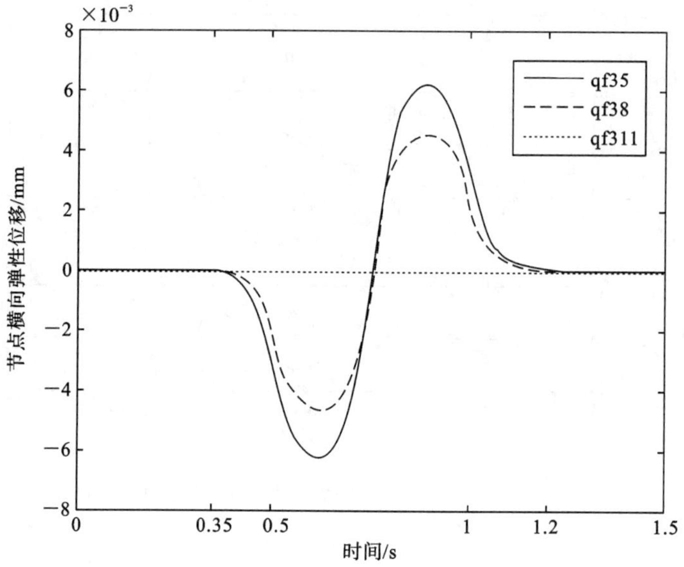

图 8.12 节点横向弹性位移

qf3j 代表 $q_{f_{1j}}^{3}$，j=5,8,11

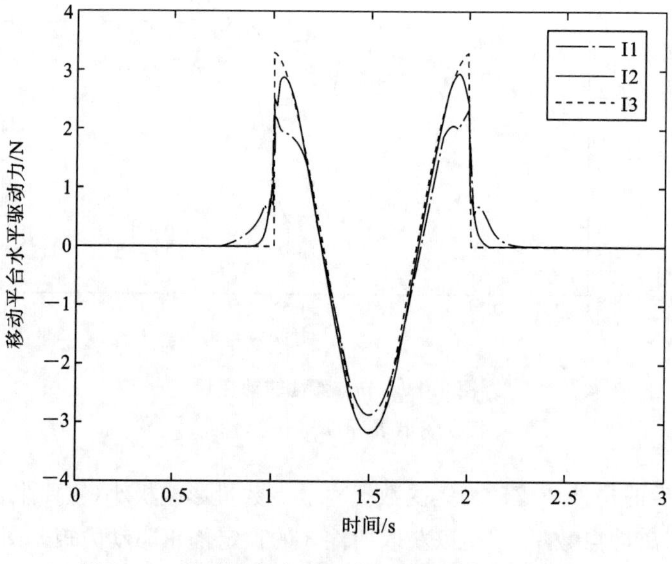

图 8.13 移动平台水平驱动力（构件 3 不同刚度）

I1:机械手构件 2 截面惯性矩为 0.1×I。I2:机械手构件 2 截面惯性矩为 I。

I3:机械手构件皆为刚体。其中 I 如表 8.1 所示

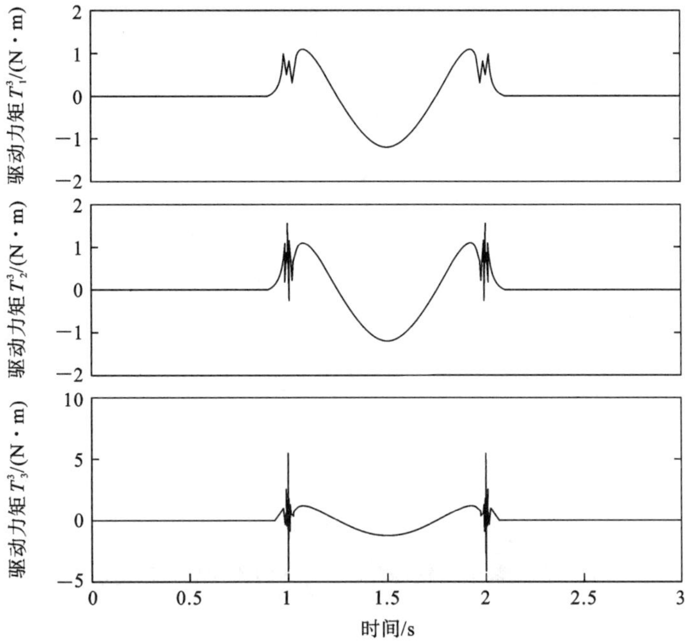

（a）

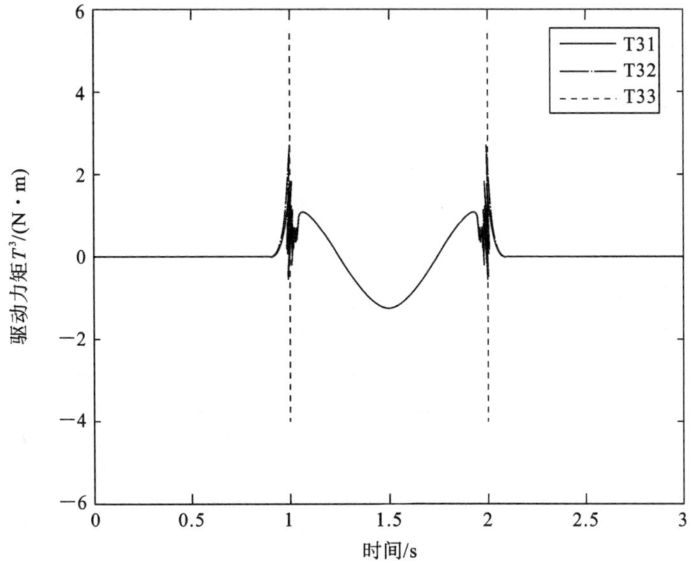

（b）

图 8.14　不同离散点数下的构件 3 驱动力矩 T^3

$T3i=T_i^3$（离散点数为 n_i，$i=1,2,3$。该表示方法适用于以下各图）

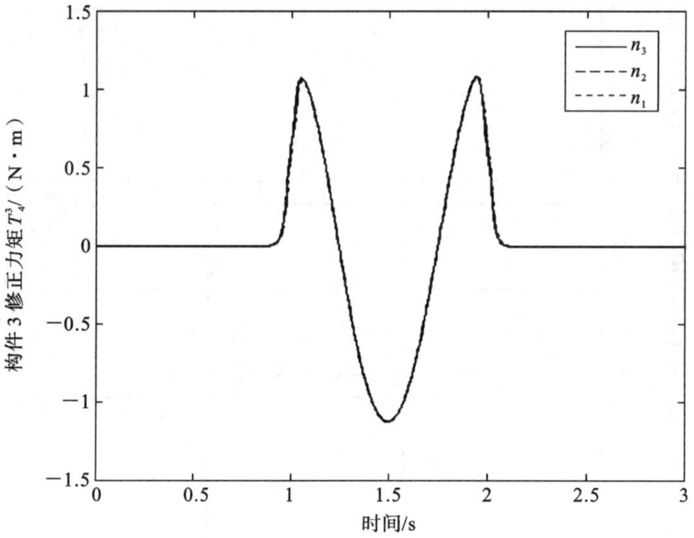

图 8.15　不同离散点数（n_1，n_2，n_3）下的构件 3 修正驱动力矩

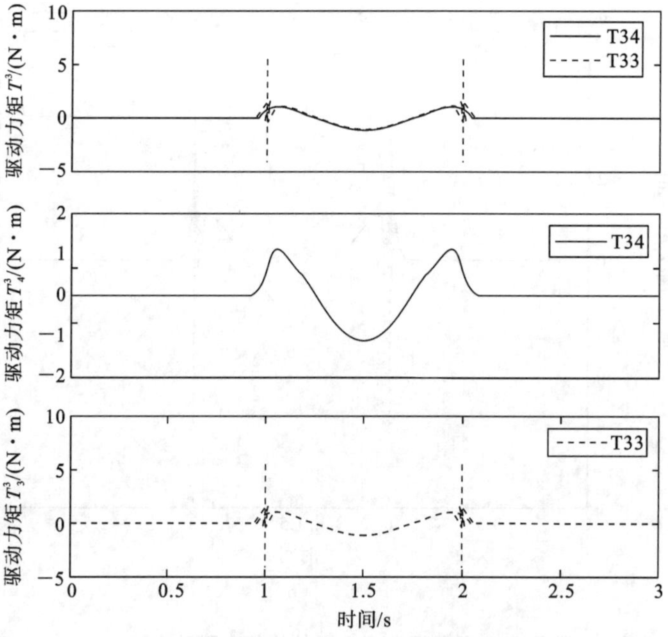

图 8.16　构件 3 驱动力矩修正前后比较

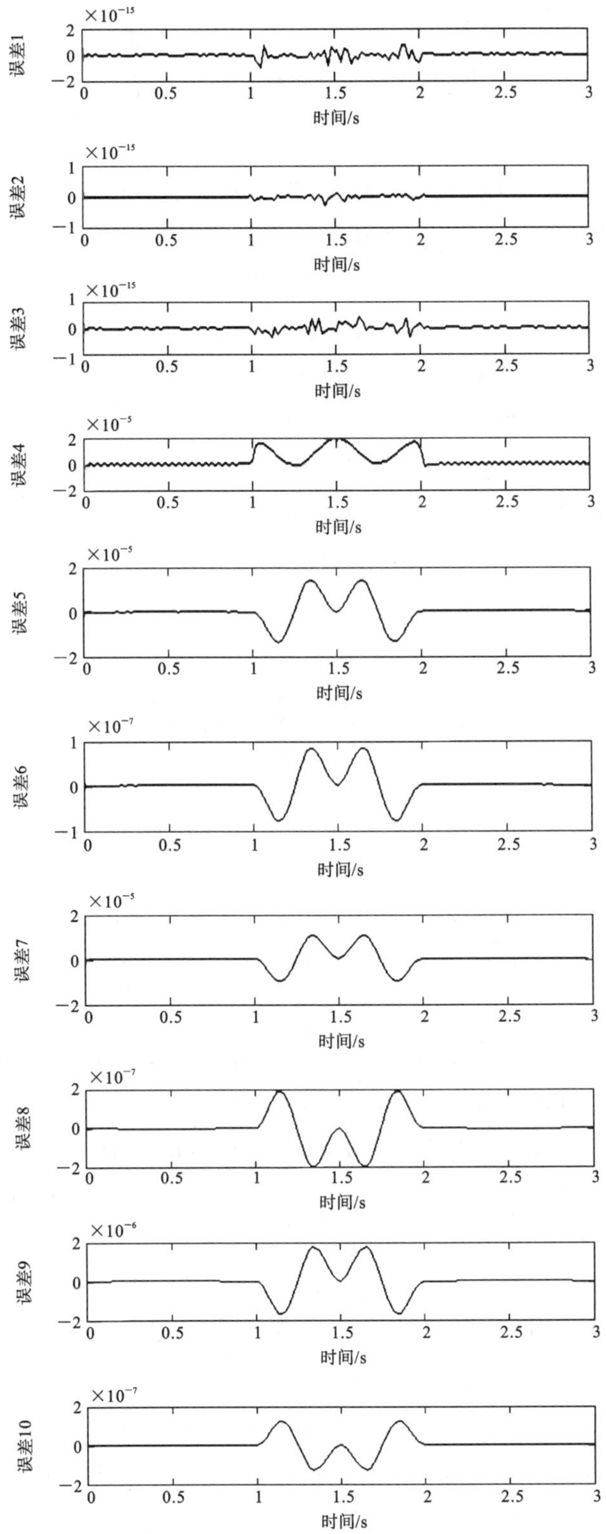

图 8.17　构件 3 构型变量累积误差

8.4 本章小结

本章的动力学研究建立在欧拉-伯努利梁理论基础上，采用 Pin-free 边界条件，并引用 Hermit 插值函数作为单元形函数对柔性机械手进行了有限元离散；在广义笛卡儿坐标系下，描述了 2 杆移动刚-柔性机械手任一点的构型（位移、速度、加速度），并通过坐标变换，将该构型变量变换到其中间坐标系内，采用浮动坐标法和虚功原理，并以矩阵形式构建了系统动力学模型。采用该方法可以方便地构建多杆移动柔性机械手动力学模型。本章采用了 FFT 和 IFFT法，便捷地获得了系统驱动力矩和节点构型变量（位移、速度、加速度），并在时域内对驱动力矩进行了修正。通过数据仿真，可以清楚地看到由于输入激励以有限速度在机械手内以波的形式传播所导致的驱动力（矩）与 2 杆移动刚-柔性机械手末端执行器间的时间滞后现象（非因果现象）；同时数据仿真结果也证明了修正驱动力矩方法的有效性与正确性。该方法适用于系统开环控制，对闭环控制的策略构建也有着重要参考意义。

8.5 参考文献

[1] Bayo E. A finite-element approach to control the end point motion of a single link flexible robot[J]. Journal of Robotic systems, 1987,4(1): 63-75.

[2] Bayo E, Movaghar R, Medus M. Inverse dynamics of a single-link flexible robot: analytical and experimental results[J]. International Journal of Robotics Automation, 1988, 3(3):150-157.

[3] Chang L W, Gannon K P. A dynamic model on a single link flexible manipulator[J]. ASME Journal of Vibration and Acoustics, 1990, 112:138-143.

[4] Moulin H, Bayo E, Paden B. Existence and uniqueness of solutions of the inverse dynamics of multilink flexible arms: Convergence of a numerical scheme[J]. Journal of Robotic Systems, 1993,10(1):73-102.

[5] Moulin H, Bayo E. Accuracy of discrete models for the inverse dynamics of flexible arms, feasible trajectories[C]//Proceedings of the IEEE Conference on Decision and Control, 1990,2: 531-532.

[6] Moulin H, Bayo E. On the accuracy of end-point trajectory tracking for flexible arms by noncausal inverse dynamic solutions[J]. ASME Journal of Dynamic Systems, Measurement, and Control, 1991, 113: 320-324.

[7] DeLuca A, Siciliano B. Inversion based nonlinear control of robot arms with flexible links[J]. AIAA Journal of Guidance, Control and Dynamics, 1993,16(6):1169-1176.

[8] Korayem M H, Yao Y, Basu A. Application of symbolic manipulation to inverse dynamics and kinematics of elastic robots[J]. The International Journal of Advanced Manufacturing Technology, 1994,9(5):343-350.

[9] Kwon D S, Book W J. A time-domain inverse dynamic tracking control of a single-link flexible manipulator[J]. ASME Journal of Dynamic Systems Measurements and Control, 1994,116: 193-200.

[10] Carrera E, Serna M A. Inverse dynamics in flexible robots[J]. Mathematics and Computers in Simulation, 1996,41:485-508.

[11] Damaren C L. Approximate inverse dynamics and passive feedback for flexible manipulators with large payloads[J]. IEEE Transactions on Robotics and Automation,1996, 12 (1): 131-138.

[12] Moallem M, Patel R V, Khorasani K. An inverse dynamics control strategy for tip position tracking of flexible multi-link manipulators[J]. IFAC Proceedings Volumes, 1996,29(1): 85-90.

[13] Moallem M, Patel R V, Khorasani K. An observer based inverse dynamics control strategy for tip position tracking of flexible multi-link manipulators[C]//Proceedings of the IEEE Conference on Decision and Control, 1996:4112-4117.

[14] Moulin H C, Bayo E. Accuracy of discrete models for the solution of the inverse dynamics problem for flexible arms, feasible trajectories[J]. ASME Journal of Dynamic Systems, Measurement, and Control, 1997: 119(9):396-404.

[15] Zou J Q, Zhang J J, Lu Y F, et al. An explicit recursive formulation and parallel computation for inverse dynamics of planar flexible manipulators[C]//Proceedings of the IEEE International Symposium on Industrial Electronics, 1997,3: 906-909.

[16] Trautt T A, Bayo E. Inverse dynamics of flexible manipulators with Coulomb friction and backlash and non-zero initial conditions[J]. Dynamics and Control,1999,9(2): 173-195.

[17] Kanaoka K, Yoshikawa T. Dynamic singular configurations of flexible manipulators [C]//Proceedings of the IEEE/RSJ International Conference on Intelligent Robots and Systems, 2000,1: 46-51.

[18] Green A, Sasiadek J Z. Robot manipulator control for rigid and assumed mode flexible dynamics models[C]//AIAA Guidance,Navigation and Control Conference and Exhibit, 2003:2003-5435.

[19] Green A, Sasiadek J Z. Dynamics and trajectory tracking control of a two-link robot manipulator[J]. Journal of Vibration and Control, 2004, 10(10): 1415-1440.

[20] Shabana Ahmed A. Dynamics of multi-body systems[M]. 3rd ed. Cambridge: Cambridge University Press, 2005.

[21] Martins J M, Mohamed Z, Tokhi M O, et al. Approaches for dynamic modelling of flexible manipulator systems[C]//IEEE Proceedings on Control Theory and Applications, 2003,150(4): 401-411.

[22] 张雄,王天舒. 计算动力学[M]. 北京:清华大学出版社,2007.

[23] Chung J, Yoo H H. Dynamic analysis of a rotating cantilever beam by using the finite element method[J]. Journal of Sound and Vibration, 2002,249(1):147-164.

[24] Ge S S, Lee T H, Zhu G. A nonlinear feedback controller for a single-link flexible manipulator based on finite element model[J]. Journal of Robotic Systems, 1998, 14(3): 165-178.

[25] Mathews J H, Fink K D. 数值方法(MATLAB 版)[M]. 4 版. 周璐,陈渝,钱方,等译. 北京:电子工业出版社,2007.

第9章　结　　论

本书借鉴了国内外有关机器人技术、多体动力学的相关研究成果，以机器人系统单构件运动学为切入点，介绍机器人动态特性多体动力学研究方法，并且，在作者科研成果的基础上，介绍多动动力学在机器人领域的动态特性研究。例如，本书对2杆轮式线弹性-阻尼悬架移动柔性机械手正、逆运动学，正、逆动力学，静力学，动力学稳定性进行了深入的研究。研究成果对多体动力学在机器人动态特性研究中的应用有很好的借鉴作用，同时对基于模型的系统开环、闭环控制策略的构建也有着重要的参考意义。

本书对轮式悬架移动刚性、刚-柔性、柔性机械手的运动学、动力学、静力学及稳定性进行了研究，但是仍有一些问题需要进一步的研究和探讨：

(1) 本书主要对平面运动工况下具有理想运动副的机械手多体动力学进行了相关研究，其中对轮子与地面间的非完整约束与系统构件间的冲击摩擦等进行了简化。相对平面理想运动而言，轮式悬架移动机械手三维空间的运动特性更为复杂，其动力学问题还有待进一步研究。同时，本书仅考虑线弹性阻尼悬架，非线弹性阻尼悬架对系统运动的影响还需进一步研究。

(2) 本书在考虑系统构件弹性变形时引入小角度弹性坐标来描述节点弹性转动变形，导致所用单元为非等参单元。引入单元中间坐标系后，该单元仅能描述构件的较小弹性变形，构件较大的弹性变形及由此带来的疲劳失效问题还有待进一步研究。

(3) 本书构建的系统动力学模型考虑了构件的弹性变形问题，但没涉及构件的应力分布问题，在综合考虑构件的弹性变形和应力分布的基础上，可以对构件进行参数优化。

(4) 相对系统正动力学研究，移动柔性机械手逆动力学研究更为复杂。本书对移动刚-柔性机械手逆动力学的研究没有考虑悬架和路面不平的影响，移动柔性机械手逆动力学问题(考虑路况)还有待深入研究。

(5) 本书中的研究仅停留在理论研究和数值仿真的层面，还需用物理实验进行进一步的验证并进行更深入的研究。